Catalytic Oxidation of
Volatile Organic Compounds

挥发性有机物催化氧化处理技术

宋忠贤 张学军 毛艳丽 刘 威 等编著

化学工业出版社
·北京·

内容简介

本书共 9 章，在概述了大气污染及控制现状、VOCs 及其治理技术的基础上，对影响 VOCs 催化氧化技术效果的催化剂的性能研究、实验测试与表征进行了简要介绍，随后详细介绍了作者对各类金属氧化物催化剂的研究，包括 MnO_2 基催化剂催化氧化甲苯性能、CeO_2 基催化剂催化氧化 VOCs 性能、钴基催化剂催化氧化甲苯性能、钾锰矿催化剂催化氧化甲苯性能、Pt 基催化剂催化氧化氯苯性能；最后对全书做了总结并展望了催化剂的研究趋势。

本书具有较强的技术应用性和针对性，可供从事大气污染物控制、催化剂研制的科研人员、工程技术人员和管理人员参考，也可供高等学校环境科学与工程、化学工程及相关专业师生参阅。

图书在版编目（CIP）数据

挥发性有机物催化氧化处理技术/宋忠贤等编著. —北京：化学工业出版社，2022.9（2023.8重印）

ISBN 978-7-122-41848-7

Ⅰ. ①挥… Ⅱ. ①宋… Ⅲ. ①挥发性有机物-污染防治-研究 Ⅳ. ①X513

中国版本图书馆 CIP 数据核字（2022）第 123800 号

责任编辑：刘 婧 刘兴春　　　　装帧设计：刘丽华

责任校对：王 静

出版发行：化学工业出版社（北京市东城区青年湖南街 13 号 邮政编码 100011）

印　　装：北京科印技术咨询服务有限公司数码印刷分部

787mm×1092mm 1/16 印张 15¼ 彩插 1 字数 320 千字 2023 年 8 月北京第 1 版第 2 次印刷

购书咨询：010-64518888　　　　售后服务：010-64518899

网　　址：http://www.cip.com.cn

凡购买本书，如有缺损质量问题，本社销售中心负责调换。

定　价：98.00 元

前　言

挥发性有机化合物（VOCs）是生成细颗粒物 $PM_{2.5}$ 和臭氧的前驱体物质，又可与氮氧化物反应导致光化学烟雾污染，其自身的毒性还会严重威胁人类健康和破坏生态环境，因此高效降解 VOCs 十分必要。VOCs 治理技术中，催化氧化法具备运行成本低、操作简单、二次污染可能性低、产物危害小等优点，有望成为未来市场去除 VOCs 的主流技术，而催化剂的研发是该技术的核心。本书依次从制备条件、合成方法以及掺杂方面介绍了对催化剂进行改性从而制得高效和稳定的催化氧化 VOCs 催化剂。

对于催化氧化 VOCs 催化剂，其微观结构、化学价态、氧化性能以及表面酸性是决定催化性能和使用寿命的关键性因素，但对其催化作用机制尚没有统一定论。因此，明确催化剂催化氧化 VOCs 反应机制，可针对性地改善催化剂催化降解 VOCs 性能，从宏观上为调控催化氧化 VOCs 提供坚实的理论基础和指导。

本书以催化剂催化氧化 VOCs 技术为主线，全面总结了笔者所承担的国家自然科学基金（21872096；U1904174）、河南省自然科学青年基金项目（202300410034）、河南省重大科技攻关项目（202102310341；212102310518；222102320053；202102310280；212102310068；212102310501；202102310287）、河南省平顶山重大科技攻关项目专项（2021ZD03）、河南省高等学校重点科研项目（22A610007；20A610003）、河南城建学院骨干教师项目（YCJQNGGJS201903）、河南城建学院技术带头人项目（YCJXSJSDTR202204）和河南城建学院博士启动基金（990/Q2017011）的成果，并结合多年的教学经验及国内外相关领域的发展编著而成。

本书的编著得到了河南城建学院、沈阳化工大学、河南中材环保有限公司、河南神马氢化学有限责任公司的大力支持与帮助，是集体劳动的结晶。在课题的研究过程中，笔者和合作者共申请发明专利 10 项，在国内外知名期刊上发表高水平论文 25 篇。在此对所有参与了课题研究与本书撰写工作的人员表示感谢。

本书由宋忠贤、张学军、毛艳丽、刘威等编著，具体编著分工具体如下：第 1 章由宋忠贤、张学军、刘泽鹏、李瀚文编著；第 2 章由宋忠贤、刘威、朱新锋、毛艳丽、康海彦、闫晓乐、朱雯雯、翟大林、宋以卓、张瀚月、张焕、李珂、李蕊编著；第 3 章由宋忠贤、毛艳丽、谷得明、延旭、刘泽鹏、梅予圻、师梦瑶、王静雨编著；第 4 章由张学军、刘威、邓炜、侯广超、申泰炫、李桂亭、宋忠贤、吴英含、张卓夫、赵敏、赵恒、马子昂编著；第 5 章由张学军、刘威、宋忠贤、常伟华、郭一飞、朱新锋、延旭、刘盼、扶咏梅、顾效纲、庞丹丹编著；第 6 章由张学军、毛艳丽、刘威、张金辉、宋忠贤、张霞、魏远航、莫杜娟、赵井冈编著；第 7 章由刘威、毛艳丽、张金辉、宋忠贤、扶咏梅、刘盼、顾效纲、蒋利宾、侯广超、申泰炫、闫晓乐编著；第 8 章由张学军、宋忠贤、刘威、刘泽鹏、张金辉、朱新锋、康海彦、李洁冰、张霞、谷得明、常伟华编著；第 9 章由张学军、毛艳丽、朱新锋、刘威、宋忠贤、张金辉编著。全书最后由张学军、宋忠贤和毛艳丽统稿，朱新锋、张金辉、刘泽鹏、李海洋、宋忠贤、刘威等校核。在此，笔者向所有对本书出版给予关心和支持的前辈、领导、同事和朋友表示衷心的感谢。

限于编著者水平和编著时间，书中难免存在疏漏和不妥之处，敬请读者批评指正。

编著者

2022 年 3 月

目 录

第1章 概述

1.1 大气污染及控制现状

随着全球工业化进程的迅猛发展，人类对各种化石能源（如煤炭、石油、天然气等）的消耗速度不断加快，由此引发的污染物（如固态垃圾、工业废气等）的不合理排放成为环境污染的主要来源[1]。虽然水能、风能、太阳能等清洁新能源被开发出来并投入使用，但短时间内并不能实现化石能源向新能源的完全转变，化石能源将在未来很长时间担任全球主要能源。化石燃料的主要利用方式依然是燃烧，因而比较容易造成大量污染性气体产生。因此，环境污染问题将会是人类长时间密切关注的方向，其中大气污染是多年来讨论的热点之一[2]。

近年来，由于化工尾气的不合理排放，导致我国多数地区出现严重的空气质量问题。尤其是局部地区爆发的连续雾霾天气，严重影响了人们正常的生产生活，如学校无法上课、公路封闭、航班延误、交通事故频发、呼吸道疾病泛滥等。再加上其他的污染现象，如酸雨、光化学烟雾、温室效应等，对生态环境、建筑材料以及人类健康造成严重的危害，甚至制约了社会经济的可持续发展[3]。

针对严峻的大气污染问题，我国政府颁布了多项处理措施以期改善大气质量。2012年9月，我国第一部综合性大气污染防治规划《重点区域大气污染防治“十二五”规划》的发布标志着我国大气污染防治工作进入由减少污染物总量向改善环境质量转变的新阶段。国务院于2013年发布《大气污染防治行动计划》，提出十条关键性的大气污染防治措施，对未来五年的典型污染物提出了相应防治措施。在《大气污染防治行动计划》推动下，2015年新修订的《大气污染防治法》于2016年1月开始实施，该法以较详细的法律条文对我国新形势下的污染问题作出较严格的规定。新法提出多种污染源的综合治理，联合防治区域大气污染，对多种大气污染物如VOCs、NO_x、SO_x、颗粒物等实行协同控制，使各项措施有法可依。诸多法律条文和措施在一定程度上改善了我国整体空气质量[4]。2016年，我国空气质量达标城市比例为75.1%，大多数种类污染物的年浓度呈下降趋势。然而O_3浓度自2013年来的去除效果并不明显，2015年最大八小时浓度值（134μg/m^3）与2013年相比（139μg/m^3）相差不大，而2014年甚至高达145μg/m^3。在我国的局部区域如京津冀、珠江三角洲、长江三角洲等区域仍

然存在 O_3 和 $PM_{2.5}$ 污染物超标的现象[5-7]。二者作为众多的污染物中较难控制的物种，其前躯体挥发性有机物（volatile organic compounds，VOCs）因组成复杂、分布广泛、二次污染严重、难以管理等特点给人类生活环境造成的危害日益严重。

根据 2018 年上半年数据调查显示，全国地级及以上城市上半年空气质量平均优良天数比例为 77.2%，距离国家“十三五”规划中所要求的大于 80%还有很大差距，而且京津冀地区、长江三角洲地区以及汾渭平原三个重点地区最低达标天数比例仅为 16.7%[8-9]。其中 VOCs 作为生成 O_3 及 $PM_{2.5}$ 的前驱体，对人类健康以及环境造成了巨大危害，因而备受关注[10]。21 世纪以来，相关法律法规一直处于逐步完善的过程中，对 VOCs 排放的控制标准日益严格，例如 2015 年 7 月开始实施的《石油化学工业污染物排放标准》取代原本的《大气污染物综合排放标准》等一系列法规，对于非甲烷总烃的排放量要求从原本的低于 150mg/m^3 变为：废水处理有机废气收集处理装置低于 120mg/m^3、含卤代烃有机废气和其他有机废气均要求去除率大于等于 97%[11-12]。

1.2 挥发性有机物（VOCs）

1.2.1 挥发性有机物（VOCs）的概念

对于 VOCs 的定义通常从物理特性、健康和环境效应以及检测方法三个方面进行。工业中一般利用物理特性对 VOCs 进行定义，通常指沸点为 50～260℃、常温下饱和蒸气压大于133.3Pa的有机化合物。而对于国家及其他环保部门，通常会更多从健康和环境效应方面对 VOCs 的定义进行修正及补充，例如欧盟在其《国家排放总量指令》中指出：人类活动排放的、能在日照作用下与 NO_x 反应生成光化学氧化剂的全部有机化合物，甲烷除外[13]。在实际检测工作中，一般根据规定的检测方法对 VOCs 进行定义，我国《室内空气质量标准》中指明 VOCs 的定义为：利用 Tenax GC 或 Tenax TA 采样，非极性色谱柱（极性指数＜10）进行分析，保留时间在正己烷和正十六烷之间的挥发性有机物[14]。综上所述，根据三种不同特性得到的定义有较大差别，因此应根据不同的使用目的，综合考虑多种特性来给出合适且针对性强的定义。所以目前认可度较为广泛的 VOCs 定义为：除 CO、CO_2、H_2CO_3、金属碳化物或碳酸盐、碳酸铵外，任何参与大气光化学反应的碳化合物，需排除光化学反应活性可忽略的有机化合物，如甲烷、乙烷、二氯甲烷、丙酮、四氯乙烯等（52 种，不断更新中）[15]。

1.2.2 挥发性有机物（VOCs）的来源

VOCs 来源广泛，主要分为自然源和人为源。其中自然源主要为植物排放以及森林火灾等，而人为源则为人类生产生活排放的，是人为可控的。工业排放是人为源中

VOCs 的最主要来源，其中石油、化工行业所占比例最大[16]，典型行业 VOCs 排放信息如表 1.1 所列。由表可知，各行业均存在 VOCs 成分复杂多样的问题，所以原本的治理技术并不能满足工业要求，研发出经济成本合理且适用性强的处理技术迫在眉睫。

表 1.1　典型行业 VOCs 排放信息

行业分类	废气来源	VOCs 种类	排放特征
制药行业	有机溶剂的挥发，药物颗粒	醇类，醛类，酯类，酮类，芳香烃，卤代烃等	成分复杂多样，多点无组织排放与统一排放并存，高毒性
涂装行业	有机溶剂的挥发	醇类，芳香烃，轻质烷，二丁基酮等	成分复杂多样，多点无组织排放，不同工艺流程差别大
石化行业	蒸馏，焦化，加氢，贮存等环节	烷烃，烯烃，卤代烃，芳香烃，含氧有机物等	成分复杂多样，多点无组织排放与统一排放并存，流量分布广
电子行业	涂胶，清洗，干燥等环节	烷烃，卤代烃，芳香烃，醇类，酮类等	成分复杂多样，多点无组织排放，流量分布广
塑胶行业	加热融化，注塑，压延，硫化等环节	烷烃，芳香烃，醇类，酮类，酯类等	成分复杂多样，多点无组织排放，异味重，浓度高

1.2.3　挥发性有机物（VOCs）的危害

VOCs 种类繁多且分布广泛，对人类健康和环境均有不可忽略的危害，主要表现为以下几个方面。

① 光化学烟雾：根据 VOCs 的定义可知，在有阳光照射的条件下 VOCs 易与大气中的 NO_x 或其他氧化剂反应，形成光化学烟雾，进而危害植物及人类健康。

② 破坏臭氧层：VOCs 中卤代烃会对臭氧层产生严重破坏，导致臭氧层空洞，从而影响生态环境平衡。

③ 危及人类健康：绝大部分 VOCs 有剧毒，长期接触对人的皮肤、眼睛、鼻等具有刺激作用，浓度较高时会导致肝肾功能的损害，还会引起“三致效应”（致癌、致畸、致突变）。

1.3　挥发性有机物（VOCs）治理技术

目前 VOCs 的控制主要分为源头、过程以及末端控制[17]。源头和过程控制主要包括以下几个方面：

① 采用先进的生产工艺和清洁的生成方式，从源头上减少 VOCs 的排放；

② 生产过程中采用环境友好型材料，减少毒性强、不易控制的原料的使用；

③ 尽可能高效收集生产过程中的有害物质，将其无害化处理后再投入下一个流程的使用；

④ 定期更换或者维修设备、管道等部件，预防有毒有害 VOCs 的渗透或泄漏等现象的产生。

这些措施可以从源头或者生产过程中减少 VOCs 的产生，是最有效的 VOCs 减排措施。但是考虑到技术的发展水平以及资源种类限制等条件，很多工艺和设备条件难以得到优化，很多有毒有害的原料或者产品找不到替代品，在生产过程中仍无法避免不同种类和浓度的废气的排放。因此，有必要采取 VOCs 末端控制技术以从最大程度上降低污染物排放。末端控制技术主要分为两大类，即销毁技术和回收技术[18]。如图 1.1 所示，回收技术主要包括吸附法、吸收法、冷凝法和膜分离法；销毁技术包括生物降解法、等离子体法、光催化法、热力焚烧法和催化氧化法[19]。针对不同状况下的废气处理要求，要选择合适的处理方法。

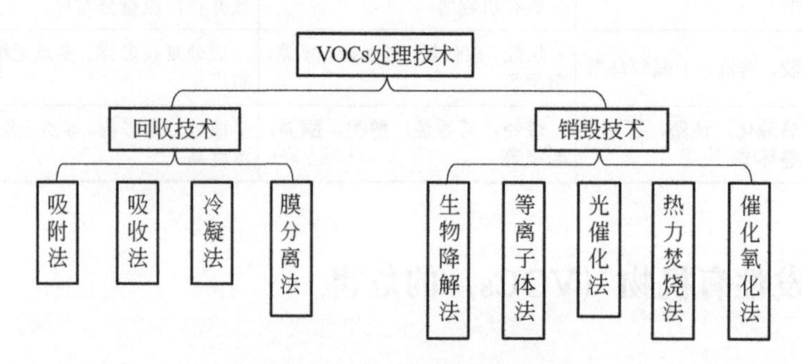

图 1.1　常见 VOCs 治理技术分类

1.3.1　回收技术

（1）吸附法

在对挥发性有机物的去除过程中，吸附法利用相互作用力将预处理过的吸附质（有机废气）吸附在吸附剂上，实现对 VOCs 的浓缩，之后通过调节温度或者压力对吸附质进行脱附并净化处理，达到要求后的尾气再排入环境中，从而实现对有机污染物的去除，其工艺如图 1.2 所示[20]（彩图见书后）。

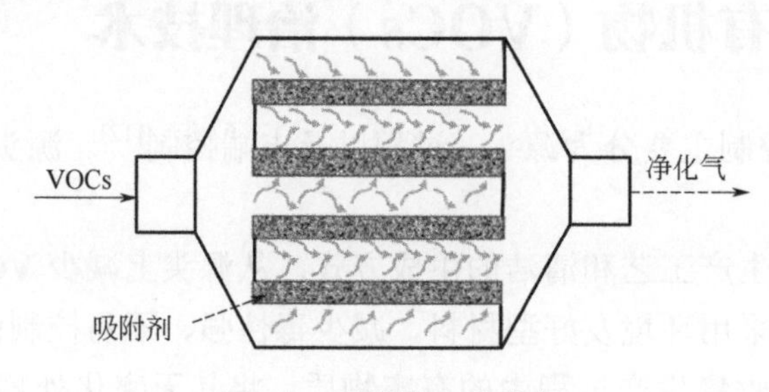

图 1.2　吸附法工艺流程

吸附剂一般除具有较大的比表面积、大量的孔结构外，还应该具备优异的物理化学稳定性，如抗酸碱性能、抗水能力、抗高温高压能力以及较低的空气阻力等特性。常用吸附剂材料有颗粒状活性炭、活性碳纤维、活性氧化铝、分子筛、硅胶、凹凸棒石、沸石以及活性黏土等[21]。相比其他技术，吸附法操作简单、能耗低、效率高。但也存在很多缺点，如净化不彻底、设备体积较大、对处理前的污染物要求高、工艺繁杂，且吸附法对污染的处理方式是浓缩，并非摧毁，后续处理容易造成二次污染，导致花费更高的成本，不适合小型企业，因而在一定程度上限制了其广泛应用。

（2）吸收法

吸收法利用有机物之间相似相溶的原理，将某种气态污染物溶解在某种对其溶解度较高的特殊溶剂中，再通过物理方式将污染物分离，使溶剂得到再生，不仅可以达到净化空气的目的，也可以将液体溶剂中的有机物回收，经过加工转化为有价值的化工产品。其工艺流程如图 1.3 所示[22]。

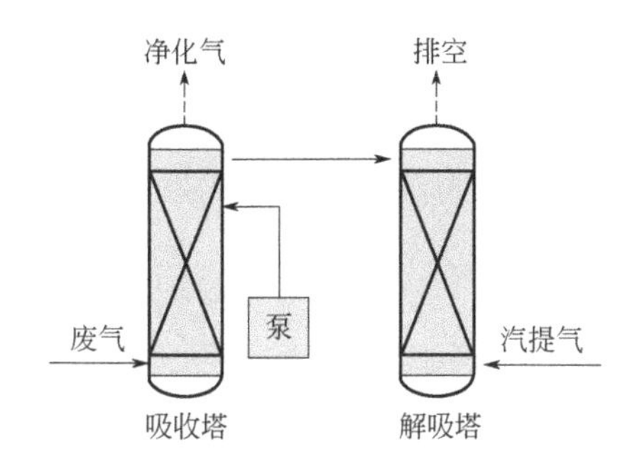

图 1.3　吸收法工艺流程

吸收剂的选择一般遵循以下几个规则：吸收质在吸收剂中的溶解度大、吸收剂对吸收质的选择性高、吸收剂拥有较小的饱和蒸气压、参与吸收过程的吸收剂尽量无毒、吸收剂对设备腐蚀能力不强或不腐蚀、吸收剂黏度小、价格低廉且容易获取等。吸收法工艺成熟、操作简单、价格低、易回收，主要用来净化大风量、低温下的低浓度VOCs[23]。但是吸收液的后续处理比较复杂，费用高且易造成二次污染，存在一定的局限性。

（3）冷凝法

冷凝法是根据气体的饱和蒸气压的差异以及沸点的不同，通过改变压力和降低温度，将有机污染物从气体状态冷凝为液体，实现气液分离，从而将污染物从混合气中分离出去，其工艺流程如图 1.4 所示[24]。

冷凝法回收工艺简单，操作温度低，降低了燃烧爆炸的可能性，且不会产生二次污染。但因涉及压缩装置和冷却装置，导致设备价格以及后续维护操作费用昂贵。而且去除率较低，尾气中总会存在未冷凝的 VOCs 气体，很难达到直接排放标准。

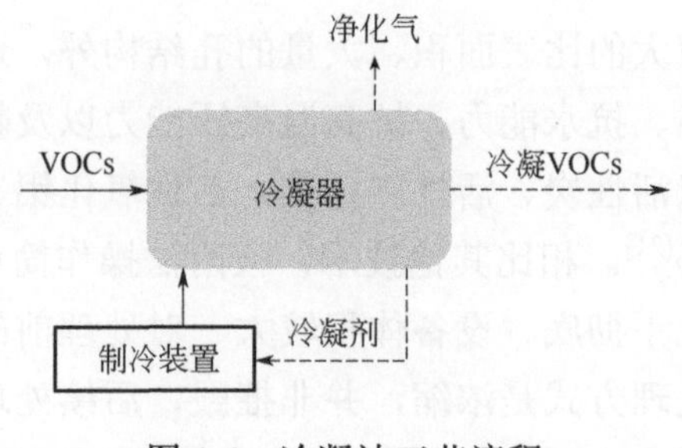

图 1.4 冷凝法工艺流程

（4）膜分离法

膜分离技术主要是利用膜两侧的压力差作为推动力，利用 VOCs 分子在膜上的扩散速率的差异将 VOCs 气体从混合废气中分离出来，其操作流程如图 1.5 所示。通过在膜的进气侧安装压缩机，在膜的出气测安装真空装置造成充分的压力差，给 VOCs 分子在膜上的溶解扩散带来足够的推动力。常用分离膜的种类有金属氧化物、聚合物复合膜、多孔玻璃以及陶瓷材料等[25]。膜分离技术操作流程简单、设备控制方便、能量消耗低、操作弹性较大。但膜分离技术在处理成分复杂的气体时效率较低、预处理及分离膜的成本普遍较高、需要考虑浓缩 VOCs 的爆炸极限问题、不能完全净化气体、寿命较低等，给其广泛使用带来很大挑战。

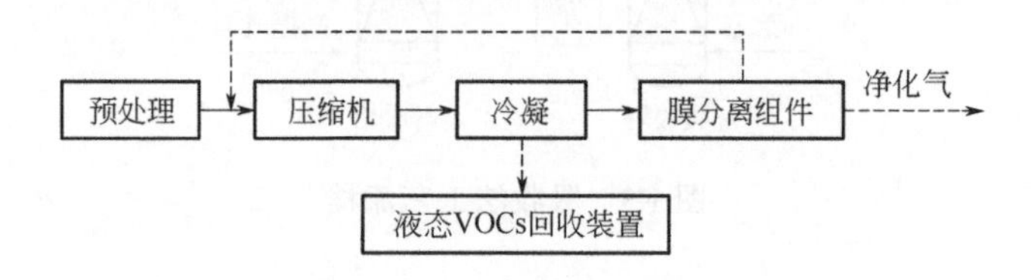

图 1.5 膜分离法工艺流程

1.3.2 销毁技术

（1）生物降解法

生物降解法是利用自然界的生物菌对有机污染物进行降解，生物将自身所需要的能源或者养分（某种或者某些 VOCs）经过新陈代谢转化为小分子物质（如 CO_2 和 H_2O 等），从而达到净化废气中 VOCs 的目的，其工艺流程如图 1.6 所示[26]。需要注意的是生物膜填料的温度、湿度以及酸碱度等要符合生物的生存条件，常用的填料有粒状活性炭、堆肥、塑料滤料、土壤、陶瓷滤料、泥炭等[27]。生物降解设备简单、成本低、无二次污染。但是微生物降解设备占地面积大、专一性强、去除速度慢、承载负荷小、停留时间长、维护复杂以及很难降解人工合成有机污染物等，还需要进一步发展改良。

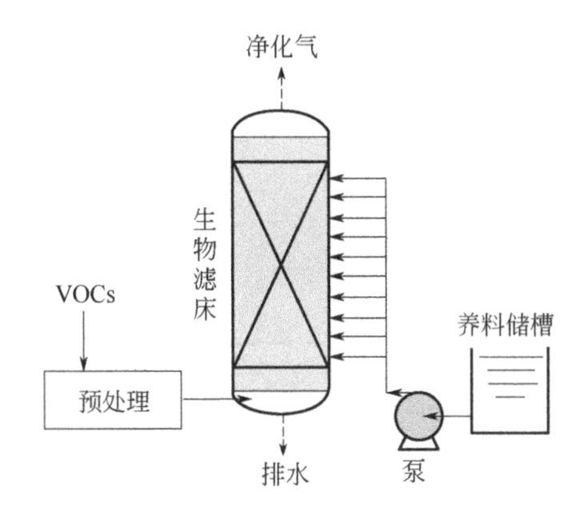

图 1.6 生物降解法工艺流程

（2）等离子体法

等离子体法是采用外加电场通过介质放电，将气体分子电离成激发态的原子、分子以及活性自由基等高能活性物种，这些活性物种会轰击 VOCs 分子中的化学键，使其发生深度氧化反应而形成无害或者低害性的小分子物质，如 CO_2 和 H_2O，从而达到降解 VOCs 的目的，其工艺流程如图 1.7 所示[28]。等离子体法占地面积较小，操作方便，近年来发展较为迅速。但是仍然存在发展不成熟的地方，如处理过程中容易产生因污染物富集导致的爆炸事故，危害程度高的副产物较多，容易形成二次污染。而有的副产物会阻碍电极放电，影响电离效率。

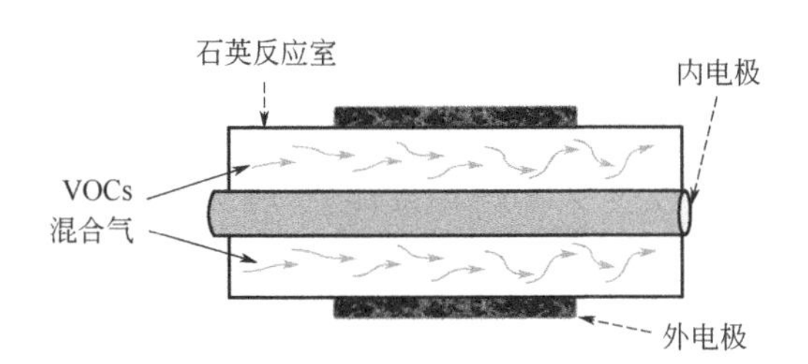

图 1.7 等离子体法工艺流程

（3）光催化法

光催化反应原理是将光能转化为催化氧化 VOCs 所用到的化学能。其工艺流程如图 1.8 所示，在一定波长的光或者紫外光诱导下，使催化剂材料发生价带（valence band，VB）和导带（conduction band，CB）之间的电子跃迁，产生的高能态电子与吸附氧物种结合形成 O_2^-，催化剂上因失去电子而产生电子空位与 H_2O 结合形成氢氧自由基等活性物质，VOCs 污染物与这些活性物种发生氧化还原反应生成无污染性物质，如 H_2O、CO_2 以及无机小分子物质[29]。该方法的优点是能耗小、工艺简单、反应条件温和、无二次污染等。缺点是光能利用率低、理论不完备、催化剂回收困难、易因空位的恢复而失活等。因而其在成为主流工艺之前还需要继续完善。

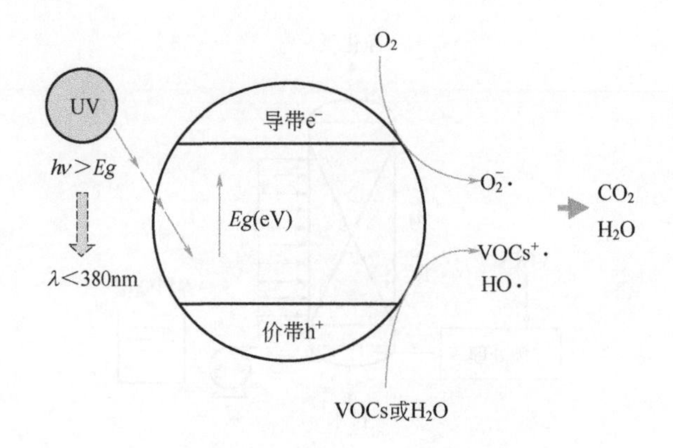

图 1.8 光催化法工艺流程

(4)热力焚烧法

热力焚烧法就是将 VOCs 污染物或与可燃物的混合物置于高温（一般温度＞1000℃）或者明火中进行燃烧，最终生成 CO_2 和 H_2O 等低毒性无害物质的技术，其工艺流程如图 1.9 所示[30]。该技术几乎适合所有有机物的处理，在净化化工、制药、涂料等行业的高浓度尾气时具有较高的效率，去除率可达 95%以上。但该方法设备庞大，运输和搬运不便；处理低浓度大通量的气体时耗能大；有的 VOCs 含 S 或者卤族元素，可能会生成毒性更大的物质，存在二次污染的可能性；该过程涉及高温和明火，容易造成火灾爆炸事故。因此，在广泛使用此技术时需要考虑到以上诸多问题。

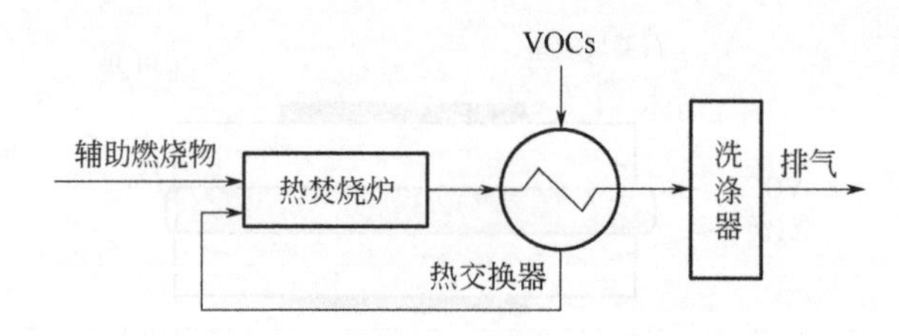

图 1.9 热力焚烧法工艺流程

(5)催化氧化法

催化氧化法也称作催化燃烧法，是发生于气相与固相之间典型的多相催化反应。气态污染物分子与氧气的混合气体在较低温度下（200～350℃）通过催化剂时，氧化还原反应的活化能降低，进而促进了 VOCs 在较低的温度下发生一系列复杂的氧化分解反应，从而将有机物转化成 CO_2 和 H_2O 等低毒害的小分子物质，其工艺流程如图 1.10 所示。其反应方程式如式（1-1）所列：

$$C_nH_m + \left(n + \frac{m}{4}\right)O_2 \xrightarrow{\text{催化剂}} nCO_2 \uparrow + \frac{m}{2}H_2O + \text{热量} \tag{1-1}$$

催化氧化法在较低温度下可以实现对几乎所有中低浓度 VOCs 的氧化去除，且效率高，一般可达 95%以上。与其他去除方法相比，催化氧化法在去除 VOCs 过程中，副产物少、能耗低、无二次污染、操作简单、费用低廉，因而成为去除 VOCs 领域的研究热点，在实际应用中也取得显著成效，在去除 VOCs 领域应用前景广阔[31]。

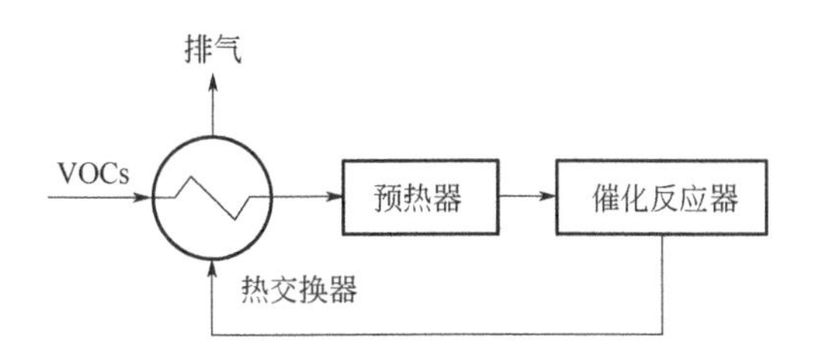

图 1.10　催化氧化法工艺流程

1.3.3　协同控制技术

由于目前工业废气成分及性质具有一定的复杂性，而单一的 VOCs 治理技术存在一定的局限性，往往不能满足治理要求。近年来，关于协同控制技术的研究已成为热点，两种或多种技术协同控制，能利用不同单元的优势，以获得更高的处理效率。

1.3.3.1　吸附浓缩+催化燃烧技术

该工艺的技术流程一般为先利用活性炭吸附 VOCs，脱附后浓缩，最后催化燃烧。日本学者曾对吸附法、催化燃烧法以及二者协同控制技术进行对比，发现协同控制技术的投资费用最少，效率最高。

1.3.3.2　等离子体+光催化复合净化技术

等离子体+光催化复合净化技术是近年来研究比较多的新型 VOCs 治理协同控制技术，但目前基本停留在实验室阶段，实际应用较少。其原理是：等离子体放电过程中产生俘获电子能力很强的光生空穴，与催化剂表面吸附的 H_2O 和 OH^-反应生成羟基自由基（•OH）将废气分子进一步氧化。放电等离子体协同催化的增效作用既可以发生在放电区域内，也可以在放电区域后端。按照等离子体反应器与催化剂位置的不同，可分为内置式（IPC）和后置式（PPC）。内置式是在等离子体放电区域内放置催化剂，也称为一段式；而后置式是将催化剂置于放电区域后，也称为两段式，等离子体协同光催化技术主要采用一段式。

1.3.3.3　等离子体+生物净化技术

等离子体和生物净化协同控制技术适用于中低浓度、组分复杂的有机废气的处理。等离子体技术对各种有机组分均有一定的降解效果，尤其是对于恶臭组分，同时降解过程中可促进亲水性较差的烃类组分转化为亲水性较强的醇、醚、酯、酮、醛等组分，但是等离子体技术存在对有机组分降解不够彻底的问题，容易形成副产物；生物技术对于短链分子和亲水性较强的有机组分有很好的降解效果，具有降解彻底、无其他副产物的优点。这两种技术的有机组合，可以充分发挥各自的特点，同时由于技术的互补性而形成协同优势，在处理恶臭污染物和中低浓度复杂组分污染物方面具有较好的前景，等离子体与生物净化协同控制技术是一种较新颖的有机废气治理技术。

1.4 挥发性有机物（VOCs）排放标准及相关政策

我国对于VOCs排放的控制相比欧美发达国家的起步较晚。国家排放标准《大气污染物综合排放标准》（GB 16297—1996）中，对苯、甲苯、二甲苯、酚类等挥发性有机物规定了最高排放浓度限值和排放速率，如表1.2所列。

表1.2 GB 16297—1996中规定的15类VOCs排放限值

污染物	最高允许排放浓度（标）/（mg/m^3）	无组织排放浓度限值（标）/（mg/m^3）
苯	17	0.5
甲苯	60	0.3
二甲苯	90	1.5
酚类	115	0.1
甲醛	30	0.25
乙醛	150	0.05
丙烯	26	0.75
丙烯醛	20	0.5
甲醇	220	15
苯胺类	25	0.5
氯苯类	85	0.5
硝基苯类	20	0.05（$\mu g/m^3$）
苯乙烯	65	0.75
苯并芘	0.50*10	0.01
非甲烷总烃	150	0.5

标准中目标VOCs的种类较多，其中对于非甲烷总烃的排放限值（标）为150mg/m^3，可见该标准对于我国现阶段VOCs的限制作用明显不足。因此，“十二五”期间，我国针对重点行业又专门制定了一系列的国家排放标准，例如《橡胶制品工业污染物排放标准》（GB 27632—2011）、《轧钢工业大气污染物排放标准》（GB 28665—2012）、《石油炼制工业排放标准》（GB 31570—2015）、《石油化学工业排放标准》（GB 31571—2015）等，对于重点行业的VOCs排放采取更加严格的控制措施。

近年来，现代煤化工行业、制药工业、农药工业、焦化行业、涂料、油墨及胶黏剂制造业、汽车整车制造业、家具制造业、工程机械整机制造业、其他工业涂装、塑料包装印刷、金属包装印刷、纸包装印刷等行业目前基本都已经制定了更为严格的行业标准。“十三五”期间，VOCs 的防治和管理工作也进入了一个新的阶段。

2015 年 8 月颁布的《中华人民共和国大气污染防治法》首次在法律层面将 VOCs 列入监管范围。2017 年我国环保部（现生态环境部）印发了《“十三五”挥发性有机物污染防治工作方案》，主要目标是：到 2020 年，建立健全以改善环境空气质量为核心的 VOCs 污染防治管理体系，实施重点地区、重点行业 VOCs 减排，实现比 2015 年排放总量下降 10%以上。可见，在 VOCs 的减排工作上，仍然任务艰巨，研发高效的 VOCs 控制技术迫在眉睫。

参考文献

[1] 王淑兰，柴发合，高健，等. 我国中长期 $PM_{2.5}$ 污染控制战略及对策［J］. 环境与可持续发展，2013，38：10-13.

[2] Zhang Z X，Jiang Z，Shangguan W F，et al. Low-temperature catalysis for VOCs removal in technology and application：A state-of-the-art review［J］. Catal. Today，2016，264：270-278.

[3] 黄娜. α@β-MnO_2 催化剂构建及其催化氧化甲苯性能研究［D］. 大连：大连理工大学，2018.

[4] 杨黄根. 多孔氧化物负载贵金属催化剂的可控制备及其对一氧化碳和甲苯氧化的催化性能研究［D］. 北京：北京工业大学，2016.

[5] 中国环境监测总站. 2013 中国环境状况公报-监测报告-中国环境监测总站［EB/OL］. http://www.cnemc.cn/publish/totalWebSite/news/news_41719.html.

[6] 中国环境监测总站. 2014 中国环境状况公报-监测报告-中国环境监测总站［EB/OL］. http://www.cnemc.cn/publish/totalWebSite/news/news_44921.html.

[7] 中国环境监测总站. 2015 中国环境状况公报-监测报告-中国环境监测总站［EB/OL］. http://www.cnemc.cn/publish/totalWebSite/news/news_48571.html.

[8] 生态环境部. 2018 年 6 月和上半年全国空气质量状况［EB/OL］. http://www.gov.cn/xinwen/2018-07/23/content_5308494.htm.

[9] 国务院. 国务院关于印发“十三五”生态环境保护规划的通知［Z］. 2016-11-24.

[10] 孙西勃. 二氧化铈纳米棒负载纳米贵金属催化氧化甲苯研究［D］. 广州：华南理工大学，2017.

[11] 环境保护部国家质量监督监督检验检疫总局. 石油化学工业污染物排放标准：GB 31571—2015［S］. 北京：中国环境出版社，2015.

[12] 国家环境保护局. 大气污染物综合排放标准：GB 16297—1996［S］. 北京：中国环境出版社，1996.

[13] Directive 2001/81/EC，National emission ceilings for certain atmospheric pollutants［S］.

[14] 国家环境保护局. 室内空气质量标准：GB/T 18883—2002［S］. 北京：中国环境出版社，2002.

[15] 40 CFR Part 50，National primary and secondary ambient air quality standards［S］.

[16] 李明哲，黄正宏，康飞宇. 挥发性有机物控制技术进展［J］. 化学工业与工程，2015，3：2-9.

[17] Pires J，Carvalho A，de Carvalho M B，et al. Adsorption of volatile organic compounds in Y zeolites and pillared clays［J］. Micropor. Mesopor. Mat.，2001，43：277-287.

[18] Khan F I，Ghoshal A K，et al. Removal of volatile organic compounds from polluted air

[J]. J. Loss Prevent. Proc., 2000, 13: 527-545.
[19] Joanna E Burgess, Simon A Parsons, Richard M Stuetz, et al. Developments in odour control and waste gas treatment biotechnology: A review [J]. Biotechnol. Adv., 2001, 19: 35-63.
[20] 方选政，张兴惠，张兴芳，等. 吸附-光催化法用于降解室内 VOC 的研究进展 [J]. 化工进展, 2016, 35: 2215-2221.
[21] Zaitan H, Manero M H, Valdés H, et al. Application of high silica zeolite ZSM-5 in a hybrid treatment process based on sequential adsorption and ozonation for VOCs elimination [J]. J. Environ. Sci., 2016, 41: 59-68.
[22] Bellat J, Bezverkhyy I, Weber G, et al. Capture of formaldehyde by adsorption on nanoporous materials [J]. J. Hazard. Mater., 2015, 300: 711-717.
[23] 吕玉甲. 微乳液吸收处理油漆生产过程中 VOCs 的研究 [D]. 兰州：兰州大学，2016.
[24] Engleman V S. Updates on choices of appropriate technology for control of VOC emissions [J]. Met. Finish., 2000, 98: 433-445.
[25] Sadrzadeh M, Amirilargani M, Shahidi K, et al. Gas permeation through a synthesized composite PDMS/PES membrane [J]. J. Membrane Sci., 2009, 342: 230-250.
[26] Gabaldón C, Martínez - Soria V, Martín M, et al. Removal of TEX vapours from air in a peat biofilter: influence of inlet concentration and inlet load [J]. J. Chem. Technol. and Biot., 2006, 81: 322-328.
[27] 周宇翔. 气体循环条件下等离子体催化氧化吸附态苯、甲苯、苯乙烯及其混合物的实验研究 [D]. 西安：西安建筑科技大学，2014.
[28] 梁文俊，李坚，金毓峑，等. 低温等离子体法处理甲醛气体 [J]. 环境污染治理技术与设备, 2005, 6: 50-52.
[29] Bourgeois P A, Puzenat E, Peruchon L, et al. Characterization of a new photocatalytic textile for formaldehyde removal from indoor air [J]. Appl. Catal. B: Environ., 2012, 128: 171-178.
[30] 刘洁. 蓄热式 VOCs 处理设备的流场分析与性能研究 [D]. 西安：西安理工大学，2018.
[31] Dai C H, Zhou Y Y, Peng H, et al. Current progress in remediation of chlorinated volatile organic compounds: A review [J]. J. Ind. Eng. Chem., 2018, 62: 106-119.

第 2 章

催化氧化 VOCs 催化剂性能研究

工业废气成分复杂，难以用一种方法对其进行完全处理，而且各国对废气排放控制日益严格，所以简单的吸附法、冷凝法等常作为一级处理，之后继续连接深度处理工艺。与生物法、光催化法等深度处理工艺相比，燃烧技术具有设备简单、适用范围广、处理效率高、无二次污染等优势，因此具有良好的应用前景。但仍存在工作温度过高、反应能量损失较高等问题。蓄热燃烧技术虽然在很大程度上解决了热量损失的问题，但对于燃烧温度的降低并没有明显效果，因此蓄热式催化燃烧法（regenerative catalytic oxidation，RCO）具有更大的优势，即在蓄热燃烧法的基础上，在蓄热室中添加催化剂床层以达到降低反应所需活化能的效果，从原本所需的 1000℃以上的反应温度降低至 200～500℃，具有更高的热效率也更加安全[1]。其中作为核心技术的催化剂一直受到广大学者们的关注，开发出高效、稳定的催化剂成为研究的重中之重。常见的催化剂可分为贵金属催化剂、过渡金属氧化物催化剂、分子筛催化剂、钙钛矿催化剂等。

2.1 贵金属催化剂催化氧化 VOCs 研究

目前，负载型贵金属催化剂中常涉及的贵金属主要包括铂（Pt）、钯（Pd）、金（Au）、银（Ag）等[2]。贵金属催化剂的构建手段主要是将贵金属纳米颗粒通过不同的方法负载在不同性质的载体上，进而实现对 VOCs 的去除。常用的载体一般具有较高的比表面积、丰富的孔结构以及特殊的化学性质，从而保证贵金属颗粒的高度分散状态以及较高的氧化性能。常用载体主要有 TiO_2、Al_2O_3、SiO_2、CeO_2、MnO_2、Co_3O_4 以及一些合成材料等。如今，多数贵金属研究工作致力于改变贵金属种类、贵金属纳米颗粒尺寸以及载体种类和结构等，从而改善贵金属与载体的相互作用，改善催化剂的催化性能[3]。Sun 等[4]将 Au 负载到锰氧化物上，考察了不同焙烧温度对其催化氧化甲苯活性的影响。结果表明随着焙烧温度的升高，Au 纳米粒子会发生烧结和聚集，降低其分散性从而对其催化活性产生负面影响。Kim 等[5]发现当 Pt 粒子尺寸增加，表面的 Pt—O 键强度减小，因此大尺寸的 Pt 粒子的吸附氧表面活化能较小，氧物种易发生吸附和解吸。Barakat 等[6]将 3 种不同的金属氧化物（Ce、Fe、Ni）负载在 TiO_2 上后又在该载体上负载了 3%的 Au，并检测了其对甲苯的催化活性。实验结果表明由于和贵金属间的相互作用，掺杂剂的加入增强了催化剂的可还原性能，从而对催化剂的活性产生了明显的促进作用，还延长了催化剂的使用寿命，提高了其再生性能，同时载体中二氧化钛的存在也是有利于其催化活性的。

综上所述，负载型贵金属催化剂虽然展现出良好的催化活性，但会受到催化剂载体、活性组分含量以及分散程度等诸多因素的影响。而且贵金属价格昂贵，且抗中毒性能差，所以会大大提高运行成本。

2.2 金属氧化物催化剂催化氧化 VOCs 研究

（1）铈基催化剂研究进展

作为非贵金属催化剂的重要组成部分，铈基材料因其可逆且容易发生的 $Ce^{3+}\leftrightarrow Ce^{4+}$ 循环以及丰富氧空位等特性，致使其拥有丰富的储氧能力和卓越的氧化还原性能。此外，CeO_2 容易被其他金属改性的特点使其氧化性能在原有基础上得到进一步提升。因而，无论是铈的单金属氧化物催化剂还是被其他金属改性的混合金属氧化物催化剂都已成为催化氧化 VOCs 领域的研究热点。Wang 等[7]成功制备出棒状、块状以及颗粒状的 CeO_2 材料，并通过对邻二甲苯的催化去除评价了不同形貌 CeO_2 的催化性能。结果显示，由于棒状 CeO_2 中暴露的 111 和 100 晶面处出现较多的氧空位簇，从而促进了分子氧在催化剂表面的吸附和活化，因而表现出优异的二甲苯催化氧化性能。Barakat 等[6]通过水热驱动法制备了纳米线自组装的新型 CeO_2 催化剂，通过对甲苯的催化去除发现，新型 CeO_2 催化剂比传统水热法制备的 CeO_2 催化剂拥有较大的比表面积，为气态氧在催化剂表面的解离提供了较多的活性位点，如氧空位等，因而相比传统的催化剂表现出优异的甲苯催化氧化性能。Luo 等[8]采用电纺法和软模板法分别制备了 $CuO\text{-}CeO_2$ 纳米纤维催化剂和普通 $CuO\text{-}CeO_2$ 催化剂，并用于苯的催化氧化。研究结果表明，$CuO\text{-}CeO_2$ 纳米纤维催化剂中发生了较多 Cu 掺入 CeO_2 晶格的现象，致使其拥有良好的低温还原性能，并伴随着丰富的氧空位和活性氧物种的产生。因而相比软模板法制备的 $CuO\text{-}CeO_2$ 混合氧化物催化剂和纯的 CeO_2 催化剂，纳米纤维催化剂拥有较好的苯的催化氧化能力。Shi 等[9]采用溶胶-凝胶法制备了一系列不同 Ce/Ti 摩尔比的 $CeO_2\text{-}TiO_2$ 混合氧化物，并以 1,2-二氯乙烷为挥发性有机物进行了催化氧化评价。结果显示，由于两者的高度分散状态和强相互作用，在很大程度上改善了催化剂的氧化还原性能、织构性能和酸性等。在合适的 Ce/Ti 比例（0.5～0.25）下催化剂拥有较强的 1,2-二氯乙烷催化性能。Wang 等[10]采用水热法、共沉淀法和溶剂热法合成了二维纳米结构的 $Ce_{1-x}Fe_xO_2$ 混合氧化物，并对 1,2-二氯乙烷进行了催化去除评价。水热法合成的 5Fe-CeO_2-HT 拥有最大浓度的氧空位和表面活性氧，因而表现出较好的低温活性和较低的副产物选择性。而溶剂热法制备的 15%Fe-CeO_2-ST 催化剂在 Fe 含量达 15%时催化性能达到最佳，且 Fe 的加入可抑制含氯副产物的生成。Yang 等[11]采用共沉淀法通过不同的沉淀剂制备了系列 CeO_2-CrO_x 催化剂，并用于不同类型的含氯 VOCs 的催化去除。研究结果表明，催化剂中部分 Cr 进入 CeO_2 晶格，尤其是碳酸铵作沉淀剂制备的催化剂，促使材料中产生了较多的 Cr^{6+}和氧空位，因而促进了催化剂的氧化能力。且在反应过程中，催化剂表面仅有少量的副产物产生以及微量 Cr 元素的丢失，表明了催化剂拥有良好的稳定性。Hu 等[12]采用水热法制备了不同摩尔比的 $NiCeO_x$ 催化剂，其中 Ce/（Ni+Ce）为 4%的催化剂比其他方法制备的催化剂拥有更多的 CeO_2（$NiCeO_x$）纳米颗粒。而 $NiCeO_x$ 纳米颗粒中含有较多的活性氧物种，其对 C—H 键断裂作用较强，因而表现出优异的丙烷催化氧化作用。Lu 等[13]将不同含量的 Cu-Mn-Ce 复合氧化物通过浸渍法负载到氧化锆载体上，并以甲苯为目标污染物进行去除评价。表征结果显示，合适的 Cu-Mn-Ce 负载量可以在焙烧条件下形成较多的 $Zr_{0.88}Ce_{0.12}O_2$ 新相。新相的形成实际上成为催化剂的载体，很大程度上提升了催化剂的氧迁移速率，增强了催化剂的稳定性能，进而提高了催化剂的催化氧化性能。Wu 等[14]采用不同沉淀剂分别制备了氧化钴纳米颗粒以及沉积在 CeO_2 上的氧化钴纳米材料，并考察了其催化氧化甲烷的性能。结果显示，使用尿素沉淀剂的催化剂可以很好地控制氧化钴的纳米尺寸，促使催化剂产生较高的 Co^{3+}浓度以及较强的低温还原性，是促进甲烷低温氧化的关键因素。Zhao 等[15]采用氧化还原共沉淀法成功制备出了 Ce_aMnO_x 空心微球并用于甲苯的催化去除测试。表征结果显示，由于铈锰之间的相互作用，致使离子转化（$Mn^{3+}+Ce^{4+} \longleftrightarrow Mn^{4+}+Ce^{3+}$）更容易发生，进而促进了催化剂的氧移动能力，并产生较多的吸附氧物种，提高了甲苯催化氧化性能。

如上所述，不同方法（如改变形貌、掺杂其他金属离子、改变制备途径或条件等）修饰的铈基催化剂可以在不同方面（如氧迁移能力、稳定性、氧化还原性以及副产物的选择性等）改善 VOCs 催化氧化性能，使其在原有性能的基础上更加有益于 VOCs 的去除。但多种金属对铈基催化剂改性的对比研究尚少，有待针对不同性能的掺杂元素进行催化性能上的比较研究，进而确定最优掺杂元素种类。此外，在确定金属元素物种后，关于对混合氧化物催化剂制备条件的进一步优化的研究很少。因此，改性铈基催化剂催化氧化 VOCs 的性能不能得到系统性的改善，VOCs 催化活性无法进一步提升。

（2）MnO_2 基催化剂催化氧化 VOCs 性能研究

MnO_x 结构较为复杂，它以[MnO_6]八面体为基本结构单元，通过多个基本单元的共角或共棱连接形成隧道状或层状等结构的晶体[16]。在 MnO_x 复杂多样的结构中，大多数锰以 Mn^{4+}的形式存在，同时也存在 Mn^{2+}和 Mn^{3+}对 Mn^{4+}的同晶取代，由于同晶取代和自身结构缺陷的原因，MnO_x 的存在形式多样，一般有 MnO、Mn_2O_3、Mn_3O_4、Mn_5O_8、MnO_2 等。

在多种过渡金属中，锰由于其出色的氧化还原性能以及低温活性，在催化氧化VOCs领域中受到广泛关注。此外，锰在地壳中广泛存在，具有价格低廉、储量丰富、环境友好性高等优势。因此具有一定的研究和开发价值。

Piumetti 等[17]采用溶液燃烧法制备了 Mn_xO_y（Mn_3O_4 和 MnO_2 的混合物）、Mn_2O_3 和 Mn_3O_4 3 种锰氧化物，考察其对甲苯的催化活性时发现，3 种催化剂活性呈如下顺序：$Mn_3O_4 > Mn_2O_3 > Mn_xO_y$，文章表明更多的吸附氧和结构缺陷以及良好的氧化还原性能是 Mn_3O_4 催化活性较高的主要原因。Kim 等[18]也得到了类似的结论，即 MnO_x 催化剂对苯和甲苯的催化活性呈现 $M_3O_4 > Mn_2O_3 > MnO_2$ 的规律。Cellier 等[19]通过一系列表征手段证明了 γ-MnO_2 在催化氧化正己烷和三甲胺时遵循 MVK 机理，较强的氧移动性能是其活性良好的主要原因。Wang 等[20]通过调变合成条件制备了棒状、线状、花状等不同形貌的锰氧化物，研究发现微观形貌对其催化活性具有明显影响，花状锰氧化物催化剂在催化氧化甲苯的过程中展现出最优秀的催化活性。无独有偶，宋灿[21]制备了一系列晶型、形貌不同的锰氧化物并考察其对氯苯的催化活性。结果表明，Mn—O 键的强弱会影响其催化活性，同时进一步证明了晶相及微观形貌是影响其催化活性的重要因素，氧物种和污染物在空心结构的 Mn_2O_3 中更易流动，有利于活性的提高。影响 MnO_x 催化剂对 VOCs 催化活性的因素有很多，例如催化剂中不同种类活性氧物种的含量、锰元素的平均氧化价态、催化剂的氧化还原性能、催化剂的微观结构、比表面积等[22]。但是，关于这些影响因素所起到的作用却众说纷纭。Kim 等[23]指出丰富的 Mn^{3+} 是导致良好催化活性的重要因素。相反的，Liao 等[24]认为 Mn^{4+} 在反应过程中起到了不可忽视的作用。不仅如此，对于氧物种的作用也并没有统一的定论。Sun 等[25]通过水热法制备 OMS-2 催化剂并对氧物种在催化氧化甲苯中的作用进行了讨论，表征结果表明更多的晶格氧会提高催化剂的选择性以及对甲苯的氧化能力。但是 Tang 等[26]通过柠檬酸法制备了 Mn-Ce 二元复合氧化物，研究表明在催化氧化 VOCs 过程中，丰富的表面吸附氧对其催化活性的提高起重要作用。

从已有的研究报道可发现，研究者通过多种手段对 MnO_x 催化剂微观结构以及表面活性物种进行调控和改善。该领域中，贵金属具有出色的得失电子能力，因此常有研究者将贵金属引入锰基催化剂中以改善其性能。Deng 等[27]采用一步水热法向锰氧化物中加入不同含量的 Ag，结果发现引入 Ag 后催化剂晶体颗粒尺寸变小，结构缺陷以及表面活性氧物种也随之增多，从而大幅提升其催化性能。Liu 等[28]也发现将 Pd 引入 MnO_x 后，催化剂的低温还原性能明显提高、酸性位点增多、氧移动性能也随之增强，进而改善其催化性能。所以不难发现引入贵金属后锰基催化剂表面活性物种明显增多，其催化性能提高，而且掺杂过渡金属也能得到类似效果。Hu 等[29]将 Cu 引入锰氧化物纳米棒中对甲苯进行催化燃烧实验，在调变 Cu 掺杂量时发现，Cu 的引入大大提高了催化剂中氧空缺的浓度，同时有效改善了催化剂的氧化还原性能、比表面积以及结晶程度，进而提高了其催化性能。不仅如此，还有很多研究者通过调控锰基催化剂的微观结构来提高其催化性能，其中最常见的方法为添加分子筛等大比表面积的载体。例如 Bai 等[30]将 Mn 负载于 KIT-6 上，使锰氧化物的微观结构更加有序，且孔径分布更多样化，从而提高催化剂表面晶格氧以及 Mn^{3+}的含量，改善了其低温还原性能和催化活性。因此，在改善锰基催化剂催化性能的领域中，对微观结构及表面活性物种的调控至关重要。

综上所述，MnO_x 作为拥有良好发展前景的过渡金属催化剂已受到广泛研究，一些研究者将 MnO_x 作为载体或活性组分，和其他金属、贵金属或者分子筛等结合，以期改善催化剂的微观结构和表面活性物种，从而增强其氧化能力，提高对 VOCs 的催化性能。但是，对于 MnO_x 材料中活性氧物种（表面氧和晶格氧）以及氧化价态（即 Mn^{3+}和 Mn^{4+}的占比）等影响因素的作用并没有统一的定论，所以对于 MnO_x 催化氧化 VOCs 的活性与各影响因素间的构效关系有待进一步研究，为定向改性 MnO_x 催化性能提供理论依据。

（3）Co_3O_4 基催化剂催化氧化 VOCs 进展

Co_3O_4 具有尖晶石结构，单位晶胞长度为 0.8084nm。晶格氧被紧密地包裹在一个单元中，其中 1/8 的四面体位置被 Co^{2+} 占据、1/2 的八面体位置被 Co^{3+} 占据。近年来，研究发现粒径和形貌对 Co_3O_4 基催化剂活性具有重大影响[31-33]。Hu 等[34]已经合成了具有高度暴露的{112}平面的 Co_3O_4 纳米片，其活性高于用于甲烷催化燃烧的 Co_3O_4 纳米带和纳米立方体。Xia 等[35]发现以 KIT-6 为硬模板制备的 3D 有序介孔 Co_3O_4 拥有高的表面积和丰富的吸附氧物质，因此表现出了良好的催化氧化性能。Ren 等[36]通过水热法制备了一系列具有不同形貌的大块钴氧化物（1D-Co_3O_4 纳米针、2D-Co_3O_4 纳米板和 3D-Co_3O_4 纳米片）。研究发现 3D-Co_3O_4 在催化氧化甲苯中表现出了优秀的催化活性。结果表明大的比表面积、良好的低温还原性、更多的结构缺陷、丰富的表面活性氧和 Co^{3+}是 3D-Co_3O_4 催化剂具有优异催化性能的主要原因，可能是一种潜在的非贵金属催化剂。Yan 等采用聚乙烯吡咯烷酮（PVP）结合水热法合成三维的 Co_3O_4 纳米花簇，研究发现由于 Co_3O_4 纳米花簇表面具有丰富的 Co^{3+}和较高浓度的表面吸附氧，从而展现了较高的甲苯催化氧化性能。有研究者指出多孔纳米线形貌的 Co_3O_4-HT-CTAB 催化剂也具有较高的催化氧化性能。还有研究者采用溶剂热法通过改变溶剂（乙醇，乙二醇，水）制备了不同粒径的 Co_3O_4 载体。研究发现 Co_3O_4 载体的粒径不同，导致贵金属 Pd 在 Co_3O_4 载体上的分散度不同，影响 Pd 与 Co_3O_4 载体的相互作用，从而影响甲苯催化氧化活性。此外，还发现 Co^{3+}/（Co^{3+}+Co^{2+}）表面原子比的增加会促进催化剂的催化活性。

单一的过渡金属氧化物在去除 VOCs 效率方面普遍低于贵金属催化剂。研究表明，VOCs 总氧化速率的关键步骤是金属氧化物中氧的去除速率，说明金属氧化物的还原性是催化剂活性最重要的指标。过渡金属氧化物的还原性可以通过添加第二种阳离子来提高，即合成复合金属氧化物催化剂。为了进一步改善钴基催化剂的活性，将钴负载在载体上或者在钴催化剂上负载其他活性组分，通过钴与其他组分间的协同作用增强催化性能。根据以前的研究结果，Mn-Co 是消除 VOCs 的有效体系之一，这两种金属的混合氧化物催化剂由于协同作用，比单独的金属催化剂效率更高。有研究者发现

Mn-Co 混合氧化物催化剂对催化氧化乙酸乙酯和正己烷的性能优于单一的 MnO_x、和 Co_3O_4 催化剂，通过表征分析结果发现，混合 Mn-Co 氧化物催化剂具有更高的比表面积、良好的低温还原性和多孔结构，从而展现了更高的 VOCs 催化氧化活性。Co-Mn 混合氧化物也被合成并用于催化氧化甲苯，结果表明其优异的催化活性得益于晶格氧的高迁移率以及 Co^{2+} 和 Mn^{3+} 的相互作用。

负载型钴基催化剂是将活性组分 Co 负载在载体上。根据载体的性质而影响催化剂的催化性能。碳纳米管负载 Co_3O_4（Co_3O_4/CNTS）催化剂被应用于甲苯的催化燃烧反应中[37]。研究结果发现碳纳米管表面的结构缺陷不仅增强了钴氧化物的还原/氧化循环的能力，而且提高了表面吸附氧的浓度，从而增强了 Co_3O_4/CNTs 催化氧化甲苯的活性。罗东谋[38]利用石墨相氮化碳（g-C_3N_4）载体制备了 Co_3O_4/g-C_3N_4 催化剂，对催化氧化甲苯表现出了较高的催化活性、优异的稳定性和循环使用性，其优异的催化活性归因于 Co_3O_4 活性相的存在、表面较高的 Co^{3+} 含量、表面丰富的吸附氧物质以及 Co^{3+} 的低温易还原性。此外，富 N 结构的 g-C_3N_4 表面电子丰富，有效促进氧化钴的还原，增加了催化剂中 O 物种和 Co 物种，因此可以提高催化氧化 VOCs 的活性。有研究者制备了一系列的负载型催化剂 Co_3O_4/CMK-3，其催化活性均高于单一的载体和纳米 Co_3O_4，研究机理表明，可能是由于介孔碳 CMK-3 和 Co_3O_4 两者之间的强协同作用，提高了催化剂的催化活性。

2.3 分子筛催化剂催化氧化 VOCs 研究

分子筛催化剂是由无机金属或者非金属合成的具有丰富孔道的无机材料。常见的分子筛有 ZSM-5、SAPO-34、MCM-41、KIT-6、各种沸石以及各种合成金属氧化物分子筛等[39]。由于含有丰富的孔结构、较大比表面积、优异的耐久性能以及特殊的化学性质（如酸性），多数分子筛本身拥有一定的催化去除 VOCs 分子的能力。在其负载活性组分后，分筛固有的物化性质与活性组分的协同作用可以进一步提升其催化氧化性能。但其合成过程较为复杂，对新型结构的开发以及活性物种的控制较为困难。

分子筛是一种具有特殊孔道结构的材料，一般具有比表面积大、热稳定性强、吸附容量大和金属离子交换能力强等优势，因此分子筛常作为催化剂载体使用，近年来已有大量报道将其应用于 VOCs 的催化燃烧领域中[40-41]。Qin 等[42]利用不同方法制备了 3 种不同形态的 SBA-15 分子筛并分别负载了 Mn 作为活性组分，结果表明分子筛的结构会直接影响 Mn 在其表面的存在形式，进而导致催化剂对甲苯的催化活性产生明显差异，其中棒状 SBA-15 负载 Mn 后对甲苯的催化活性最优。Peng 等[43]将 Pd、Fe 负载于 ZSM-5 分子筛上，并研究了其对甲苯的催化性能。与 Pd/Al 相比，负载 Fe 后 Pd^0 和吸附氧物种明显增多，进而催化活性更为优秀。因此，负载于分子筛上的活性组分是影响催化剂活性的重要因素。Deng 等[44]将 Co 负载于 KIT-6 和 SBA-15 分子筛上并与单独 Co_3O_4 进行比较。研究发现，添加分子筛后催化剂晶相及活性氧物种含量发生明显变化，且比表面积及催化剂稳定性明显提升。此外，Co-KIT-6 的催化活性明显优于 Co-SBA-15，因此分子筛载体的改变会直接影响其活性。此外，还有一类分子筛自身具有催化活性，其中常见的为 OMS-2 分子筛，即氧化锰八面体分子筛。目前对该分子筛的研究主要集中在制备方法的优化以及掺杂金属进行改性两个方面。侯静涛[45]研究了向 OMS-2 中掺杂 K^+后对其催化活性的影响，结果发现 K^+的增多会降低催化剂的晶格氧空位形成能，且其氧化能力得到明显提升，从而导致催化活性的增强。王海平[46]通过前掺杂法、浸渍法和沉积-沉淀法将 Au 负载于 OMS-2 分子筛上，结果表明制备方法的不同会明显影响催化剂的微观结构，从而致使其催化活性发生改变。

综上所述，分子筛的加入通常能够为催化剂提供良好的孔道结构，改善其催化性能，是一种前景优良的催化剂载体。而该类催化剂的活性影响因素较多，例如活性组分的负载形式及种类、分子筛载体的选择及其制备方法等。而且多数分子筛催化剂制备过程纷繁复杂，所以该类催化剂有待进一步研究来提升其工业应用的可能性。

2.4　钙钛矿催化剂催化氧化 VOCs 研究

钙钛矿的结构一般为 ABO_3，A、B 代表三价阳离子[47]。A 多为稀土离子，B 多为过渡元素离子。钙钛矿结构作为催化剂结构一般基于以下条件：一是氧离子可以晶格跃迁，二是可以将所需的金属阳离子稳定在晶格内并且可以改变金属离子的组成来调节离子所处的微环境[48]。目前的钙钛矿结构形式可以大致分为以下几种：介孔钙钛矿、大孔钙钛矿、负载型钙钛矿、小粒径钙钛矿等。钙钛矿作为一种氧化-还原催化剂，其中存在着表面氧与晶格氧的机理，在小于 400℃的低温下反应主要由表面氧参与，大于 400℃时反应由于晶格氧的活动开始增强，氧化反应主要由晶格氧完成。表面氧和晶格氧的活动性决定了催化剂的供氧能力和氧化再生能力。Yasuharu[49]在 800℃空气焙烧下制备的催化剂出现两个氧脱附峰，低温脱附峰归属吸附氧，高温脱附峰归属晶格氧。Pereniguez 等[50]认为甲苯的催化活性与低温段 α-O_2 脱附范围有关，这表明甲苯氧化遵循同面氧化机理。Liu 等[51]用模板法制备了骨架结构为介孔的三维有序大孔钙钛矿催化剂，经试验表明其催化燃烧甲苯有着良好的活性。Wang 等[52]利用介孔立方乙烯基硅制成了介孔 $LaCoO_3$ 催化剂，在对甲烷的催化燃烧中表现出了较好的活性。唐伟等[53]研制了钙钛矿结构催化剂 $LaCoO_3$ 与 $LaMnO_3$，并对其对单一种类 VOC 和混合多种类 VOCs 的催化燃烧进行了探索研究，结果表明 $LaMnO_3$ 的催化效果要好于 $LaCoO_3$。目前有很多研究表明在镧锰相钙钛矿体系中继续掺杂其他金属离子可以更好地提升催化剂的催化效果，例如掺杂 Ce、Sr 等与 La^{3+}半径接近的金属离子。掺杂其他金属后的钙钛矿催化剂催化活性均有所提高，但钙钛矿一直存在起燃温度高、催化反应时间长、易 SO_2 中毒[54]等问题，影响了其实际应用。Deng 等[55]详细研究了对 Mn 和 Co 基钙钛矿掺杂 Sr 离子的催化效果。由于 Mn 的表面富集了大量高比例的 Mn^{4+}，所以其催化性能优异。而 Co 基比 Mn 基表现得更好。Irusta 等[56]进行了 $LaCoO_3$ 和 $LaMnO_3$ 以及它们被Sr取代后的催化剂对甲苯和甲乙酮的催化燃烧。甲苯在低于340℃时完全转化，甲乙酮在低于270℃时完全转化。$La_{0.8}Sr_{0.2}CoO_3$ 以及 $La_{0.8}Sr_{0.2}MnO_3$ 均比 $LaCoO_3$ 和 $LaMnO_3$ 的催化活性优秀。沈柳倩等[57]研究了钙钛矿催化剂对一些含氯、含硫等物质的VOCs气体的催化燃烧效果，结果发现掺杂了Sr和Cu的 $La_{0.8}Sr_{0.2}MnO_3$ 和 $La_{0.8}Cu_{0.2}MnO_3$ 具有良好的抗氯性和稳定性，但其对于 SO_2 出现了中毒失活的表现。曹利等[58]则在镧钴相钙钛矿体系中掺杂了Sr、Ce、Ba、Ca 4种金属形成 $La_{0.8}M_{0.2}CoO_3$ 型钙钛矿型复合物催化剂并进行试验，测试其对甲苯的催化性能，结果表明掺杂不同金属后对甲苯有较好的催化性能，起燃温度均在160℃之下，反应温度在340℃时转化率达到了90%，掺杂金属后，催化剂依然保持了钙钛矿型结构，并且比表面积有所增加，催化活性也随之增加。现今也有一些科研工作者探寻贵金属催化剂与钙钛矿型催化剂的结合，形成一种新型催化剂。Giraudon等[59]制备了 $Pd/LaMO_3$（M=Co、Fe、Mn、Ni）催化剂，并对其做了甲苯的催化活性测试，最终结果表明，催化活性从高到低的顺序为 $Pd/LaFeO_3 > Pd/LaMnO_3 > Pd/LaCoO_3 > Pd/LaNiO_3$，并且活性均高于未掺杂贵金属Pt的镧钴相钙钛矿催化剂。说明掺杂了贵金属之后能有效地提高钙钛矿催化剂的催化活性，并且可以降低催化燃烧VOCs的起燃温度，有效提升了钙钛矿催化剂的催化活性，并减少了贵金属的使用量，降低了成本。整体性钙钛矿型催化剂分为活性组分、助催化剂和载体三部分。Cimino等[60]研究了 $LaMnO_3$ 整体型催化剂和颗粒状催化剂催化燃烧甲烷，结果显示整体型钙钛矿催化剂要比颗粒状催化剂的催化活性好一些，整体型钙钛矿完全转化时的温度要比颗粒状的低10℃左右。Arendt等[61]使用颗粒氧化物和陶瓷金属作为载体，制备了 $LaMnO_3$ 的颗粒状和整体型催化剂。结果表明载体不同，催化剂对甲烷的催化活性区别较大，温度在400℃以下时颗粒状催化剂活性更好，在温度高于515℃时整体型催化剂活性更好。

参考文献

[1] 张建萍，项菲. 浅析蓄热式热力氧化技术处理挥发性有机废气[J]. 环保技术，2014，45：36-39.

[2] Yang H，Deng J，Liu Y，et al. Preparation and catalytic performance of Ag，Au，Pd or Pt nanoparticles supported on 3DOM CeO_2-Al_2O_3 for toluene oxidation [J]. J. Mol. Catal. Chem.，2016，414：9-18.

[3] Chen C，Chen F，Zhang L，et al. Importance of platinum particle size for complete oxidation of toluene over Pt/ZSM-5 catalysts [J]. Chem. Commun.，2015，51：5936-5938.

[4] Sun H，Yu X，Yang X，et al. Au/Rod-like MnO_2 catalyst via thermal decomposition of manganite precursor for the catalytic oxidation of toluene [J]. Catalysis Today，https://doi.org/10.1016/j.cattod.2018.07.017.

[5] Kim K，Ahn H. Complete oxidation of toluene over bimetallic Pt-Au catalysts supported on ZnO/Al_2O_3 [J]. Applied Catalysis B：Environmental，2009，91：308-318.

[6] Barakat T，Idakiev V，Cousin R，et al. Total oxidation of toluene over noble metal based Ce，Fe and Ni doped titanium oxides [J]. Applied Catalysis B：Environmental，2014，146：138-146.

[7] Wang L，Wang Y F，Zhang Y，et al. Shape dependence of nanoceria on completely catalytic oxidation of oxylene [J]. Catal. Sci. Technol.，2016，6：4840-4848.

[8] Luo Y J，Wang K C，Xu Y X，et al. The role of Cu species in electrospun CuO-CeO_2 nanofibers for total benzene oxidation [J]. New J. Chem.，2015，39：1001-1005.
[9] Shi Z N，Yang P，Tao F，et al. New insight into the structure of CeO_2-TiO_2 mixed oxides and their excellent catalytic performances for 1,2-dichloroethane oxidation [J]. Chem. Eng. J.，2016，295：99-108.
[10] Wang W，Zhu Q，Dai Q G，et al. Fe doped CeO_2 nanosheets for catalytic oxidation of 1,2-dichloroethane：Effect of preparation method [J]. Chem. Eng. J.，2017，307：1037-1046.
[11] Yang P，Shi Z N，Yang S S，et al. High catalytic performances of CeO_2-CrO_x catalysts for chlorinated VOCs elimination [J]. Chem. Eng. Sci.，2015，126：361-369.
[12] Hu Z，Qiu S，You Y，et al. Hydrothermal synthesis of $NiCeO_x$ nanosheets and its application to the total oxidation of propane [J]. Appl. Catal. B：Environ.，2018，225：110-120.
[13] Lu H F，Zhou Y，Han W F，et al. Promoting effect of ZrO_2 carrier on activity and thermal stability of CeO_2-based oxides catalysts for toluene combustion[J]. Appl. Catal. A：Gen.，2013，464-465：101-108.
[14] Wu H，Pantaleo G，Carlo G D，et al. Co_3O_4 particles grown over nanocrystalline CeO_2：Influence of precipitation agents and calcination temperature on the catalytic activity for methane oxidation [J]. Catal. Sci. Technol.，2015，5：1888-1901.
[15] Zhao L L，Zhang Z P，Li Y S，et al. Synthesis of Ce_aMnO_x hollow microsphere with hierarchical structure and its excellent catalytic performance for toluene combustion [J]. Appl. Catal. B：Environ.，2019，245：502-512.
[16] 张琮．锰氧化物及锰基氧化物纳米结构的构筑与催化性能研究 [D]．济南：山东大学，2014.
[17] Piumetti M，Fino D，Russo N. Mesoporous manganese oxides prepared by solution combusti-onsynthesis as catalysts for the total oxidation of VOCs [J]. Appl. Catal. B：Environ.，2015，163：277-287.
[18] Kim S，Shim W. Catalytic combustion of VOCs over a series of manganese oxide catalysts [J]. Appl. Catal. B：Environ.，2010，3-4：180-185.
[19] Cellier C，Ruaux V，Lahousse C，et al. Extent of the participation of lattice oxygen from γ-MnO_2 in VOCs total oxidation：Influence of the VOCs nature [J]. Catal. Today，2006，1-3：350-355.
[20] Wang F，Dai H，Deng J，et al. Manganese oxides with rod-，wire-，tube-，and flower-like morphologies：Highly effective catalysts for removal of toluene[J]. Environ. Sci. Technol. 2012，46：4034-4041.
[21] 宋灿．不同晶型与形貌锰氧化物的合成及催化燃烧氯苯的研究 [D]．武汉：武汉工程大学，2012.
[22] Zaki M，Hasan M，Pasupulety L，et al. CO and CH_4 total oxidation over manganese oxide supported on ZrO_2，TiO_2，TiO_2-Al_2O_3 and SiO_2-Al_2O_3 catalysts [J]，New J. Chem.，1999，12：1197-1202.
[23] Kim S，Park Y，Nah J. Property of a highly active bimetallic catalyst based on a supported Manganese oxide for the complete oxidation of toluene [J]. Appl. Catal. B：Environ.，2014，266：292-298.
[24] Liao Y，Fu M，Chen L，et al. Catalytic oxidation of toluene over nanorod-structured Mn-Ce mixed oxides [J]. Catal. Today，2013，216：220-228.
[25] Sun H，Liu Z，Chen S，et al. The role of lattice oxygen on the activity and selectivity of the OMS-2 catalyst for the total oxidation of toluene [J]. Chem. Eng. J.，2015，270：58-65.
[26] Tang W，Wu X，Liu G，et al. Preparation of hierarchical layer-stacking Mn-Ce composite oxide

forcatalytic total oxidation of VOCs［J］. J. Rare Earth，2015，33：62-69.
［27］Deng H，Kang S，Ma J，et al. Silver incorporated into cryptomelane-type Manganese oxide boosts the catalytic oxidation of benzene［J］. Appl. Catal. B：Environ.，2018，239：214-222.
［28］Liu L，Song Y，Fu Z，et al. Effect of preparation method on the surface characteristics and activity of the Pd/OMS-2 catalysts for the oxidation of carbon monoxide，toluene，and ethyl acetate［J］. Appl. Surf. Sci.，2017，396：599-608.
［29］Hu J，Li W，Liu R. Highly efficient copper-doped manganese oxide nanorod catalysts derived from CuMnO hierarchical nanowire for catalytic combustion of VOCs［J］. Catal. Today，2018，314：147-153.
［30］Bai B，Qiao Q，Ping Y，et al. Effect of pore size in mesoporous MnO_2 prepared by KIT-6 aged at different temperatures on ethanol catalytic oxidation［J］. Chinese J. Catal.，2018，39：630-638.
［31］X. F. Tang，J. H. Li，J. M. Hao. Synthesis and characterization of spinel Co_3O_4 octahedra enclosed by the {111} facets［J］. Mater. Res. Bull. 2008，43：2912-2918.
［32］Han W L，Dong F，Zhao H J，et al. Outstanding water-resistance Pd-Co nanoparticles functionalized mesoporous carbon catalyst for CO catalytic oxidation at room temperature［J］. Chem. Select. 2018，3：6601-6610.
［33］Konsolakis M，Carabineiro S，Marnellos G，et al. Effect of cobalt loading on the solid state properties and ethyl acetate oxidation performance of cobalt-cerium mixed oxides［J］. J. Collo. Inter. Sci. 2017，496：141-149.
［34］Hu L H，Peng Q，Li Y. Selective synthesis of Co_3O_4 nanocrystal with different shape and crystal plane effect on catalytic property for methane combustion［J］. J. Am. Chem. Soc. 2008，130：16136-16137.
［35］Xia Y S，Dai H X，Jiang H Y，et al. Three-dimensional ordered mesoporous cobalt oxides：Highly active catalysts for the oxidation of toluene and methanol［J］. Catal. Commun. 2010，11：1171-1175.
［36］Ren Q，Feng Z，Mo S，et al. 1D-Co_3O_4，2D-Co_3O_4，3D-Co_3O_4 for catalytic oxidation of toluene［J］. Catal. Today. 2019，15：160-167.
［37］Jiang S J，Song S Q. Enhancing the performance of Co_3O_4/CNTs for the catalytic combustion of toluene by tuning the surface structures of CNTs［J］. Appl. Catal. B：Environ. 2013，140：1-8.
［38］罗东谋. 甲苯催化燃烧钴基催化剂的制备与反应性能研究［D］. 太原：太原理工大学，2019.
［39］冯爱虎，于洋，于云，等. 沸石分子筛及其负载型催化剂去除 VOCs 研究进展［J］. 化学学报，2018，76：757-773.
［40］曾春云. Mn 基催化剂上 VOCs 催化氧化性能研究［D］. 金华：浙江师范大学，2011.
［41］杨鹏. 固体酸改性铈基复合氧化物的合成、表征及其对 Cl-VOCs 深度氧化性能的研究［D］. 杭州：浙江大学，2016.
［42］Qin Y，Qu Z，Dong C，et al. Highly catalytic activity of Mn/SBA-15 catalysts for toluene combustion improved by adjusting the morphology of supports［J］. J. Environ. Sci.（2018），http://doi.org/10.1016/j.jes.2018.04.027.
［43］Peng Y，Zhang L，Jiang Y，et al. Fe-ZSM-5 supported palladium nanoparticles as an efficient catalyst for toluene abatement［J］. Catal. Today，2018，https：//doi. org/10. 1016/j. cattod. 2018. 05. 032.
［44］Deng J，Feng S，Zhang K，et al. Heterogeneous activation of peroxymonosulfate using ordered mesoporous Co_3O_4 for the degradation of chloramphenicol at neutral pH［J］. Chem. Eng. J.，2017，308：505-515.

[45] 侯静涛．MnO_2 基催化剂的微结构调控及其催化净化 VOCs 性能［D］．武汉：武汉理工大学，2014.

[46] 王海平．负载型 OMS-2 和 α-MnO_2 催化氧化性能的研究［D］．北京：北京工业大学，2014.

[47] Lucia M，Vivek U，Sergey N．Rashkeev．Structural stability and catalytic activity of lanthanum-based Perovskites［J］．The Journal of Physical Chemistry C．2011，17：8709-8715.

[48] 官芳．蜂窝陶瓷型钙钛矿催化剂制备及其 VOCs 催化燃烧性能研究［D］．杭州：浙江工业大学，2008.

[49] Yasuharu Yokoi．Catalytic activity of perovskite-type oxide catalysts for direct decomposition of NO：Correlation between cluster model calculations and temperature-programmed destortion experiments［J］．Catalysis today，1998，42（1-2）：167-174.

[50] Pereniguez R，Hueso J L，Gaillard F，et al．Study of oxygen reactivity in La1-xSrxCoO_3-δ perovskites for total oxidation of toluene［J］．Catalysis Letters，2012，142（4）：408-416.

[51] Liu Y，Dai H，Du Y，et al．Lysine-aided PMMA-templating preparation and high performance of three-dimensionally ordered macroporous $LaMnO_3$ with mesoporous walls for the catalytic combustion of toluene［J］．Applied Catalysis B：Environmental，2012，119：20-31.

[52] Wang Y，Ren J，Wang Y，et al．Nanocasted synthesis of mesoporous $LaCoO_3$ perovskite with extremely high surface area and excellent activity in methane combustion［J］．The Journal of Physical Chemistry C，2008，112：15293-15298.

[53] 黄海凤，唐伟，陈银飞，等．$LaMO_3$（M=Co，Mn）钙钛矿型催化剂上 VOCs 催化燃烧的研究［J］．中国稀土学报，2004，2：85-88.

[54] Cherry M，Islam M S，Catlow C R A．Oxygen ion migration in perovskite-type oxides［J］．Journal of Solid State Chemistry，1995，118（1）：125-132.

[55] Deng J，Zhang L，Dai H，et al．Strontium-doped lanthanum cobaltite and manganite：Highly active catalysts for toluene complete oxidation［J］．Industrial & Engineering Chemistry Research，2008，47：8175-8183.

[56] Irusta S，Pina M P，Menendez M．Catalytic combustion of volatile organic compounds over La-based Perovskites［J］．Catal，1998，179（2）：400-405.

[57] 沈柳倩，翁芳蕾，袁鹏军，等．钛矿型催化剂对 VOCs 催化燃烧的抗毒性和稳定性研究［J］．分子催化，2002，22（4）：320-324.

[58] 曹利，曹爽，黄学敏，等．钙钛矿型催化剂 $La_{0.8}M_{0.2}CoO_3$（M=Sr、Ce、Ba、Ca）催化燃烧 VOCs 的活性与抗硫性研究［J］．环境化学，2011，30（9）：1539-1545.

[59] Giraudon J M，Elhachimi A，Wyrwalski F，et al．Studies of the activation process over Pd perovskite-type oxides used for catalytic oxidation of toluene［J］．Applied Catalysis B：Environmental，2007，75（3-4）：157-166.

[60] Cimino S，Lisi L，Pirone R，et al．Methane combustion on perovskites-based structured catalysts［J］．Catalysis Today，2000，59（1-2）：19-31.

[61] Arendt E，Maione A，Klisinska A，et al．Structuration of $LaMnO_3$ perovskite catalysts on ceramic and metallic monoliths：Physico-chemical characterization and catalytic activity in methane combustion［J］．Applied Catalysis A：General，2008，339（1）：1-14.

第3章

催化氧化 VOCs 催化剂实验测试与表征

3.1 催化剂制备

催化剂可通过共沉淀法将不同种类过渡金属掺杂到金属氧化物中来制备。在磁力搅拌条件下，将所需化学计量的 M 硝酸盐溶解在 100mL 去离子水中。待完全溶解后，将相应量的硝酸盐溶于上述溶液中。之后在剧烈搅拌条件下将氨水逐滴添加至上述混合溶液中，直到 pH 值达到 10。然后将含有沉淀物的烧杯转移至集热恒温磁力搅拌器中，并在 80℃下搅拌 4h 后于室温静置 12h。通过抽滤装置收集前体沉淀物，并用蒸馏水洗涤若干次，直到 pH 值为 7。将得到的固体前体在 105℃烘箱中干燥 12h，然后在马弗炉中于 550℃煅烧 5h（升温速率为 3℃/min）。

通过 4 种不同的制备方法合成系列催化剂。

（1）共沉淀法（CP）

步骤与上述制备过程相同。

（2）溶胶凝胶法（SG）

将一定量的柠檬酸（柠檬酸的摩尔量是总金属离子摩尔量的 2 倍）溶解在 80mL 去离子水中，之后将化学计量的硝酸盐溶于上述溶液。在磁力搅拌下于 80℃加热 3h 将过量的水蒸发并得到凝胶状液体。之后干燥和煅烧过程与共沉淀法相同。

（3）水热法（HT）

将化学计量的硝酸盐完全溶解在 50mL 去离子水中。之后，在搅拌条件下，通过滴加氨水将 pH 值调节至 10。将得到的浑浊液体在室温下搅拌 4h。然后，将混合溶液转移到装有聚四氟乙烯内衬的不锈钢高压釜中，并在 120℃下进行水热处理 12h（加热速率为 3℃/min）。之后，沉淀物的收集、洗涤、干燥和煅烧过程与共沉淀法相同。

（4）浸渍法（IM）

首先通过共沉淀法，在 300℃焙烧 3h 制备金属氧化物载体。将硝酸盐前体溶解在适量去离子水中，并将金属氧化物粉末添加到该溶液中。将浆液在室温下连续搅拌 2h，在 60℃下搅拌 4h，最后在 70℃下搅拌 1h。之后，将样品在与共沉淀法相同的条件下干燥并煅烧。

3.2　测试条件

催化氧化活性评价在常压连续流固定床反应器中进行，装置及工作流程如图 3.1 所示。

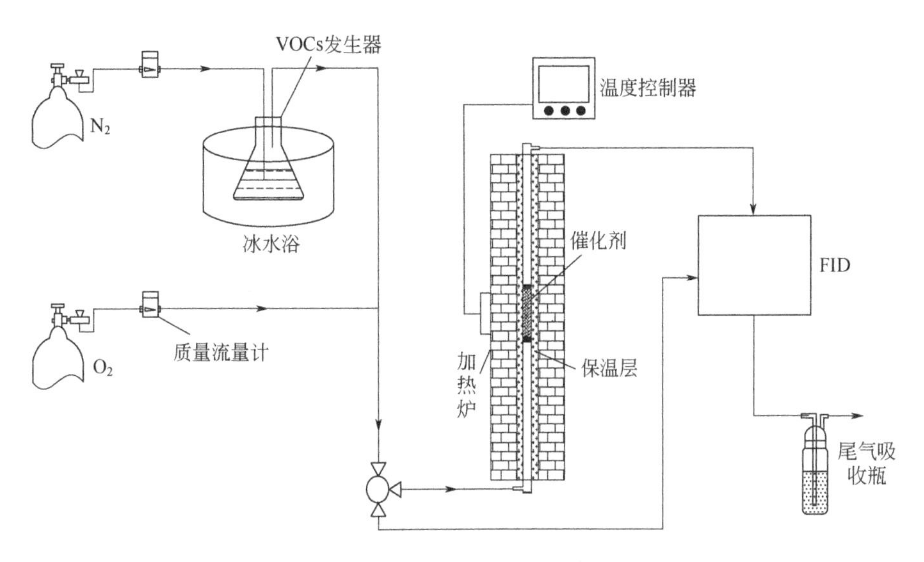

图 3.1　活性评价装置及流程

其中甲苯由 N_2 通入鼓泡器中带出，经过内径为 8mm 的石英管后进入气相色谱对其浓度进行检测。催化剂床层由 K 型热电偶进行温度检测，反应温度范围为 100～400℃。将粒径为 40～60 目的 0.1g 催化剂装入石英管中后通入反应气，反应气氛为：甲苯 500×10^{-6}、体积分数为 20%的氧气及氮气作为平衡气，气体总流速为 100mL/min，即空速为 60000mL/（g・h）。甲苯转化率按式（3-1）计算：

$$\text{甲苯转化率}=\frac{\text{甲苯进口浓度}-\text{甲苯出口浓度}}{\text{甲苯进口浓度}}\times100\% \tag{3-1}$$

CO_2 产生率根据式（3-2）进行计算：

$$CO_2\text{产生率}=\frac{CO_2\text{出口浓度}}{\text{甲苯完全转化时}CO_2\text{出口浓度}}\times100\% \tag{3-2}$$

标准化初始反应速率 r［mol/（g・s)］根据式（3-3）进行计算：

$$r=-\frac{F}{m}\times\frac{P}{RT}\times\ln(1-X)\times C_{\text{Toluene}} \tag{3-3}$$

式中　F——气体总流速，m^3/s；

m——催化剂质量，g；

P——大气压，Pa；

R——理想气体常数，8.314J/（mol·K）；

T——实时温度，K；

X——甲苯去除率；

$C_{Toluene}$——甲苯入口浓度，mol/L。

3.3 表征测试

3.3.1 X射线衍射（XRD）

XRD测试采用BRUKER D8 ADVANCE型X射线衍射仪，采用Cu-Kα作为射线源，测试范围为10°～70°，扫描速度为0.05°/步，步时为3s。

（1）X射线光源形成机制

产生X射线的装置称为X射线管（或X光管）。普通的X射线管是一个密封装置，其中包含一个阴极和一个阳极。阴极就是一根弯曲的钨丝，阳极就是一块纯金属片。阳极通常采用Cu、W、Co、Mo、Fe、Cr等。首先给阴极两端通上电流（220V，10mA或更大），这时，阴极就像白炽灯的灯丝一样发热，产生热阴极电子。然后，在阴极和阳极之间加载一个电压（30kV或更高），由于阴极和阳极之间的电势作用，使阴极产生的电子作定向加速运动到达阳极面上，电子被阳极阻挡而减速，实现能量的转换，由电子的动能转变为光能和热能（使阳极发热，需用水冷却）。

（2）XRD基本原理

X射线经过电子，原子，晶体时都会发生散射现象。若散射后的X射线波长和入射的波长相同，则这些散射线可相互干涉加强，称为相干散射。相干散射是X射线在晶体中产生衍射现象的基础。当有两个频率相同的波在同一个介质中传播时，它们之间就有不同程度的加强或抵消，这就是波的干涉，而最大限度的加强就称为衍射。发生最大限度加强的方向称为衍射方向。由于晶体内部有规律的排列，结点间距与X射线的波长相近，因此，当X射线投射在晶体的不同晶面上时，有行程差就会产生干涉加强或减弱从而形成谱图。

（3）平均晶粒度的测定

$$D_{hkl}=\frac{k\lambda}{\beta\cos\theta} \tag{3-4}$$

式中 β——半峰宽度，即衍射强度为极大值1/2处的宽度，rad；

λ——X射线波长，对于Cu-Kα，一般为1.54056×10^{-10}m；

θ——布拉格衍射角，单位为角度；

D_{hkl}——晶面法线方向的晶粒大小，与其他方向的晶粒大小无关；

k——形状因子，对球状粒子 k=1.075，对立方晶体 k=0.9，一般要求不高时取 k=1。

3.3.2　可见拉曼光谱分析（Raman）

拉曼测试是在 Renishaw inVia 2000 拉曼光谱仪（Renisha plc，英国）上进行的，用 Ar^+离子激光器在 532nm 波长上进行评估，以评估样品的微晶结构。

基本原理：频率为 ν_0 的入射辐射电磁场使分子的电子云移动，在散射系统中感生出震荡的电磁多极子，这样的多极子又产生电磁辐射。如果发出的电磁辐射频率与入射辐射频率 ν_0 相同，这就是瑞利散射。如果发出的电磁辐射频率与入射辐射频率 ν_0 不同，为 $\nu_0 \pm \nu_m$，其中 ν_m 为分子的振动频率，这就是拉曼散射。因此拉曼效应是在外电场的作用下，产生的感生电偶极矩被分子中的振动运动调制而产生的。

设入射光是频率为 ν_0 的单色光，其电场强度为

$$E=E_0\cos 2\pi \nu_0 t \tag{3-5}$$

则分子的感生偶极矩随电场强度的变化而变化：

$$P=\alpha E_0\cos 2\pi \nu_0 t \tag{3-6}$$

式中　α——极化率张量。

由分子振动所引起的极化率的变化，可以通过把极化率张量的每一个分量按简正坐标展开为如下的泰勒级数来表示：

$$\alpha = \alpha_0 + \left\{\frac{\partial \alpha}{\partial q}\right\}_0 + \cdots \tag{3-7}$$

式中　q——振动频率 ν_m 的简正坐标。

$$q=q_0\cos 2\pi \nu_0 t \tag{3-8}$$

则分子的感生偶极振动为：

$$\begin{aligned} P &= \alpha_0 E_0 \cos 2\pi \nu_0 t + \left\{\frac{\partial \alpha}{\partial q}\right\}_0 q_0 \cos 2\pi \nu_0 t E_0 \cos 2\pi \nu_0 t + \cdots \\ &= \alpha_0 E_0 \cos 2\pi \nu_0 t \\ &\quad + \frac{1}{2}\left\{\frac{\partial \alpha}{\partial q}\right\}_0 q_0 E_0 [\cos 2\pi(\nu_0 - \nu_m)t + \cos 2\pi(\nu_0 + \nu_m)t] \\ &\quad + \cdots \end{aligned} \tag{3-9}$$

式中，第一项为与入射光同频率的瑞利散射；第二项和第三项分别为拉曼散射的斯托克斯和反斯托克斯线。

因此，拉曼散射是偶极子以频率 ν_0 振动时，被频率为 ν_m 的分子振动调制而形成的。只有 $\frac{\partial \alpha}{\partial xq} \neq 0$，即分子的极化率发生变化时，才是拉曼活性的，否则为非拉曼活性。

拉曼散射的经典理论不能解释拉曼散射和瑞利散射中的许多的问题，如无法解释斯托克斯和反斯托克斯线的强度为何相差几个数量级。

3.3.3 扫描电子显微镜（SEM）

采用日立 SU8010（Hitachi，日本）高分辨冷场发射扫描电子显微镜测试。

基本原理：扫描电镜从原理上讲就是利用聚焦得非常细的高能电子束在试样上扫描，激发出各种物理信息。通过对这些信息的接受、放大和显示成像，获得测试试样表面形貌的观察。当一束极细的高能入射电子轰击扫描样品表面时，被激发的区域将产生二次电子、俄歇电子、特征 X 射线和连续谱 X 射线、背散射电子、透射电子，以及在可见、紫外、红外光区域产生的电磁辐射。同时可产生电子-空穴对、晶格振动（声子）、电子振荡（等离子体）。

3.3.4 比表面积测定（BET）

BET 测试采用 SSA-6000 孔径比表面积分析仪（北京彼奥德电子技术公司），在液氮温度（−196℃）下进行氮气吸脱附测试，计算比表面积相关信息。

（1）基本原理

BET 测试理论基于希朗诺尔、埃米特和泰勒三人提出的多分子层吸附模型，并推导出单层吸附量 V_m 与多层吸附量 V 间的关系方程，即著名的 BET 方程。BET 方程建立在多层吸附的理论基础之上，与物质实际吸附过程更接近，因此测试结果更准确。通过实测 3～5 组被测样品在不同氮气分压下多层吸附量，以 P/P_0 为 X 轴，$P/V(P_0-P)$ 为 Y 轴，由 BET 方程作图进行线性拟合，得到直线的斜率和截距，从而求得 V_m 值计算出被测样品比表面积。理论和实践表明，当 P/P_0 取点在 0.05～0.35 范围内时，BET 方程与实际吸附过程相吻合，图形线性也很好，因此实际测试过程中选点在此范围内。

（2）BET 方程

$$\frac{P}{V(P_0-P)}=\frac{1}{V_m c}+\frac{c-1}{V_m c}\frac{P}{P_0} \tag{3-10}$$

式中 P——氮气的分压；

P_0——液氮温度下，氮气的饱和蒸汽压；

V——样品的实际吸附量；

V_m——氮气单层饱和吸附量；

c——与样品吸附能力有关的常数。

（3）孔容积和孔径分布

中孔分布的 BJH 计算法：Ⅳ型等温线上有回滞环，表明中孔的存在。孔径分布可以根据等温线的吸附支或者脱附支数据计算。数据的下限取回滞环的闭合点（P/P_0=

0.42～0.50），对应的孔半径在 1.7～2nm。数据的上限是Ⅳ型等温线在高相对压力一侧回滞环闭合后的平台；但若此平台不易分辨，通常 P/P_0 上限可取 0.95，相应的孔径为 20nm。

微孔容积和孔分布的测定：对于微孔材料而言，微孔的表面积物理意义并不明确，而且也没有太大的实际应用价值，故微孔容积和孔分布是衡量微孔材料孔性质最重要的指标。如前所述，微孔物质的物理吸附等温线通常呈Ⅰ型。在很低的相对压力下，微孔即吸附饱和，等温线形成一平台。因此用吸附法测定微孔材料的孔容积，首先要测准样品在很低相对压力下的吸附等温线，要做到这一点除了要求仪器有较高的系统真空度（0.5～1kPa）和高精度压力传感器外，还要选择合适的吸附质分子，以及恰当的样品处理和测定条件。

3.3.5　X 光电子能谱（XPS）

XPS 测试在 ESCALAB 250 型光电子能谱仪（Thermo Fisher Scientific，美国）上进行，采用 Al-Kα 光源，其中 284.6eV 作为 C1s 校正峰的结合能。

（1）基本原理

电子具有确定的能量并在一定的轨道上运动。第 i 轨道上运动的电子的结合能记为 $E_B(i)$，简记为 E_B。当用一束能量为 $h\nu$ 的 X 射线照射到某一固体样品（M）上时，便可激出某原子或分子中某个轨道上的电子，使原子或分子电离，激发出的电子获得了一定的动能 E_k，留下一个离子 M^+。这一 X 射线的激发过程可表示如下：

$$M + h\nu \rightarrow M^+ + e^- \tag{3-11}$$

式中，e^-为光电子。若这个电子的能量高于真空能级，就可以克服表面位垒，逸出体外而成为自由电子。

（2）电子发射过程的能量守恒方程

$$E_k = h\nu - E_B \tag{3-12}$$

式中，E_k 为某一光电子的动能，E_B 为结合能。这就是著名的爱因斯坦光电发射方程，它是光电子能谱分析的基础。在实际分析中，采用费米能级（E_F）作为基准（即结合能为零），测得样品的结合能（E_B）值，就可判断出被测元素。每个元素的主要光电子峰能量几乎是独一无二的，因而利用这种光电子能量峰就可以非常直接而简捷地鉴别出样品中的元素组成。

3.3.6　氢气程序升温还原（H_2-TPR）

在 PCA-1200 型化学吸附仪（北京彼奥德电子技术公司）上进行了 H_2-TPR。将 20mg 样品放置在 U 形石英管中，在高纯 N_2 气流中将温度上升到 300℃，升温速度为 10℃/min，持续 1h，然后冷却到 100℃。此后，以 30mL/min 的流速通入 5% H_2/Ar 混合气，同时，温度逐渐升高到 900℃，其中氢气的消耗量由热导检测器进行记录，并以如下方法对耗氢速率进行计算。

如式（3-13）所示，热导检测器所检测到的瞬时面积（a_i）可根据瞬时信号强度（I_i）以及检测时间间隔（Δt）计算所得。此后再由指定时间内瞬时面积（a_i）根据式（3-14）加和得到该时间段出峰总面积（A_i）。其中峰面积与 H_2 消耗量之间的系数（f）可由脉冲循环中 H_2 的量与平均信号面积之间的关系确定，因此根据式（3-15）可得到该时间段所消耗的 H_2 的量，同时 H_2 消耗速率（r_i）也可根据式（3-16）计算得到。值得注意的是，为避免其他因素的影响，在计算过程中只选取 H_2 消耗量小于 20%时的数据。

$$a_i = \frac{1}{2} \times (I_i + I_{i+1}) \times \Delta t \tag{3-13}$$

$$A_i = \sum_{t=0}^{t=i} a_i \tag{3-14}$$

$$X_i = A_i \times f \tag{3-15}$$

$$r_i = \frac{\mathrm{d}X_i}{\mathrm{d}t} \tag{3-16}$$

3.3.7 氧气程序升温脱附（O_2-TPD）

O_2-TPD 是在 PCA-1200 化学吸附仪（北京彼奥德电子技术公司）上测定的。测试过程为：将 200mg 样品于 300℃在 He 氛围下预处理 1h。待温度降至 50℃，以 30mL/min 的流速通入 20%O_2/He 混合气吸附 60min，保持相同温度，引入 He 吹扫 1h，然后以 10℃/min 的速度将温度升至指定温度。

第4章

MnO_2基催化剂催化氧化甲苯性能研究

4.1 MnO_x催化剂微观结构和表面物种的调控

4.1.1 MnO_x催化剂催化氧化甲苯研究简介

MnO_x 因其出色的低温活性和优秀的氧化还原性能而被认为是代替贵金属的不二之选[1-4]。因此，提高 MnO_x 催化活性以及对其反应原理的研究具有重要的意义。MnO_x 中活性氧物种的存在形式及锰的化学价态是影响其催化活性的重要因素，但是对于三者之间的关系尚没有统一定论。因此，本章考察了不同沉淀剂、水热温度和不同模板剂制备的 MnO_x 催化剂，同时利用 XRD、BET、XPS 等表征技术探究活性氧物种的存在形式以及锰的化学价态与催化活性间的构效关系，进一步推测其反应机理。

4.1.2 催化剂的微观结构、表面物种及化学价态对催化剂性能的影响

4.1.2.1 物相分析

图 4.1 中显示了 4 个样品的 XRD 表征结果。

由图 4.1 可知，在所有的样本中都观察到 Mn_2O_3 晶相的存在[5]。除样品 Cat_{NH1} 外，其他催化剂中还出现了一些与 Mn_5O_8 峰值相对应的特征峰[6]。值得注意的是，样品 Cat_{Na2} 上出现了 MnO_2 晶相的特征峰[7]。此外，由样品中 23.2°和 55.2°位置特征峰的半峰宽发现，样品 Cat_{NH1} 展现出更大的半峰宽，代表该样品具有相对较低的结晶度。较低的结晶度会导致更多的晶格缺陷出现，而晶格缺陷的增多是提高催化剂催化活性的重要因素。因此，不同的沉淀剂引发了催化剂中晶体结构的重大变化。

图 4.2 给出了上述 4 种催化剂的 Raman 谱图。根据图 4.2 可以发现，4 个样品均在 $362.1cm^{-1}$、$487.9cm^{-1}$ 和 $656.2cm^{-1}$ 左右的位置显示出 3 个明显的特征峰。其中位于 $656.2cm^{-1}$ 的特征峰是由八面体三价锰离子中 Mn—O 键的对称拉伸振动产生的。而位于 $362.1cm^{-1}$ 和 $487.9cm^{-1}$ 的两个较弱的特征峰分别对应的是 Mn_2O_3 的面

外弯曲振动和桥接氧的不对称拉伸（Mn—O—Mn）[8-9]。同时可以观察到在样品 Cat_{NH1} 中的 3 个特征峰出现了明显的扩展和弱化，这是由催化剂结构长期的无序堆积而造成的，而造成这种无序堆积的原因正是由于其较低的结晶度以及较多的晶格缺陷和氧空缺。这种现象会致使催化剂的比表面积增大和催化活性的提高[10]。而且在样品 Cat_{Na1} 和 Cat_{NH1} 中原本应该位于 656.2cm^{-1} 的特征峰出现了明显的向低角度的偏移，这个现象也是由晶格缺陷的产生引起的[10]。因此，与 XRD 结果相似，采用不同沉淀剂制备的催化剂具有不同的晶体结构，且 Cat_{NH1} 拥有较低的结晶度和较多的晶格缺陷。

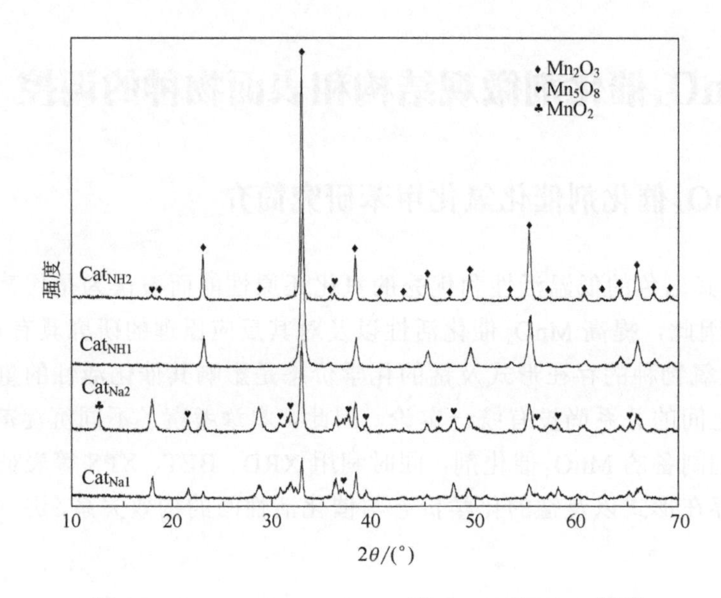

图 4.1　Cat_{Na1}、Cat_{Na2}、Cat_{NH1} 和 Ca_{tNH2} 的 XRD 谱图

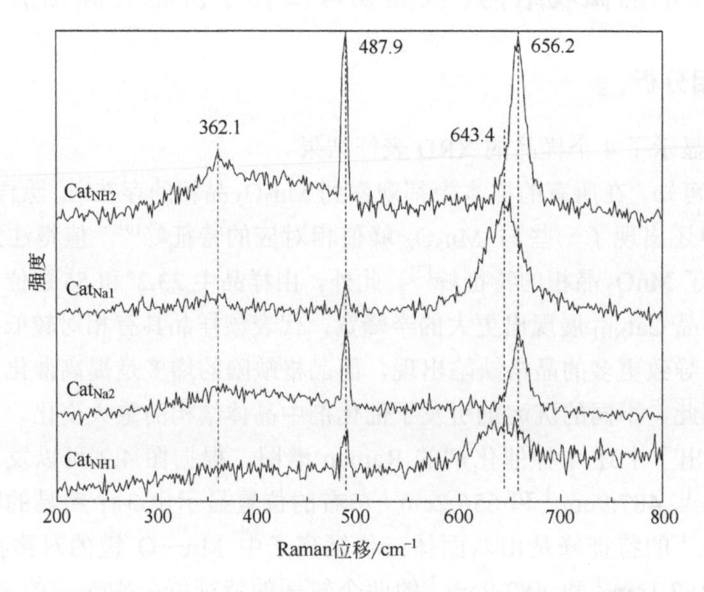

图 4.2　Cat_{Na1}、Cat_{Na2}、Cat_{NH1} 和 Cat_{NH2} 的 Raman 谱图

4.1.2.2　比表面积分析

图 4.3 中显示了 4 种催化剂的 N_2 吸脱附等温线及孔径分布曲线。由图可知，所有催化剂的等温线均属于Ⅳ型等温线[11]，而且迟滞回环均属于 H_3 型，代表不规则的裂隙状介孔的存在[10]。与其他催化剂相比，Cat_{NH1} 的解吸等温线斜率更高，并且闭合点更偏向于低值，代表其拥有更多的介孔和更大的比表面积[12]。利用 Barrett-Joyner-Halenda（BJH）方法计算孔径的分布后可以发现，样品 Cat_{Na1} 和 Cat_{NH2} 的孔径主要分布在 6nm 左右，而 Cat_{Na2} 和 Cat_{NH1} 拥有更大的孔径分布范围，即 6～80nm 和 20～67nm。通常来讲，更多微孔和介孔的存在有利于比表面积和孔体积的增大，而大孔的存在有利于与分子的传质效应[13]，因此较大的孔径分布范围会对催化剂在催化氧化甲苯的过程中产生积极影响。

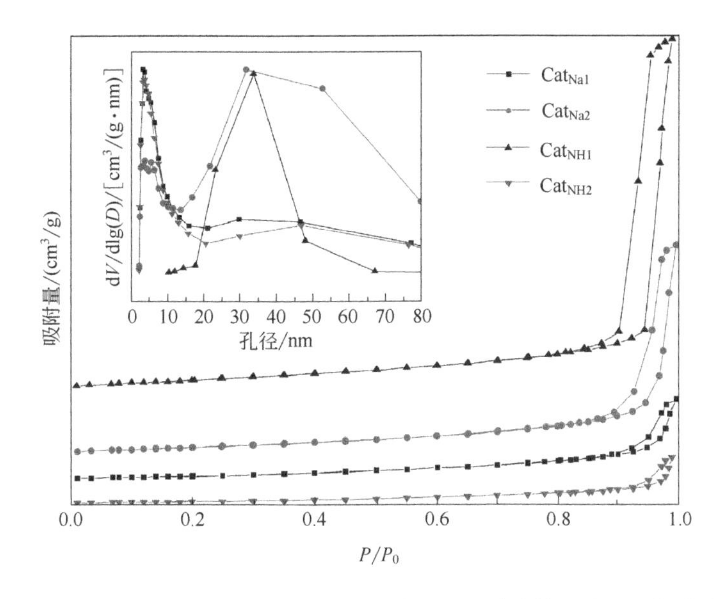

图 4.3　Cat_{Na1}、Cat_{Na2}、Cat_{NH1} 和 Cat_{NH2} 的 N_2 吸脱附等温线及孔径分布图

表 4.1 中显示了 4 个催化剂的比表面积（S_{BET}）和总孔体积（V_p）。Cat_{Na1}（17.2m^2/g，0.091cm^3/g）和 Cat_{NH2}（9.6m^2/g，0.053cm^3/g）的比表面积和孔体积相对较小，相比之下，Cat_{Na2}（31.2m^2/g，0.229cm^3/g）有所增加，而 Cat_{NH1}（47.1m^2/g，0.384cm^3/g）拥有更大的比表面积和孔体积。一般来讲，更高的比表面积意味着催化剂上会有更多的活性位点暴露出来，这有利于提高催化活性。此外，孔体积大的多孔结构促进了反应物和产物的扩散，从而有利于催化氧化性能的提高。与其他催化剂相比，以碳酸盐为沉淀剂可以促进良好孔隙结构的形成，从而导致介孔的增多和比表面积的增大。由此可知，催化剂的微观结构会受到不同沉淀剂的影响，而选取碳酸铵作为沉淀剂时，在晶化程度、孔隙结构和比表面积等方面具有明显优势，有助于催化活性的提高。

表 4.1 Cat_{Na1}、Cat_{Na2}、Cat_{NH1} 和 Cat_{NH2} 的 BET 信息

催化剂	比表面积/（m^2/g）	总孔体积/（cm^3/g）
Cat_{Na1}	17.2	0.091
Cat_{Na2}	31.2	0.229
Cat_{NH1}	47.1	0.384
Cat_{NH2}	9.6	0.053

4.1.2.3 表面物种及其化学价态分析

为了证实活性氧物种的存在形式和催化剂表面组成元素的价态，对催化剂进行了 XPS 表征，并在图 4.4 中显示了结果，同时在表 4.2 中列出了相关数据。图 4.4（a）显示了在 636～650eV 范围内的 4 个催化剂的 Mn 2p3/2 XPS 光谱。其中，643.1～643.3eV 的峰值代表 Mn^{4+}的存在，而 641.5～641.8eV 的信号则对应的是 Mn^{3+}[5]。多价态的 Mn 存在有利于电子的转移和转化，有利于提高氧化还原性能，从而提高催化剂活性。从表 4.2 中看出 Cat_{Na1}、Cat_{Na2}、Cat_{NH1} 和 Cat_{NH2} 的表面 Mn^{3+}/Mn^{4+}摩尔比分别为 1.46、2.22、2.83 和 1.26。曾经有研究表明，较高的 Mn^{3+}/Mn^{4+}摩尔比有助于形成氧空位，进而促进活性氧的增加，有利于提高催化剂的催化活性[10]。

图 4.4（b）中显示了 Cat_{Na1}、Cat_{Na2}、Cat_{NH1} 和 Cat_{NH2} 的 O 1s XPS 频谱峰，其中位于 531.4eV 和 529.8eV 左右的能谱峰分别归属于吸附氧物种（O_{ads}）和晶格氧物种（O_{latt}）[14-15]。如表 4.2 所列，Cat_{Na1}、Cat_{Na2}、Cat_{NH1} 和 Cat_{NH2} 的表面 O_{ads}/O_{latt} 摩尔比分别为 0.68、0.74、0.90 和 0.57。吸附氧物种在氧化反应中起着至关重要的作用，显然 Cat_{NH1} 的表面拥有最丰富的吸附氧。在低温条件下，丰富的吸附氧物种很容易被剥夺，有利于增强催化剂的氧化还原能力[14]。同时，从孔隙结构和更大的比表面积来看，Cat_{NH1} 有更多的活性氧物种展露出来。

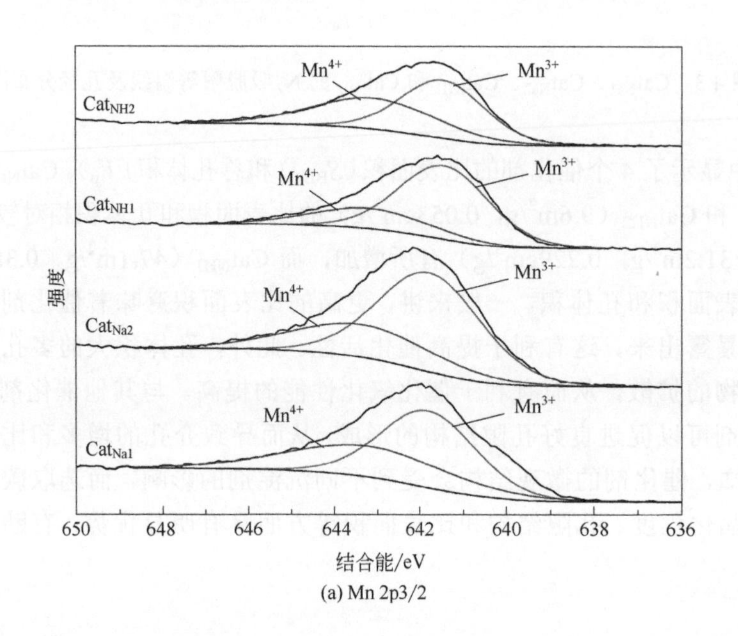

(a) Mn 2p3/2

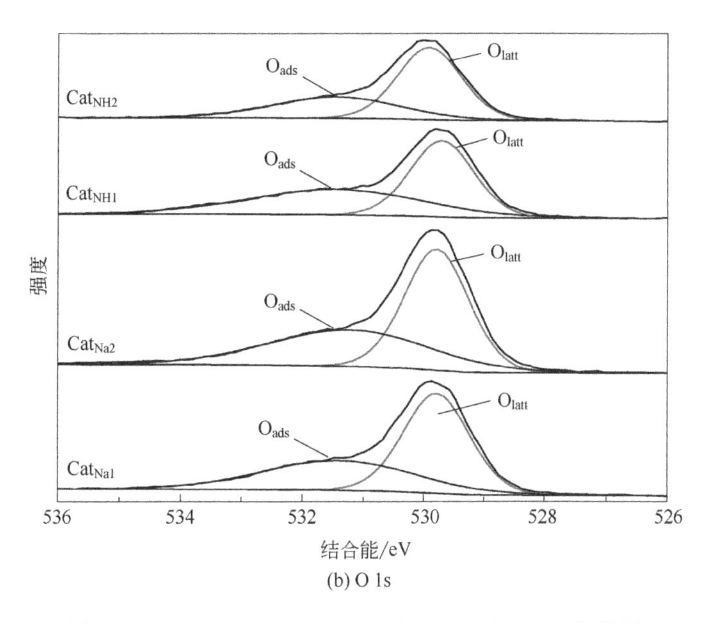

(b) O 1s

图 4.4　Cat_{Na1}、Cat_{Na2}、Cat_{NH1}和Cat_{NH2}的 XPS 能谱图

表 4.2　Cat_{Na1}、Cat_{Na2}、Cat_{NH1}和Cat_{NH2}的 XPS 信息

催化剂	Mn^{4+} 结合能/eV	Mn^{3+} 结合能/eV	O_{ads} 结合能/eV	O_{latt} 结合能/eV	Mn^{3+}/Mn^{4+} 摩尔比	O_{ads}/O_{latt} 摩尔比
Cat_{Na1}	643.2	641.8	531.4	529.8	1.46	0.68
Cat_{Na2}	643.3	641.8	531.2	529.8	2.22	0.74
Cat_{NH1}	643.2	641.5	531.4	529.7	2.83	0.90
Cat_{NH2}	643.1	641.5	531.4	529.9	1.26	0.57

4.1.2.4　氧化还原性能分析

利用 H_2-TPR 对催化剂的可还原能力进行了检测。实验结果如图 4.5 所示，所有催化剂均显示出了两个主要的还原峰，分别对应 MnO_2 到 Mn_2O_3 的还原（低温）以及 Mn_2O_3 到 MnO 的还原（中高温）[14]。显然不同的沉淀剂会导致催化剂氧化还原能力的改变，其中 Cat_{NH1} 和 Cat_{Na2} 拥有最低的初始还原峰温度，即采用碳酸盐作为沉淀剂能够有效改善催化剂的低温还原能力。值得注意的是，在 181℃时在样品 Cat_{NH1} 的还原曲线上出现了一个微弱的还原峰，这代表着表面可还原氧物种的存在，而此类氧物种的存在正是强大的低温还原能力的标志。根据以往的研究可知，强大的氧化还原能力会提高锰基催化剂在催化氧化甲苯中的催化性能[16,17]。而且与 XPS 分析结果作比较可知吸附氧含量的顺序与催化剂还原能力的顺序是一致的，这正是表面吸附氧物种含量和可还原能力的内在联系。

4.1.2.5　氧气程序升温脱附分析

O_2-TPD 技术能够进一步研究催化剂活性氧物种的存在形式。在去除甲苯的反应过程中，温度通常保持在 400℃以内，因此低于 400℃部分的曲线应该是研究重点，而在 400℃以下出现的脱附峰通常被归属于吸附氧物种的解吸[18]。从图 4.6 中可以观察到，在相对较低的温度下，样品 Cat_{NH1} 中有更多的吸附氧解吸出来，这表明它拥有最多的表面氧空缺以及最弱的氧结合能力，这有利于催化反应的进行。因此，沉淀剂的差异会影响催化剂的氧流动性能和氧空缺数量。与 XPS 结果一致，Cat_{NH1} 显示出更强的氧流动性和更多的表面氧空缺。

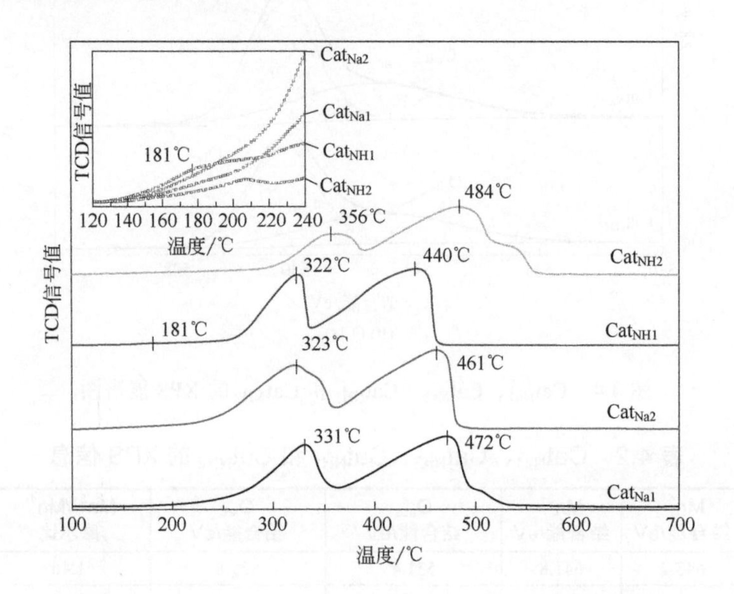

图 4.5 Cat_{Na1}、Cat_{Na2}、Cat_{NH1} 和 Cat_{NH2} 的 H_2-TPR 谱图

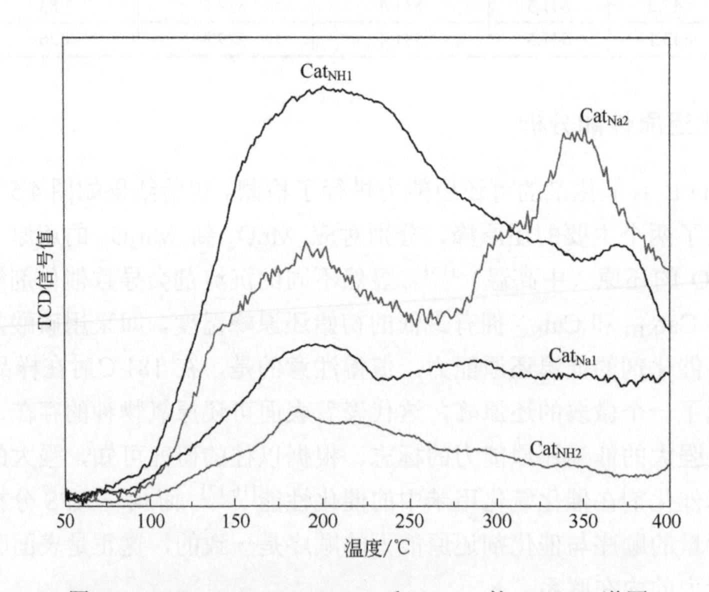

图 4.6 Cat_{Na1}、Cat_{Na2}、Cat_{NH1} 和 Cat_{NH2} 的 O_2-TPD 谱图

4.1.2.6 催化氧化甲苯活性及稳定性分析

4 种催化剂对甲苯的转化结果见图 4.7。如表 4.3 所列，对甲苯转换的 T_{50} 值

（甲苯去除率达 50%的温度）排序如下：Cat_{NH1}（246℃）<Cat_{Na2}（250℃）<Cat_{Na1}（261℃）<Cat_{NH2}（270℃）。类似地，根据 T_{90}（甲苯去除率达 90%的温度）值很明显可以看出 Cat_{NH1}（257℃）比其他催化剂具有更好的催化活性，其次是 Cat_{Na2}（272℃）和 Cat_{Na1}（277℃），而 Cat_{NH2}（288℃）的催化性能最差。

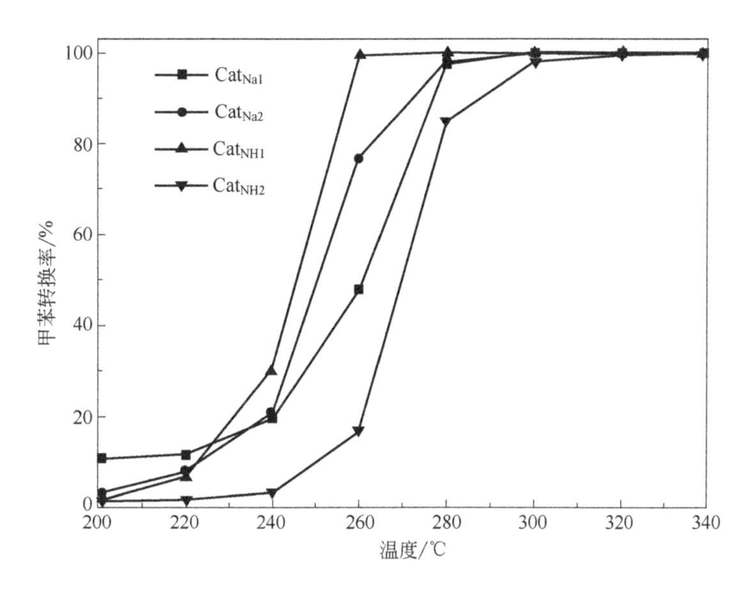

图 4.7　Cat_{Na1}、Cat_{Na2}、Cat_{NH1} 和 Cat_{NH2} 的催化氧化甲苯的活性图

反应条件为甲苯初始浓度 500×10^{-6}，氧气含量（体积分数）20%，空速为 $60000h^{-1}$

表 4.3　Cat_{Na1}、Cat_{Na2}、Cat_{NH1} 和 Cat_{NH2} 的活性信息

催化剂	活性温度/℃		在 260℃时的反应速率/[mol/(g·s)]
	T_{50}/T^*_{50}①	T_{90}/T^*_{90}②	
Cat_{Na1}	261/264	277/279	1.82×10^{-7}
Cat_{Na2}	250/253	272/275	5.61×10^{-7}
Cat_{NH1}	246/248	257/260	2.18×10^{-6}
Cat_{NH2}	270/271	288/292	7.65×10^{-8}

① T_{50} 代表甲苯去除率达到 50%的温度，T^*_{50} 代表二氧化碳生成量达到 50%的温度。

② T_{90} 代表甲苯去除率达到 90%的温度，T^*_{50} 代表二氧化碳生成量达到 90%的温度。

如图 4.8 所示，与甲苯的转化相比，CO_2 的产量出现了明显滞后。前人研究表明，甲苯的催化燃烧是分两个步骤进行的[10]。这种滞后现象主要是由于甲苯首先被氧化为反应过程中的一些副产品，如苯甲酸、马来酸和苯甲醛。随着温度的升高，催化剂的催化性能得到了提高，然后对副产品再进一步氧化，从而产生大量的 CO_2 和 H_2O。

实验同时还对 Cat_{NH1} 进行了稳定性试验，试验结果见图 4.9。在活性测试的气氛下保持在 280℃连续运转了 48h。在整个测试期间，甲苯的去除率均在 99%以上，CO_2 的选择性一直保持在 94%以上。因此证明 Cat_{NH1} 具有良好的催化稳定性。

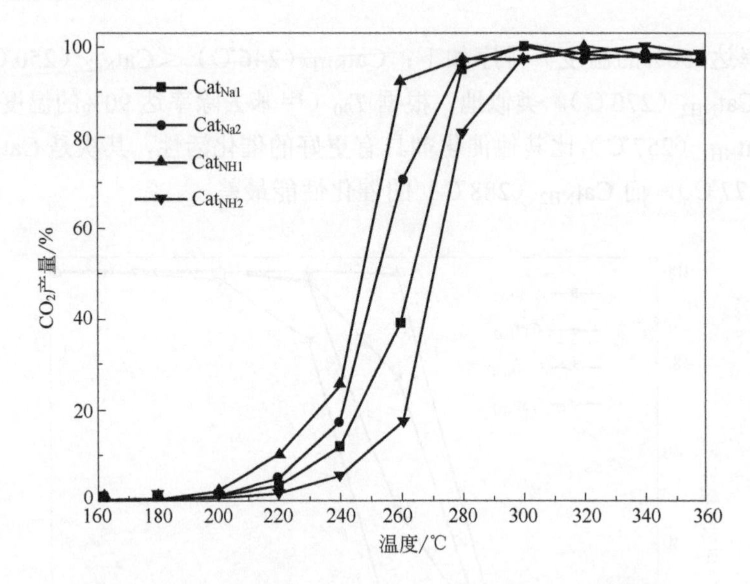

图 4.8 Cat_{Na1}、Cat_{Na2}、Cat_{NH1} 和 Cat_{NH2} 的 CO_2 选择性图

反应条件为甲苯初始浓度 500×10^{-6}，氧气含量（体积分数）20%，空速为 $60000h^{-1}$

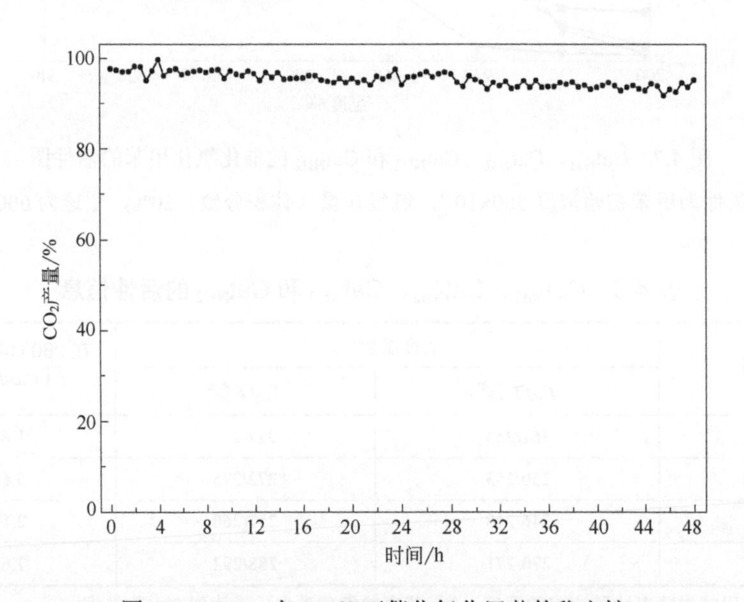

图 4.9 Cat_{NH1} 在 280℃下催化氧化甲苯的稳定性

4.1.2.7 Mn^{3+}和 Mn^{4+}在催化氧化甲苯中的作用

根据 Chen[10]的发现可知，较高的 Mn^{3+}浓度通常被认为是存在较多结构缺陷和氧空缺的标志，这有利于催化剂的活性。Yu 等[19]也曾报道 Mn^{3+}的存在通常会产生氧空缺和晶体缺陷，这有助于提高氧化还原性能，从而增加催化活性。同样地，Santos 等[20]也曾提出，Mn^{3+}对氧的束缚能力弱，这将导致催化剂在低温环境下更容易失去氧。相反，在反应中，VOCs 分子更难从 Mn^{4+}中获得氧。因此，Mn^{3+}/Mn^{4+}的增加意味着对甲苯氧化的催化活性的

提高。图 4.10 显示了使用 4 种催化剂 O_{ads}/O_{latt} 摩尔比、Mn^{3+}/Mn^{4+}摩尔比以及甲苯在 260℃的去除率三者之间的关系。此外，图 4.11 显示了 4 种催化剂的催化氧化甲苯反应速率。

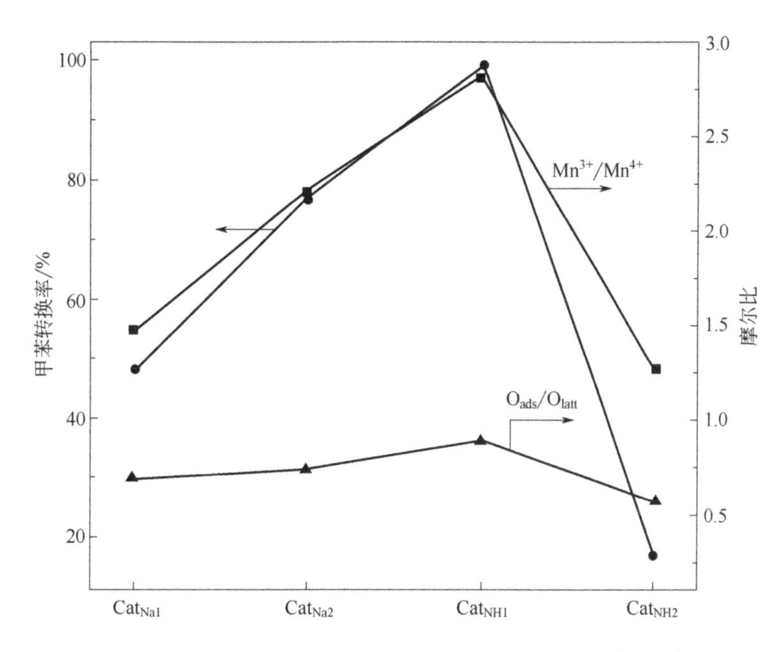

图 4.10　Cat_{Na1}、Cat_{Na2}、Cat_{NH1} 和 Cat_{NH2} 中 O_{ads}/O_{latt} 摩尔比、Mn^{3+}/Mn^{4+}摩尔比与甲苯在 260℃的去除率三者之间的关系

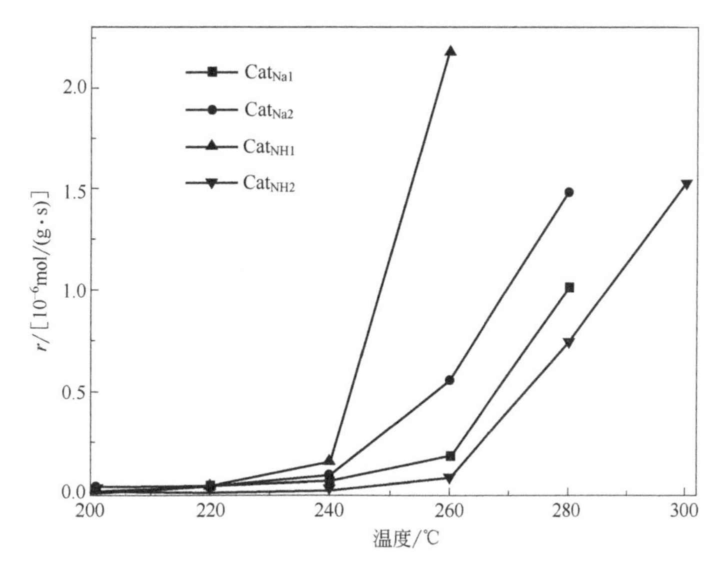

图 4.11　Cat_{Na1}、Cat_{Na2}、Cat_{NH1} 和 Cat_{NH2} 的甲苯催化氧化反应速率图

从图 4-10 可以看出，催化剂的活性与 Mn^{3+}/Mn^{4+}摩尔比的变化趋势一致，这意味着更多的 Mn^{3+}可以促进催化活性，而且图 4.11 中显示 Cat_{NH1} 拥有更高的反应速率，进一步证明了此推论。由此可知，不同的沉淀剂会导致催化剂中 Mn^{3+}/Mn^{4+}摩尔比的

不同，碳酸铵作为沉淀剂可以增加催化剂中Mn^{3+}的含量，从而促进其催化性能。

4.1.2.8 氧物种在催化氧化甲苯中的作用

研究者普遍认为MnO_x对甲苯的催化氧化作用遵循Mars-van-Krevelen（MVK）机制[21]，本实验中采用改变反应气氛的方式对其反应机理进行了研究。如图4.12所示，对Cat_{NH1}进行了反应系统中有无氧气对其催化活性影响的研究，随着反应气中氧的变化，甲苯的转化率发生了显著而规律的变化。在有氧条件下，甲苯的转化率保持在100%，一旦氧气被切断，去除率迅速下降，但值得注意的是，去除率并没有降到0而是保持在10%左右。这一现象表明，催化剂不能完全将甲苯转化为CO_2，但催化剂中的晶格氧仍可参与反应。当再次引入氧气时，催化剂中的晶格氧由于强大的氧流动性而迅速得到补充，去除率立即恢复到100%。因此，MnO_x的反应遵循了MVK机制。

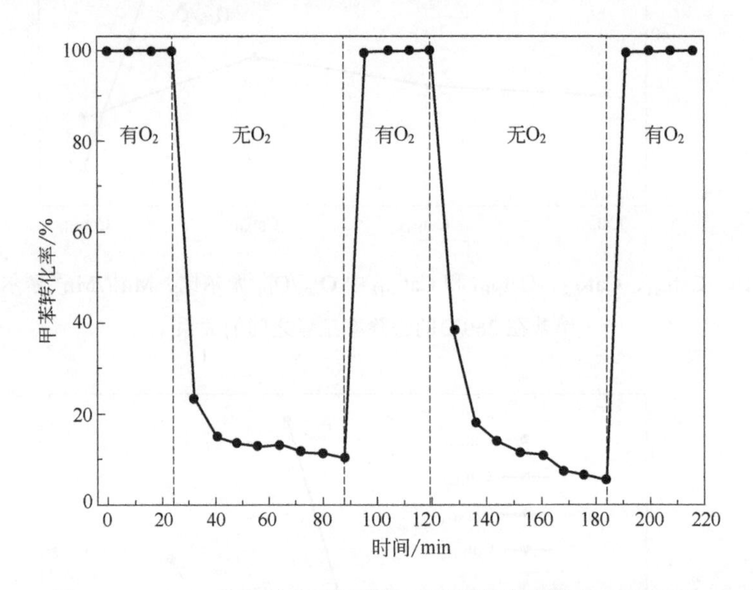

图4.12 Cat_{NH1}在有氧或无氧条件下对甲苯的去除率（280℃）

根据前人的研究，催化剂在甲苯催化氧化中的晶格氧起着重要的作用。Sun等[22]指出，丰富的晶格氧物种有利于提高催化剂的CO_2选择性。但正如Deng等[23]报道的，吸附氧物种的增多也会促进催化氧化反应的进行，同时代表着氧空位的增加，Jiang等[24]也得出了类似的结论。换句话说，根据MVK机理的反应机制可知，VOCs分子首先与催化剂中的晶格氧反应，然后再由气态氧对已消耗的晶格氧进行补充[10]。因此，催化剂的氧化还原能力和催化剂的氧移动性是影响催化性能的两个主要因素。其中，晶格氧主要提供催化剂的氧化能力。当参与反应的晶格氧含量足够时，另一个重要的因素，即氧气的流动性对反应起主要的控制作用。其中丰富的吸附氧物种正是大量氧空缺存在的标志[14]。氧空缺曾被证明能够参与大量金属氧化物的氧化反应，而它的存在能够有效地促进对已消耗晶格氧的补充[25]。因此，吸附氧的增加可以提高催化剂的氧流动性，进而加快反应过程中晶格氧的补充速度，从而提高催化性能。当这种吸附氧和晶格氧循环形成时，催化剂的氧化还原性能得到改善，催化剂的催化性能得到提高。

结合 Raman 和 O_2-TPD 的结果，Cat_{NH1} 比其他催化剂拥有更多的氧空位。此外，Cat_{NH1} 拥有最低的氧脱附温度和最多的低温氧脱附量，这表明它拥有最优越的氧流动性能。通过比较 XPS 和 H_2-TPR 的结果，催化剂中 Mn^{3+}的比例会影响氧空位含量和氧化还原能力，而吸附氧含量的不同则证明了氧空位的含量和氧化能力的变化。因此，O_{ads}/O_{latt}摩尔比和 Mn^{3+}/Mn^{4+}摩尔比的提高促进了催化剂活性的提高。

4.1.3　小结

本节主要研究沉淀剂对 MnO_x 催化剂催化氧化甲苯性能的影响以及氧物种、锰价态与催化活性间的构效关系，结果表明：沉淀剂会明显影响催化剂的催化活性，其中碳酸铵作为沉淀剂时能有效改善催化剂的晶化程度、孔隙结构和比表面积等织构性质，同时还会提高催化剂的氧化还原性能，增强其催化活性。其活性顺序为：Cat_{NH1}＞Cat_{Na2}＞Cat_{Na1}＞Cat_{NH2}。此外，利用改变反应条件的方式对其反应机理进行研究发现 Cat_{NH1} 催化剂催化氧化甲苯过程遵循 MVK 反应机理。探讨氧物种及锰价态对催化活性的影响时发现，更多的 Mn^{3+}会增加催化剂的结构缺陷，降低对氧的束缚能力；吸附氧的增多会提高催化剂的氧移动性能，晶格氧会提高催化剂的氧化能力。上述变化都是提高催化剂催化性能的重要因素。

4.2　水热温度对 MnO_x 催化剂微观结构和表面物种的调控

4.2.1　水热温度对 MnO_x 催化剂影响研究简介

在前面的实验中，笔者考察了不同沉淀剂对 MnO_x 催化氧化甲苯的影响，并通过一系列表征讨论了氧物种存在形式、锰化学价态和催化活性三者之间的关系。但是影响锰基催化剂催化活性的因素有很多，催化剂的氧化还原能力是影响其催化性能的重要因素之一。催化剂的合成方法是影响 MnO_x 结构性能、氧化还原能力和催化活性的重要因素[26]。其中水热法常被用于制备微观结构较为规整的催化剂。Cheng 等[27]利用水热法通过改变水热条件制备了一系列形态规整有序的 α-MnO_2 催化剂，在对二甲醚进行催化燃烧实验时发现，不同的水热条件使催化剂的催化性能发生明显变化。相似的，Liao 等[28]也发现通过不同水热时间制得的 MnO_x 催化剂在甲苯催化氧化方面存在显著差异。

在本节中，笔者采用水热法制备了一系列 MnO_x 催化剂，通过对水热温度的改变来调变其氧化还原性能，利用 XRD、SEM、XPS、H_2-TPR、O_2-TPD 等一系列表征分析，进一步考察水热温度对其催化性能的影响。

4.2.2 催化剂的微观结构、氧化性能及其理化性质对其催化性能的影响

4.2.2.1 物相分析

图 4.13 中显示了 4 个样品的 XRD 表征结果。由图 4.13 可知，在所有样本中都观察到了 Mn_2O_3 晶相的存在[5]。不同的是，在样品 Mn-120 上还可观察到一些归属于 Mn_5O_8 的衍射峰[6]。Qi 等[6]曾报道过 Mn_5O_8 的存在有利于还原反应的进行。此外，样品 Mn-140 和 Mn-180 与其他样品相比拥有更强的衍射峰强度，这可能是由于水热温度的提高促进了晶体的定向生长。正如 Hu 等[29]报道的，更小的晶粒有利于催化剂上还原反应的发生，有利于催化活性的提高。因此，在催化剂水热合成的过程中，水热温度的不同导致晶体结构发生了明显变化。

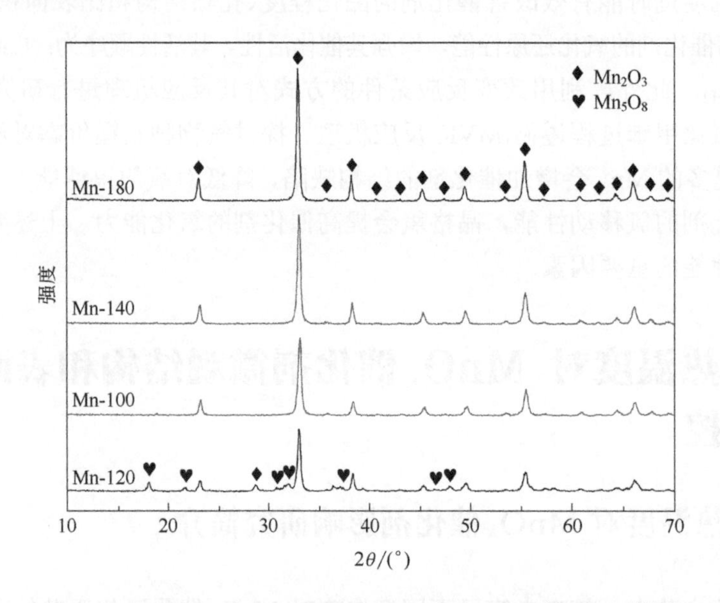

图 4.13 Mn-100、Mn-120、Mn-140 和 Mn-180 的 XRD 谱图

图 4.14 给出了上述 4 种催化剂的 Raman 谱图。根据图 4.14 可以发现，4 个样品均在 $619cm^{-1}$ 左右的位置显示出明显的特征峰。这个特征峰可以归属于桥接氧（Mn—O—Mn）的不对称拉伸，代表面外弯曲模式的 Mn_2O_3[8,30-31]。与其他样品相比，Mn-120 的峰强度明显降低，半峰宽也随之变宽。因此，与 XRD 结果相似，水热温度会导致催化剂结晶程度的改变。

4.2.2.2 形貌分析

图 4.15 显示了 4 种催化剂的扫描电镜结果。4 种催化剂均以由短杆状的颗粒组成的微球形式存在。水热温度较低时（Mn-100、Mn-120），短杆状颗粒较小，且整体更趋于球状。当水热温度继续升高（Mn-140℃）时，颗粒变大，团聚更加明显，微球尺

寸也随之变大。水热温度达到 180℃时，短杆状颗粒间距增大，组成的微球变得松散，开始出现坍塌趋势。因此，水热温度较低时利于微球及有序介孔的形成，当温度较高时催化剂结构会遭到破坏。

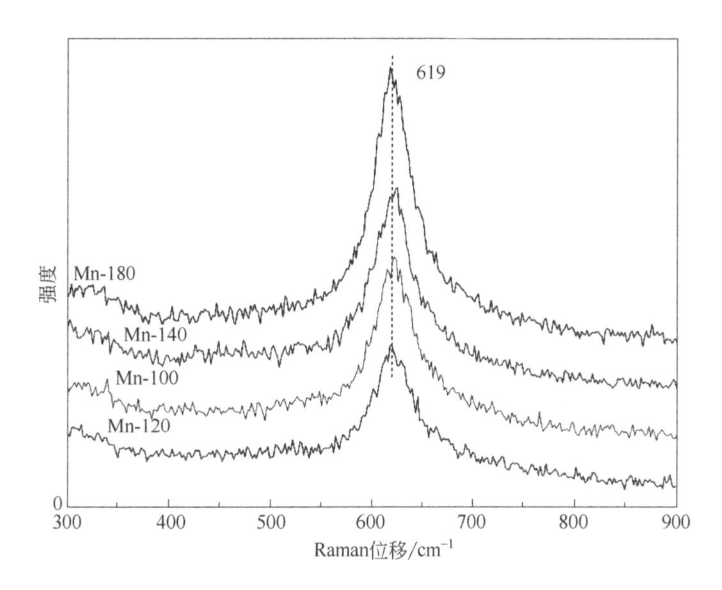

图 4.14　Mn-100、Mn-120、Mn-140 和 Mn-180 的 Raman 谱图

(a) Mn-100　(b) Mn-120

(c) Mn-140　(d) Mn-180

图 4.15　Mn-100、Mn-120、Mn-140 和 Mn-180 的扫描电镜图

4.2.2.3 表面物种及其化学价态分析

为了确定催化剂的表面元素组成，对 4 种催化剂进行了 XPS 表征，并在图 4.16 中显示了结果，同时在表 4.4 中列出了相关数据。

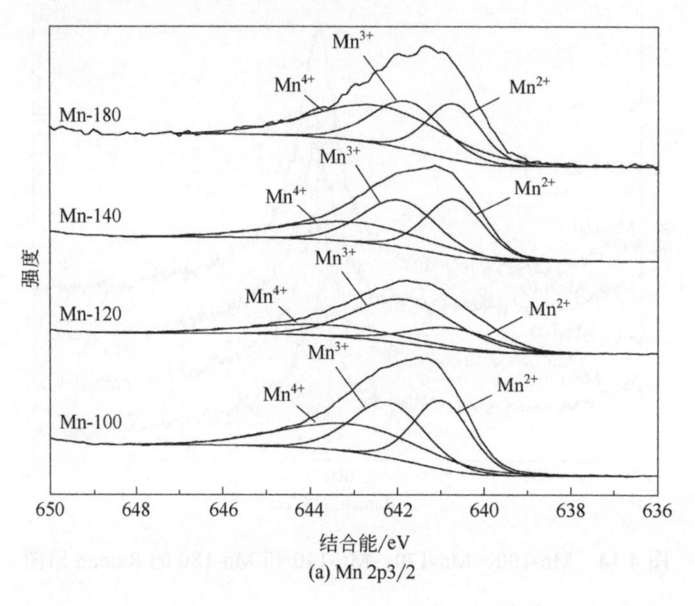

(a) Mn 2p3/2

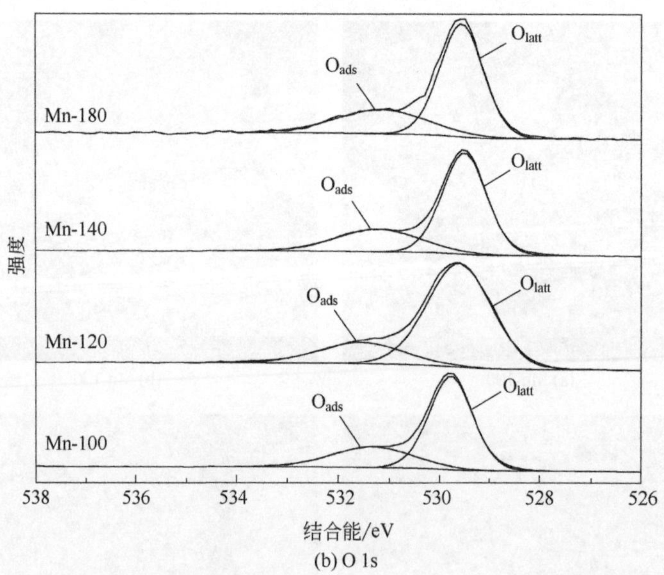

(b) O 1s

图 4.16 Mn-100、Mn-120、Mn-140 和 Mn-180 的 XPS 能谱图

表 4.4 Mn-100、Mn-120、Mn-140 和 Mn-180 的 XPS 信息

催化剂	Mn^{4+} 结合能/eV	Mn^{3+} 结合能/eV	Mn^{2+} 结合能/eV	O_{ads} 结合能/eV	O_{latt} 结合能/eV	Mn^{3+}/Mn^{n+} 摩尔比	O_{ads}/O_{latt} 摩尔比
Mn-100	643.0	642.2	641.0	531.3	529.8	0.34	0.41

续表

催化剂	Mn^{4+} 结合能/eV	Mn^{3+} 结合能/eV	Mn^{2+} 结合能/eV	O_{ads} 结合能/eV	O_{latt} 结合能/eV	Mn^{3+}/Mn^{n+} 摩尔比	O_{ads}/O_{latt} 摩尔比
Mn-120	643.6	641.8	640.8	531.5	529.6	0.56	0.27
Mn-140	643.0	642.0	640.7	531.2	529.5	0.36	0.42
Mn-180	642.4	641.8	640.8	531.2	529.6	0.30	0.44

如图 4.16（a）所示，在 636～650eV 范围内 Mn 2p3/2 显示出一个主峰，并可以进一步划分为 3 种组分，其结合能分别集中在 642.4～643.6eV、641.8～642.2eV 和 640.7～641.0eV 的范围内，可分别归属于 Mn^{4+}、Mn^{3+}和 Mn^{2+}[7,32]。根据表 4.4 中的相关数据可知，Mn-120 的 Mn^{3+}/Mn^{n+}摩尔比最高（0.56），随后是样品 Mn-140（0.36）和 Mn-100（0.34），而样品 Mn-180 的摩尔比最小（0.30）。根据 Liao[25]的研究发现，Mn^{3+}对氧的结合能力较弱。这意味着在低温下 Mn^{3+}比其他价态 Mn 更容易失去氧。同样，Yu 等[19]报道，较高的 Mn^{3+}/Mn^{n+}摩尔比会导致氧空缺和晶体缺陷的增加，这有助于提高氧化还原性能。因此，从 XPS 结果而言，Mn-120 具有最佳的可还原性。

图 4.16（b）显示了所有 Mn-X 催化剂的 O 1s 谱图。由于吸附氧（O_{ads}）和晶格氧（O_{latt}）的含量不同，所有谱图呈现出不同的特征。总体而言，529.5～529.8eV 处的峰值对应于 O_{latt}，而 531.2～531.5eV 处的信号可归因于 O_{ads}[15]。表 4.4 计算和总结了表面氧物种的 O_{ads}/O_{latt} 摩尔比，其顺序如下：Mn-120（0.27）＜Mn-100（0.41）＜Mn-140（0.42）＜Mn-180（0.44）。一般来说，MnO_x 催化剂上发生的氧化反应遵循的是 MVK 机制，因此催化剂的氧化能力非常重要。Lee 等[33]表明，在 NO 到 NO_2 的氧化过程中，晶格氧含量较多的 MnO_2 比 Mn_2O_3 表现出更好的氧化能力。说明晶格氧浓度最高的 Mn-120 样品氧化能力最强。强大氧化能力是甲苯催化氧化过程中不可或缺的属性。因此，水热温度的差异会引起催化剂表面氧物种含量的改变。

4.2.2.4　氧化还原性能分析

通过 H_2-TPR 对 4 种样品的还原性能进行了更深一步的研究，结果如图 4.17 所示。所有的曲线都表现出 2 个主要的还原峰，分别位于 310℃和 410℃左右的位置，分别对应 MnO_2 到 Mn_2O_3 的还原（低温）和 Mn_2O_3 到 MnO 的还原（中高温）[14]。此外，所有样品在 200℃以下的位置还有一个微弱的还原峰，可以归属于表面氧物种的还原。相比其他 3 个样本［Mn-100（313℃）、Mn-140（313℃）和 Mn-180（315℃）］，Mn-120（308℃）拥有最低的初始还原温度，而且在 267℃的位置还出现了一个肩峰，表明 Mn-120 在更低的温度开始发生还原反应，是优秀的可还原性能的标志。事实上，在低温时（＜400℃），催化剂中的氧物种与 H_2 反应的难易程度和其催化性能的相关性更强[34]。因此，本实验对 4 种催化剂的总 H_2 消耗量和初始耗氢速率（$r_{initial}$）进行了计算。其中 H_2 的总消耗量顺序如下：Mn-120（8.19mmol/g）＞Mn-140（7.44mmol/g）＞Mn-100（7.42mmol/g）=Mn-180（7.42mmol/g），说明 Mn-120 样品中可还原氧物种含量最高。如图 4.18 所示，在相同温度下，Mn-120 样品拥有最高的耗氢速率。这些现象都是 Mn-120

样品优良氧化还原性能的标志。因此，水热温度的变化可调节催化剂的可还原性。

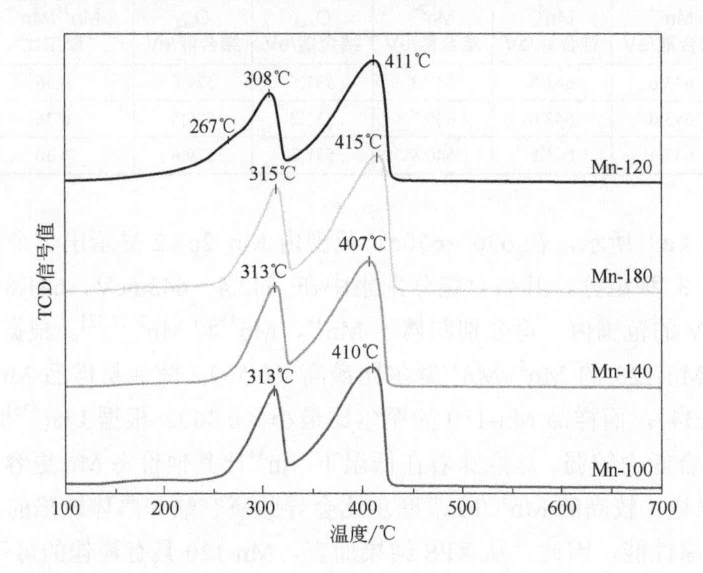

图 4.17　Mn-100、Mn-120、Mn-140 和 Mn-180 的 H_2-TPR 谱图

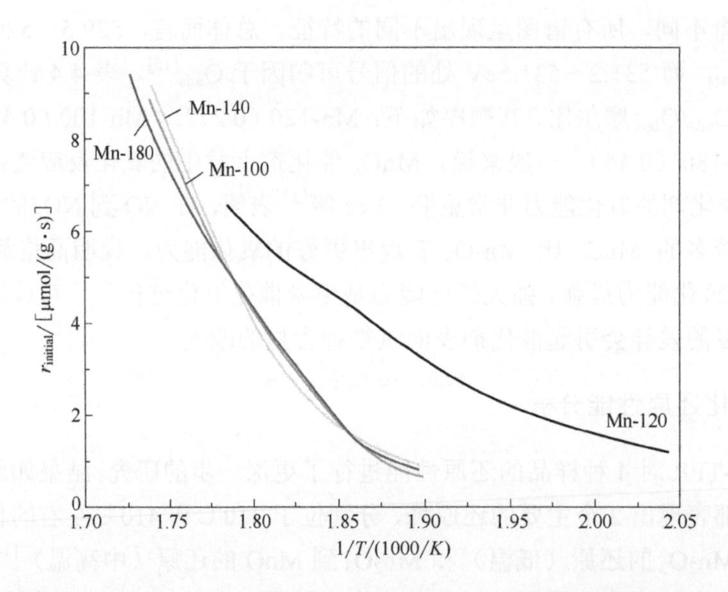

图 4.18　Mn-100、Mn-120、Mn-140 和 Mn-180 的初始耗氢速率谱图

4.2.2.5　氧气程序升温脱附分析

采用 O_2-TPD 进一步测定了 4 个样品中氧物种的移动能力和种类。如图 4.19 所示，4 种催化剂均展现出一个低于 400℃的弱峰和一个位于 800℃左右的强峰，它们可以分别归属于表面化学吸附氧物种的解吸和体相晶格氧物种的解吸[31]。与其他样品不同的是，样品 Mn-120 具有一个额外的脱附峰位于 535℃，该脱附峰可以归因于表面晶格氧物种的解吸[31]。通过对解吸曲线的比较可以发现，样品 Mn-120 具有最出色的晶格氧

迁移能力。Mn-120 拥有更多的 Mn^{3+}，且 Mn^{3+}对氧的结合能力更弱，所以这也是 Mn-120 具有良好的氧移动能力的又一个表现。氧移动能力是影响催化剂活性的重要因素之一。因此，样品 Mn-120 优异的氧移动能力有利于其催化性能的提高。

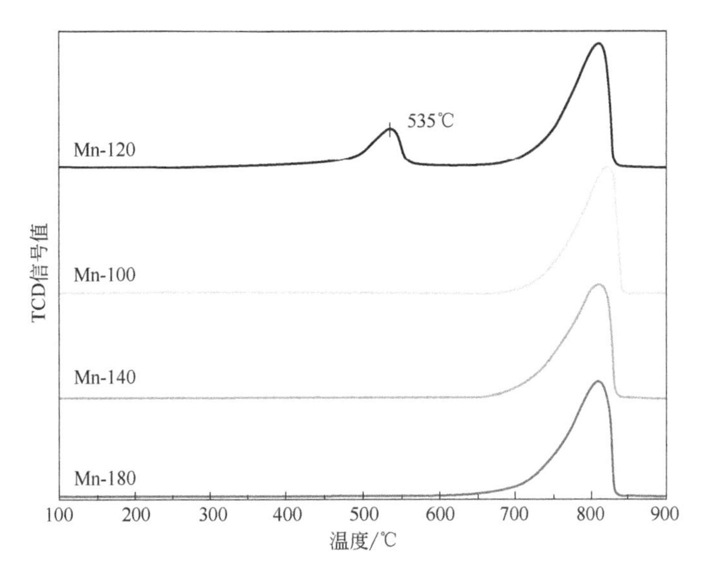

图 4.19　Mn-100、Mn-120、Mn-140 和 Mn-180 的 O_2-TPD 谱图

4.2.2.6　催化氧化甲苯活性结果分析

4 种催化剂对甲苯的催化氧化性能如图 4.20 所示。正如预期的一样，水热温度

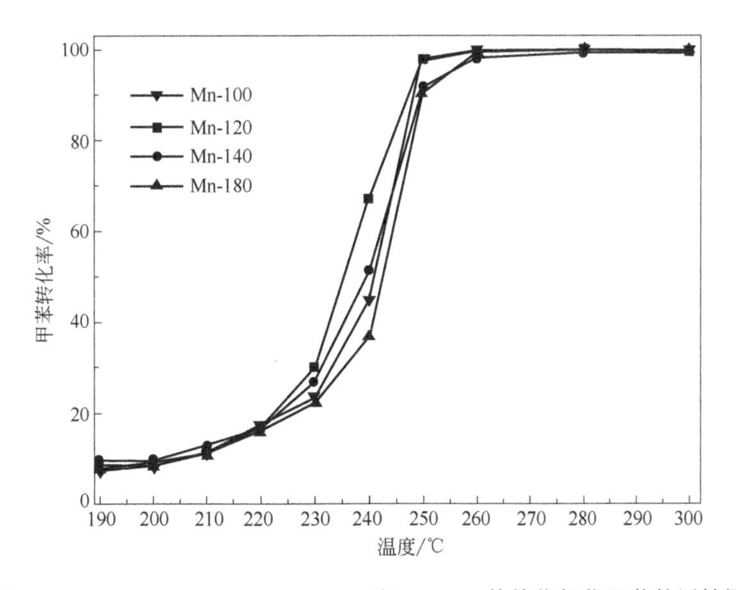

图 4.20　Mn-100、Mn-120、Mn-140 和 Mn-180 的催化氧化甲苯的活性图

反应条件为甲苯初始浓度 500×10^{-6}，氧气含量（体积分数）20%，空速为 $60000h^{-1}$

对 MnO_x 催化剂的催化性能有重要的影响。如表 4.5 所列，4 个样品的 T_{50} 顺序如下：Mn-120＜Mn-140＜Mn-100＜Mn-180。样品 Mn-120 具有最良好的催化活性，其 T_{50}（235℃）和 T_{90}（247℃）温度均低于其他 3 种催化剂。如图 4.21 所示，所有样品在 255℃时 CO_2 转化率均达到 90%，说明这些催化剂均具有良好的 CO_2 选择性。

表 4.5 Mn-100、Mn-120、Mn-140 和 Mn-180 的活性信息

催化剂	活性温度/℃	
	T_{50}/T^*_{50}	T_{90}/T^*_{90}
Mn-100	241/242	248/251
Mn-120	235/236	247/248
Mn-140	239/241	249/253
Mn-180	243/244	250/255

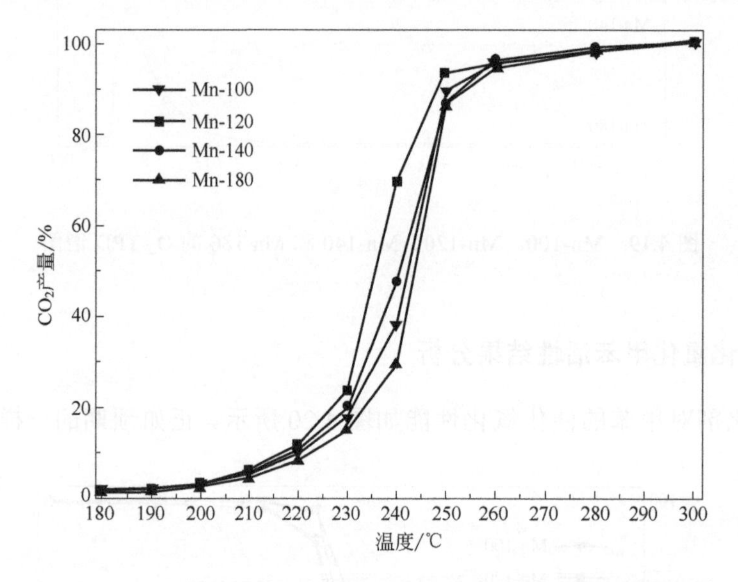

图 4.21 Mn-100、Mn-120、Mn-140 和 Mn-180 的 CO_2 选择性图

反应条件为甲苯初始浓度 500×10^{-6}，氧气含量（体积分数）20%，空速为 $60000h^{-1}$

4.2.3 小结

本节主要研究了水热温度对 MnO_x 催化剂催化性能的影响，并探究了催化剂氧化还原能力与其催化活性之间存在的关系。结果发现：水热温度为 120℃时，催化剂具有最优秀的催化性能，在 247℃时甲苯去除率达到 90%。有研究表明，改变催化剂的制备过程会通过催化剂的形态、氧化价态和晶格氧浓度的改变来影响催化剂的催化性能[35]。结合本节研究可以发现，不同的水热温度会导致催化剂的微观结构和氧化还原性能的变化。从 XRD、Raman 和 H_2-TPR 的结果可以看出，Mn-120 具有较好的氧化还原性能。此外，表面高浓度的 Mn^{3+} 为 Mn-120 样品提供了良好的可还原能力、氧移动能力和更多的氧空位。

同时，大量的晶格氧为其提供了强大的氧化能力，是 CO_2 选择性增加的主要驱动因素。而且，从 O_2-TPD 结果中可以发现，样品 Mn-120 具有优异的氧移动能力。因此，卓越的氧化还原性能和氧移动能力是提高 Mn-120 催化性能的主要原因。

4.3　模板剂对 MnO_x催化剂微观结构的调控

4.3.1　模板法制备 MnO_x催化剂研究现状

前面实验分别考察了氧物种存在形式、锰化学价态和催化活性三者之间的关系，以及催化剂的氧化还原能力对其催化活性的影响。因此，本节着重研究催化剂微观形貌对其催化活性和其他性能的影响。

规整有序的介孔结构一直是研究者们研究的重点，常见的方法有硬模板法和软模板法。其中硬模板法常采用具有特殊结构的分子筛作为模板，负载活性组分后再对模板进行刻蚀。例如：Dai 等[36]利用 KIT-6 为硬模板，负载 Cr 为活性组分并对甲苯和乙酸乙酯进行了催化燃烧实验，结果发现与普通的 CrO_x 相比，具有规整有序介孔结构的样品展现出优秀的催化性能。而软模板法则是利用模板剂为催化剂提供结构支撑，起到了结构导向的作用，最终利用焙烧的方式将模板剂去除。因此，本节采用软模板法制备了一系列 MnO_x 催化剂，通过添加不同的模板剂对催化剂微观形貌进行调变，同时利用 XRD、SEM、H_2-TPR 等表征探究催化剂微观形貌与其催化活性之间存在的关系。

4.3.2　催化剂的微观结构、表面物种及化学价态对催化剂性能的影响

4.3.2.1　X 射线衍射（XRD）结果分析

图 4.22 中显示了 3 个样品的 XRD 表征结果。由图 4.22 可知，所有的样品均以 Mn_2O_3 晶相为主要存在形式[5]。因此，说明模板剂的添加并没有改变催化剂晶相的存在形式，但值得注意的是，添加模板剂后样品 Mn-P 和 Mn-C 均展现出更强的 XRD 特征衍射峰强度，表明其结晶程度更高，是催化剂结构长程的有序堆积所致。此现象也是其微观结构更为规整有序，暴露晶面更为完整的表现。所以，模板剂的添加有助于有序介孔微观结构的形成。

4.3.2.2　扫描电镜（SEM）结果分析

图 4.23 显示了 3 种催化剂的扫描电镜结果。3 种催化剂均以由短杆状的颗粒组成的微球形式存在。比较 3 种催化剂可以发现，虽然整体形貌相似但是存在一定的差别。样品 Mn［图 4.23（a）］中有很多微球，结构并不完整且球体表面较为粗糙，此外该样品中的微球更多以团聚形式存在。而样品 Mn-P［图 4.23（c）］和 Mn-C［图 4.23（e）］

结构较为规整有序，大多数微球结构完整且表面光滑。由于添加模板剂的不同，Mn-P［图 4.23（d）］中组成微球的短杆状颗粒尺寸较大且催化剂表面单独存在的纳米颗粒较少。相比而言，Mn-C［图 4.23（f）］中组成微球的短杆状颗粒排列紧密且颗粒尺寸小，更趋向于以纳米球的形式存在，这也是该样品微球表面光滑的主要原因。因此，不同模板剂的添加引起了催化剂微观形貌的巨大变化。

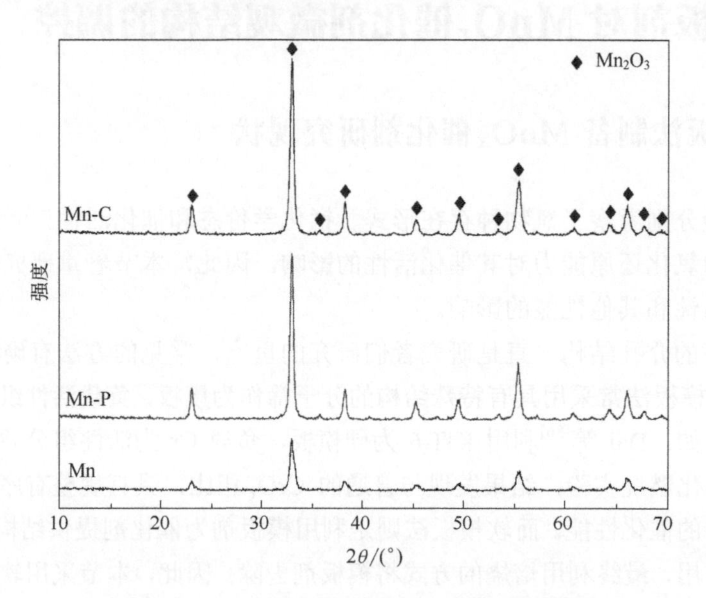

图 4.22 Mn、Mn-P 和 Mn-C 的 XRD 谱图

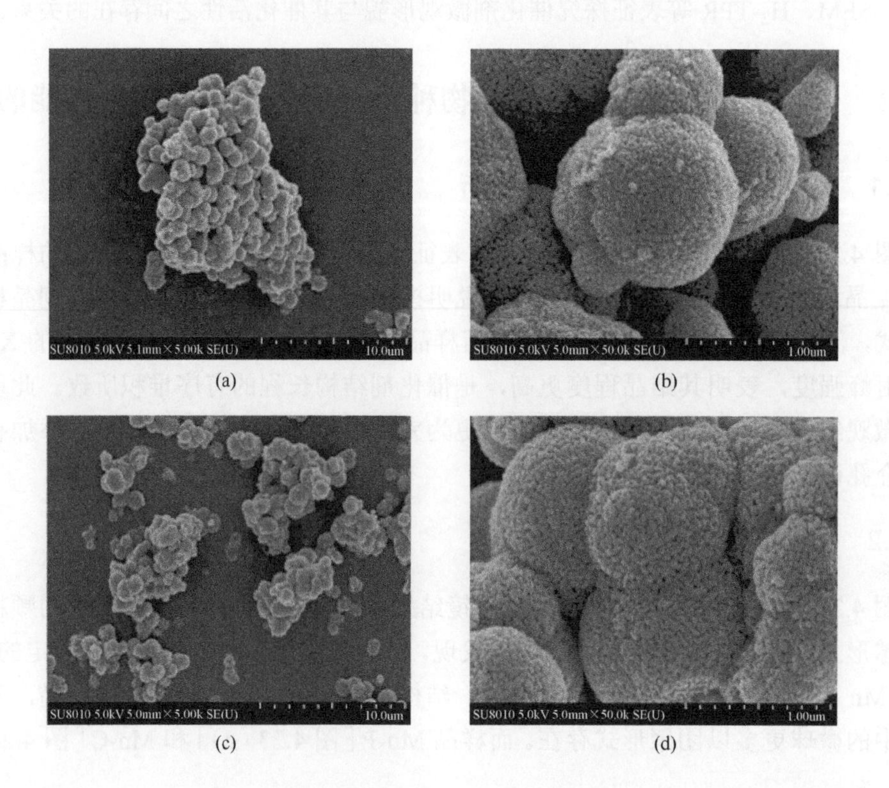

(a) (b)

(c) (d)

(e)

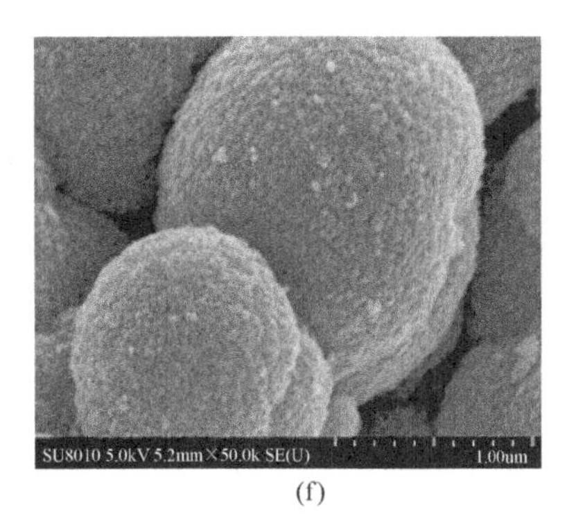

(f)

图 4.23　Mn（a, b）、Mn-P（c, d）和 Mn-C（e, f）的扫描电镜图

4.3.2.3　氢气程序升温还原（H_2-TPR）结果分析

通过 H_2-TPR 研究了微观形貌的改变对 3 种催化剂氧化还原性能的影响。如图 4.24 所示，3 种催化剂的还原峰位置和形状并没有明显差别，均在 311℃和 410℃左右的位置拥有 2 个主要的还原峰，分别对应 MnO_2 到 Mn_2O_3 的还原（低温）和 Mn_2O_3 到 MnO 的还原（中高温）[14]。相较于催化剂 Mn，Mn-C 的还原峰温度稍低，而样品 Mn-P 并没有明显变化。通常来讲，除还原峰温度外，总 H_2 消耗量也是描绘催化剂还原性能的又一重要指标。对催化剂总耗氢量进行计算发现样品 Mn 的耗氢量为 7.07mmol/g，明显低于具有有序介孔结构的 2 种催化剂，而这 2 种催化剂中，Mn-C(7.70mmol/g)的耗氢量稍大于 Mn-P(7.51 mmol/g)。因此，规整的微观形貌对催化剂的氧化还原性能具有明显的促进作用。

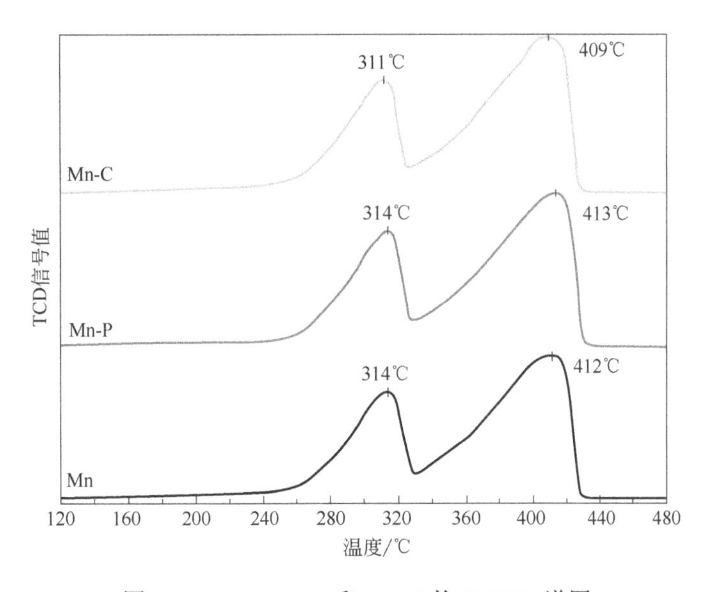

图 4.24　Mn、Mn-P 和 Mn-C 的 H_2-TPR 谱图

4.3.2.4　氧气程序升温脱附（O_2-TPD）结果分析

根据 MVK 机理可知，催化剂活性与催化剂中氧物种的存在状态密切相关，因此

采用 O_2-TPD 对 3 种样品中氧移动能力等性能进行检测。如图 4.25 所示，3 种催化剂都只在 780℃左右的位置出现了一个氧的脱附峰，这个位置的峰通常归为体相晶格氧的脱附[31]。不难看出，添加模板剂后催化剂 Mn-C 和 Mn-P 的氧脱附温度发生了明显的向低温偏移的趋势，代表在这 2 种样品中晶格氧的可利用性能更强，即其氧移动性能更优秀[37]。因此，对催化剂微观形貌的改善有助于其氧移动能力的提高。

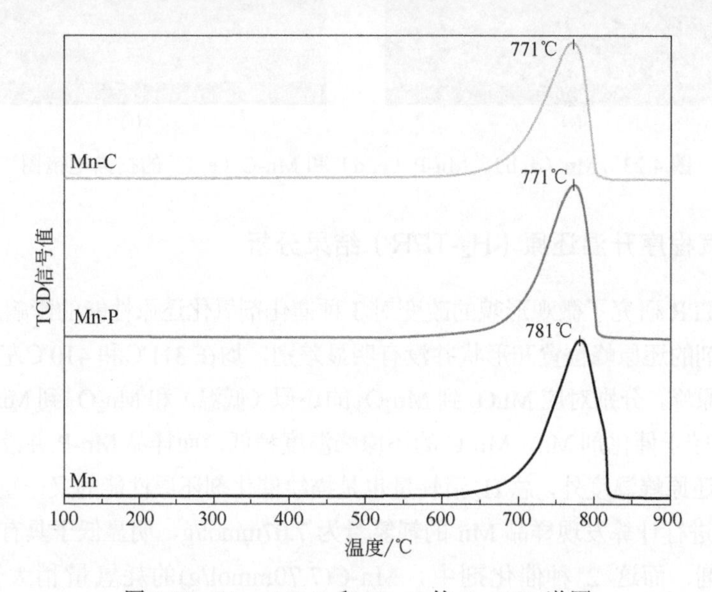

图 4.25　Mn、Mn-P 和 Mn-C 的 O_2-TPD 谱图

4.3.2.5　催化氧化甲苯活性结果分析及讨论

3 种催化剂对甲苯的催化氧化性能如图 4.26 所示。添加模板剂后，MnO_x 催化剂

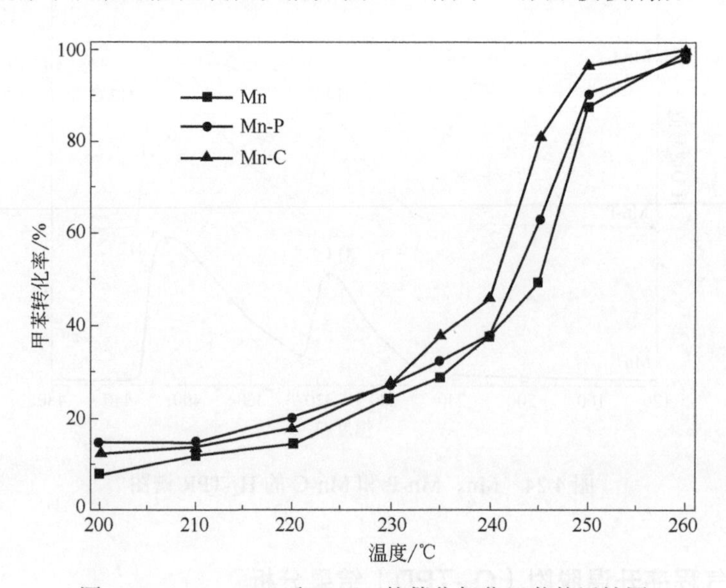

图 4.26　Mn、Mn-P 和 Mn-C 的催化氧化甲苯的活性图

反应条件为甲苯初始浓度 500×10^{-6}，氧气含量（体积分数）2%，空速为 $60000h^{-1}$

的催化性能有明显的提升。如表 4.6 所列，3 种样品的 T_{50} 顺序如下：Mn-C（240℃）<Mn-P（242℃）<Mn（245℃）。其中样品 Mn-C 具有最优秀的催化活性，其 T_{90}（247℃）温度也低于其他 2 种催化剂。如图 4.27 所示，所有样品在 250℃时 CO_2 转化率均达到 90%，说明这些催化剂均具有良好的 CO_2 选择性。

表 4.6 Mn、Mn-P 和 Mn-C 的活性信息

催化剂	活性温度/℃	
	T_{50}/T^*_{50}	T_{90}/T^*_{90}
Mn	245/246	250/250
Mn-P	242/243	249/250
Mn-C	240/241	247/248

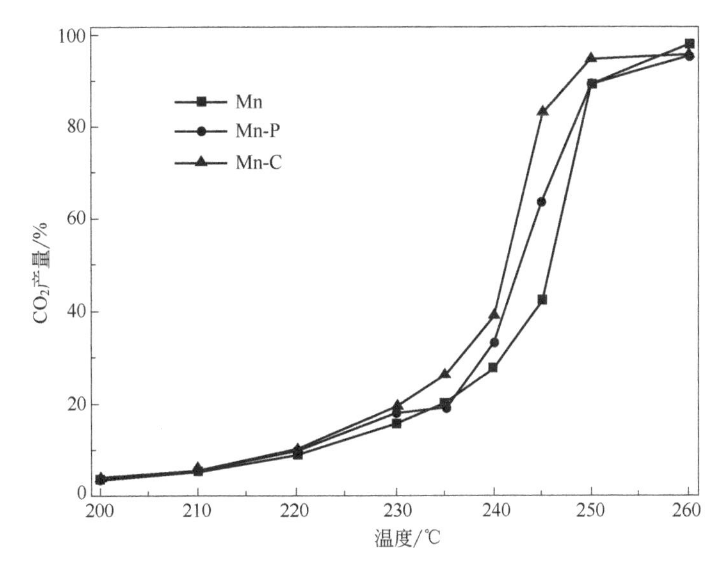

图 4.27 Mn、Mn-P 和 Mn-C 的 CO_2 选择性图

反应条件为甲苯初始浓度 500×10^{-6}，氧气含量（体积分数）20%，空速为 $60000h^{-1}$

曾有研究报道，控制或改变催化剂的微观形貌能够促进催化剂活性位点的暴露，从而改善催化剂的催化活性[38-39]。本实验中采用添加模板剂的方法改善 MnO_x 的微观形貌，通过 XRD 和 SEM 可知，样品 Mn-C 和 Mn-P 具有更为规整有序的微观形貌和介孔结构。Mei 等[40]曾采用硬模板法制备了一系列 CoO_x 催化剂，结果表明有序的介孔结构有助于催化剂氧化还原性能的提升。Pan 等[41]制备了一种球状 MnO_x 催化剂，掺杂 Fe 后破坏其原本结构。与结构有序的 MnO_x 进行对比发现，有序的介孔结构有利于催化剂活性位点的展露、氧化还原性能的提升以及氧移动能力的改善。与上文叙述的相似，本实验中通过添加模板剂改善催化剂的微观形貌后，发现规整有序的孔结构降低了催化剂的氢气还原温度、增大了其氢气消耗量，同时降低了催化剂晶格氧脱附

温度，即增强了催化剂的氧化还原性能和氧移动能力。而且很多研究表明，催化剂氧化还原能力和氧移动能力的提升是改善其催化活性的重要因素[42-43]。因此，与样品Mn相比，具有更为规整有序介孔结构的Mn-C和Mn-P拥有更出色的催化活性，同时在催化氧化甲苯的过程中展现出更优秀的CO_2选择性。

4.3.3 小结

本节主要研究了不同模板剂的添加对MnO_x催化剂催化性能的影响，并探究了催化剂微观形貌与其催化活性之间存在的关系。结果发现：添加CTAB为模板剂时，催化剂具有最优秀的催化性能，在247℃时甲苯去除率达到90%。有研究表明，催化剂的微观形貌是影响催化剂催化活性的重要因素[44]。结合本章研究可以发现，模板剂的添加改善了催化剂的微观形貌。从XRD和SEM的结果可以看出，Mn-C和Mn-P具有更加有序规整的微观结构。而这种微观结构的改善有效提高了催化剂的氧化还原性能以及氧移动能力，从而为催化剂提供更加优秀的催化活性。

参考文献

［1］Dou B，Li S，Liu D，et al．Catalytic oxidation of ethyl acetate and toluene over Cu-Ce-Zr supported ZSM-5/TiO_2 catalysts［J］．RSC Adv.，2016，6：53852-53859．

［2］Li J，Tang W，Liu G，et al．Reduced graphene oxide modified platinum catalysts for the oxidation of volatile organic compounds［J］．Catal．Today，2016，278：203-208．

［3］Si W，Wang Y，Peng Y，et al．A high-efficiency γ-MnO_2-like catalyst in toluene combustion［J］．Chem．Commun.，2015，51：14977-14980．

［4］Guo F，Xu J，Chu W．CO_2 reforming of methane over Mn promoted Ni/Al_2O_3 catalyst treated by N_2 glow discharge plasma［J］．Catal．Today，2015，256：124-129．

［5］Piumetti M，Fino D，Russo N．Mesoporous manganese oxides prepared by solution combustionsynthesis as catalysts for the total oxidation of VOCs［J］．Appl．Catal．B：Environ.，2015，163：277-287．

［6］Qi K，Xie J，Fang D，et al．Mn_5O_8 nanoflowers prepared via a solvothermal route as efficient denitration catalysts［J］．Mater．Chem．Phys.，2018，209：10-15．

［7］Du J，Qu Z，Dong C，et al．Low-temperature abatement of toluene over Mn-Ce oxides catalysts synthesized by a modified hydrothermal approach［J］．Appl．Surf．Sci.，2018，433：1025-1035．

［8］Xu J，Deng Y，Luo Y，et al．Operando Raman spectroscopy and kinetic study of low-temperature CO oxidation on an α-Mn_2O_3 nanocatalyst［J］．J．Catal.，2013，300：225-234．

［9］Ginsburg A，Keller D，Barad H，et al．One-step synthesis of crystalline Mn_2O_3 thin film by ultrasonicspray pyrolysis［J］．Thin Solid Films，2016，615：261-264．

［10］Chen J，Chen X，Xu W，et al．Hydrolysis driving redox reaction to synthesize Mn-Fe binary oxides as highly active catalysts for the removal of toluene［J］．Chem．Eng．J.，2017，330：281-293．

［11］Thommes M，Kaneko K，Neimerk A，et al．Physisorption of gases，with special reference to the evaluation of surface area and pore size distribution（IUPAC Technical Report）［J］．Pure Appl．Chem.，2015，879：1051-1069．

[12] Fang Z，Yuan B，Lin T，et al. Monolith $Ce_{0.65}Zr_{0.35}O_2$-based catalysts for selectivecatalytic reduction of NO_x with NH_3 [J]. Chem. Eng. Res. Des.，2015，94：648-659.

[13] Liu F，He H. Structure-activity relationship of iron titanate catalysts in the selective catalytic reduction of NO_x with NH_3^+ [J]. J. Phys. Chem. C，2010，114：16929-16936.

[14] Bai B，Li J，Hao J. 1D-MnO_2，2D-MnO_2 and 3D-MnO_2 for low-temperature oxidation of ethanol [J]. Appl. Catal. B：Environ.，2015，164：241-250.

[15] Zhang J，Li Y，Wang L，et al. Catalytic oxidation of formaldehyde over manganese oxides with different crystal structures [J]. Catal. Sci. Technol.，2015，5：2305-2313.

[16] Dula R，Janik R，Machej T，et al. Mn-containing catalytic materials for the total combustion of toluene：The role of Mn localization in the structure of LDH precursor [J]. Catal. Today，2007，119：327-331.

[17] Aguilera D，Perez A，Molina R，et al. Cu-Mn and Co-Mn catalysts synthesized from hydrotalcites and their use in the oxidation of VOCs [J]. Appl. Catal. B：Environ.，2011，104：144-150.

[18] Puértolas B，Smith A，Vázquez I，et al. The different catalytic behavior in the propane total oxidation of cobalt and manganese oxides prepared by a wet combustion procedure [J]. Chem. Eng. J.，2013，229：547-558.

[19] Yu D，Liu Y，Wu Z. Low-temperature catalytic oxidation of toluene over mesoporous MnO_x-CeO_2/TiO_2 prepared by sol-gel method [J]. Catal. Commun.，2010，11：788-791.

[20] Santos V，Pereira M，Órfão J，et al. The role of lattice oxygen on the activity of manganese oxides towards the oxidation of volatile organic compounds [J]. Appl. Catal. B：Environ.，2010，99：353-363.

[21] Wu H，Wang L，Zhang J，et al. Catalytic oxidation of benzene，toluene and *p*-xylene over colloidal gold supported on zinc oxide catalyst [J]. Catal. Commun.，2011，12：859-865.

[22] Sun H，Liu Z，Chen S，et al. The role of lattice oxygen on the activity and selectivity of the OMS-2 catalyst for the total oxidation of toluene [J]. Chem. Eng. J.，2015，270：58-65.

[23] Deng J，He S，Xie S，et al. Ultralow loading of silver nanoparticles on Mn_2O_3 nanowires derived with molten salts：A high-efficiency catalyst for the oxidative removal of toluene[J]. Environ. Sci. Technol.，2015，49：11089-11095.

[24] Jiang Y，Xie S，Yang H，et al. Mn_3O_4-Au/3DOM $La_{0.6}Sr_{0.4}CoO_3$：High-performance catalysts for toluene oxidation [J]. Catal. Today，2017，281：437-446.

[25] Liao Y，Fu M，Chen L，et al. Catalytic oxidation of toluene over nanorod-structured Mn-Ce mixed oxides [J]. Catal. Today，2013，216：220-228.

[26] Wang L，Zhang C，Huang H，et al. Catalytic oxidation of toluene over active MnO_x catalyst prepared via an alkali-promoted redox precipitation method [J]. React. Kinet. Mech. Cat.，2016，118：605-619.

[27] Cheng G，Yu L，He B，et al. Catalytic combustion of dimethyl ether over α-MnO_2 nanostructures with different morphologies [J]. Appl. Surf. Sci.，2017，409：223-231.

[28] Liao Y，Zhang X，Peng R，et al. Catalytic properties of manganese oxide polyhedral with hollow and solid morphologies in toluene removal [J]. Appl. Surf. Sci.，2017，405：20-28.

[29] Hu F，Chen J，Peng Y，et al. Novel nanowire self-assembled hierarchical CeO_2 microspheres for low temperature toluene catalytic combustion [J]. Chem. Eng. J.，2018，331：425-434.

[30] Tang Q，Gong X，Zhao P，et al. Copper-manganese oxide catalysts supported on alumina：Physicochemical features and catalytic performances in the aerobic oxidation of benzyl alcohol

[J]. Appl. Catal. A: Gen., 2010, 389: 101-107.

[31] Yang X, Yu X, Lin M, et al. Enhancement effect of acid treatment on Mn_2O_3 catalyst for toluene oxidation [J]. Catal. Today, 2018.

[32] Sun X, Guo R, Liu J, et al. The enhanced SCR performance of Mn/TiO_2 catalyst by Mo modification: Identification of the promotion mechanism [J]. Int. J. Hydrogen Energ., 2018.

[33] Lee S, Park K, Kim S, et al. Effect of the Mn oxidation state and lattice oxygen in Mn-based TiO_2 catalysts on the low-temperature selective catalytic reduction of NO by NH_3 [J]. J. Air Waste Manage. Assoc., 2012, 62: 1085-1092.

[34] Chen J, Chen X, Xu W, et al. Homogeneous introduction of CeO_y into MnO_x-based catalyst for oxidation of aromatic VOCs [J]. Appl. Catal. B: Environ., 2018, 224: 825-835.

[35] Wu Y, Zhang Y, Liu M, et al. Complete catalytic oxidation of *o*-xylene over Mn-Ce oxides prepared using a redox-precipitation method [J]. Catal. Today, 2010, 153: 170-175.

[36] Xia Y, Dai H, Jiang H, et al. Mesoporous chromia with ordered three-dimensional structures for the complete oxidation of toluene and ethyl acetate [J]. Environ. Sci. Technol., 2009, 43: 8335-8360.

[37] Morales M, Yeste M, Vidal H, et al. Insights on the combustion mechanism of ethanol and *n*-hexane in honeycomb monolithic type catalysts: Influence of the amount and nature of Mn-Cu mixed oxide [J]. Fuel, 2017, 208: 637-646.

[38] Wang K, Cao Y, Hu J, et al. Solvent-free chemical approach to synthesize various morphological Co_3O_4 for CO oxidation [J]. ACS Appl. Mater. Interfaces, 2017, 9: 16128-16137.

[39] Wang R, Qi J, Sui Y, et al. Morphology-controlled synthesis of porous Co_3O_4 nanostructures by in-situ dealloying and oxidation route for application in supercapacitors [J]. J. Mater. Sci. Mater. Electron., 2017, 28: 9056-9065.

[40] Mei J, Xie J, Qu Z, et al. Ordered mesoporous spinel Co_3O_4 as a promising catalyst for the catalytic oxidation of dibromomethane [J]. Mol. Catal., 2018, 461: 60-66.

[41] Pan H, Jian Y, Chen C, et al. Sphere-shaped Mn_3O_4 catalyst with remarkable low-temperature activity for methyl-ethyl-ketone combustion [J]. Environ. Sci. Technol., 2017, 51: 6288-6297.

[42] Yang P, Fan S, Chen Z, et al. Synthesis of Nb_2O_5 based solid superacid materials for catalytic combustion of chlorinated VOCs [J]. Appl. Catal. B: Environ., 2018, 239: 114-124.

[43] Cheng Z, Chen Z, Li J, et al. Mesoporous silica-pillared clays supported nanosized Co_3O_4-CeO_2 for catalytic combustion of toluene [J]. Appl. Surf. Sci., 2018, 459: 32-39.

[44] Deng J, Feng S, Zhang K, et al. Heterogeneous activation of peroxymonosulfate using ordered mesoporous Co_3O_4 for the degradation of chloramphenicol at neutral pH[J]. Chem. Eng. J., 2017, 308: 505-515.

第 5 章

CeO_2 基催化剂催化氧化 VOCs 性能

5.1 过渡金属改性 CeO_2 的制备及其催化氧化甲苯性能研究

5.1.1 过渡金属改性 CeO_2 催化剂研究现状

近年来，CeO_2 基材料以其优异的储氧能力和丰富的氧空位，在 VOCs 的催化氧化中显示出巨大的应用潜力。具体来说，其可逆的 Ce^{4+}/Ce^{3+} 氧化还原循环促进了活性氧的迁移率。而且，CeO_2 很容易被其他金属改性形成 Ce-M-O_x（M 为其他金属）混合氧化物材料，其催化效果与相应的单金属氧化物催化剂相比更为优越[1-7]。Venkataswamy 等[8]提出，$Ce_{0.7}Mn_{0.3}O_{2-\delta}$ 催化剂表现出较多的表面氧缺陷或类羟基基团，这可能是相比 CeO_2 催化活性提高的重要原因。Li 等[9]研究表明，$CuO/Ce_{0.7}Mn_{0.3}$ 对 VOCs 催化脱除过程中，吸附氧和晶格氧的作用是不明确的。有报道称，由于 Zr—O 的结合能更高，ZrO_x 的掺杂可以提高催化剂的热稳定性[10-11]。He 等[12]证明在催化剂中引入 NiO_x 可以优化丙烷总氧化过程中的还原能力。笔者发现，不同过渡金属的加入可以从不同方面提高铈基催化剂在 VOCs 氧化中的催化性能，但不同金属对其氧化性能和元素价态的影响不同。不同过渡金属对催化剂的催化氧化能力的具体影响尚不明确，有必要在特定的环境下探讨金属掺杂对 CeO_2 催化剂氧化还原能力的影响。因此，笔者选择不同性质的过渡金属对催化剂的性能进行改性，以期进一步发展和丰富 VOCs 催化氧化理论。本章采用共沉淀法合成了 CeO_2 和 CeO_2-MO_x（M 为 Mn、Zr 和 Ni）催化剂，并通过不同制备方法、水热条件、不同铈源及硅钨酸改性 CeO_2 来研究其催化性能。结合多种表征结果对其孔结构、晶体机构、表面元素价态、氧化还原能力以及氧移动等性能进行比较分析。

5.1.2 催化剂的微观结构、表面物种及化学价态对催化剂性能的影响

5.1.2.1 催化氧化甲苯活性评价

CeO_2 和 CeO_2-MO_x 样品在甲苯催化燃烧中的催化氧化性能如图 5.1 所示。

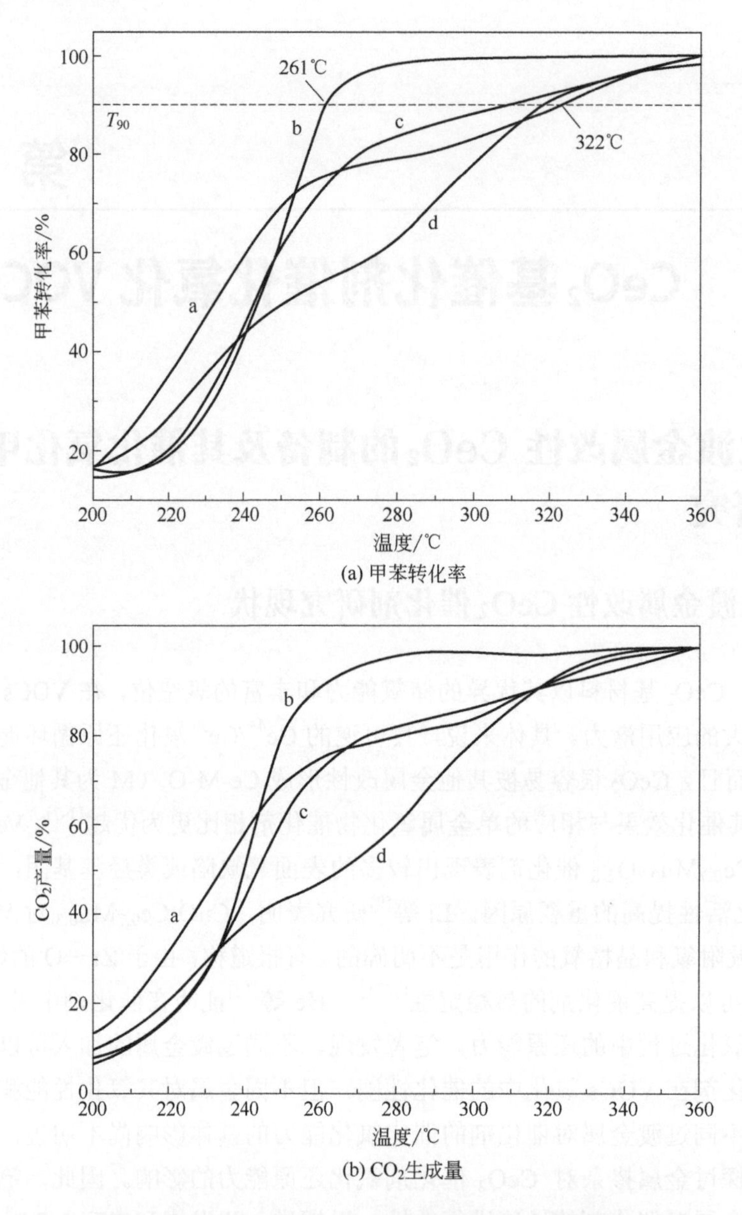

图 5.1　CeO_2和CeO_2-MO_x催化剂对甲苯的去除性能

a—CeO_2；b—CeO_2-MnO_x；c—CeO_2-ZrO_x；d—CeO_2-NiO_x

反应条件：催化剂体积 0.1mL，甲苯浓度 500×10^{-6}，空速 $60000h^{-1}$

如图 5.1（a）所示，随着反应温度的升高，所有催化剂的甲苯转化率均呈现上升趋势。纯CeO_2的T_{90}值（甲苯转化率达到90%对应的温度值）为322℃，掺杂过渡金属氧化物后，样品上的T_{90}顺序如下：CeO_2-MnO_x（261℃）＜CeO_2-ZrO_x（309℃）＜CeO_2-NiO_x（316℃）。很明显，在添加过渡金属后，铈基材料的催化性能得到了改善，特别是CeO_2-MnO_x催化剂。此外，如图 5.1（b）所示，与CeO_2-MO_x相比，CeO_2催化剂在高温下表现出的CO_2选择性不理想，特别是相对于CeO_2-MnO_x，这表明过渡金属氧化物的掺杂也可以提高催化剂对甲苯的深度氧化能力。综上所述，CeO_2-MnO_x表现出最佳的CO_2选择性和甲苯的催化性能，在 280℃时CO_2收率可以达到 100%，在 261℃时甲苯转化率可达到 90%以上，是催化性能最优的金属组合。

5.1.2.2　低温 N_2 物理吸脱附

CeO_2和CeO_2-MO_x催化剂孔结构性质用图 5.2 表示。

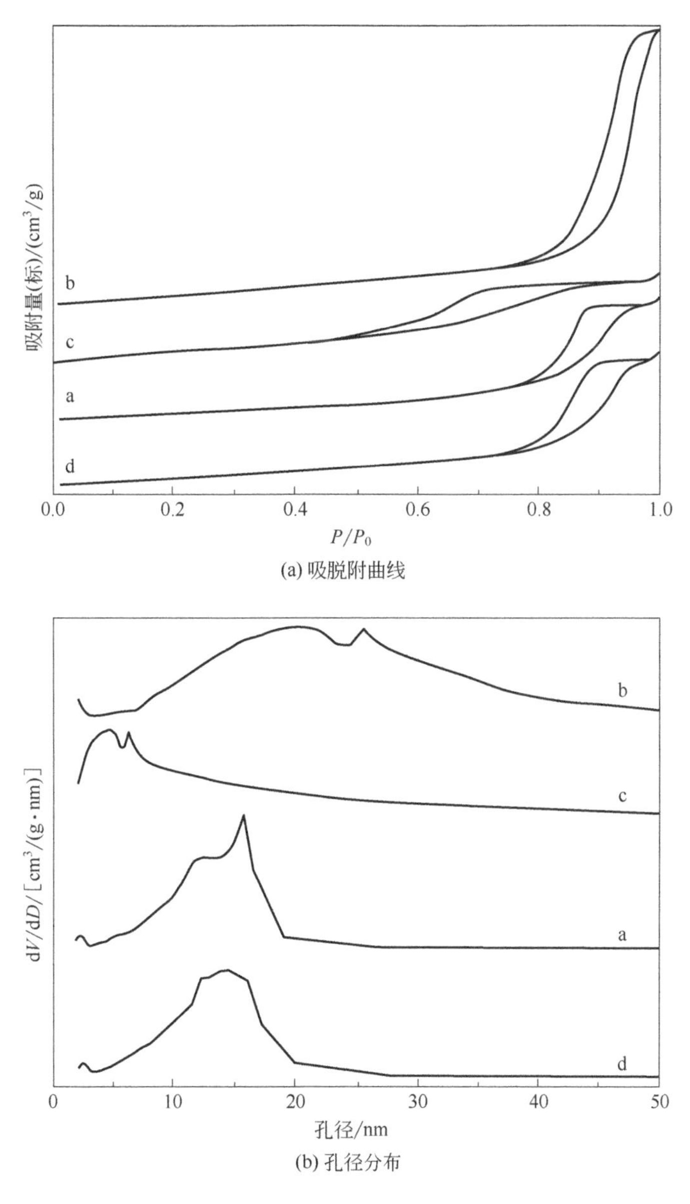

图 5.2　催化剂氮气吸脱附曲线和孔径分布

a—CeO_2；b—CeO_2-MnO_x；c—CeO_2-ZrO_x；d—CeO_2-NiO_x

如图 5.2（a）所示，所有样品均表现出典型Ⅳ型等温线及H_3型滞回环，这种现象表明催化材料中孔结构的存在[3,13]。与 CeO_2 相比，CeO_2-MO_x 的滞回环转移到了较低的相对压力值，这说明更多中孔结构的存在[10,14]。据报道，较高的 S_{BET} 和孔体积有利于削弱气体分子扩散阻力并优化 VOCs 在催化剂表面的吸附能力[11]。因此，与 CeO_2 相比，CeO_2-MnO_x 催化剂表现出优异的催化性能。图 5.2（b）显示了所有样品的孔径分布。显然，所有样品的孔径分布范围为 5～50nm，这是典型的中孔材料的特征。制备的催化剂的织构性质总结于表 5.1 中。CeO_2-MO_x 的 S_{BET} 大于 CeO_2（49m²/g）。CeO_2-ZrO_x 的 S_{BET} 最大（72m²/g），其次是 CeO_2-MnO_x（63m²/g），而 CeO_2-NiO_x 催化剂的 S_{BET} 为 50m²/g。而 CeO_2-MnO_x 的孔容积（0.368cm³/g）远大于 CeO_2（0.169cm³/g）、CeO_2-NiO_x（0.184cm³/g）和 CeO_2-ZrO_x（0.131m²/g）。显然，所制备的催化剂的结构和表面性质可以通过掺杂其他金属得到优化，且不同的金属种类的影响程度不同，这有利于催化剂的甲苯去除活性的提升。

表 5.1　催化剂 CeO_2 和 CeO_2-MO_x（M 为 Mn、Zr 和 Ni）的氮气吸脱附和拉曼结果

催化剂	S_{BET} /（m²/g）	V_p /（cm³/g）	C_{ov}① /%
CeO_2	49	0.169	7.4
CeO_2-ZrO_x	72	0.131	11.6
CeO_2-MnO_x	63	0.368	15.5
CeO_2-NiO_x	50	0.184	12.1

① 氧空位的相对浓度（C_{ov}）是通过公式计算出来的：$C_{ov}=A_{600}/A_{462}$。其中 A_x 是拉曼峰在 $x$cm⁻¹ 位置的面积。

5.1.2.3　X 射线衍射（XRD）

CeO_2 和 CeO_2-MO_x 样品的 XRD 衍射图用图 5.3 表示。

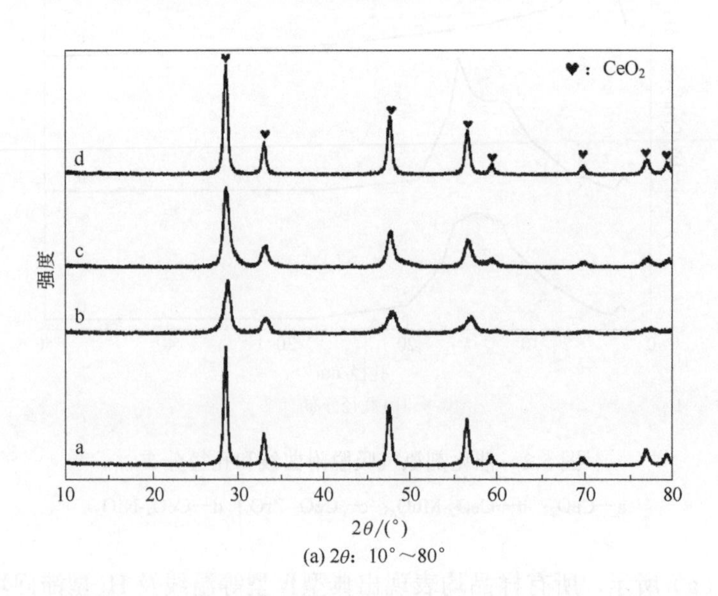

(a) 2θ：10°～80°

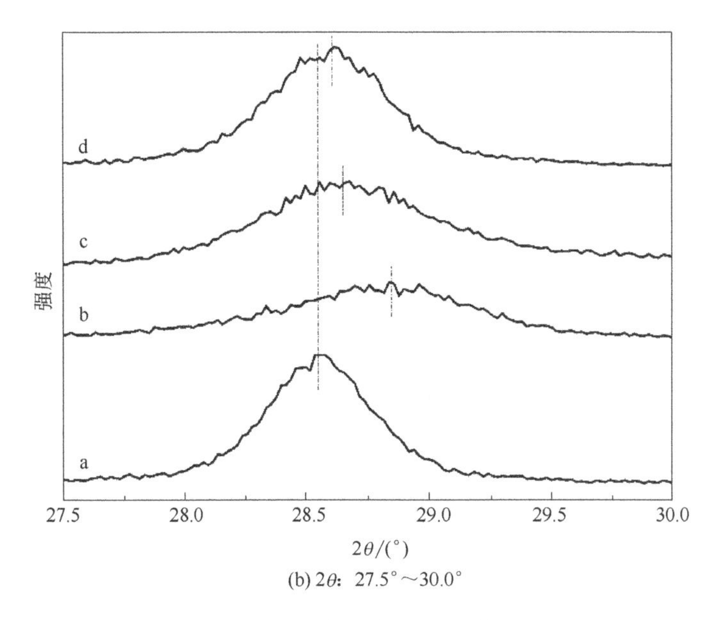

(b) 2θ：27.5°～30.0°

图 5.3　催化剂的 XRD 谱图

a—CeO_2；b—CeO_2-MnO_x；c—CeO_2-ZrO_x；d—CeO_2-NiO_x

从图 5.3 中可以看出，所有样品均检测到立方萤石结构 CeO_2（PDF＃43-1002）的特征衍射峰，且未观察到其他衍射峰，表明添加的 M 物种以高分散态或非晶态形式存在[15,16]。此外，由于 M 离子掺入二氧化铈晶格中，与纯 CeO_2 相比，CeO_2-MO_x 的 CeO_2 特征衍射峰略微向高角度偏移，如图 5.3（b）所示，证明了 Ce-M-O 固溶体的形成，这有助于提高催化剂中氧物种的储存与释放能力[8,17]。有研究报道，金属氧化物催化剂的无定形结构、固溶体的存在或表面金属氧化物的均匀分布是催化剂具有优异的催化氧化 VOCs 活性的原因[18-19]。如图 5.1 所示，CeO_2-MO_x 氧化物比 CeO_2 具有更好的催化活性和 CO_2 选择性，这可以归因于 Ce-M-O 固溶体的形成、金属氧化物的高分散状态或金属氧化物的无定形结构。

5.1.2.4　拉曼光谱（Raman）

为了获得更多 CeO_2 和 CeO_2-MO_x 的结构信息，进行了拉曼分析，结果如图 5.4 所示。所有样品在约 462cm^{-1} 处的谱带可以归结为立方萤石 CeO_2 的 F_{2g} 特征对称拉伸振动[20-21]。在 CeO_2-MO_x 样品中发现另一个弱峰（约 600cm^{-1} 处）可归因于氧空位的存在，通常认为可以促进催化剂的氧化还原反应[20]。另外，在 CeO_2-MnO_x 催化剂的 640cm^{-1} 处检测到 Mn-O-Mn 的振动特征[22]。在 CeO_2-ZrO_x 和 CeO_2-NiO_x 两个样品中未观察到 Zr 和 Ni 金属氧化物的拉曼峰，这可能是由 Zr 和 Ni 金属氧化物在 CeO_2 上的均匀分散所致[20]。值得注意的是，在 CeO_2-MO_x 催化剂中产生了二氧化铈 F_{2g} 带的形变和位置偏移，从而证实了 M 金属离子被掺入 CeO_2 晶格结构中[23]。尤其是在 CeO_2-MnO_x 样品谱带中，二氧化铈 F_{2g} 谱带的宽度较宽，并且其位置偏向 453cm^{-1} 处，这证明 Mn 离子比其他金属容易引入 CeO_2 晶格[22,24]。据报道，将其他阳离子掺杂到二氧化铈晶格中有助于结构缺陷的产生，进而促使氧空位的产生，有利于氧迁移率的提升[25-26]。利用 Raman 谱图的峰面积之比计算了氧空位的相对浓度（C_{ov}），其结果总结在表 5.1 中。显然，CeO_2-MO_x 的 C_{ov} 比纯 CeO_2 高，且 C_{ov} 的顺序为：CeO_2-MnO_x（15.5%）＞CeO_2-NiO_x（12.1%）＞CeO_2-ZrO_x（11.6%）＞CeO_2（7.4%），与甲苯催化氧化活性结果基本相符，表明了氧空位作为反应中的活性位点在催化反应中的重要作用。CeO_2-MnO_x 催化剂比纯 CeO_2 表现出明显更高的 C_{ov}，表明了较多过渡金属物种的成功引入，导致 Ce 基催化剂的 C_{ov} 增加。因此，CeO_2-MnO_x 表现出比纯 CeO_2 更好的催化去除甲苯性能。

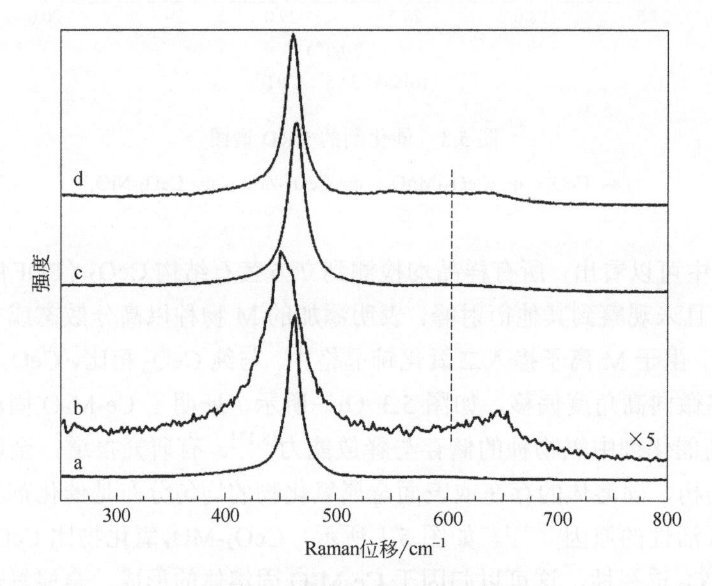

图 5.4 催化剂的 Raman 谱图

a—CeO_2；b—CeO_2-MnO_x；c—CeO_2-ZrO_x；d—CeO_2-NiO_x

5.1.2.5 X 射线光电子能谱（XPS）

为了探讨 CeO_2 和 CeO_2-MO_x 催化剂的表面氧化态，图 5.5 显示了 Ce 3d、O 1s、Mn 2p 和 Ni 2p 的能谱。

根据文献报道，图 5.5（a）中标记为 U、U″、U‴、V、V″和 V‴的 6 个峰是 Ce^{4+} 的特征，而其他两个峰 U′和 V′归因于 Ce^{3+}[24,26]。值得注意的是，与纯 CeO_2 相比，Ce 3d 在 CeO_2-MnO_x 催化剂上的结合能呈下降趋势。这是由于锰和铈氧化物之间的相互作用影响了铈离子周围的电子云状态，从而提高了催化剂的氧化还原能力，促使甲苯催化性能的提升。通过对特征峰面积的积分，定量分析了样品表面相对 Ce^{3+} 浓度 Ce^{3+}/

（Ce^{3+}+Ce^{4+}），结果总结在表 5.2 中。相对 Ce^{3+}浓度的比例按下列顺序降低：CeO_2-MnO_x（16.2%）＞CeO_2-ZrO_x（15.3%）＞CeO_2-NiO_x（14.1%）＞CeO_2（13.1%）。显然，不同的过渡金属的掺杂很大程度影响了样品中元素价态分布，且 CeO_2-MnO_x 催化剂中 Ce^{3+} 相对浓度最大。据报道[13,26]，较高的 Ce^{3+}含量促进了催化剂表面电荷不平衡态、氧空位和不饱和化学键的形成，可提高 VOCs 的催化氧化性能。此外，可以通过提高 Ce^{3+} 含量而提高活性氧的迁移率，促进催化剂催化性能的提升。因此，CeO_2-MnO_x 催化剂相对其他催化剂显示出优异的催化活性。

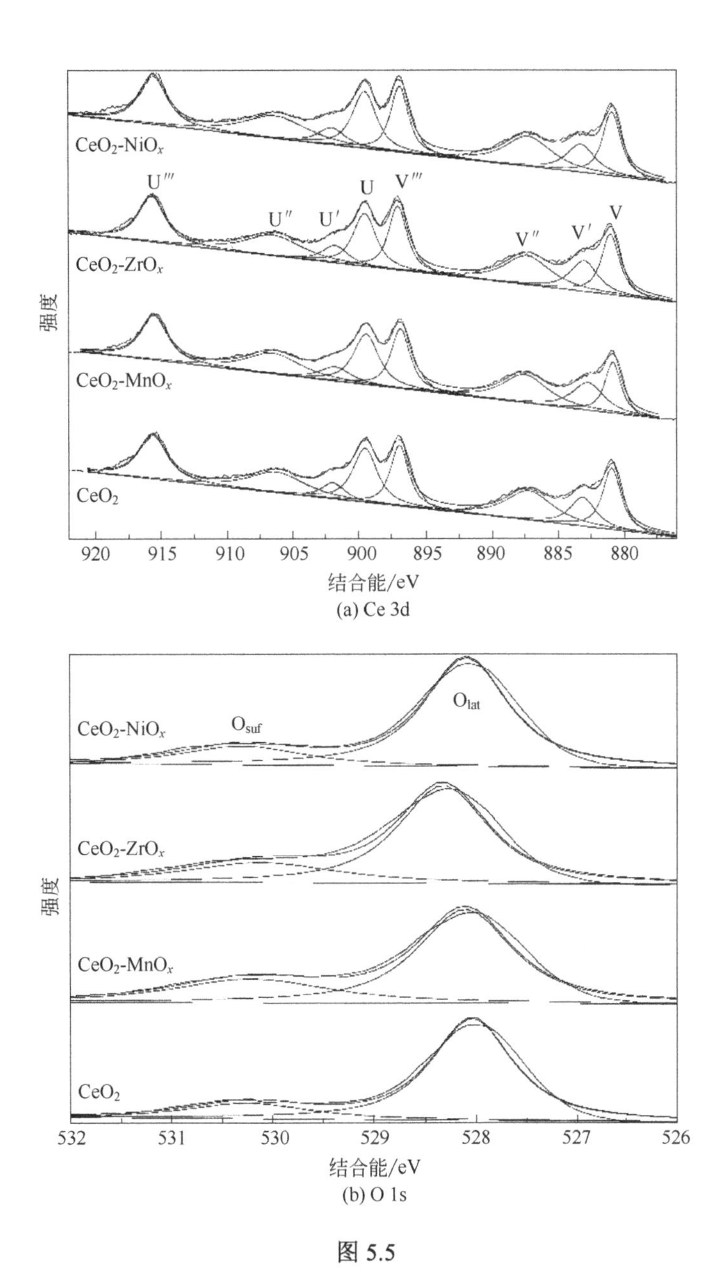

图 5.5

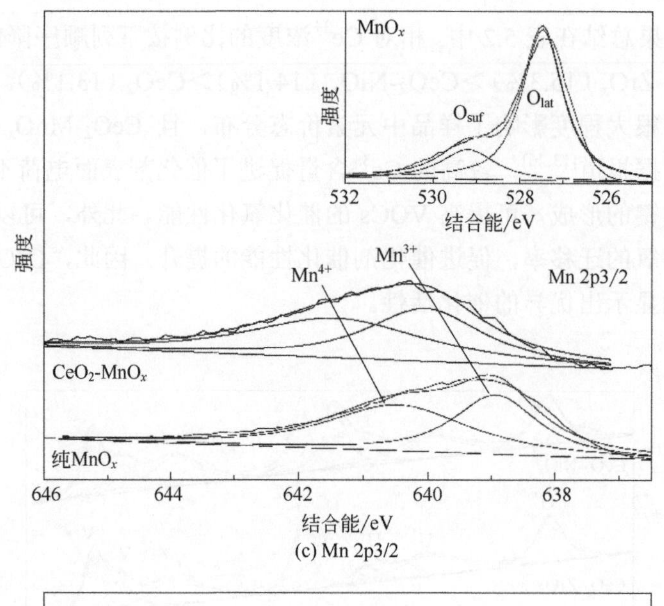

(c) Mn 2p3/2

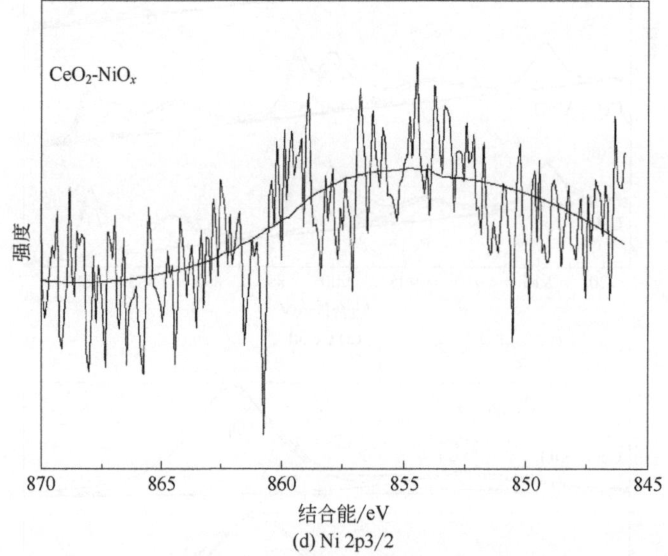

(d) Ni 2p3/2

图 5.5　催化剂的 XPS 谱图

表 5.2　催化剂 CeO_2 和 CeO_2-MO_x（M 为 Mn，Zr 和 Ni）以及纯 MnO_x 的 XPS 结果

催化剂	Ce^{3+}/（Ce^{4+}+Ce^{3+}）/%	O_{suf}/（O_{lat} +O_{suf}）/%	Mn^{3+}/（Mn^{4+}+Mn^{3+}）/%
CeO_2	13.1	19.1	—
CeO_2-MnO_x	16.2	30.3	46.6
CeO_2-ZrO_x	15.3	26.2	—
CeO_2-NiO_x	14.1	20.2	—
MnO_x	—	20.6	43.7

图 5.5（b）显示了所有催化剂的 O 1s 能谱图。所有催化剂可分为两个峰，较低结合能处的一个峰分配给晶格氧（O_{lat}），较高结合能处的一个峰对应于表面氧物种（O_{suf}），包括催化剂结构中的氧缺陷或吸附氧物种[25,27]。显然，与纯 CeO_2 相比，CeO_2-MO_x 中两个氧物种峰的结合能都发生向更高值偏移的现象，这表明 CeO_2 与 MO_x 之间存在强烈的相互作用。为了研究氧物种对催化性能的影响，通过整合 O 1s 能谱峰面积计算出 O_{suf}/（O_{lat}+O_{suf}）的比率，并将其值总结在表 5.2 中。催化剂的相对 O_{suf} 浓度依次为：CeO_2-MnO_x（30.3%）＞CeO_2-ZrO_x（26.2%）＞CeO_2-NiO_x（20.2%）＞CeO_2（19.1%），在相对 Ce^{3+}浓度中观察到了类似的趋势。另外，如文献所报道，较高的表面 Ce^{3+}含量与大量的表面氧缺陷有关，这有助于增加表面吸附氧的含量。由于比晶格氧具有更大的迁移率，表面吸附的氧对于大多数催化氧化反应至关重要[26,28]。因此，具有最高 O_{suf}/（O_{lat}+O_{suf}）的 CeO_2-MnO_x 催化剂表现出最高甲苯转化效率。

图 5.5（c）显示了 CeO_2-MnO_x 和纯 MnO_x 材料的 Mn 2p3/2 能谱。据报道，能谱可进一步分解为两个组分，低结合能峰归因于 Mn^{3+}，高结合能峰归因于 Mn^{4+}，这表明 Mn^{3+}和 Mn^{4+}在催化剂表面的共存[23]。与最近的报道一致，与纯 MnO_x 相比，CeO_2-MnO_x 中 Mn 2p3/2 峰的结合能移到了更高的值，这表明 CeO_2 与 MnO_x 之间的相互作用影响了锰物种的氧化态[29]。此外，表5.2 总结了通过积分光谱峰面积计算出的表面相对 Mn^{3+} 浓度 Mn^{3+}/（Mn^{4+}+Mn^{3+}）及其 O_{suf}/（O_{lat}+O_{suf}）。显然，相比纯 MnO_x（43.7%），CeO_2-MnO_x 催化剂显示出更高的 Mn^{3+}/（Mn^{4+}+Mn^{3+}）比例（46.6%），并且数值顺序与 O_{suf}/（O_{lat}+O_{suf}）的趋势相同。低温时，Mn^{3+}与氧的结合力相比 Mn^{4+}较弱，因此比 Mn^{4+}更容易失去氧[30]。此外，据报道，更多的 Mn^{3+}的存在有助于形成氧空位和结构缺陷，从而可以在反应过程中提供充足的氧移动能力和更强的氧化还原性[31]。

CeO_2-NiO_x 催化剂的 Ni 2p 能谱分析如图 5.5（d）所示。很明显，大约 855eV 处出现的宽峰对应于 Ni 2p3/2，并证实 Ni 物种的存在[26]。有研究报道，850.0～857.0eV 范围内的 Ni 2p3/2 峰可以分为在 852.5eV 和 855.5eV 的金属镍（Ni^0）和氧化镍（Ni^{2+}），而 857.0～865.0eV 的峰归因于卫星峰[32-33]。催化剂表面上两种镍物种的共存有助于电子转移并提高催化剂的氧化还原能力。不幸的是，由于低含量镍在催化剂体相中的均匀分散所产生的信号较弱，很难区分氧化镍状态。

5.1.2.6　H_2 程序升温还原（H_2-TPR）

为了探讨催化剂的还原性，进行了 H_2-TPR 分析，结果如图 5.6 所示。此外，每个还原温度区域的相应氢消耗汇总于表 5.3 中。

如图 5.6（a）所示，CeO_2 表现出两个中心在 510℃和 760℃左右的还原峰，分别对应于表面 CeO_2 和体相 CeO_2 的还原[20,34]。对于 CeO_2-NiO_x 样品，显示出两个主要的还原峰，最大峰值分别在 320℃和 770℃，后者与 CeO_2 的体相还原有关，而前者则认为是 NiO 物种和部分二氧化铈的还原[35]。与纯 CeO_2 催化剂相比，第一个还原峰的起峰温度小于 200℃，并且强度较强，这表明由于 NiO 和 CeO_2 之间的相互作用，还原性有了显著提高。对于 CeO_2-ZrO_x 样品，表现出两个还原特征峰，分别集中在约 550℃和 750℃，分

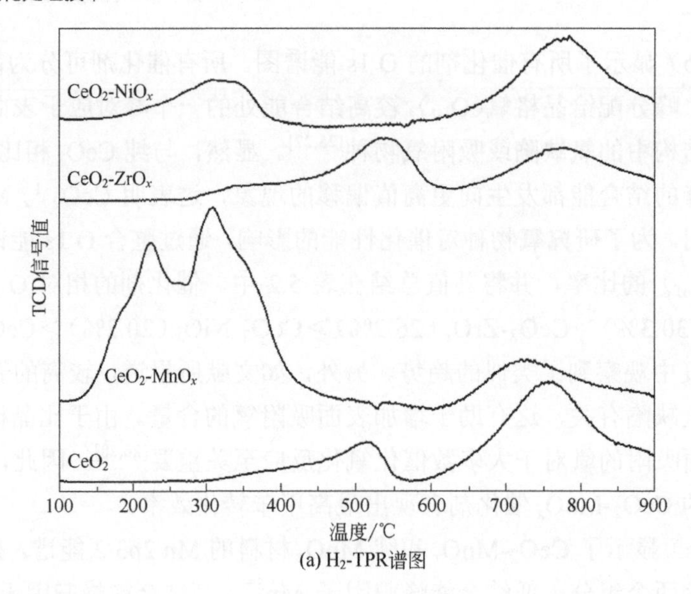

(a) H_2-TPR谱图

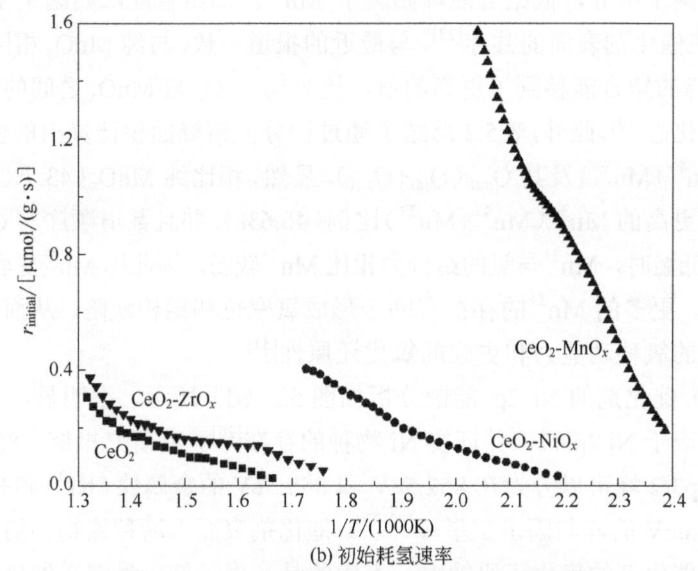

(b) 初始耗氢速率

图 5.6　催化剂的 H_2-TPR 谱图及初始耗氢速率

表 5.3　催化剂 H_2-TPR 和 O_2-TPD 结果

催化剂	TH①	XH②	∑XH③	TO①	XO②	∑XO③
CeO_2	309～555 558～900	190.7 819.1	1009.8	141～771	10.7	10.7
CeO_2-MnO_x	122～600 620～900	1871.6 329.0	2200.6	107～560 802～848	40.3 0.2	40.5
CeO_2-ZrO_x	264～620 628～900	539.2 549.1	1088.3	200～581	17.0	17.0
CeO_2-NiO_x	147～388 620～900	293.9 719.5	1013.4	332～625 630～850	11.0 7.0	18.4

① H_2-TPR 峰（TH，℃）和 O_2-TPD 峰（To，℃）的温度区间。
② H_2 消耗量（XH，μmol/g）和解吸氧量（XO，μmol/g）。
③ H_2 总消耗量（∑XH，μmol/g）和解吸氧的总量（∑XO，μmol/g）。

别归因于表面和体相 CeO_2 的还原[34,36]。有趣的是，与 CeO_2 相比，CeO_2-ZrO_x 的峰强度增强并且范围扩大，这归因于晶体中空位或结构缺陷的形成，导致晶格氧的迁移率更高，进一步促进了催化剂氧化甲苯性能[37-38]。对于 CeO_2-MnO_x，在 220℃的峰与 Mn^{4+}还原为 Mn^{3+}有关，约 320℃的峰是 Mn^{3+}还原为 Mn^{2+}以及部分表面二氧化铈还原，在 730℃的峰属于体相 CeO_2 的还原[39-40]。此外，与 CeO_2 相比，3 个还原峰的位置移至较低的温度，且强度增强，表明 CeO_2 和 MnO_x之间的相互作用改善了催化剂的氧化还原能力，并有助于提高催化氧化甲苯的性能。此外，各催化剂的氢气消耗量总结于表 5.3。低温（低于 620℃）耗氢量顺序如下所示：CeO_2（190.7μmol/g）＜CeO_2-NiO_x（293.9μmol/g）＜CeO_2-ZrO_x（539.2μmol/g）＜CeO_2-MnO_x（1871.6μmol/g）。显然，CeO_2-MO_x 表现出较大的低温 H_2 消耗量。而且，催化剂的总 H_2 消耗量与低温下的氢气消耗量趋势相同：CeO_2（1009.8μmol/g）＜CeO_2-NiO_x（1013.4μmol/g）＜CeO_2-ZrO_x（1088.3μmol/g）＜CeO_2-MnO_x（2200.6μmol/g），这表明由于在 CeO_2 中引入了不同的过渡元素，催化剂的还原性得到了不同程度的改善。为了深入研究催化剂的氧化还原性，所有催化剂的还原性差异均通过初始耗氢速率进行了评估，结果如图 5.6（b）所示，初始耗氢速率如下：$CeO_2 < CeO_2$-$ZrO_x < CeO_2$-$NiO_x < CeO_2$-MnO_x，这与催化活性结果基本一致。H_2-TPR 结果表明，在 CeO_2 微晶中掺入过渡金属阳离子可以促进催化剂还原性的提升，这归因于大量结构缺陷和可还原氧的出现有利于催化剂催化氧化甲苯性能的提升。

5.1.2.7　O_2 程序升温脱附（O_2-TPD）

O_2-TPD 用于研究催化剂中氧移动能力，结果如图 5.7 所示。所有样品均在低温（低于 500℃）出现明显的解吸峰，这可归因于催化剂材料表面的物理吸附氧和化学吸附氧物种的脱附。此外，高温（大于 500℃）时的脱附峰归因于金属氧化物晶格氧的解吸[27]。与纯 CeO_2 催化剂相比，CeO_2-ZrO_x 催化剂的表面吸附氧转移到更高的温度，且强度有所提高。这种现象表明，在 CeO_2 中添加 ZrO_x 可以提高热稳定性，显著增加其表面氧的含量[41]。在 CeO_2-NiO_x 催化剂中，表面吸附氧和晶格氧的强度比 CeO_2 高，表明更多活性氧物种出现在 CeO_2-NiO_x 催化剂中，有利于提高 VOCs 催化活性[42]。对于 CeO_2-MnO_x 催化剂，表面吸附的氧脱附峰向较低温度移动，再次证明 CeO_2-MnO_x 催化剂表面氧的释放更容易。CeO_2-MnO_x 的晶格氧解吸偏离到 822℃，这可以归因于 CeO_2 和 MnO_x之间的强相互作用。另外，CeO_2-MnO_x 催化剂的解吸峰强度明显强于纯 CeO_2，特别是表面吸附氧物种，表明更多活性氧的产生[27]。另外，基于解吸峰的定量分析，表 5.3 中列出了单峰的氧脱附量和总脱附量。显然，CeO_2-MO_x 显示出更大的表面氧和总氧解吸量，且总脱附量顺序为：CeO_2（10.7μmol/g）＜CeO_2-ZrO_x（17.0μmol/g）＜CeO_2-NiO_x（18.4μmol/g）＜CeO_2-MnO_x（40.5μmol/g），表明 CeO_2-MO_x 表现出较高的吸附氧能力。该现象表明，通过引入 MO_x，形成了更多的表面吸附氧及其他活性氧物种，很大程度提高了催化剂中氧物种迁移率。

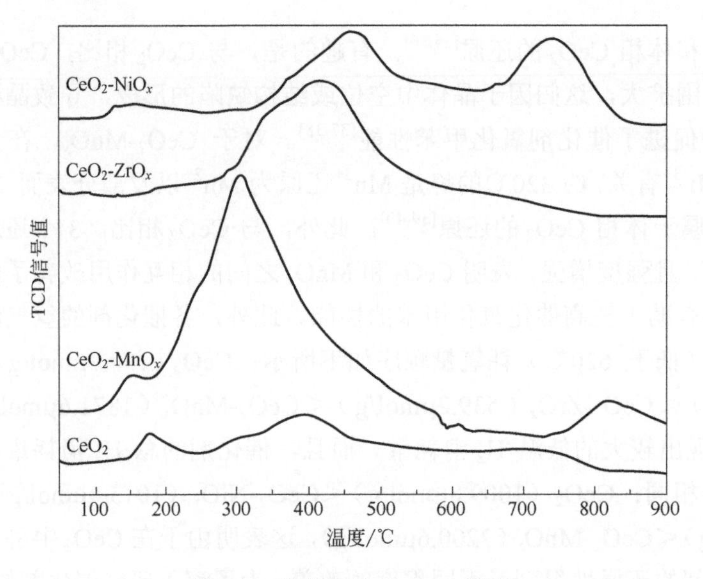

图 5.7 催化剂的 O_2-TPD 谱图

5.1.3 小结

通过共沉淀法合成了纯 CeO_2 和 CeO_2-MO_x（M 为 Mn，Zr 和 Ni）催化剂，并进行了催化氧化甲苯的活性评价。并通过 N_2 吸脱附、XRD、Raman、XPS、H_2-TPR 和 O_2-TPD 表征技术对所制备催化材料的物理化学性质进行了表征。各催化剂对甲苯催化燃烧的活性根据 T_{90} 排序为：CeO_2-MnO_x（261℃）＜CeO_2-ZrO_x（310℃）＜CeO_2-NiO_x（316℃）＜CeO_2（322℃）。表征结果表明，通过过渡金属掺杂，催化剂的介孔结构和比表面积得到改善。过渡金属离子被引入二氧化铈萤石晶格中，促进了 CeO_2 与 MO_x 的相互作用，导致较多结构缺陷（如固溶体和氧空位）的产生，提升了催化剂的储存和释放活性氧物种的能力。此外，CeO_2-MO_x 催化剂比纯 CeO_2 表现出更高的 Ce^{3+}、Mn^{3+} 和表面吸附氧浓度，这与较多氧空位的存在有关，也是良好的氧化还原性能的原因。因此，由于 CeO_2-MnO_x 拥有较多的结构缺陷和最丰富的活性物种，在甲苯催化过程中展现出最为优异的活性，这也为进一步的研究指明了方向。

5.2 合成路径对 Ce-Mn-O_x 催化剂催化氧化甲苯性能影响研究

5.2.1 合成路径改性 Ce-Mn-O_x 催化剂研究现状

在之前的研究中[43]，通过传统的共沉淀法制备了纯 CeO_2 以及不同过渡金属掺杂的系列铈基催化剂（CeO_2-MnO_x、CeO_2-ZrO_x 和 CeO_2-NiO_x），并以甲苯为目标污染物考察了其催化性能。研究表明，由于 CeO_2-MnO_x 比 CeO_2-ZrO_x、CeO_2-NiO_x 和纯 CeO_2 具有更多的 Ce^{3+}、Mn^{3+}、结构缺陷和活性氧物种，因此表现出了最佳的甲苯催化活性。此外，铈锰复合氧化物在催化去除 VOCs 的过程中影响因素较多，其中合成途径的影响最为直接。Tan 等[44]通过溶胶-凝胶法制备的 Mn-Ce 复合氧化物催化剂表现出优异的低温还原性，其拥有较多的 Ce^{3+}/Mn^{4+}和吸附氧物种，这有助于提高催化氧化 VOCs 活性（如苯、甲苯和乙酸乙酯）。Venkataswamy 等[26]通过共沉淀法合成的 $Ce_{1-x}Mn_xO_{2-\delta}$ 催化剂由于具有高的表面积、优异的还原性、更多的缺陷氧以及在低温下的高储氧能力，因此具有良好的 CO 去除能力。Du 等[13]发现，水热法合成的 $Mn_{0.6}Ce_{0.4}O_2$ 催化剂表现出丰富的 Ce^{3+}、Mn^{3+}和氧空位，从而促进了氧物种在催化剂中的移动能力。显然，催化剂的催化性能受到合成途径的显著影响。因此，有必要探讨不同方法合成的 Ce-Mn-O_x 催化剂在去除甲苯性能之间的差异。本节通过 4 种不同的方法合成了系列不同的 Ce-Mn-O_x 催化剂，即共沉淀（CP）、水热（HT）、浸渍（IM）和溶胶凝胶（SG）。比较了以甲苯为目标污染物的催化性能，并通过多种表征技术探讨了其理化性质，包括织构性能、晶体结构、氧化还原能力和氧迁移能力，并对高性能催化剂进行了抗水及耐久性测试。

5.2.2　催化剂的微观结构、表面物种及化学价态对催化剂性能的影响

5.2.2.1　催化氧化甲苯活性评价

通过不同方法合成的催化剂催化氧化甲苯活性如图 5.8（a）所示，相应的 CO_2 选择性如图 5.8（b）所示。从图 5.8（a）可以看出，所有样品的甲苯的转化率随反应温度的升高而增加，并且在 280℃以下都可以将甲苯完全分解。但是不同方法合成的催化剂的甲苯催化性能存在明显的差异。CM-HT 的 T_{50}（234℃，甲苯转化率达到 50%时的温度）和 T_{90}（246℃，甲苯转化率达到 90%时的温度）均低于其他样品。表 5.4 总结了每种催化剂的催化活性数据，根据 T_{50} 和 T_{90} 大小，甲苯的催化活性遵循以下顺序：CM-HT（T_{50}：234℃；T_{90}：246℃）＞CM-SG（T_{50}：242℃；T_{90}：249℃）＞CM-CP（T_{50}：243℃；T_{90}：259℃）＞CM-IM（T_{50}：251℃；T_{90}：261℃）。作为甲苯深度氧化的理想产物，CO_2 选择性是评估催化剂性能的重要指标。如图 5.8（b）所示，CO_2 的产率顺序与甲苯的催化活性顺序一致，且 CM-HT 催化剂的 CO_2 收率高于 CM-SG、CM-CP 和 CM-IM 催化剂，最终的 CO_2 收率与转化甲苯的量相对应，表明 CM-HT 拥有最佳催化性能。

5.2.2.2　低温 N_2 物理吸脱附

图 5.9（a）和图 5.9（b）分别代表用不同方法制备的 Ce-Mn-O_x 样品的 N_2 吸附-脱附等温线和孔径分布曲线。如图 5.9（a）所示，所有催化剂均表现出Ⅳ型等温线的典型特征，在相对压力（P/P_0）在 0.45～1.0 之间时表现出 H_3 滞回环，这表明所有催化剂均为中孔结构特征[3,13,45]。值得注意的是，不同催化剂滞回环出现了不同的 P/P_0 范围，并且表现出不同的吸附量，表明制备方法影响了 Ce-Mn-O_x 样品的孔结构分布，

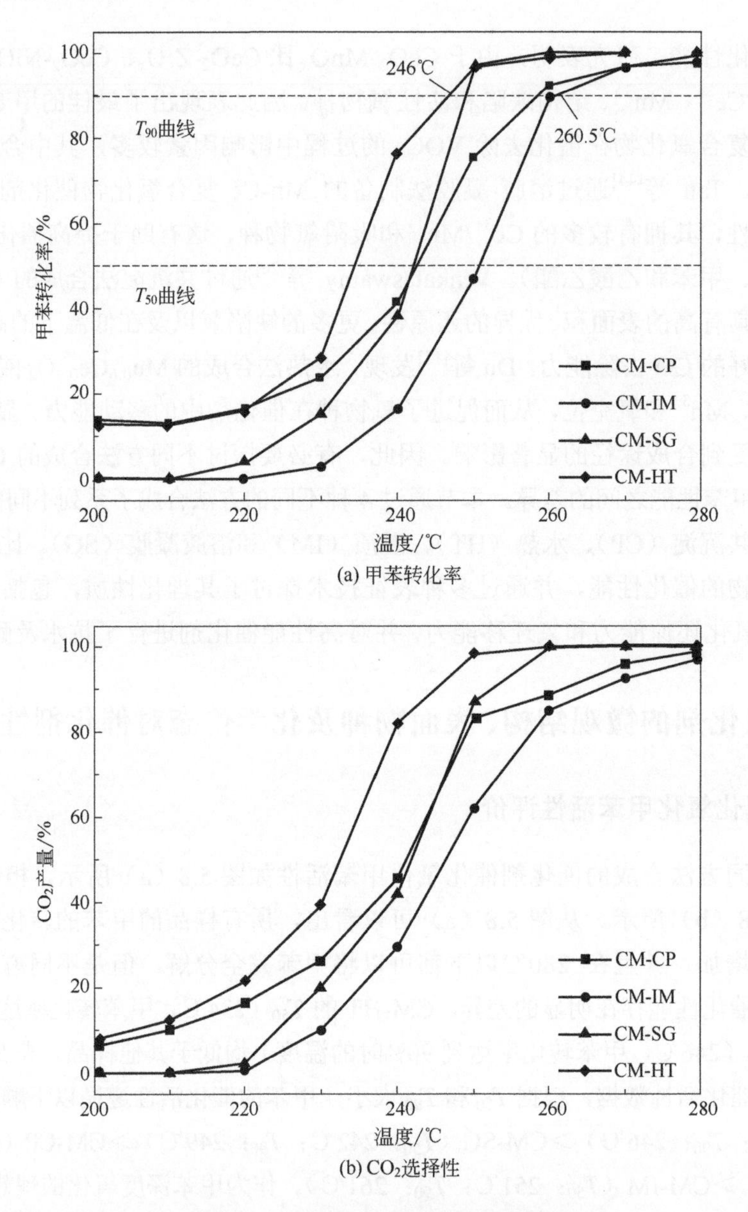

(a) 甲苯转化率

(b) CO_2选择性

图 5.8 催化剂对甲苯的去除效率

反应条件：空速为 $60000h^{-1}$，甲苯浓度为 500×10^{-6}

证实了系列 Ce-Mn-O_x 材料之间不同的铈锰相互作用[10,14]。该现象可以通过图 5.9（b）所示的孔径分布曲线来证实，可以观察到孔径主要分布在 2～40nm 范围内，并且表现出不同位置的孔径分布峰。值得注意的是，CM-HT 催化剂比其他催化剂表现出更多的非均匀介孔结构，这可能是其拥有较高活性的原因。各催化剂的比表面积列于表 5.4，显然，CM-HT 样品具有最大的 S_{BET} 值（$98m^2/g$）。通常认为较高的 S_{BET} 值会削弱气体分子的扩散阻力并优化 VOCs 的吸附性能，是高催化活性的关键因素[11]。此外，S_{BET} 值顺序如下：CM-HT（$98m^2/g$）＞CM-CP（$63m^2/g$）＞CM-SG（$55m^2/g$）＞CM-IM（$46m^2/g$）。

因此，CM-HT 表现出比 CM-SG、M-CP 和 CM-IM 催化剂优异的甲苯催化性能。

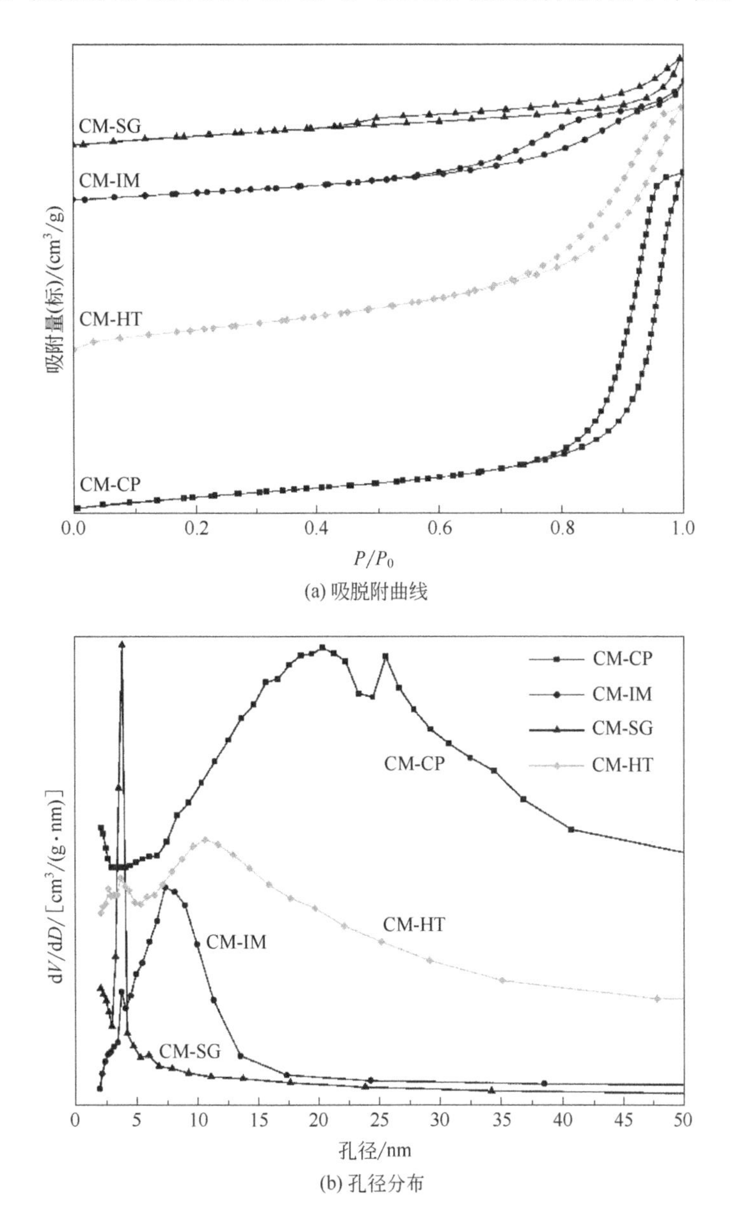

(a) 吸脱附曲线

(b) 孔径分布

图 5.9　Ce-Mn-O_x 催化剂的氮气吸脱附曲线和孔径分布图

5.2.2.3　X 射线衍射（XRD）

通过 XRD 表征探讨了不同方法制备的催化剂的晶相结构，结果示于图 5.10。

从图 5.10（a）中可以观察到，所有样品均显示出 8 个不同的衍射峰，分别在大约 28.7°、33.1°、47.6°、56.5°、59.3°、69.6°、76.9°和 79.3°处，分别属于立方萤石结构 CeO_2 的（111）、（200）、（220）、（311）、（222）、（400）、（331）和（420）特征晶面（JCPDS ＃89-8436）[13,35,46]。值得注意的是，在样品上均未发现单独的 Mn 物种特征衍射峰，

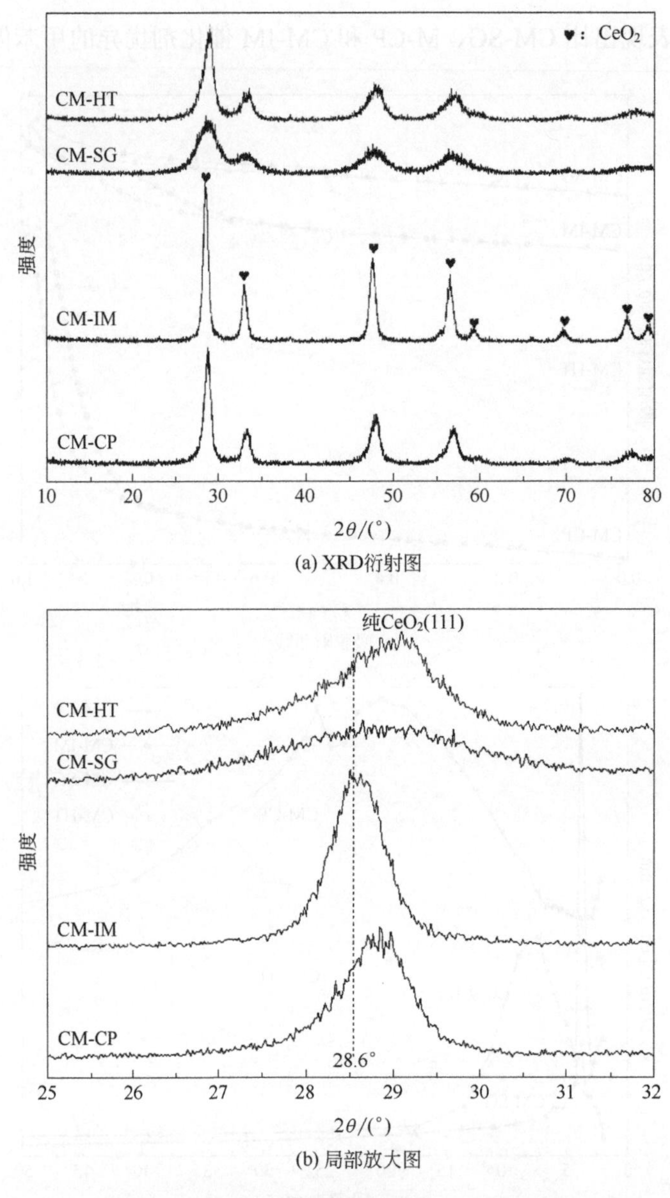

(a) XRD衍射图

(b) 局部放大图

图 5.10　催化剂的 XRD 衍射图及局部放大图

这表明 Mn 物种可能进入 CeO_2 晶格，形成铈锰固溶体[9,12,47]。为了进一步证明离子取代的产生和固溶体的形成，图 5.10（b）中的局部放大图可以清楚地观察到，与纯 CeO_2 相比，Ce-Mn-O_x 的 CeO_2（111）晶面偏移到较高的衍射角，并且 CM-HT 偏移量最大[43]。此外，Mn^{4+}（0.53Å，1Å=10^{-10}m，下同）和 Mn^{3+}（0.58Å）的离子半径小于 Ce^{4+}（1.11Å），这增加了 Ce^{4+}被 Mn^{4+}替代的可能性[12,48]。根据 CeO_2（111）、（200）和（220）晶面计算了晶格参数（LP）并将结果列于表 5.4，其大小遵循下面排列顺序：CM-HT（5.335Å）＜CM-SG（5.369Å）＜CM-CP（5.372Å）＜CM-IM（5.410Å）＜CeO_2（5.411Å）[8]。显然，由于合成途径的不同，CeO_2 的 LP 值降到了不同的值，特别是对于 CM-HT 样品，这证明了在二氧化铈骨架中掺入锰离子会导致固锰铈溶体的形成[17,26,29,40]。有报道称，固溶体的存在可以提高催化剂在催化去除 VOCs 过程中的活性，这是因为固溶体有较高的氧迁移率、更多氧空位以及优异的氧气储存/释放能力[18-19,49]。因此，CM-HT 比通过其他方法合成的催化剂表现出优异的甲苯催化活性和 CO_2 选择性。

5.2.2.4　拉曼光谱（Raman）

拉曼光谱可以用来研究催化剂晶相中的金属-氧振动信息，Ce-Mn-O_x 催化剂的拉曼分析结果如图 5.11 所示。

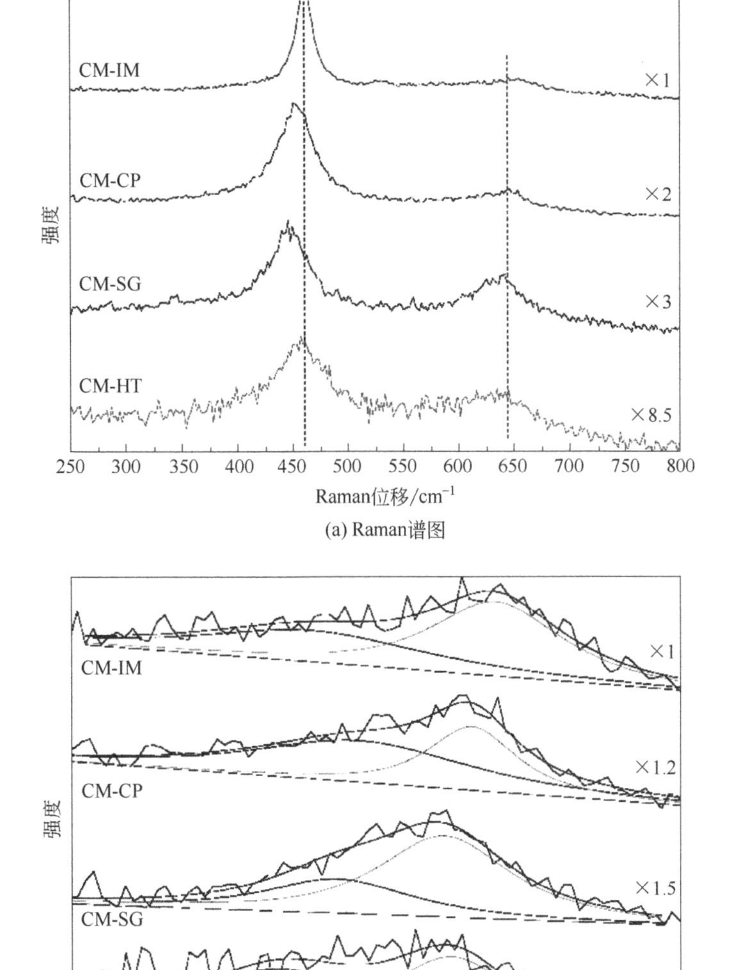

(a) Raman谱图

(b) 局部放大图

图 5.11　催化剂的 Raman 谱图及局部放大图

在图 5.11（a）中，所有的催化剂都在大约 462cm^{-1}处显示出了较强的立方萤石结构 CeO_2 的 F_{2g} 振动模式，这归因于 CeO_2 结构中 Ce^{4+}周围的 O 原子引起的对称拉伸振动。值得注意的是，不同途径制备的催化剂中 CeO_2（F_{2g}）振动模式峰的强度、频率和形变程度存在明显的差异。并且 CM-HT 的峰强度最弱，半峰宽（FWHM）最大。这种现象是由于在 Ce-Mn-O_x 催化剂中发生了不同程度的离子取代（Mn 离子取代 Ce 离子），导致晶格中存在不同含量的畸变结构（例如氧空位），而 CM-HT 相比其他催化剂取代程度较大。另外，所有样品在约 640cm^{-1} 处均可观察到明显的非对称弱峰，这是由 600cm^{-1}和 640cm^{-1} 两种峰的重叠造成的[48]。640cm^{-1} 处的峰为 Mn_3O_4 晶相中的 Mn-O-Mn 特征拉伸模式，而另一个位于 600cm^{-1} 处的峰通常与 CeO_2 晶格中的氧空位的存在有关[50]。据报道，氧缺陷（如氧空位）的存在有利于吸附和活化氧气，通常被认为是促进催化氧化反应的关键因素。为了评价氧空位的相对含量（C_{ov}）对催化性能的影响，将重叠峰暂时分为两部分（氧空位和 Mn_3O_4 相），并使用公式 $C_{ov}=A_{600}/A_{462}$（A_x 是 $x$cm^{-1}处的峰面积）对其进行了定量计算，结果示于图 5.11（b）和表 5.4 中。C_{ov} 值大小遵循下列趋势 CM-HT（19.6%）＞CM-SG（17.3%）＞CM-CP（15.5%）＞CM-IM（12.9%）。值得注意的是，氧空位的相对含量顺序与表面 Ce^{3+}相对含量、表面 Mn^{3+}的相对浓度、表面吸附氧含量以及催化活性的顺序出奇地一致（见表 5.4）。这种现象表明，用不同方法制备的 Ce-Mn-O_x 催化剂拥有不同程度的结构缺陷，因而导致活性物种含量的不同。其中 CM-HT 活性物种占比最大，并表现出最佳的甲苯催化性能。

表 5.4 催化活性、比表面积、X 射线衍射和拉曼结果

催化剂	T_{50}/°C	T_{90}/°C	S_{BET}/（m^2/g）	LP①/Å	C_{ov}②/%
CM-IM	251	261	46	5.410	12.9
CM-CP	243	259	63	5.372	15.5
CM-SG	242	249	55	5.369	17.3
CM-HT	234	246	98	5.335	19.6

① 晶格参数由 XRD 图案计算。
② 由拉曼峰面积计算。

5.2.2.5 X 射线光电子能谱（XPS）

通过 XPS 光谱研究了不同途径合成的 Ce-Mn-O_x 催化剂的表面元素价态以及氧种类，结果示于图 5.12 和表 5.5。

催化剂的 Ce 3d 光谱［图 5.12（a）］可分解为 3d5/2（标记为 V）和 3d3/2（标记为 U）两部分。标记为 V、V″和 V‴的 3 个峰可以归为 Ce^{4+} 3d5/2，标记为 U、U″和 U‴的 3 个峰可以归为 Ce^{4+} 3d3/2，这表明催化剂中的铈元素主要为 Ce^{4+}[51-52]。标记为 V′和 U′的其他两个特征峰分别归属于催化剂表面 Ce^{3+}的 Ce 3d5/2 和 Ce^{3+}3d3/2 特征[53]。显然，两种价态的铈（Ce^{3+}和 Ce^{4+}）共存于样品表面。值得注意的是，采用不同方法制备的催化剂，即使是同一类峰仍然显示出不同的结合能，这是由催化剂表面电子分布态的变化和不稳定 Ce^{4+}—O 键的产生导致铈锰之间存在不同程度的相互作用所致。此外，CM-HT、

CM-SG 和 CM-CP 催化剂显示出比 CM-IM 样品低的结合能，这说明 Ce 和 Mn 之间的相互作用更大，这有助于催化剂氧化还原能力的提升。此外，基于峰面积对样品表面的相对 Ce^{3+}浓度 Ce^{3+}/（Ce^{3+}+Ce^{4+}）进行了定量计算，结果列于表 5.5。相对 Ce^{3+}浓度的顺序如下：CM-HT（21.2%）＞CM-SG（18.1%）＞CM-CP（16.2%）＞CM-IM（15.1%）。显然，不同途径制备的催化剂中铈的平均价态不同，且 Ce^{4+}占主要部分。其中 CM-HT 催化剂具有最高的 Ce^{3+}含量，而 CM-IM 样品 Ce^{3+}相对含量最低，这与甲苯的催化活性一致。据文献报道，Ce^{3+}的产生通常伴随着氧空位、结构缺陷、不饱和化学键以及电荷不平衡等现象的出现，这有助于活性物种的产生并促进其在氧化过程中的迁移速率，从而提高催化剂对 VOCs 的催化性能[13]。因此，CM-HT 催化剂显示出优异的甲苯催化氧化性能。

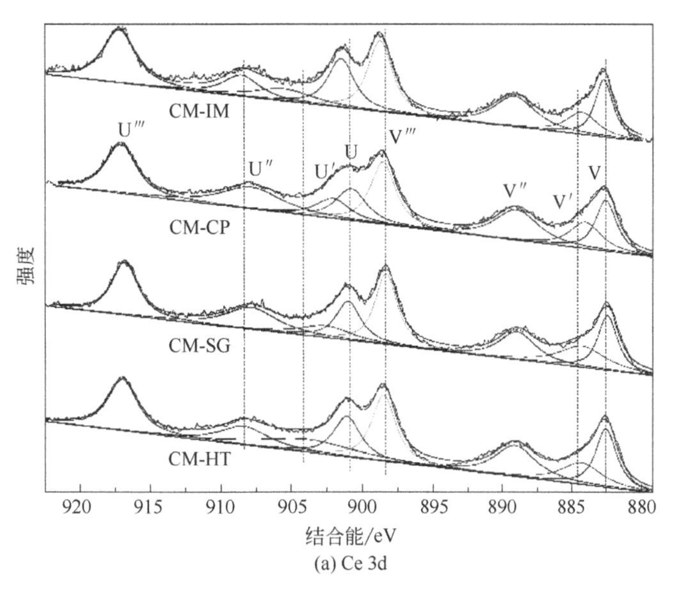

(a) Ce 3d

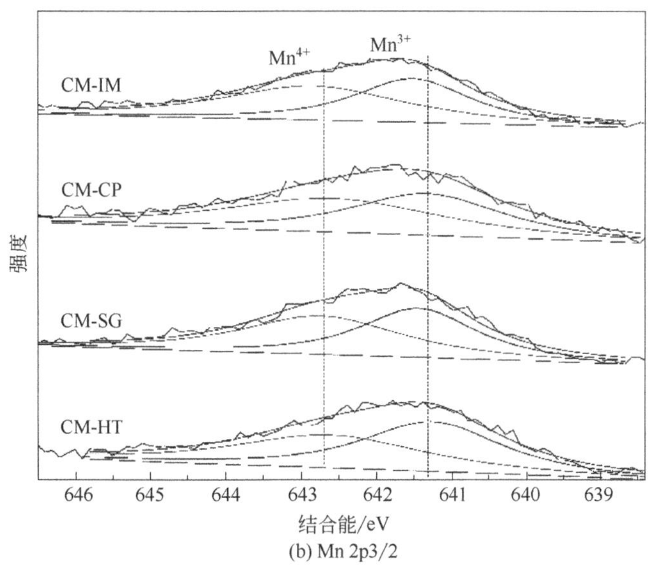

(b) Mn 2p3/2

图 5.12

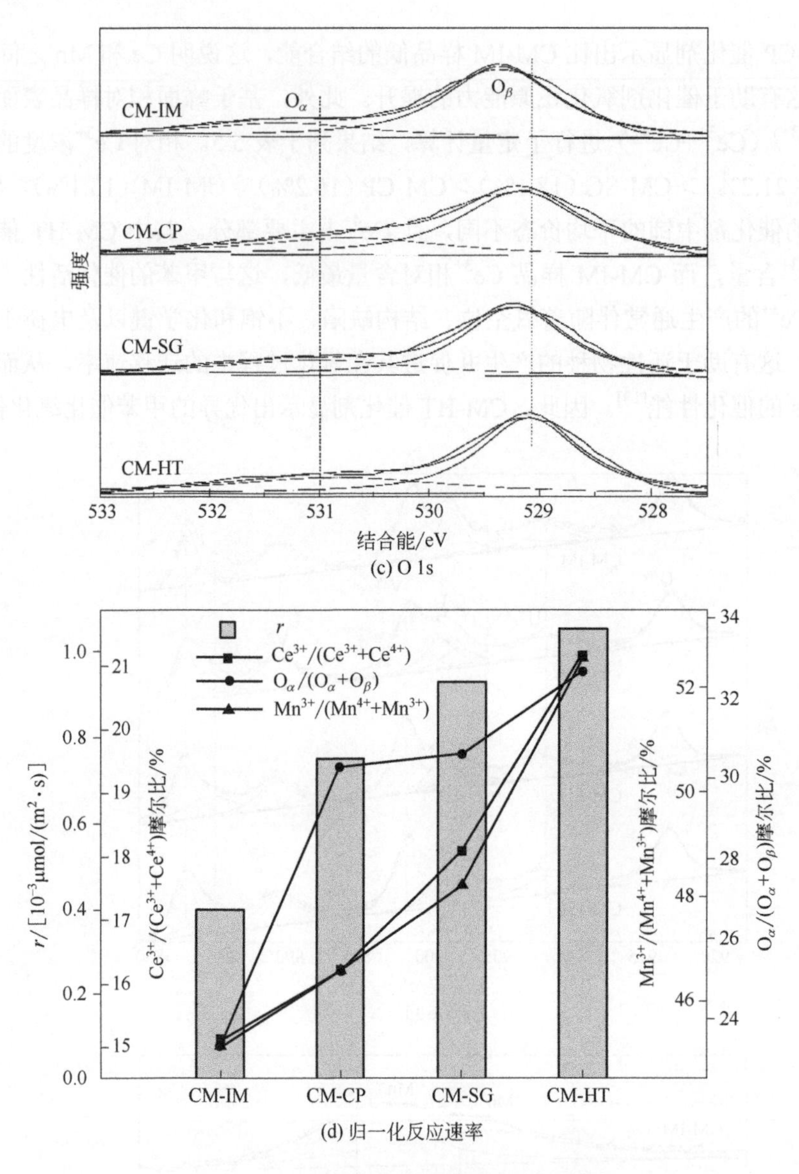

(c) O 1s

(d) 归一化反应速率

图 5.12　催化剂的 XPS 谱图

CM-HT、CM-SG、CM-CP 和 CM-IM 样品中 Mn 2p 能谱如图 5.12（b）所示。所有样品中 Mn 2p2/3 光谱被分解为两种表面锰物种，如图 5.12（b）的标记所示，较低的结合能峰（大约 641.5eV）归为 Mn^{3+}，另一个在 643eV 处的高结合能峰归属于 Mn^{4+}[54]。这种现象表明由于晶体缺陷或氧空位的形成，导致样品中存在非化学计量的 MnO_x，可以促进催化剂在甲苯氧化中的氧化还原特性[40]。尽管所有样品表现出相似的 XPS 光谱，但各峰确切位置并不完全相同，这表明不同方法制备的 Ce-Mn-O_x 催化剂的锰铈相互作用程度不同[55]。通过对 XPS 光谱上相应峰的定量积分，计算了样品表面相对 Mn^{3+}浓度 Mn^{3+}/（Mn^{3+}+Mn^{4+}）。Mn^{3+}的相对浓度按照下列顺序依次降低：CM-HT(52.6%)＞CM-SG(48.2%)＞CM-CP(46.6%)＞CM-IM(45.1%)，这与催化活性顺序以及相对 Ce^{3+}浓度一致。显然，合成途径极大地影响了催化剂中 Mn 的价态分布，CM-HT 样品表面显示出最大相对 Mn^{3+}浓度。文献报道，Mn 基催化剂结构中较多 Mn^{3+}的存在意味着更多的氧空位和晶体缺陷的产生，其中 Mn^{3+}—O 相互作用比 Mn^{4+}—O 的结合能力弱，可以在催化过程中较好地释放出活性氧，提高氧物种的移动能力，有助于催化剂产生优异的氧化还原性能以及出色的 VOCs 催化活性[28]。因此，制备方法极大地影响了催化剂对甲苯的催化去除能力，CM-HT 样品表现出最佳的催化性能。

所有样品的 O 1s 能谱如图 5.12（c）所示。很明显，不对称的 O 1s 信号分解为两个物种，第一个较高的结合能（约 531.2eV）处的峰是表面吸附氧（记为 O_α）的特征，如低配位的 O^-、O_2^-或 O_2^{2-}物种，通常认为是由羟基或氧化物中的结构缺陷产生。在较低的结合能（约 529.2eV）处的峰归因于晶格氧 O^{2-}（表示为 O_β）[56-58]。从图 5.12（c）可以清楚地看出，通过不同途径制备的催化剂的 XPS 峰确切位置并不完全一致，这是由 Ce 和 Mn 之间相互作用程度不同导致电子结构发生改变或氧化物原子排列结构发生调整所致。此外，通过对相应的峰面积进行积分，对所有样品中 O_α的相对百分比 O_α/（O_α+O_β）进行了定量计算。O_α 的相对浓度顺序如下：CM-HT（32.7%）＞CM-SG（30.6%）＞CM-CP（30.3%）＞CM-IM（23.3%），这表明不同制备方法对催化剂氧种类和含量的影响很大，且 CM-HT 催化剂中 O_α的含量最高。值得注意的是，该顺序与 Ce^{3+}相对浓度和 T_{90} 顺序一致。据文献报道，催化剂表面更多 Ce^{3+}的存在表明较多的表面氧缺陷、电荷不平衡、氧空位或不饱和化学键的产生，有助于增加表面吸附氧等活性氧物种的含量[36]。另外，作为亲电试剂的表面吸附氧（O^-、O_2^-或 O_2^{2-}），其在低温下比晶格氧具有更高的迁移率，通常被认为是较高催化活性的重要原因[59-61]。

另外，为进一步探讨活性物种对甲苯转化率的影响，计算了 240℃下甲苯的归一化反应速率（r）。而且，Ce-Mn-O_x 催化剂催化甲苯过程中的归一化转化率与 XPS 结果的关系直观地显示在图 5.12（d）。显然，随着 Ce^{3+}、Mn^{3+}和 O_α 含量的增加，归一化反应速率也呈现出一致的升高趋势，这证明了活性物种在甲苯的催化氧化过程中的重要作用。因此，O_α、Ce^{3+}和 Mn^{3+}的相对含量最高的 CM-HT 催化剂表现出最佳的甲苯转化性能。

表 5.5　XPS 和 H_2-TPR 表征结果

催化剂	Ce^{3+}/（Ce^{3+}+Ce^{4+}）摩尔比/%	Mn^{3+}/（Mn^{3+}+Mn^{4+}）摩尔比/%	O_α/（O_α+O_β）摩尔比/%	r①	HC②
CM-IM	15.1	45.1	23.3	0.398	2.38
CM-CP	16.2	46.6	30.3	0.746	2.20
CM-SG	18.1	48.2	30.6	0.936	3.69
CM-HT	21.2	52.6	32.7	1.057	2.40

① 在 240℃时计算，单位为 10^{-3}μmol/（m^2·s）。
② H_2 消耗量由 H_2-TPR 峰面积计算，单位为 mmol/g。

5.2.2.6　H_2 程序升温还原（H_2-TPR）

催化剂还原性能对催化反应有很大影响，通过 H_2-TPR 实验探讨了不同方法制备的 Ce-Mn-O_x 的还原性，结果如图 5.13 所示。

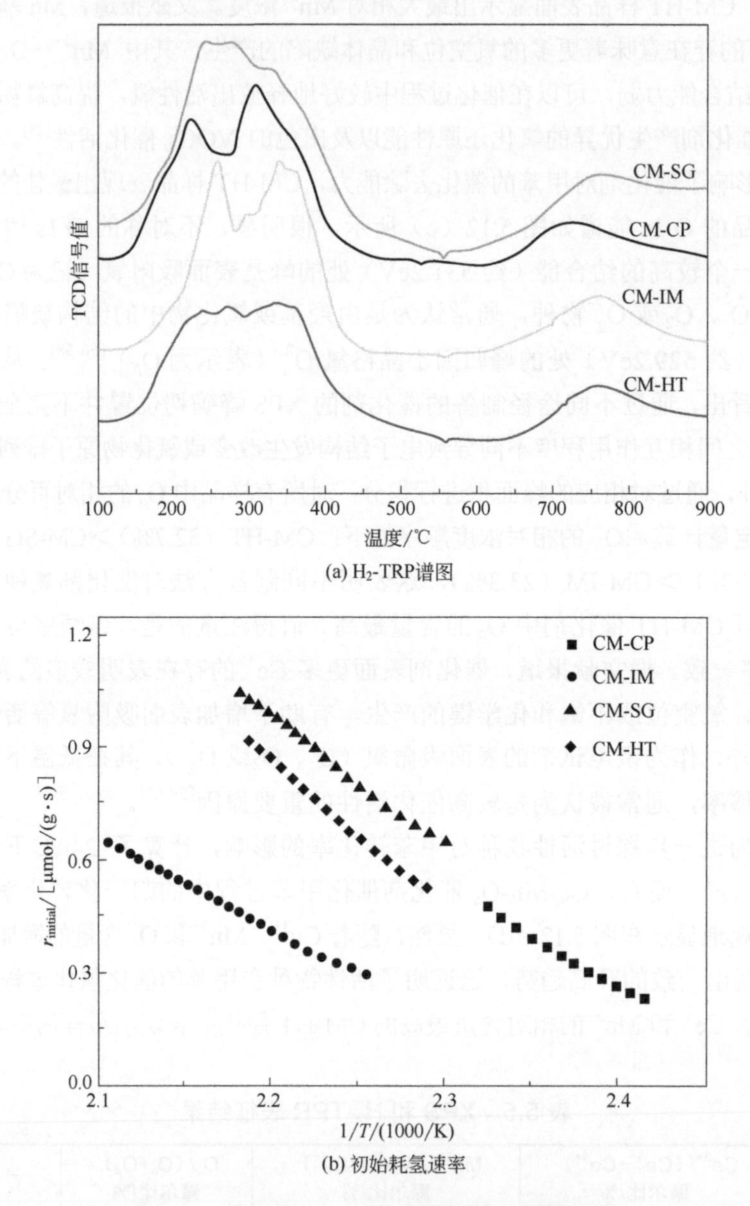

图 5.13　催化剂的 H_2-TPR 谱图和初始耗氢速率

如图 5.13（a）所示，CM-CP 和 CM-IM 催化剂的 H_2-TPR 曲线表现出 3 个明显的还原过程，而 CM-HT 和 CM-SG 表现出两个还原峰。所有催化剂在高温区域（高于 600℃）都显示出相似的还原峰，这归因于体相 CeO_2 的还原[62]。至于 CM-CP 和 CM-IM 样品的其他两个低温还原峰（低于 500℃），较低温度（低于 275℃）的峰对应于 Mn^{4+} 还原为 Mn^{3+}，而较高温度的峰（275～500℃）属于 Mn^{3+}还原为 Mn^{2+}以及部分表面氧化铈的还原。有趣的是，CM-SG 和 CM-HT 样品中的两个低温还原峰转化为宽泛的重叠峰，这是由于 CM-SG 和 CM-HT 样品中形成了更均质的氧化物物种，例如固溶体，并导致更多的活性氧的产生，从而提高了甲苯的催化去除性能，这与 XRD 的研究结果一致[63]。此外，通过对还原峰面积的定量积分，计算了相关 H_2 消耗量（HC），结果列于表 5.5，并按下面顺序排列：CM-SG（3.69mmol/g）＞CM-HT（2.40mmol/g）＞CM-IM（2.38mmol/g）＞CM-CP（2.20mmol/g）。显然，CM-HT 和 CM-SG 样品显示出较高的 HC 值和较高的催化活性［图 5.8（a）］，这归因于催化材料中存在较多的固溶体或结构缺陷，导致较高的活性氧迁移率。值得注意的是，HC 值的序列与 T_{90} 值的序列并不完全一致。因此，计算了初始 H_2 消耗速率以期进一步研究催化性能，结果示于图 5.13（b）。显然，CM-HT 和 CM-SG 催化剂显示出比 CM-CP 和 CM-IM 样品更高的初始耗氢速率。可以看出，催化剂的催化性能不仅取决于 HC，还与低温下的氧化还原速率有很大关系，这是由于催化反应过程在低温下进行[64]。

5.2.2.7 O_2 程序升温脱附（O_2-TPD）

样品的氧吸附能力是影响催化性能的关键因素。通过 O_2-TPD 实验对催化剂在 50～900℃温度范围内的氧吸附能力进行测试，结果如图 5.14 所示。

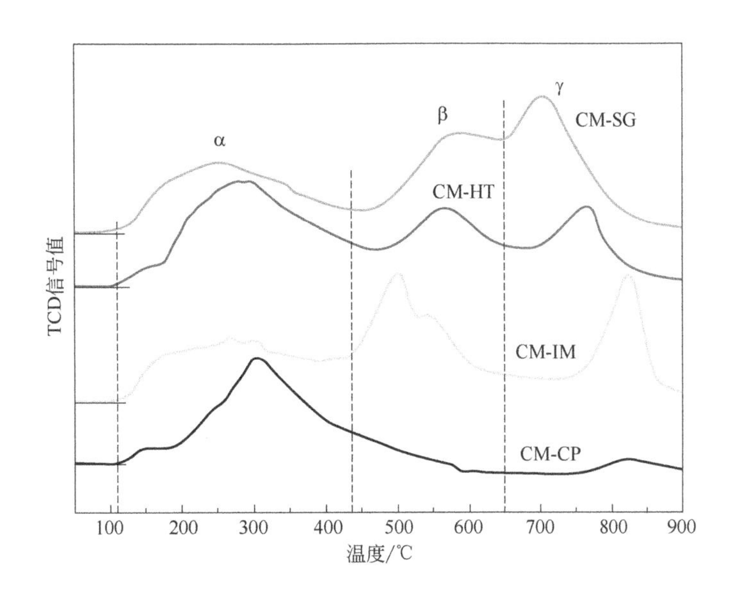

图 5.14 Ce-Mn-O_x 催化剂的 O_2-TPD 谱图

CM-HT、CM-SG 和 CM-IM 催化剂观察到了 3 个氧脱附区域并标记为 α、β 和 λ，而 CM-CP 样品仅显示出两种氧脱附峰，标记为 α 和 λ。较低温度（低于 440℃）下的 α 氧物种被指定为表面吸附氧物种的解吸，包括物理和化学吸附氧，它们与催化剂表面的结合能力较弱，易于解吸[9]。中间温度区域（范围为 440～650℃）的 β 氧物种归为 Ce^{3+}-O 或/和 Mn^{3+}-O 物种产生的晶格氧，而高温下（高于 650℃）的 λ 氧物种为归因于 Ce^{4+}-O 或/和 Mn^{4+}-O 物种产生的晶格氧。此外，由于金属原子与氧原子之间结合强度的差异，β 氧物种比 λ 氧物种具有更强的迁移率[24]。值得注意的是，相比 CM-IM

和 CM-CP，CM-HT 和 CM-SG 中的 λ 氧物种出现在较低的温度，归因于晶格缺陷导致的较高的晶格氧流动性。此外，CM-HT 和 CM-SG 样品中 β 氧物种明显较多，表明较多结构缺陷（如氧空位）的存在。CM-IM 催化剂中出现明显的重叠 β 峰，这是由于催化剂表面更多锰物种的还原。CM-CP 催化剂中较弱的 β 峰与 α 峰重叠导致 β 峰的消失。值得注意的是，CM-HT、CM-SG 和 CM-CP 催化剂中的 α 峰强度要高于 CM-IM 催化剂，且 CM-HT 和 CM-SG 催化剂的 α 峰的初始起峰温度低于 CM-IM 和 CM-CP 催化剂中的 α 峰初始起峰温度，这表明表面吸附的氧物种更容易从 CM-HT 和 CM-SG 催化剂表面释放出来，而 CM-HT 的强度高于 CM-SG 催化剂，代表着更多的吸附氧物种。文献报道[65]，较大的解吸峰强度，较低的氧气解吸温度，表示较高的氧迁移率，通常认为是促进催化氧化 VOCs 过程中的关键因素。因此，与其他合成方法的相比，水热法合成的催化剂表现出最佳的甲苯催化性能。

5.2.2.8 抗水及稳定性测试

综上所述，CM-HT 催化剂在干燥原料气中表现出最佳的甲苯催化性能。但在实际应用中，VOCs 的排放总是伴随着水蒸气的存在。因此，通过在原料气中引入水蒸气，考察了 CM-HT 催化剂在 244℃时去除甲苯抗水性能。如图 5.15（a）所示，在没有水蒸气的情况下甲苯转化率保持在约 85%，当 5%的水引入系统，甲苯转化率降低至 82%。在移除水蒸气后，转化率很快恢复到原始值。重复相同的操作 3 次后，尽管甲苯转化率显示出约 0.5%的轻微降低，CM-HT 催化剂仍然保持了较高的甲苯转化能力。活性降低可以归因于甲苯分子和水在 CM-HT 催化剂活性位点上的竞争性吸附，并且除去水汽后转化率迅速恢复，这是因为剩余的水分子被迅速从高温管道排出。该现象表明，CM-HT 催化剂能够耐受催化反应中一定量的水蒸气的存在，并且水蒸气的影响是可逆

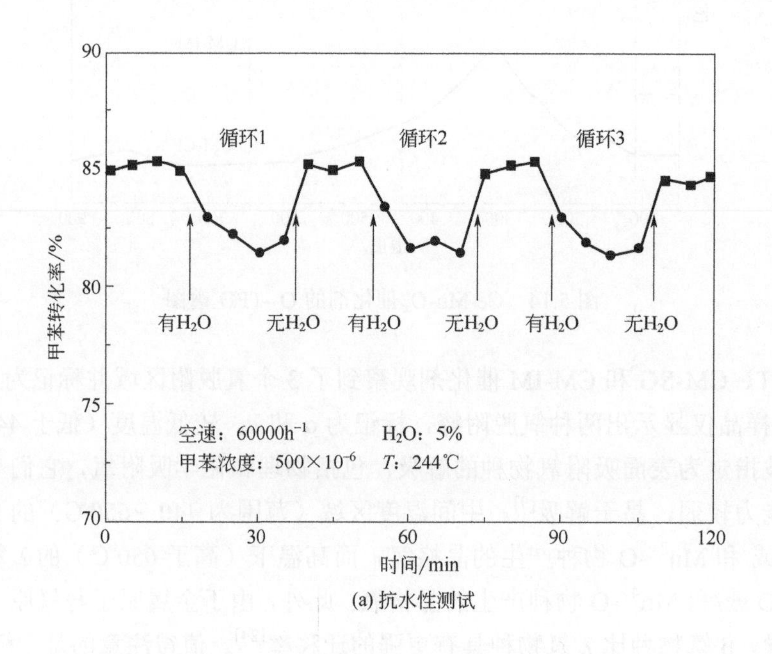

(a) 抗水性测试

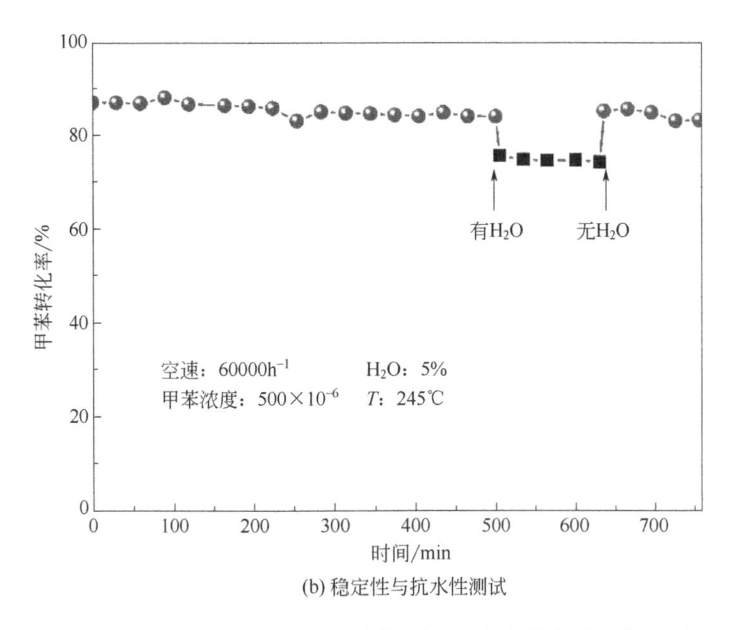

(b) 稳定性与抗水性测试

图 5.15　CM-HT 催化剂的抗水性测试及稳定性与抗水性测试

的。考虑到反应时间对催化剂催化性能的影响，在 245 °C 下评估了 CM-HT 样品对甲苯氧化的耐久性以及之后的耐水性，其结果示于图 5.15（b）。显然，在 500min 的操作时间内，尽管甲苯转化率略有下降，但仍保持了较高水平甲苯转化率。有趣的是，当水蒸气被切断时，CM-HT 催化剂的甲苯转化率超过了初始水平，这可以归因于催化剂表面残留的羟基可作为催化过程中活性氧物种，可以短暂地提供优异的催化活性[66]。

5.2.3　小结

本节通过浸渍（IM）、共沉淀（CP）、溶胶凝胶（SG）和水热（HT）方法成功合成了系列 Ce-Mn-O_x 催化剂。通过对甲苯的去除测试，研究了其催化氧化性能，并通过多种表征技术以及抗水耐久性测试探讨了其理化性质。所有 Ce-Mn-O_x 样品都可以在低于 280℃将甲苯完全转化。特别是通过水热法制备的催化剂（CM-HT），其对甲苯的转化率在 246℃可以达到 90%。根据 T_{50} 和 T_{90} 的值，甲苯的催化活性遵循以下顺序：CM-HT（T_{50}：234℃；T_{90}：246℃）>CM-SG（T_{50}：242℃；T_{90}：249℃）>CM-CP（T_{50}：243℃；T_{90}：259℃）>CM-IM（T_{50}：251℃；T_{90}：261℃）。表征结果表明，制备方法极大地影响了 Ce-Mn-O_x 样品的中孔结构，CM-HT 的 S_{BET} 最大（98m^2/g），可以很大程度克服气体内部扩散阻力以及促进甲苯分子在催化剂表面的吸附。CM-HT 表现出最大 Ce^{3+}/（Ce^{3+}+Ce^{4+}）摩尔比和 Mn^{3+}/（Mn^{3+}+Mn^{4+}）摩尔比，表明更多结构缺陷和氧空位的存在，导致最多的表面活性氧的产生。此外，Ce-Mn-O_x 样品中 C_{ov}、Ce^{3+}/（Ce^{3+}+Ce^{4+}）摩尔比、Mn^{3+}/（Mn^{3+}+Mn^{4+}）摩尔比、O_α/（O_α+O_β）摩尔比以及归一化转化率值与 Ce-Mn-O_x 样品在催化氧化甲苯时的 T_{90} 和 T_{50} 呈负相关。因此，合成路线极大地影响了催化剂中的活性物种含量，导致了催化剂催化甲苯性能的差异。因为CM-HT催化剂拥有较多的活性物种，表现出优异的甲苯催化活性。另外，CM-HT催化剂拥有理想的耐水性和耐久性，具有良好的实际应用前景，这也为下一步的研究指明了方向。

5.3 水热条件对 Ce-Mn-O_x 催化剂催化氧化甲苯性能影响研究

5.3.1 水热条件改性 Ce-Mn-O_x 催化剂研究现状

在之前的研究中[50]，发现不同过渡金属（Mn、Zr 和 Ni）对 CeO_2 改性的催化剂在对甲苯的催化去除过程中，由于 CeO_2-MnO_x 催化剂拥有较多的活性物种而表现出较为优异的催化性能。通过不同途径（IM、CP、SG 和 HT）合成的系列 Ce-Mn-O_x 催化剂中，水热法制备的催化剂（CM-HT）拥有较多的结构缺陷和氧空位而表现出优异的氧化还原能力，从而表现出最佳的催化去除甲苯的能力[67]。Du 等[13]通过水热法制备的 $Mn_{0.6}Ce_{0.4}O_2$ 催化剂在对甲苯进行去除研究时发现，铈锰固溶体的形成可以提高催化剂的比表面积、促进氧迁移率、增强催化剂的还原性能，从而提高催化剂催化氧化甲苯的性能。Ce-Mn-O_x 催化剂在 VOCs 催化氧化领域得到了广泛的研究，但水热温度对催化剂氧化性能的影响却很少被提及。本节主要探讨水热条件对催化剂催化氧化性能的影响，选择最合适的水热温度为进一步研究奠定基础。综上所述，本节采用水热法在不同的水热温度下（60℃、80℃、100℃、120℃和 140℃）成功合成了系列 Ce-Mn-O_x 催化剂，以 500×10^{-6} 甲苯作为去除目标进行催化性能测试。通过多种表征技术以及抗水耐久性测试对所有样品的理化性质进行表征分析，为制备性能优越的催化剂筛选出最优的水热条件，为进一步的研究指明方向。

5.3.2 催化剂的微观结构、氧化性能及其理化性质对其催化性能的影响

5.3.2.1 催化氧化甲苯活性评价

通过活性评价装置评价了 Ce-Mn-O_x 催化剂对甲苯的催化性能，甲苯转化率和 CO_2 选择性分别如图 5.16（a）和图 5.16（b）所示。从图 5.16 可以看出，所有催化剂的甲苯转化率和 CO_2 产率均随温度升高而增加，但增加的速率不同。如图 5.16（a）所示，所有催化剂均可在 260℃以下将甲苯完全转化。此外，CM-100 催化剂表现出较高的活性，其甲苯转化率在 240℃时可达 90%，其次是 CM-120 催化剂，而其他 3 种催化剂（CM-80、CM-60 和 CM-140）活性相对较差。为了清楚地比较样品的催化氧化性能，表 5.6 给出了 Ce-Mn-O_x 催化剂的 T_{90} 值，催化活性的顺序为：CM-100（240℃）＞CM-120（246℃）＞CM-80（249℃）=CM-60（249℃）=CM-140（249℃）。如图 5.16（b），Ce-Mn-O_x

催化剂 CO_2 转化率顺序与 T_{90} 的顺序不完全一致，CM-80 催化剂显示出最差的 CO_2 选择性，但 CM-100 和 CM-120 催化剂的 CO_2 选择性仍然较高，说明在不同水热条件下合成的 Ce-Mn-O_x 催化剂的深度氧化性能略有不同。

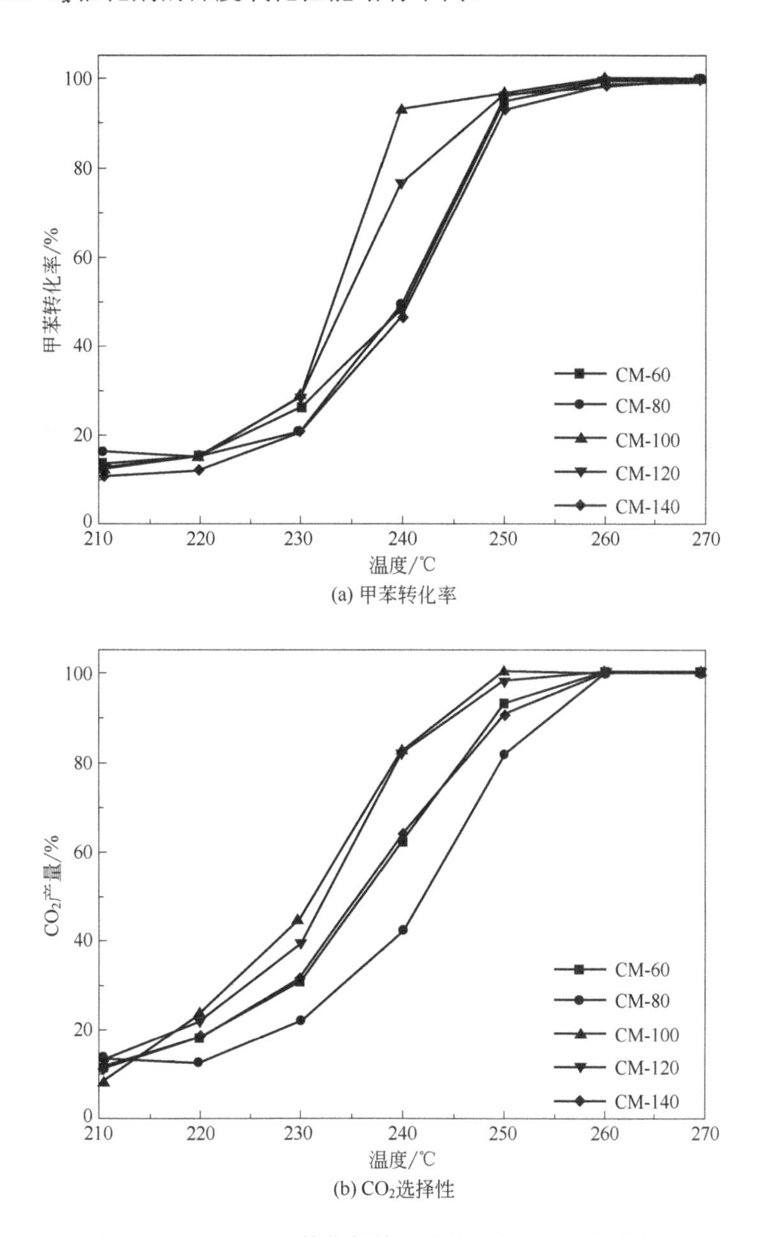

图 5.16　Ce-Mn-O_x 催化剂的甲苯转化率和 CO_2 选择性

5.3.2.2　低温 N_2 物理吸脱附

Ce-Mn-O_x 样品的织构性质通过 N_2 吸附-解吸等温线和孔径分布曲线表征，有关数据示于图 5.17 和表 5.6。

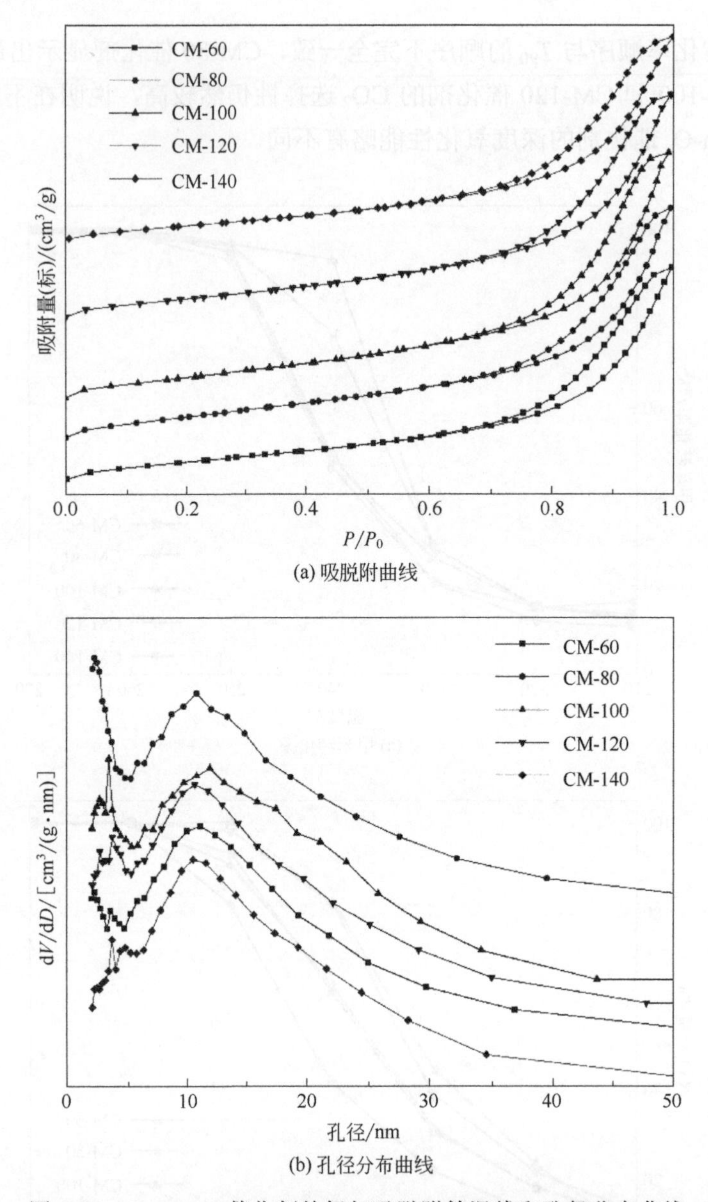

(a) 吸脱附曲线

(b) 孔径分布曲线

图 5.17 Ce-Mn-O_x 催化剂的氮气吸脱附等温线和孔径分布曲线

从图 5.17（a）可以看出，所有催化剂在 0.7～1.0 的相对压力（P/P_0）范围内均表现出Ⅳ型等温线和 H_3 滞回环，表明在所有催化剂中均存在介孔结构[12,14,23]。值得注意的是，尽管所有催化剂的等温线形状相似，但不同催化剂滞回环的精确位置出现在不同的 P/P_0 范围内，这意味着催化剂的孔结构受到不同水热条件的影响[4,24]。不同形状的孔径分布曲线［图 5.17（b）］证实了上述观点，所有样品的孔径分布曲线在大约 3nm 和 12nm 处均出现两个明显的峰，远大于甲苯分子的动力学直径（约 0.6nm），有利于削弱甲苯的内部扩散阻力[21]。此外，所有催化剂的 S_{BET} 和 V_p 列于表 5.6，S_{BET} 和 V_p 的顺序为 CM-80（109m^2/g）＞CM-100（104m^2/g）＞CM-120（98m^2/g）＞CM-60（93m^2/g）＞CM-140（78m^2/g）和 CM-100（0.303cm^3/g）＞CM-80（0.286cm^3/g）＞CM-120（0.277cm^3/g）＞

CM-60（0.264cm³/g）>CM-140（0.251cm³/g）。据报道，较高的 S_{BET} 和 V_p 有利于克服气体分子转移阻力、改善 VOCs 在催化剂表面的吸附能力以及促进表面氧在催化剂中的迁移，从而产生优异的催化氧化性能[14,23]。显然，CM-100、CM-120 和 CM-80 催化剂显示出较 CM-60 和 CM-140 更高的 S_{BET} 和 V_p 值，从而有助于催化性能的提高。

5.3.2.3　X 射线衍射（XRD）

用 XRD 表征评价了水热温度对 Ce-Mn-O_x 催化剂相组成的影响，结果如图 5.18 所示。

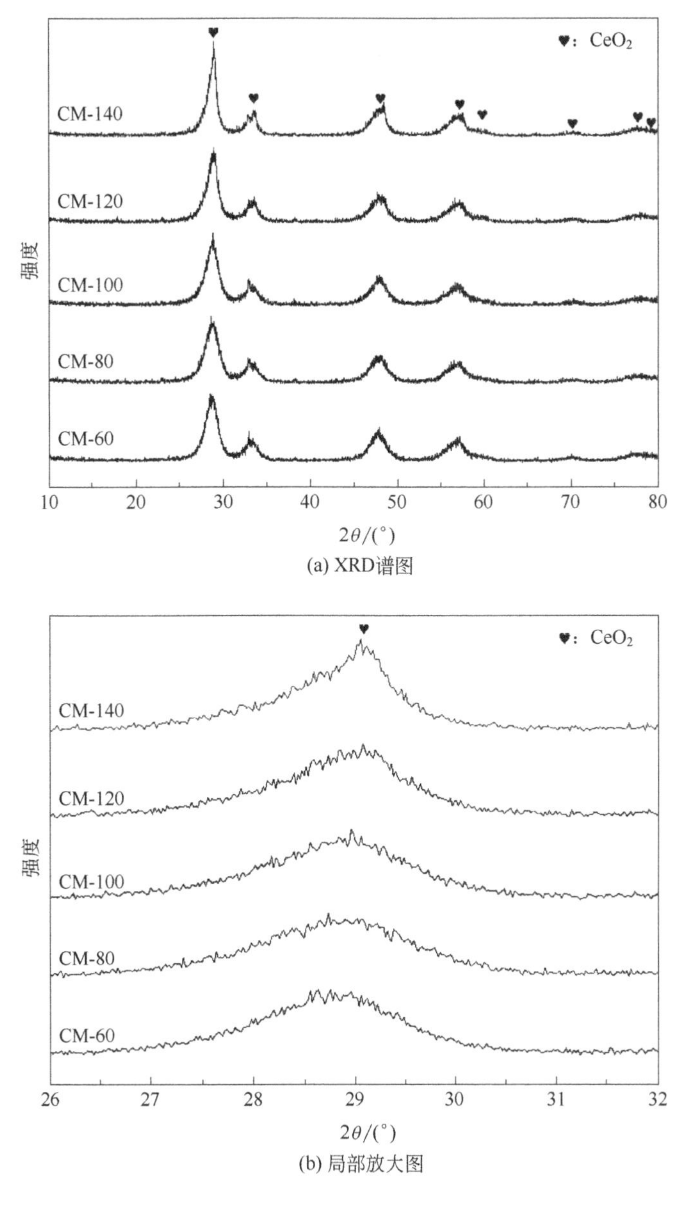

图 5.18　Ce-Mn-O_x 催化剂的 XRD 谱图和局部放大图

从图 5.18（a）可以看出，制备样品的所有衍射峰均归属于立方萤石二氧化铈晶相（JCPDS NO 89-8436），其具体 2θ 位置 28.9°、33.3°、48.1°、56.9°、60.1°、70.3°、77.2°和 79.7°分别归属于二氧化铈（111）、（200）、（220）、（311）、（222）、（400）、（331）和（420）特征晶面[68-69]。此外，在所有样品中均未发现锰氧化物的衍射峰，表明锰离子可能掺入 CeO_2 晶格形成铈锰固溶体或者是高分散锰氧化物的粒径太小，无法用 XRD 技术检测到[32]。值得注意的是，在 Ce-Mn-O_x 催化剂中观察到立方 CeO_2 峰位置的差异，可以通过图 5.18（b）中（111）晶面局部放大图得到证实。考虑到 Mn^{3+}（0.65Å）和 Mn^{4+}（0.53Å）的离子半径小于 Ce^{4+}（1.11Å），进一步证明了锰阳离子进入萤石结构 CeO_2 晶格中，导致铈锰固溶体的形成[70-71]。固溶体的存在通常被认为可以促进结构缺陷（如氧空位）的出现，从而提高氧物种的储存/释放能力而导致较好的催化活性。因此，不同水热条件对 Ce-Mn-O_x 催化剂晶体结构产生了不同程度的影响，从而影响了催化剂的氧化还原性能，下文表征技术对其进行了详细讨论。

5.3.2.4 拉曼光谱（Raman）

拉曼光谱对晶体对称性有很强的敏感性，可以提供来自金属氧化物晶格的金属-氧振动特征信息。图 5.19 显示了在不同的水热温度下制备的 Ce-Mn-O_x 催化剂的 Raman 谱图。所有催化剂均显示出以 462cm^{-1} 为中心的 F_{2g} 特征谱带，对应立方萤石结构 CeO_2 的中 Ce^{4+}—O 的对称拉伸振动[34]。值得注意的是，所有催化剂中 F_{2g} 谱带的中心出现在不同的位置，且 CM-60、CM-80、CM-100 和 CM-120 样本显示出比 CM-140 更低的频率值。此外，所有催化剂的 F_{2g} 峰强度和宽度均不同，并且 CM-100 催化剂表现出更宽泛且弱的特征。F_{2g} 拉曼能带的形变和偏移现象归因于锰离子在 CeO_2 晶格结构中的成功掺入，扭曲了 Ce—O 键对称性，促进了 Mn-Ce-O 固溶体和氧空缺的形成[57]。因此，CM-100 可能因其大幅度形变而拥有更多的结构缺陷。在所有样品中都可以观察

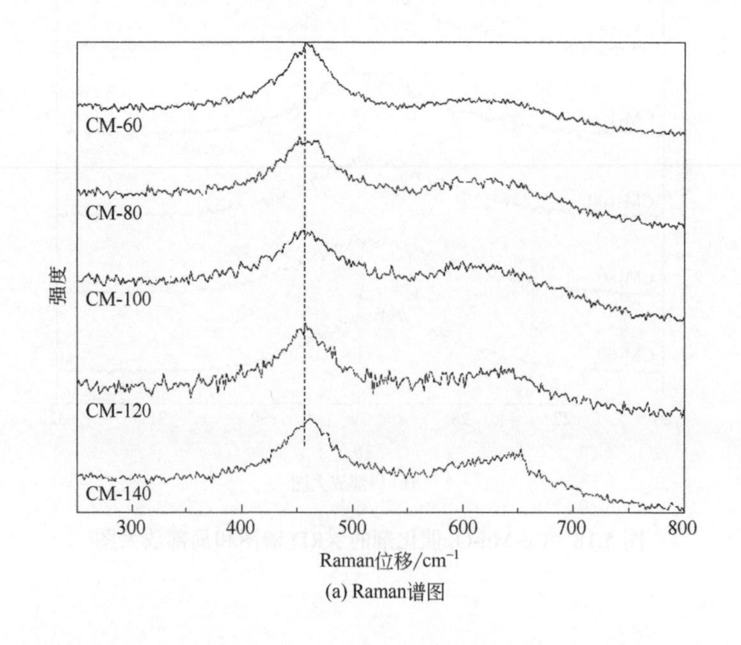

(a) Raman谱图

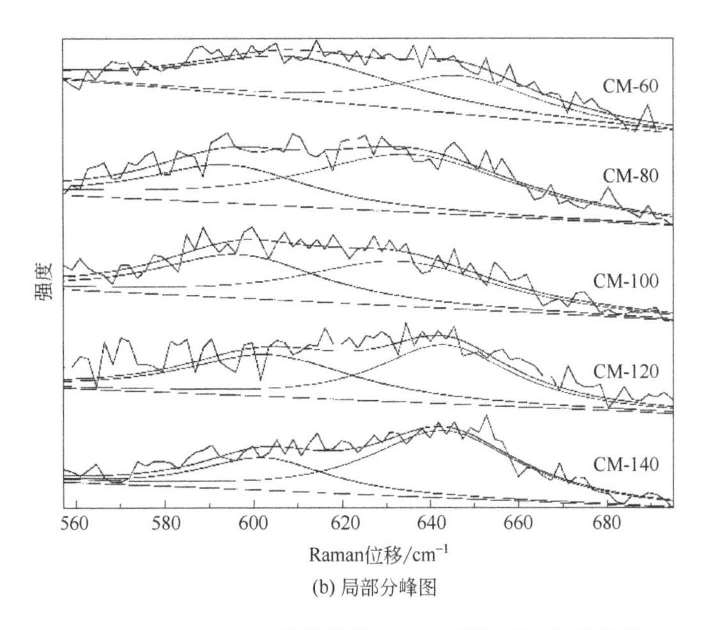

(b) 局部分峰图

图 5.19　Ce-Mn-O_x催化剂的 Raman 谱图及局部分峰图

到另一个较宽的弱峰（550～700cm^{-1}），这是由于在约 640cm^{-1}和 600cm^{-1}处的峰发生了重叠[48]。640cm^{-1}处的峰归因于 Ce-Mn-O_x催化剂中 Mn_3O_4相的 Mn-O-Mn 特征拉伸模式，600cm^{-1}的峰归属于氧空位的存在[30,34,36]。普遍认为，氧空位的产生是促进 VOCs 催化燃烧性能的关键因素，它可以激活表面氧物种并削弱 Ce—O 键，从而提高氧物种的流动性[72]。因此，为了初步定量地测定氧空位的相对浓度（C_{ov}），暂时将宽峰划分为两部分（氧空位和 Mn_3O_4相），如图 5.19（b）所示。C_{ov}由 A_{600}/A_{462}计算（A_x为 x 处的峰面积），结果总结在表 5.6 中。C_{ov}值由大到小的顺序为 CM-100（22.4%）>CM-120（19.6%）>CM-80（18.9%）>CM-60（18.1%）>CM-140（17.6%），与 T_{90}的顺序呈负相关。显然，不同的水热条件导致催化剂晶体结构中缺陷程度也不同，从而进一步影响了活性物种的分布，导致了不同的催化氧化能力。

表 5.6　活性评价、氮气吸脱附以及拉曼结果

催化剂	T_{90}/°C	S_{BET}/（m^2/g）	V_p（cm^3/g）	C_{ov}①/%
CM-60	249	93	0.264	18.1
CM-80	249	109	0.286	18.9
CM-100	240	104	0.303	22.4
CM-120	246	98	0.277	19.6
CM-140	249	78	0.251	17.6

① 由拉曼峰面积计算。

5.3.2.5　X 射线光电子能谱（XPS）

通过 XPS 分析了不同水热条件制备的 Ce-Mn-O_x催化剂的表面元素氧化态，所有催化剂的 Ce 3d、Mn 2p 和 O 1s 能谱如图 5.20 所示。

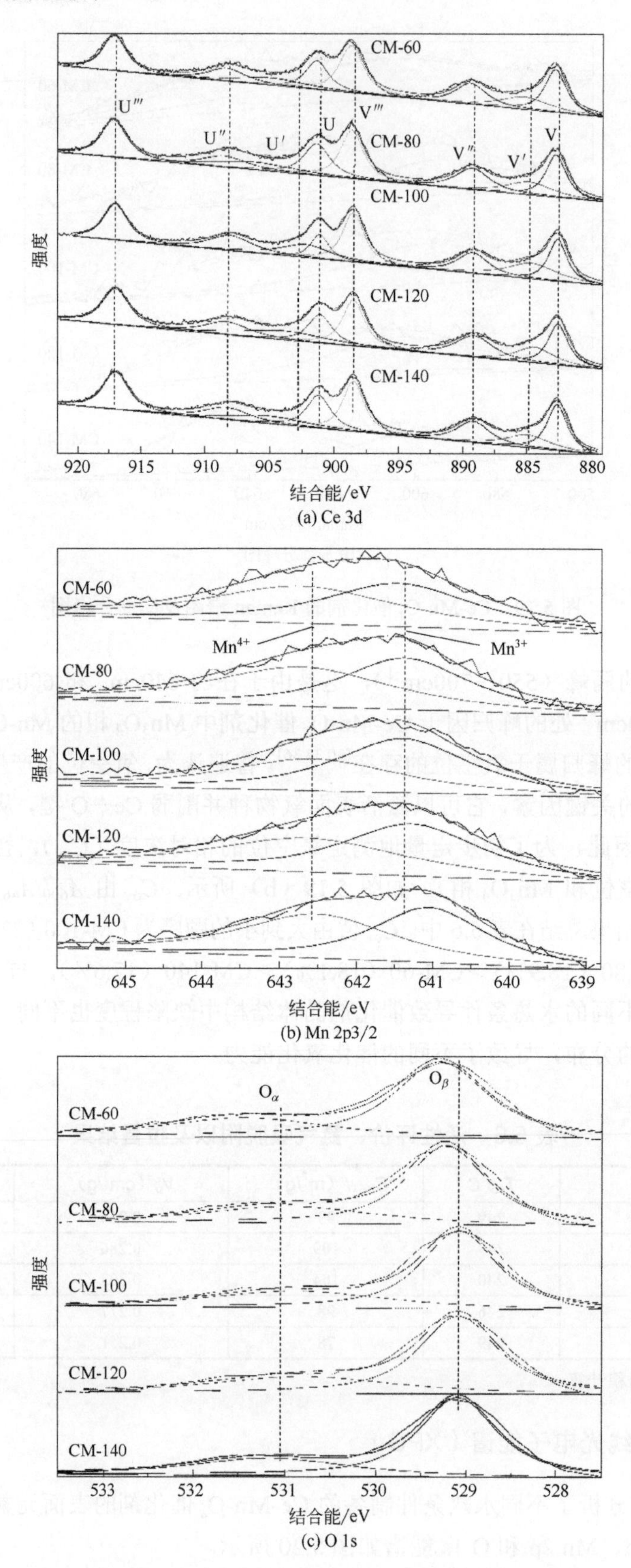

(a) Ce 3d

(b) Mn 2p3/2

(c) O 1s

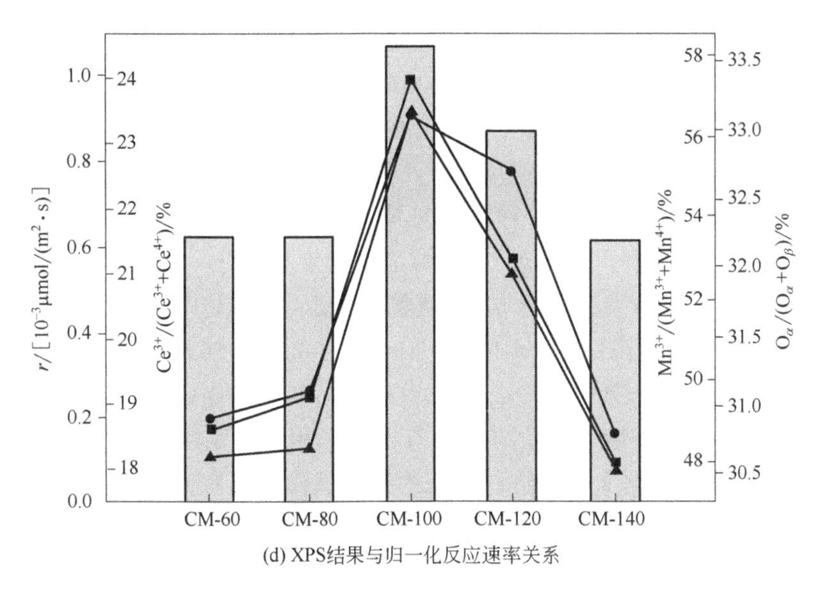

(d) XPS结果与归一化反应速率关系

图 5.20　催化剂 XPS 能谱图和 XPS 结果与归一化反应速率的关系

所有催化剂的 Ce 3d 的 XPS 能谱［图 5.20（a)］均表现出八个特征峰，分别归属于 Ce 3d3/2 和 Ce 3d5/2 自旋轨道特征[73-74]。标记为 V、V″和 V‴的峰归属于 Ce^{4+} 3d5/2 特征，标记为 U、U″和 U‴的峰归属于 Ce^{4+} 3d3/2 特征[75-76]。双峰 V′和 U′分别为 Ce^{3+} 3d5/2 和 Ce^{3+} 3d3/2 的特征峰[76]。该现象表明 Ce^{3+}和 Ce^{4+}物种同时存在于催化剂表面。值得注意的是，尽管催化剂表现出相似的 XPS 光谱，但不同催化剂的确切结合能值并不完全一致，这意味着水热条件对二氧化铈的化学环境（如 Ce^{4+}—O 键的稳定性）存在不同程度的影响，导致金属化合价态和催化剂氧化还原能力的差异。据报道，水热温度会影响合成材料的晶体生长过程，从而导致原子排列结构和电子传输能力的异质性，导致不同的离子或原子分布[77-78]。因此，基于峰面积分析，计算了 Ce-Mn-O_x 催化剂表面中 Ce^{3+}的相对密度 Ce^{3+}/（Ce^{3+}+Ce^{4+}）。随着 Ce-Mn-O_x 催化剂制备过程中水热温度从 60℃升高到 100℃，相对 Ce^{3+}含量同时上升，CM-100 的 Ce^{3+}含量高达 24.0%（表 5.7）。随着温度的进一步升高，Ce^{3+}含量开始下降，且趋势与催化剂的催化活性一致，遵循以下顺序：CM-100（24.0%）>CM-120（21.2%）>CM-80（19.1%）>CM-60（18.6%）>CM-140（18.1%），证明了水热条件对催化剂化学价态的影响程度不同，且 CM-100 催化剂显示出最高相对 Ce^{3+}浓度。基于电中性原理，Ce^{3+}的存在代表结构缺陷（如氧空位）的产生，可以提高活性氧在催化剂表面的吸附能力。因此，与氧空位相关的 Ce^{3+}的存在对于活性氧参与的氧化机理至关重要，从而导致 CM-100 催化剂在对甲苯的去除过程中具有优异的催化氧化性能[44]。

所制备的催化剂的 Mn 2p 能谱如图 5.20（b）所示。根据文献报道，Mn 2p3/2 光谱可以分解为两个部分，即大约 641.3eV 和 642.6eV 处，分别归属于 Mn^{3+}和 Mn^{4+}物种，表明催化剂表面两种 Mn 离子的共存[48]。值得注意的是，尽管所有催化剂均显示出相似的 Mn 2p3/2 光谱，但峰的确切位置并不完全一致。特别是 CM-60、CM-80、

CM-100 和 CM-120 的结合能值明显低于 CM-140，这种现象说明铈和锰氧化物之间存在不同程度的相互作用，通常认为是 Ce-Mn-O_x 催化剂中存在结构缺陷的证据，并有助于 CM-60、CM-80、CM-100 和 CM-120 催化剂生成更多的低价 Mn 物种[68]。另外，有文献报道锰的价态与水热处理温度有关，这导致了结晶过程中 Mn—O 键结合能的不同以及 Ce 和 Mn 物种之间相互作用的差异[79-80]。为了探讨水热条件对 Ce-Mn-O_x 催化剂中锰价态的具体影响，通过对 XPS 峰面积的定量积分，计算了 Mn^{3+}的相对浓度 Mn^{3+}/（Mn^{3+}+Mn^{4+}），结果列于表 5.7。随着 Ce-Mn-O_x 催化剂水热处理温度的升高，Mn^{3+}的相对浓度先升高后降低，CM-100 中 Mn^{3+}的含量高达 56.6%。Mn^{3+}物种的浓度排序如下：CM-100（56.6%）＞CM-120（52.6%）＞CM-80（48.3%）＞CM-60（48.1%）＞CM-140（47.8%）。显然，水热温度对锰价态分布有很大影响，这是由不同反应条件引起的铈锰相互作用不同所致。据文献报道，较低的锰的氧化态具有良好的表面氧物种吸附能力，并有助于形成晶体缺陷和氧空位，从而导致优异的 VOCs 催化氧化性能。因此，与其他催化剂相比，CM-100 表现出卓越的甲苯催化去除性能。

在不同水热条件下合成的 Ce-Mn-O_x 催化剂的 O 1s 谱图如图 5.20（c）所示。可以观察到，所有催化剂都由两种氧物种组成，较低结合能值（大约 529.2eV 称为 O_β）是晶格氧（O^{2-}）的特征，而第二个谱带位于大约 531.2eV（称为 O_α）属于表面吸附氧物种（如 O_2^{2-}、O^-或 O_2^-），而且后者与结构缺陷的存在有关。从图 5.20（c）可以看出，Ce-Mn-O_x 催化剂 XPS 光谱之间的结合能值存在差异，这是电子转移过程中 Mn—O 和 Ce—O 之间的相互作用差异或由原子排列结构的变化所致，这与 Ce 3d 和 Mn 2p 的 XPS 结果一致。此外，采用面积比 O_α/（O_α+O_β）定量研究了不同水热条件对氧种类的影响，结果列于表 5.7。随着水热温度的升高（从 60℃到 100℃），Ce-Mn-O_x 催化剂中的 O_α 浓度升高。随着温度进一步升高（高于 100℃），O_α 含量开始下降，这与催化剂中 Ce^{3+}和 Mn^{3+}含量的趋势一致。O_α 的相对浓度顺序为：CM-100（33.1%）＞CM-120（32.7%）＞CM-80（31.1%）＞CM-60（30.9%）＞CM-140（30.8%），表明水热温度对 Ce-Mn-O_x 催化剂中氧种类的分布有着很大影响，且 CM-100 催化剂拥有最大的吸附氧含量。据报道，表面吸附氧作为亲电试剂，由于其与晶格氧相比具有出色的移动能力，因此在氧化反应中起着至关重要的作用，可以很大程度地促进低温下 VOCs 的氧化反应[81]。此外，在 240℃下计算了 Ce-Mn-O_x 催化剂在去除甲苯时的归一化反应速率 r［mol/(m^2·s)］，以探讨 Ce^{3+}、Mn^{3+}和 O_α 含量对 Ce-Mn-O_x 催化剂催化性能的影响，相关数据列于表 5.7。图 5.20（d）显示，归一化反应速率随活性物种（Ce^{3+}、Mn^{3+}和 O_α）含量的增加而增加，证实了 Ce^{3+}、Mn^{3+}和 O_α 物种对甲苯催化过程的促进作用。这表明合适的合成条件可能使 Ce 和 Mn 物种之间产生适当的相互作用，产生更多含量的 Mn^{3+}、Ce^{3+}和 O_α 物种。换言之，合适的水热温度有助于促使 Ce-Mn-O_x 催化剂的表面更多的活性部位和物种的产生，从而提高单位面积的反应速率[82]。因此，CM-100 催化剂在甲苯的催化去除过程中表现出最优异的氧化能力。

5.3.2.6　H_2程序升温还原（H_2-TPR）

利用 H_2-TPR 实验探讨了不同水热条件制备的 Ce-Mn-O_x 样品的还原性，其谱图和定量分析结果分别如图 5.21 和表 5.7 所示。

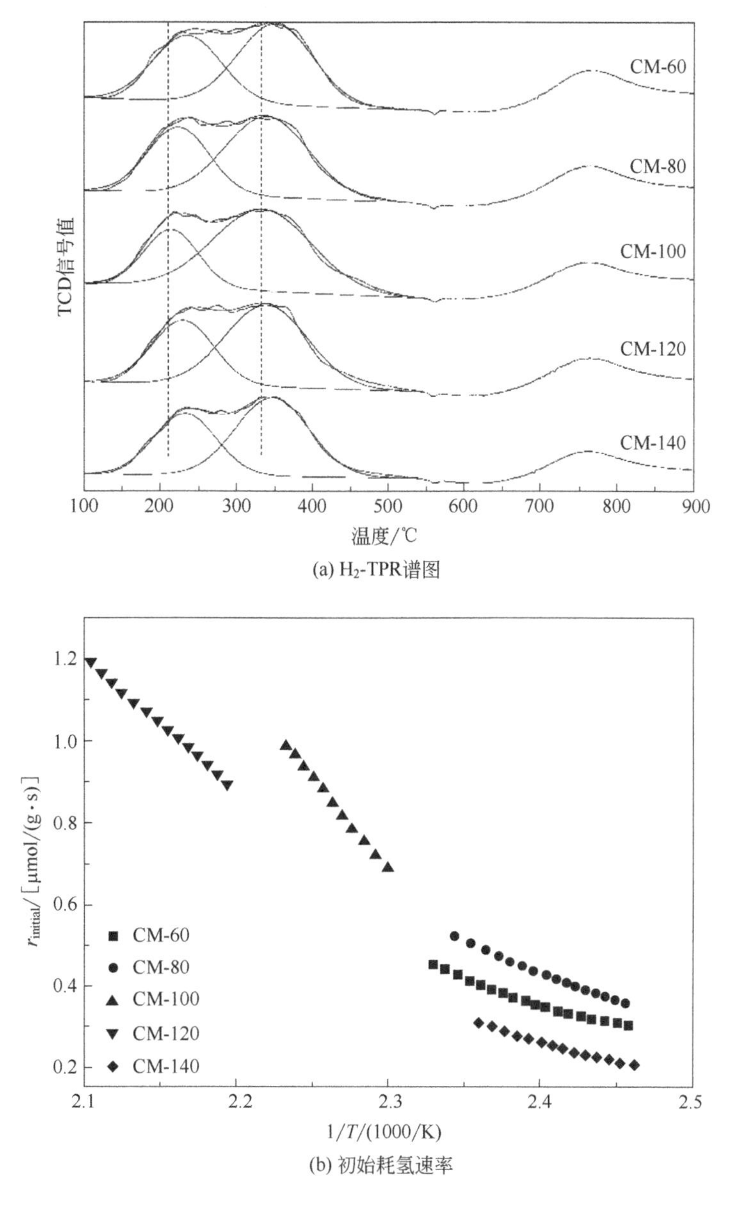

(a) H_2-TPR谱图

(b) 初始耗氢速率

图 5.21　催化剂的 H_2-TPR 谱图及初始耗氢速率

从图 5.21（a）可以看出，所有催化剂均由 640～900℃的高温还原峰和低温（120～540℃）的宽泛重叠峰组成，这与其他 TPR 报道结果一致[83]。高温耗氢峰（以约 760℃为中心）可以归属于体相 CeO_2 的还原过程，而低温还原峰是氧化锰的两步还原以及部

分表面 CeO_2 还原过程[83]。因此，为了清楚地区分低温还原过程，将其分为两个部分。如图 5.21（a）所示，以大约 220℃为中心的峰是 Mn^{4+}还原为 Mn^{3+}的过程，第二个峰（约 350℃）是 Mn^{3+}还原为 Mn^{2+}，也包括部分二氧化铈的还原[57]。值得注意的是，在不同水热温度下合成的 Ce-Mn-O_x 催化剂的低温还原峰的位置不一致。特别地，CM-100 样品的低温还原过程发生在最低温度（见虚线），这表明 Ce-Mn-O_x 样品在 100℃的水热处理条件比其他条件下制备的催化剂具有更好的还原性。该现象可能归因于合适的水热结晶条件对铈锰固溶体形成缺陷或活性氧物种（如氧空位）更有利，认为固溶体具有比 Ce—O 键更低的金属—O 键能，因此具有较高的氧迁移率，这与上述表征中的结果一致。因此，100℃的水热过程是 Ce-Mn-O_x 催化剂的最佳合成条件。此外，使用相应的峰面积对所有 Ce-Mn-O_x 催化剂的 H_2 消耗量（HC）进行了定量计算，相关数据列于表 5.7。总 H_2 消耗量（∑HC）按下列顺序降低：CM-100（2.72mmol/g）＞CM-80（2.63mmol/g）＞CM-120（2.40mmol/g）＞CM-60（2.32mmol/g）＞CM-140（2.14mmol/g）。此外，低温（120～540℃）的 H_2 消耗量（HC_L）表现出相同的趋势，并遵循下列顺序：CM-100（1.99mmol/g）＞CM-80（1.87mmol/g）＞CM-120（1.69mmol/g）＞CM-60（1.59mmol/g）＞CM-140（1.41mmol/g）。值得注意的是，CM-100 催化剂显示出最大的 HC，并且表现出最大的 Mn^{3+}和 Ce^{3+}相对含量（XPS 结果），原因是更多结构缺陷导致更多的表面 CeO_2 还原，这与 Raman、XRD 和 XPS 结果一致。但是 HC 的顺序与 T_{90} 并不完全一致，这表明 HC 只是评估催化活性的一个因素[71]。因此，采用初始 H_2 消耗速率进一步探索 Ce-Mn-O_x 催化剂的氧化还原性能。从图 5.21（b）可以看出，初始耗氢速率顺序与催化活性顺序一致，表明催化剂在低温下的初始还原性能在催化过程中起着至关重要的作用，在 100℃的水热处理条件下表现出最好的还原性能。

表 5.7　XPS 和 H_2-TPR 表征结果

催化剂	Ce^{3+} /（Ce^{3+}+Ce^{4+}）/%	Mn^{3+} /（Mn^{3+}+Mn^{4+}）/%	O_α /（O_α+O_β）/%	r① /[10^{-3}μmol/（m^2·s）]	HC_L② /（mmol/g）	∑HC③ /（mmol/g）
CM-60	18.6	48.1	30.9	0.620	1.59	2.32
CM-80	19.1	48.3	31.1	0.623	1.87	2.63
CM-100	24.0	56.6	33.1	1.068	1.99	2.72
CM-120	21.2	52.6	32.7	0.873	1.69	2.40
CM-140	18.1	47.8	30.8	0.614	1.41	2.14

① 在 240℃测量。

② H_2 消耗量由低温段（120～540℃）H_2-TPR 峰面积计算。

③ 总 H_2 消耗量由 H_2-TPR 峰面积计算。

5.3.2.7　O_2 程序升温脱附（O_2-TPD）

O_2-TPD 用来研究 Ce-Mn-O_x 催化剂中氧种类及流动能力。如图 5.22 所示，除 CM-80 催化剂外，所有样品的 TPD 图谱中都表现出两个明显的解吸区间。高温（＞500℃）

解吸峰归因于复合材料中晶格氧（O_{lat}）的解吸。低温（低温 500℃）区域宽而强的解吸信号可以归因于表面吸附氧的解吸[84]。CM-80 催化剂中不存在 O_{lat} 的解吸峰，这可能归因于催化剂中晶格缺陷较少，导致其微弱的解吸信号与较强 O_{sur} 的解吸信号重叠。另外，所有催化剂中的解吸峰的形状是不对称的，这可以归因于不均匀的催化剂粒子或不同的原子排列结构导致氧物种的分步解吸。这说明尽管具有相同化学组成的催化剂仍然表现出不同的氧吸附能力[49]。另外，CM-100 和 CM-120 催化剂的初始脱附峰值温度低于 CM-60、CM-80 和 CM-140 催化剂。此外，CM-80、CM-100 和 CM-120 催化剂的低温解吸峰强度要强于 CM-60 和 CM-140 催化剂。文献报道，低温（＜500℃）脱附氧种类在催化剂表面的吸附能力较弱，而且其含量可以通过来自结构缺陷的 M—O 键（M 为 Mn^{3+}或 Ce^{3+}）引起的弱结合能力而得到富集[85]。因此，较低的初始峰温度和较强的峰强度意味着 CM-100 和 CM-120 上存在更多具有高迁移能力的氧物种，这意味着更多结构缺陷的存在。因此，由于其活泼的化学性质，表面吸附氧在 VOCs 的催化氧化中起着关键作用。因此，CM-100 样品表现出较高的甲苯催化活性。

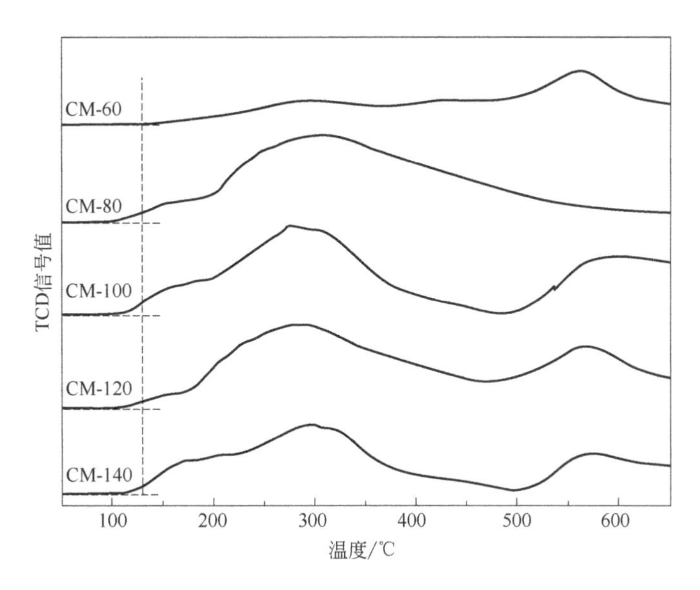

图 5.22　Ce-Mn-O_x 催化剂的 O_2-TPD 图谱

5.3.2.8　抗水及稳定性测试

综上所述，CM-100 催化剂在干燥的混合气氛中表现出最优异的甲苯催化活性。但是，实际的废气排放总是伴随着水蒸气的存在。因此，催化剂的耐水性是评价催化剂性能的指标之一。在 237℃和空速 60000h^{-1} 的条件下测试了 CM-100 催化剂在甲苯去除过程中的循环耐水性。从图 5.23（a）可以看出，当将 5%的水蒸气引入反应系统中时，甲苯的转化率从约 82.5%下降至 79.5%。除去水蒸气后，转化率迅速恢复到原始水平。活性降低的原因是水蒸气和甲苯分子在 CM-100 催化剂活性位点上存在竞争性吸附，而活性的恢复是由于在高温下，反应系统中残留的水蒸气被快速去除。在相同操作 3 个循环后，尽管甲苯转化率略有下降，但催化性能仍保持在较高水平，这表明在 CM-100 催化剂拥有较好的耐水性，并且活性的下降是可逆的。考虑到反应期间催化剂的耐久性，在 238℃下测试了 CM-100 催化剂的稳定性，随后进行了耐水性测试。如图 5.23（b）所示，在经过 500min 的测试后，甲苯转化率略有下降，但仍保持了较好的转化率和耐水性，这意味着 CM-100 样品拥有理想的甲苯氧化稳定性。值得注意的是，除去水后，甲苯转化率超过了原始水平，这可以归因于水中羟基物种在催化剂表面短暂残留，这可以作为活性氧在短时间内促进了催化反应[73]。

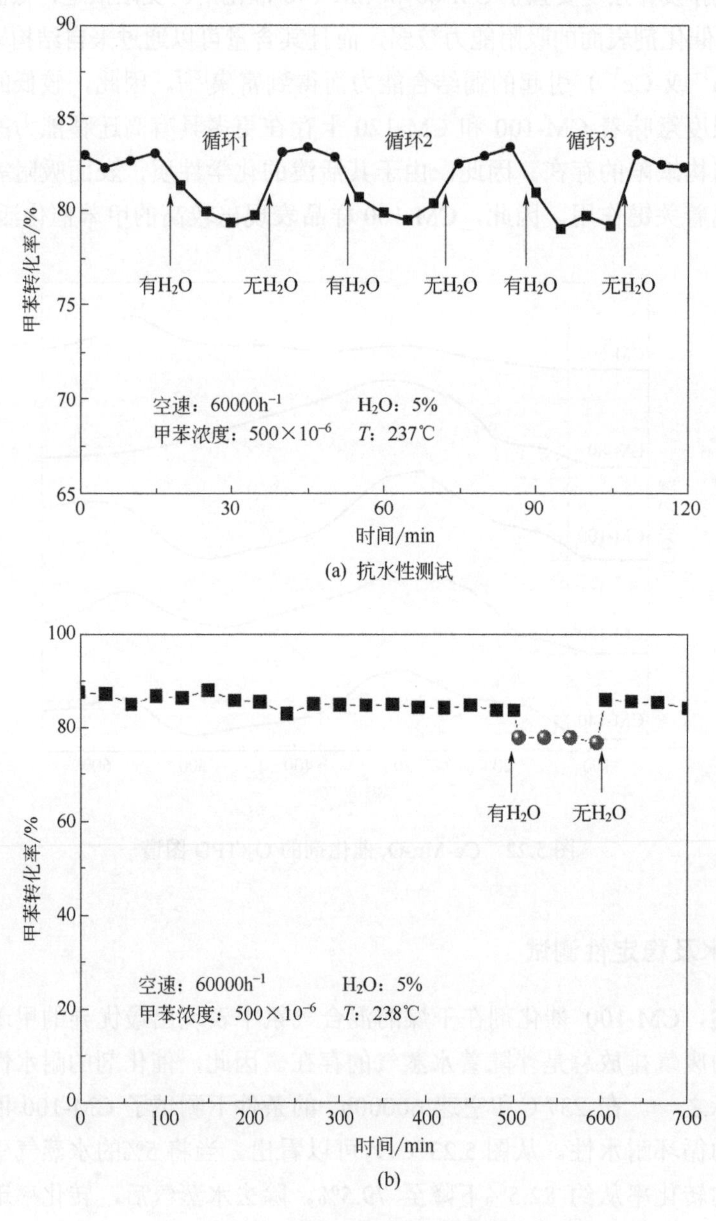

图 5.23　CM-100 催化剂的抗水性测试和耐久性后抗水测试

5.3.3 小结

通过水热法在不同条件下成功合成系列 Ce-Mn-O_x 催化剂（CM-60、CM-80、CM-100、CM-120 和 CM-140），并通过对甲苯的去除评估了其催化活性。通过多种表征技术和耐水耐久性测试对其理化性质进行了探讨。水热温度对 Ce-Mn-O_x 催化剂的催化性能影响很大，T_{90} 值遵循以下顺序：CM-100（240℃）＜CM-120（246℃）＜CM-80（249℃）＜CM-60（249℃）＜CM-140（249℃）。表征结果显示，CM-80、CM-100 和 CM-120 催化剂显示出优异的织构性质，例如较大的 S_{BET} 和 V_p。另外，不同的合成条件导致催化材料中缺陷程度不同，因而导致催化剂中原子或离子的排列结构或价态存在很大差异。催化剂的 C_{ov}、Ce^{3+}、Mn^{3+}和 O_α 的含量以及归一化反应速率大小与活性顺序一致，表明这些物种确实充当着活性物种的重要角色。H_2-TPR 和 O_2-TPD 的测试结果支持了这种说法，证明了在不同水热条件下制备的 Ce-Mn-O_x 催化剂具有不同的氧化还原能力，其中 CM-100 样品表现出最优异的催化氧化性能。另外，在 GHSV 为 $60000h^{-1}$ 条件下对 CM-100 催化剂进行了耐水性和耐久性试验，结果显示 CM-100 样品具有理想的稳定性和抗水性，在实际应用中具有很大的潜力。

5.4 硅钨酸改性 CeO_2催化剂催化氧化氯苯的研究

5.4.1 硅钨酸改性 CeO_2催化剂研究现状

金属氧化物如 CeO_2 等以及混合氧化物等，由于价格低廉、耐氯中毒性能优异，近年来得到了广泛的研究和应用[86-105]。CeO_2因其高储氧能力、丰富的氧空位缺陷、高解离 C—Cl 键的能力以及 Ce^{3+}和 Ce^{4+}之间更容易发生价态变化而备受关注[99]。但是研究表明，CeO_2 在氯苯的催化氧化过程中由于对无机氯物种的强烈吸附导致活性降低[100]。因此，通过对 CeO_2基催化剂改性来提高 CeO_2催化剂的耐氯性和氧化还原能力显得尤为重要。催化剂的酸性位点在催化氧化 CVOCs 中起关键作用，其中 Brønsted 酸可以促进 Cl 物种的去除同时增强 HCl 的选择性从而提高催化稳定性[101]。据报道，H-Y、H-ZSM、H-MOR 等固体酸由于具有较多的酸性位点而对 CVOCs 的分解具有显著效果。研究表明，用 USY 酸性沸石改性 CeO_2 可以增加铈基催化剂的 Brønsted 酸位点、提高去除氯物种的能力[101]。Weng 等[102]发现，将 HZSM-5 与 $Mn_{0.8}Ce_{0.2}O$ 结合能够增加锰铈催化剂表面的 Brønsted 酸位点，使得催化剂在氯苯催化反应中保持优越的稳定性。Taralunga 等[103]提出，提高催化剂表面 Brønsted 酸位点可以促进反应过程中 H·和 Cl·之间的亲核取代并有利于的氯苯的深度氧化。因此，固体酸改性催化剂具有较强的抗氯中毒能力，在催化过程中可以保持较高的稳定性。研究发现，WO_3 在 CeO_2 中的掺杂可以产生更多的 Ce^{3+}等活性物质，显著增加了氧空位的数量[104]。同时在 NH_3-SCR 反应中，CeO_2-WO_3 由于其酸性和氧化还原能力的共同作用显现出高催化活性[83]。据文献说明，WO_3/CeO_2 由于具有较多的 Brønsted 酸位点（W-OH）和 Lewis 酸位点（Ce^{3+}/Ce^{4+}和 W^{6+}），在氯苯的催化氧化过程中展现出良好催化活性[84]。WO_3-CeO_2 的原位紫外可见光谱证明 WO_3 与 CeO_2 之间的金属与配体之间的电荷转移从而提高 CeO_2 的氧化还原性能[79]。WO_3/CeO_2 催化剂减弱 Cl 对 CeO_2 氧空位的吸附强度，从而提高其氧化性能和催化活性。因此，催化剂的表面酸性和氧化性能可以提高催化性能，这在其他研究中很少有系统的报道。因此，本章采用 4 种不同铈盐利用水热法制备合成了不同形貌的硅钨酸（HSiW）改性 CeO_2 催化剂［醋酸铈制备（Cat-A）、硫酸铈制备（Cat-B）、硝酸铈制备（Cat-C）、氯化铈制备（Cat-D）］。通过对氯苯的去除研究，结合多种表征结果对其织构性质、表面元素价态、氧化还原能力、表面酸性、微观形貌等性能进行比较分析，并对催化剂的稳定性进行多角度分析。

5.4.2　催化剂的微观结构、氧化性能及其理化性质对其催化性能的影响

5.4.2.1　X 射线衍射分析（XRD）

图 5.24 为 4 种不同铈盐制备的 HSiW/CeO_2 催化剂、纯 CeO_2（以醋酸铈为铈源制备）和纯 WO_3 的 XRD 图谱。

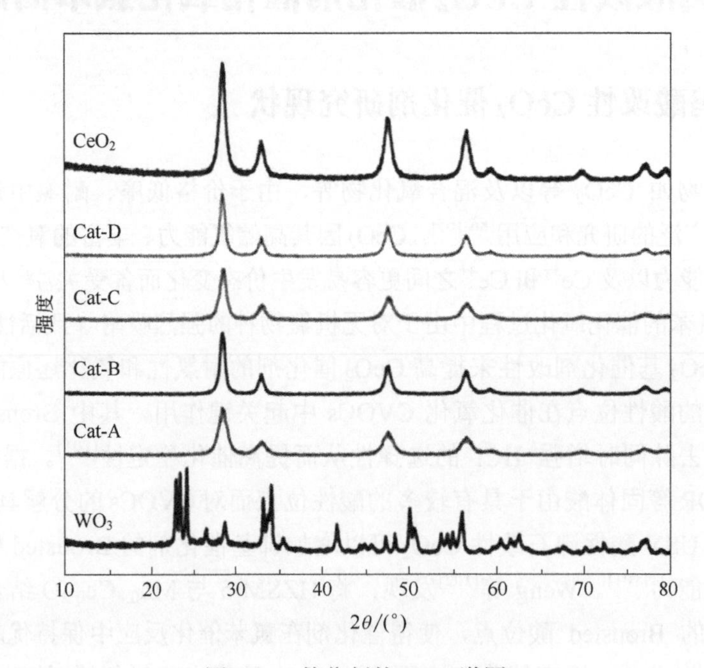

图 5.24　催化剂的 XRD 谱图

从图 5.24 可以看出，纯 CeO_2（以醋酸铈为铈源制备）的 XRD 谱图表现出二氧化

铈立方萤石晶相（JCPDS NO.34-0394），其具体 2θ 位置 28.6°、32.7°、47.5°、56.3°、59.1°、69.5°、76.6°、79.1°分别对应于 CeO_2 的（111）、（200）、（220）、（311）、（222）、（400）、（331）、（420）特征晶面[85]。图 5.24 中纯 WO_3 的衍射峰对应标准卡片 JCPDS NO.83-0950，说明纯 WO_3 为单斜相 WO_3。图 5.24 中 Cat-A、Cat-B、Cat-C、Cat-D 催化剂上均未发现明显的单斜相 WO_3，且 4 种催化样品均表现出二氧化铈立方萤石晶相。文献报道，二氧化铈中的 Ce^{4+}的直径为 0.92Å，其离子直径大于 WO_3 中 W^{6+}（0.62Å）的离子直径，故而 W^{6+}会进入 CeO_2 的晶格，并可以结合生成 W-O-Ce 固溶体[84]。另一种可能的解释是，负载于 CeO_2 表面的 HSiW 以非晶态和/或高度分散的物种存在，这可能增加了反应中 CB（氯苯）与催化剂活性位点之间的接触。值得注意的是，图 5.24 中 Cat-A 的 XRD 衍射峰值强度在 4 种催化样品中是最弱的，且 Cat-A 的 XRD 衍射峰在 4 种催化样品中是最宽的。这说明 Cat-A 中晶格缺陷较多，晶粒尺寸最小[106]。较多的晶格缺陷的增加促进了催化剂表面氧空位的增加，从而提高了催化剂对氯苯的催化活性[89]。而且较小的催化剂晶粒尺寸可以增加催化剂在催化反应过程中对 CB 的吸附量，促进催化剂与氯苯之间的深度接触，提高 CB 的催化活性，这一点将在后面部分进行详细讨论。

5.4.2.2 低温 N_2 物理吸脱附分析

图 5.25 展示了 4 种不同铈盐制备的 HSiW/CeO_2 催化剂的 N_2 吸附-解吸等温线和孔径分布情况。

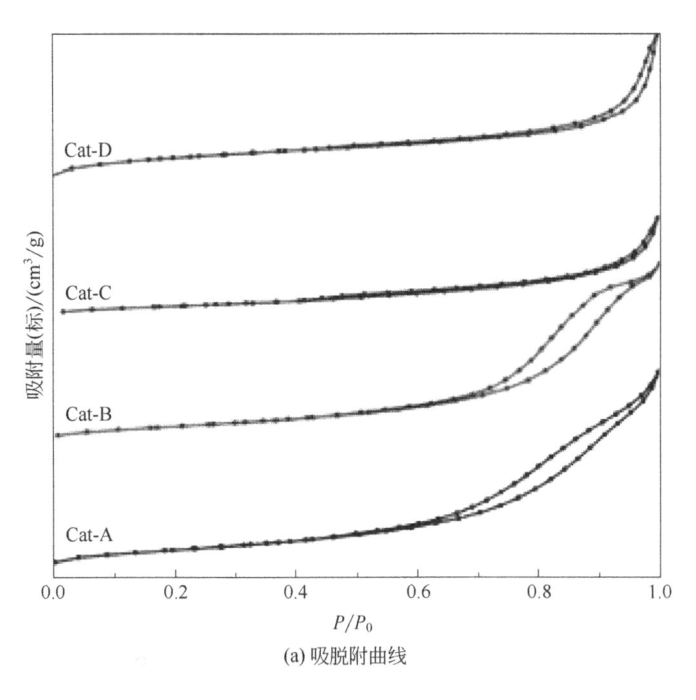

(a) 吸脱附曲线

图 5.25

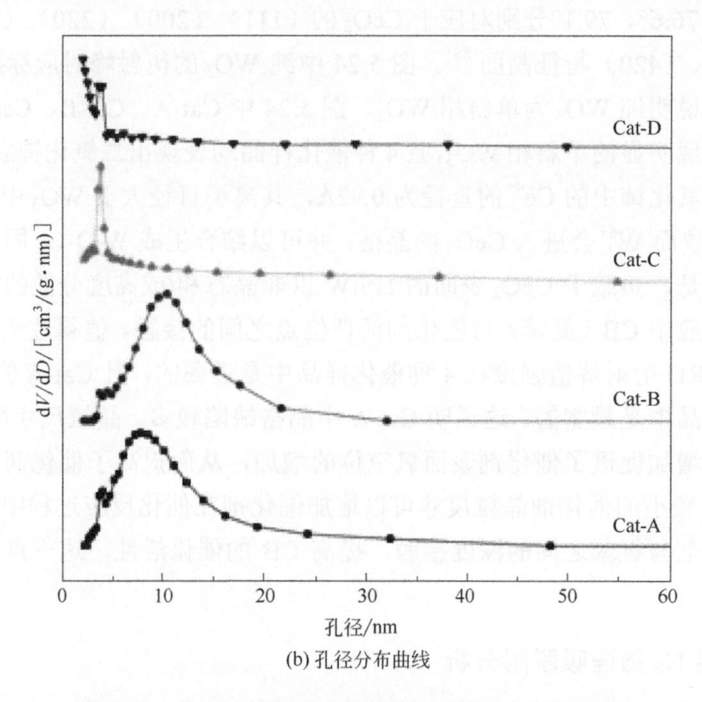

(b) 孔径分布曲线

图 5.25　催化剂的氮气吸脱附等温线和孔径分布曲线

如图 5.25（a）所示，所有催化剂的 N_2 吸附-解吸等温线均表现出Ⅳ型等温线的典型特征，表明 4 种 HSiW/CeO_2 催化剂均为介孔材料[81]。同时 Cat-A、Cat-B、Cat-C、Cat-D 样品的滞回环类型均为 H_3 型[107]。值得注意的是，尽管所有样品的等温线形状相似，但不同催化剂滞回环的位置出现在不同的 P/P_0 范围内。从图 5.25（a）可以观察到 Cat-A 的滞回环闭合点为 0.6（P/P_0），说明在 Cat-A 中存在大量的介孔。其他催化剂的滞回环闭合点向高值（P/P_0）偏移，说明大颗粒堵塞了催化剂的孔道，导致催化剂的孔洞消失。所有样品的织构性质总结于表 5.8 中。根据表中数据可知，Cat-A 在 4 种 HSiW/CeO_2 催化剂中表现出较高的比表面积（S_{BET}）、平均孔径和最高的孔容积（V_p）。据研究表明，催化剂较高的 S_{BET} 和 V_p 有利于克服反应气体分子转移阻力、增强反应过程中 CVOCs 在催化剂表面的吸附能力以及促进催化剂表面氧的迁移，从而提高催化剂的催化活性[65]。在图 5.25（b）得出结论，与其他催化剂相比，Cat-A 展现出最广的孔径分布范围：2～50nm，较大范围的孔径分布有利于催化剂对氯苯的催化氧化[108]。

5.4.2.3　X 射线光电子能谱（XPS）

通过 XPS 光谱研究了 4 种不同铈盐制备的 HSiW/CeO_2 催化剂的表面元素价态以及氧种类，结果见图 5.26 和表 5.8。

催化剂的 Ce 3d 光谱［图 5.26（a）］可分解为 3d5/2（标记为 U）和 3d3/2（标记

为 V）两部分，图中标记为 U、U″、U‴、V、V″、V‴的 6 个特征峰归结为催化剂表面的 Ce^{4+}，标记为 U′和 V′的其他两个特征峰归属于催化剂表面的 Ce^{3+}[109]。通过计算 Ce^{3+} 峰面积与催化剂上各峰面积的比值来估算以及比较各催化剂表面的 Ce^{3+}相对浓度。XPS 的 Ce 3d 光谱结果表明，各样品表面的铈元素都以 Ce^{3+}和 Ce^{4+}的混合氧化态形式存在且以 Ce^{4+}的形式为主。催化剂表面的 Ce^{4+}会与 Ce^{3+}发生电子转移故而产生氧空位，同时催化剂表面的 Ce^{3+}物种会在通常促进催化剂表面产生结构缺陷、氧空位、

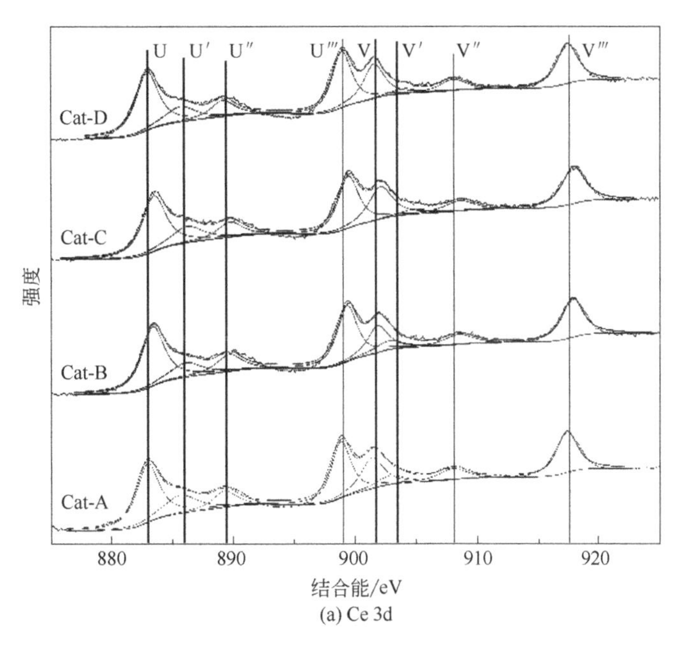

(a) Ce 3d

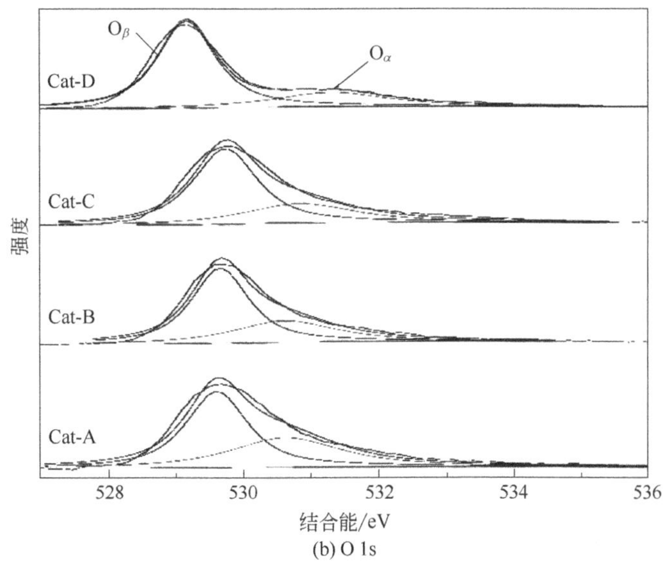

(b) O 1s

图 5.26

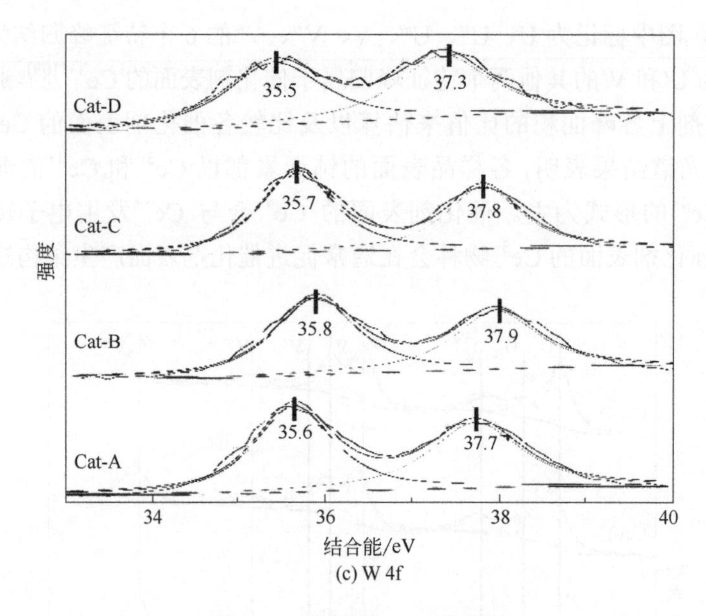

(c) W 4f

图 5.26　催化剂 XPS 能谱图

表 5.8　催化剂的比表面积、孔容积、平均孔径和 XPS 测得表面原子比

催化剂	S_{BET} /（m^2/g）	V_p /（cm^3/g）	平均孔径 /nm	Ce^{3+}/（Ce^{3+}+Ce^{4+}） /%	O_α/（O_α+O_β） /%
Cat-A	56	0.175	12.5	15.7	40.8
Cat-B	47	0.158	13.5	13.4	33.8
Cat-C	32	0.089	11.0	12.2	31.0
Cat-D	71	0.135	7.6	11.4	23.8

电荷不平衡的现象出现[110]。基于峰面积对样品表面的相对 Ce^{3+}浓度 Ce^{3+}/（Ce^{3+}+Ce^{4+}）行了定量计算，结果列于表 5.8。相对 Ce^{3+}浓度的顺序如下：Cat-A（15.7%）＞Cat-B（13.4%）＞Cat-C（12.2%）＞Cat-D（11.4%）。相对 Ce^{3+}浓度顺序结果表明，在 4 种催化剂中 Cat-A 催化剂具有最高的相对 Ce^{3+}含量，而 Cat-D 样品的相对 Ce^{3+}含量最低。据文献报道，较高的 Ce^{3+}浓度可以在催化剂上产生更多的氧空位和活性氧物种，对于氯苯催化氧化反应中氧分子的吸收与解吸有至关重要的作用。因此，HSiW/CeO_2催化剂上形成丰富的 Ce^{3+}物种有助于活性物种的产生并促进其在氧化过程中的迁移速率，从而提高催化剂对氯苯的催化性能[111-113]。

4 种不同铈盐制备的 HSiW/CeO_2催化剂的 O 1s 能谱如图 5.26（b）所示。O 1s 信号分解为两个物种，第一个较高的结合能处的峰为催化剂表面吸附氧（记为 O_α）的特征峰，而在较低的结合能处的峰归因于催化剂表面晶格氧（记为 O_β）的特征峰。通过对相应的峰面积进行积分，对 4 种样品中 O_α的相对百分比 O_α/（O_α+O_β）进行了定量计算，结果示于表 5.8。4 种催化剂表面 O_α的相对浓度顺序如下：Cat-A（40.8%）＞Cat-B（33.8%）＞Cat-C（31.0%）＞Cat-D（23.8%）。这个顺序与各样品表面 Ce^{3+}的相对含量的顺序是一致的。文献报道，表面 Ce^{3+}含量越高就会产生越多的表面氧缺陷，有利于表面吸附氧等活性氧物种的增加，表面氧空位和活性氧物种的增加有助于提高催化剂本身的氧化性能进而提高催化剂催化氧化氯苯的效率[114]。表面吸附氧（O_α）由于具有较高的迁移能力因此比晶格氧（O_β）更加活跃，所以具有最高 O_α 相对浓度的 Cat-A 更有利于氯苯的深度氧化[115]。与 XRD 表征结果相一致：Cat-A 的峰值强度较弱且没有观察到 WO_3 的相，说明 WO_3 均匀分散在 Cat-A 的表面并在 CeO_2 表面形成 W—O—Ce 键，这会较大程度地使得催化剂表面生成较多的氧空位。同时，不同铈盐制备的 CeO_2 可以产生不同程度的晶格应变，Cat-A 由于具有最大的晶格应变进而形成更多的晶格缺陷和表面吸附氧。强大氧化能力是氯苯催化氧化过程中不可或缺的属性。因此，不同铈盐制备得到的催化样品会引起催化剂表面氧含量的改变。

4 种不同铈盐制备的 HSiW/CeO_2 催化剂的 W 4f 能谱如图 5.26（c）所示。研究表明纯 WO_3 表面的 W^{6+}物种的结合能分别为 37.5eV（W 4f 5/2）和 35.3eV（W 4f 7/2）[114]。与纯 WO_3 表面的 W^{6+}物种的结合能相比，4 种不同的催化材料表面测试出的 W^{6+}的结合能位置有较大的偏移。

图 5.26（c）表明，除了 Cat-D 样品，Cat-A、Cat-B 和 Cat-C 的 W 4f 的结合能都向着更高的结合能移动。这表明 HSiW/CeO_2 催化剂中的 Ce 元素和 W 元素之间存在相互作用，相互作用的强度差异是由催化剂制备使用的不同铈源所致。

5.4.2.4　H_2 程序升温还原（H_2-TPR）

通过 H_2 程序升温还原（H_2-TPR）测试实验探究 4 种不同铈盐制备的 HSiW/CeO_2 催化剂的还原性能，如图 5.27 所示。图 5.27 中表明纯 CeO_2 样品在 100～900℃区间存在两个还原峰，其中在 520℃时出现的还原峰归因于纯 CeO_2 样品表面 CeO_2 的还原，纯 CeO_2 样品在 830℃时出现的还原峰归因于体相 CeO_2 的还原[115]。图 5.27 中纯 WO_3 主要在 753℃以上表现出主要的还原过程。Peng 等[116]研究发现，CeSiW 催化剂中 W 物种的还原温度大概在 765℃，且 Ce 元素和 W 元素的相互作用会改变 CeO_2 与 WO_3 各自的还原性能。Song 等[117]得出结论并证实 Ce 与 W 的相互作用可以提高 CeSiW 催化剂的氧化还原能力。如图 5.27 所示，4 种不同铈盐制备的 HSiW/CeO_2 催化剂的 H_2-TPR 曲线均表现出两种主要的还原过程。其中第一个还原过程是在 460～571℃，为催化剂表面吸附氧（表面 Ce^{4+}还原为 Ce^{3+}）和钨元素（W^{6+} 还原为 W^0）的共同还原。图 5.27 中催化剂的还原温度显示，与纯 CeO_2 和 WO_3 样品的还原过程相比，硅钨酸改性后 HSiW/CeO_2 催化剂的表面吸附氧（Ce^{4+}还原为 Ce^{3+}）的还原温度明显升高，而 WO_3 物种的还原温度明显降低[118]。这种现象是由于 HSiW/CeO_2 催化剂表面的 CeO_2 还原温度受到 W-O-Ce 固溶体影响，W-O-Ce 固溶体中铈与钨的相互作用降低了 W^{6+}的还原温度。其中第二个还原过程在约 738～761℃，这个还原过程可以归因于 HSiW/CeO_2 催化剂中 CeO_2 体相氧（体相 Ce^{4+}还原为 Ce^{3+}）的还原[119]。如图 5.27 所示，4 种不同铈盐制备的 HSiW/CeO_2 催化剂的第一个主还原峰的温度排列顺序如下：Cat-D（531℃）＜Cat-A（556℃）＜Cat-B（563℃）

＜Cat-C（571℃）。故 Cat-A 和 Cat-D 样品的还原温度较低，但是第一个主还原峰的温度并不是衡量催化剂氧化还原能力的唯一影响因素。同时，在 H_2-TPR 分析中，催化样品还原峰的强度应该是评价样品氧化还原性能的另一个因素。图 5.27 中 Cat-A 的第一个还原峰的峰值强度远高于其他催化剂，这说明 H_2 程序升温还原实验中 Cat-A 所需的 H_2 消耗量比其他催化剂样品多。为了更好地比较各个样品的氧化还原能力，计算了各样品 H_2-TPR 测试中的总 H_2 消耗量：Cat-A（381.8μmol/g），Cat-B（371.5μmol/g），Cat-C（247.0μmol/g），Cat-D（239.7μmol/g）。由此可知 Cat-A 在 4 种催化样品中具有最强的氧化还原能力。结果表明 Cat-A 具有更多的表面氧物种，如催化剂的表面吸附氧（O_α）。与其他 3 种样品相比，Cat-A 具有更高的还原性，因此 Cat-A 可以在氯苯的催化氧化过程中表现出色的催化性能。另外，Cat-A 在 450～650℃存在一个还原峰，其他 3 种催化剂在 450～650℃存在两个还原峰，这表明 WO_3 在 Cat-A 表面分散的更加均匀。

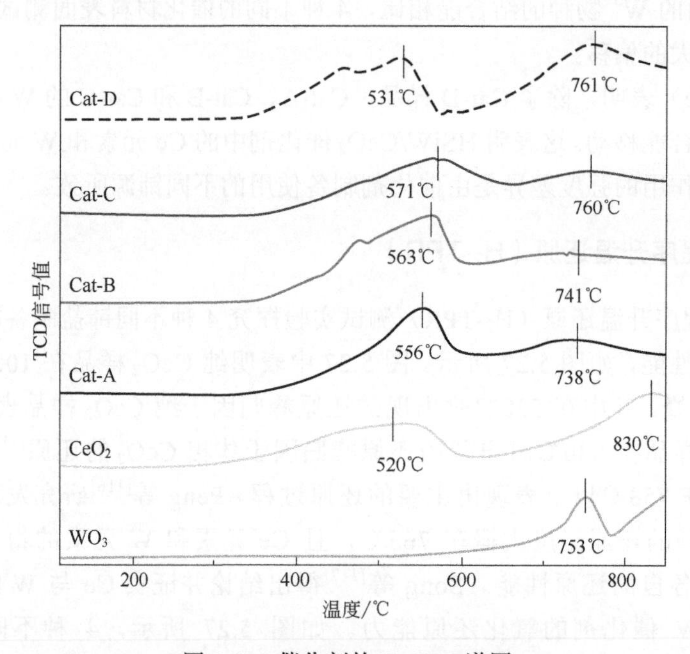

图 5.27 催化剂的 H_2-TPR 谱图

5.4.2.5 O_2 程序升温脱附（O_2-TPD）

通过 O_2 程序升温脱附（O_2-TPD）研究 HSiW/CeO_2 催化剂中氧种类及流动能力。文献表明，低温（＜500℃）时催化剂呈现出的氧解吸峰归属于催化剂表面吸附氧（O_α）的解吸，高温（＞500℃）时催化剂呈现出的氧解吸峰归属于催化剂的晶格氧（O_β）解吸[119]。

从图 5.28 中可以得出结论，在相对较低的温度下（＜500℃），Cat-A 的氧解吸峰强度最大，说明 Cat-A 的表面氧种类最丰富、氧解吸能力最强，这个特点有利于氯苯的催化氧化过程中对氯苯的深度氧化。对于 Cat-A 催化剂而言，表面吸附的发生氧脱附峰的温度是最低的，再次证明 Cat-A 催化剂表面氧的释放比其他 3 种样品更加容易。充足的表面氧有利于晶格氧的补充，使得催化剂的表面氧和晶格氧进行快速的氧循环（催化反应中催化剂的晶格氧消耗的同时，催化剂的表面吸附氧可以将其补充），从而保证催化剂在长期反应过程中仍可以保持较高的催化活性[120]。

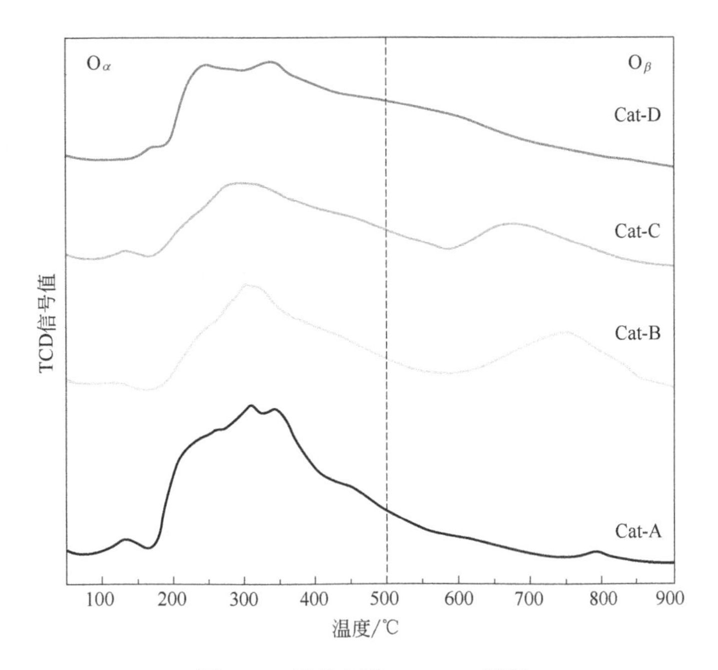

图 5.28 催化剂的 O_2-TPD 谱图

由 O_2-TPD 表征结果可以看出，HSiW/CeO_2 催化剂的表面氧物种的数量会因为制备所用铈盐的不同而产生很大的差异。

综上所述，醋酸铈制备的 Cat-A 具有最多的表面氧物种，这个结果和催化剂的 O 1s XPS 分峰计算出的表面吸附氧（O_α）相对含量的结果相一致。

5.4.2.6 扫描电子显微镜（SEM）分析

为了更好地判断各元素在催化剂表面的分散程度，利用扫描电子显微镜研究了 4 种不同铈源制备的 HSiW/CeO_2 催化剂的元素分布情况，如图 5.29 所示［彩图见书后，其中（a）～（d）为 Cat-A、（e）～（h）为 Cat-B、（i）～（l）为 Cat-C、（m）～（p）为 Cat-D］。

图 5.29 中的（a）、（e）、（i）、（m）分别为 Cat-A、Cat-B、Cat-C 和 Cat-D 的 SEM 图。Cat-A 和 Cat-B 主要由小颗粒组成的层状结构而在 Cat-C 和 Cat-D 的 SEM 图中发现催化样品存在棒状结构且整体结构呈现出团簇状。由于扫描电子显微镜（SEM）的放大倍数较低，只能在图 5.29 中看清 4 种铈盐制备的 HSiW/CeO_2 催化剂的大致轮廓形貌，而其颗粒组成以及形貌、暴露晶面情况会在 TEM 分析中详细说明。

为了探索催化剂表面 Ce、O、W 3 种主要元素的分部情况，在做 SEM 的同时利用 EDS-mapping 来探究其分情况。其中蓝色代表 Ce 元素，黄色代表 W 元素，绿色代表 O 元素。如图 5.29 所示（彩图见书后）所有催化样品表面的 Ce、W、O 元素的区域颜色均与催化剂的 SEM 形貌轮廓一致，说明这 3 种元素都均匀分散在催化剂表面。结果表明，WO_3 在 HSiW/CeO_2 催化剂表面分布均匀。

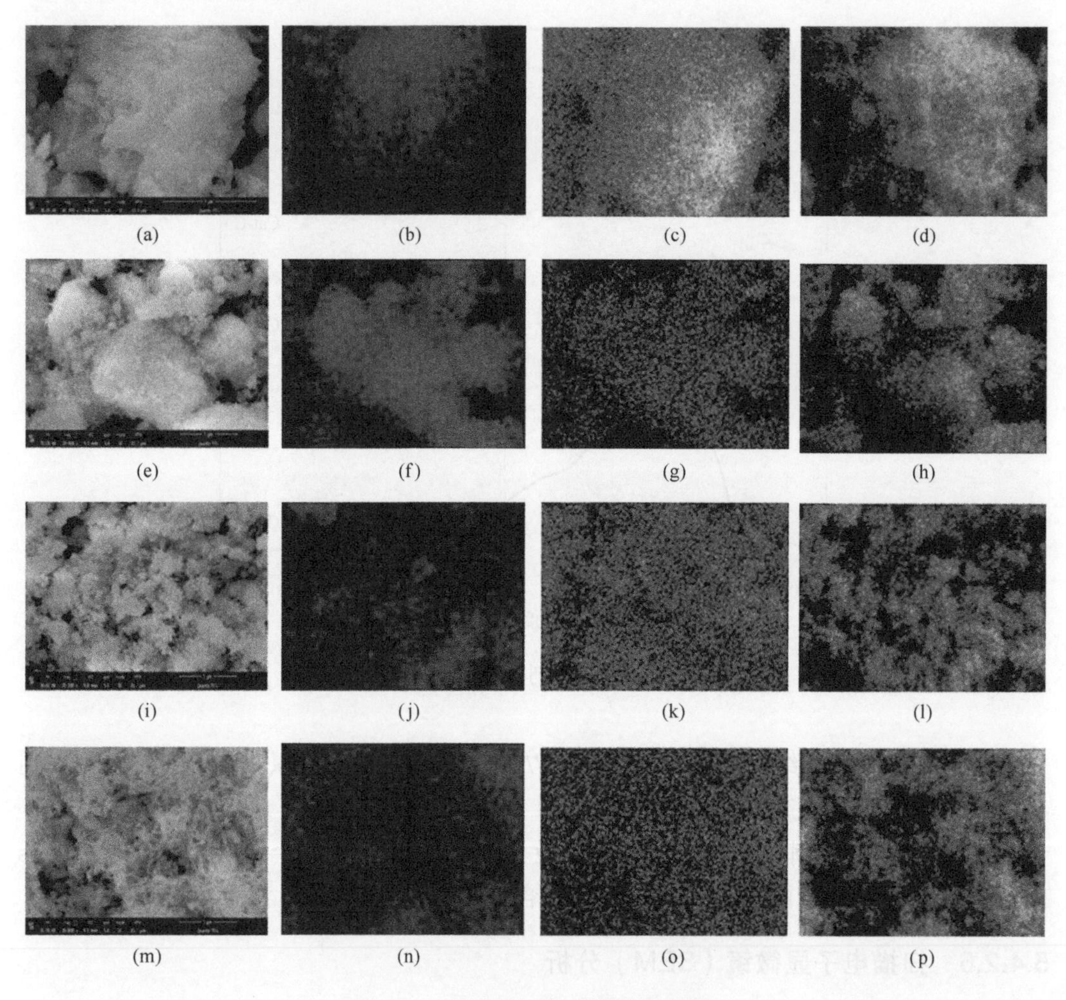

图 5.29　催化样品的元素映射图像

5.4.2.7　透射电镜（TEM）分析

利用 TEM 研究了催化材料的形貌特征以及暴露晶面情况。由图 5.30（彩图见书后）可以看出 4 种不同铈盐制备的 HSiW/CeO_2 催化剂的微观形貌以及主要暴露的晶面。

比较 4 种催化剂可以发现，不同铈盐制备的 HSiW/CeO_2 催化剂在形貌上存在一定的差别。Cat-A 具有层状结构，由颗粒直径在 3～11nm 之间的纳米颗粒聚集形成。所制备的 Cat-B 由一系列大小不同的纳米粒子组成，纳米颗粒直径在 5～23nm 之间。

图 5.30　催化剂透射电镜图像

Cat-C 的形貌以纳米棒结构为主，纳米棒的宽度为 5～11nm，长度为 40～250nm。Cat-D 催化样品主要呈现出条状结构，条状结构的宽度在 70～75nm、长度在 70～950nm 之间。综上所述，不同的铈源制备得到的 HSiW/CeO_2 催化剂各自具有不同的形貌和颗粒大小。文献表明，催化剂的形貌和颗粒大小都影响催化性能，这会在后面分析部分详细阐述[121]。HRTEM 图像显示并测量了晶格条纹的平面间距［图 5.30（b），（d），（f），（g）］。催化剂的晶面间距分别为 0.18nm、0.29nm、0.32nm，这与 CeO_2 的（220）、（200）和（111）晶面相对应[122-123]。用不同的铈盐制备得到的 CeO_2，暴露晶面的情况是不同的。Cat-A 主要暴露的是 CeO_2 的（111）晶面。Cat-B、Cat-C 和 Cat-D 主要暴露 CeO_2 的（220）和（200）晶面。同时，样品中 CeO_2 与 WO_3 的相互作用的不同也会造成不同的晶面暴露。

5.4.2.8　催化活性分析

图 5.31 为 4 种不同铈源制备的 HSiW/CeO_2 催化剂与纯 CeO_2 对氯苯催化燃烧的催化活性图。催化反应测试采用固定床反应器在石英玻璃管中模拟真实气体环境，总气体流速为 50mL/min，其中 O_2 占总气体体积的 20%，氯苯含量为 500×10^{-6}，其余由氮气平衡，质量空速为 15000mL/（g・h）（催化测试所用催化剂质量为 0.2g）。由图 5.31 可知 Cat-A、Cat-B 和 Cat-C 的 T_{50}（50%氯苯转化率对应的温度）分别为 235℃、245℃和 278℃。T_{90}（90%转化率对应的温度）的温度顺序为：Cat-A（283℃）＜Cat-B（292℃）＜Cat-C（326℃）＜Cat-D（387℃）。

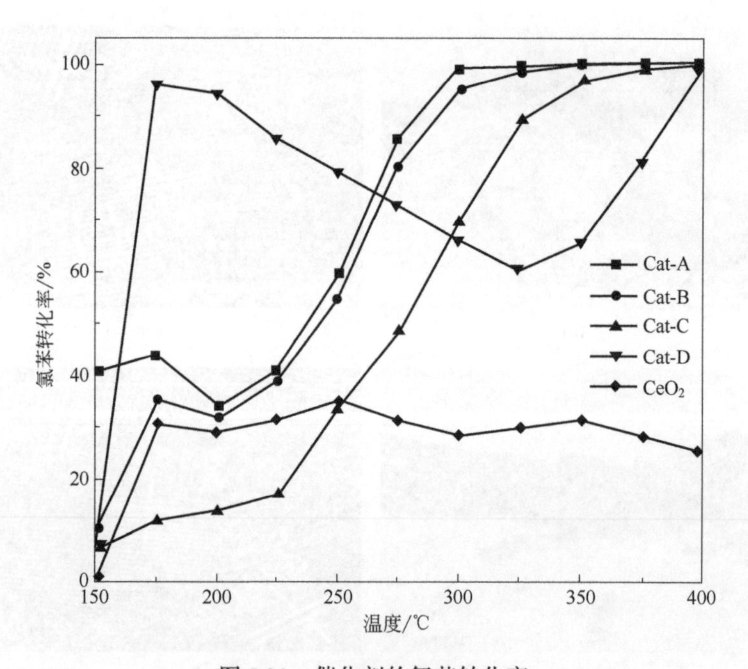

图 5.31　催化剂的氯苯转化率

氯苯浓度：500×10^{-6}；质量空速：15000mL/（g・h）；催化剂用量：200mg

催化反应结果对比表明，Cat-A 在 4 种不同铈源制备的 HSiW/CeO_2 催化剂中具有优异的催化活性。很明显，在图 5.31 中随着反应温度的升高，Cat-A 和 Cat-B 的氯苯转化率先升高（150～175℃），然后下降（175～200℃），最后再次升高（200～300℃）。这是因为在 150～175℃范围内，由于催化剂对氯苯存在吸附作用，所以氯苯的转化率会增加；而在 175～200℃范围内，由于氯苯会发生热解吸作用，使得吸附的氯苯解吸从而导致转化率降低。在 200～300℃之间，氯苯的转化率第二次升高归因于催化剂对于氯苯的氧化降解作用。

在图 5.31 中，从 150～175℃Cat-D 的转化率急剧上升，然后催化活性慢慢下降直至 400℃时转化率达到 100%。这是由于氯苯在 Cat-D 上具有最大的 S_{BET} 和特殊的孔结构，在 150～175℃这个过程中 Cat-D 对氯苯有较强的吸附能力。但是由于其氧化还原能力较差，导致其显现出较弱的催化活性。纯 CeO_2（以醋酸铈为铈源制备）的催化氯苯性能如图 5.31 所示，随着反应温度从 150℃升高至 175℃，CeO_2 对氯苯的转化率升高至 30.5%。随着反应温度继续升高，CeO_2 对氯苯的转化率依旧保持在 30%左右。直至温度升至 400℃时转化率降低为 25.2%，这归因于 CeO_2 在反应过程中发生氯中毒。

5.4.2.9 吡啶红外（Py-IR）分析

在 150℃和 250℃温度条件下 $HSiW/CeO_2$ 催化剂的吡啶红外图谱如图 5.32 所示，通过该图可探究并量化催化剂在 150℃和 250℃下的酸性位点[124]。在图 5.32 中，催化剂在 $1440cm^{-1}$ 和 $1540cm^{-1}$ 处的 Py-IR 谱带分别表示为吡啶在催化剂的 Lewis（L）酸性位点和 Brønsted（B）酸性位点上的吸附[125-126]。同时，$1490cm^{-1}$ 处的 Py-IR 谱带由催化剂 Brønsted（B）酸性位点和 Lewis（L）酸性位点上的吡啶环振动所导致[127]。

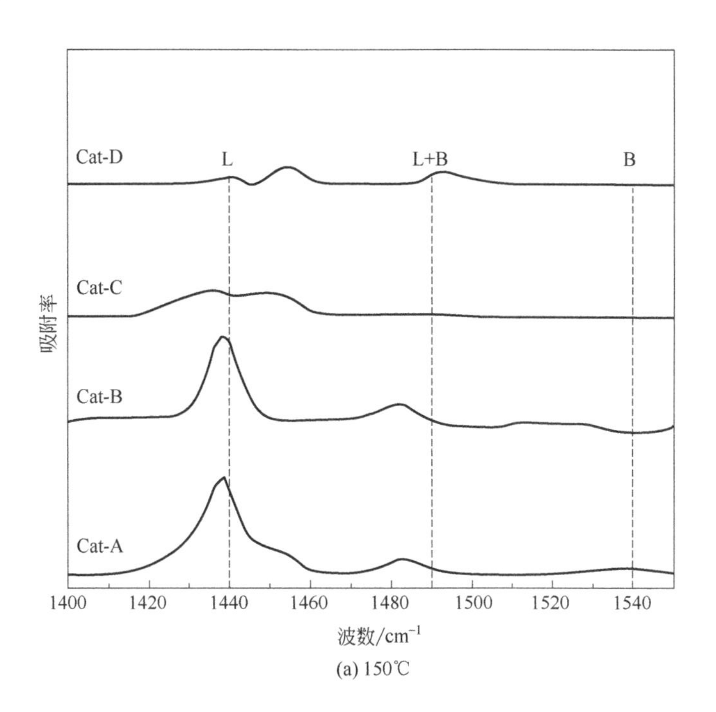

(a) 150℃

图 5.32

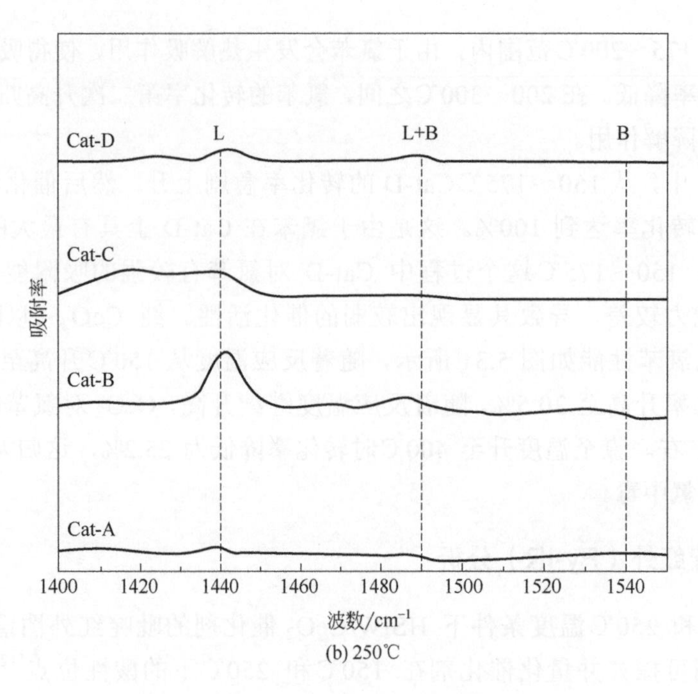

图 5.32 催化剂特定温度下的吡啶红外图谱

根据图 5.32 的峰值，量化并计算了催化剂在 150℃和 250℃温度条件下的 Brønsted 酸性位点（B）和 Lewis 酸性位点（L）的浓度，列于表 5.9。催化剂在 150℃的 Brønsted 酸性位点（B）和 Lewis 酸性位点（L）共同作用展现出催化剂的总弱酸性，弱酸性位点［150℃条件下 Brønsted 酸性位点（B）和 Lewis 酸性位点（L）酸浓度之和］顺序为：Cat-A（70.7μmol/g）>Cat-B（53.4μmol/g）>Cat-C（40.1μmol/g）>Cat-D（15.5μmol/g）。H_2-TPR 中催化剂各自的总 H_2 消耗量排列顺序为：Cat-A（381.8μmol/g）>Cat-B（371.5μmol/g）>Cat-C（247.0μmol/g）>Cat-D（239.7μmol/g），这说明 Cat-A 具有最强的氧化还原能力[127]。

表 5.9 催化剂在 150℃和 250℃的酸性位点浓度

催化剂	150℃		250℃	
	B /（μmol/g）	L /（μmol/g）	B /（μmol/g）	L /（μmol/g）
Cat-A	6.1	64.6	2.4	1.7
Cat-B	10.2	43.2	7.3	27.7
Cat-C	0	40.1	0	34.8
Cat-D	0	15.5	0	13.0

为了解不同温度段催化剂的酸度和氧化还原能力对氯苯催化氧化过程的作用情况，图 5.33 分别分析了 $HSiW/CeO_2$ 催化剂在 150℃和 250℃的氯苯转化率、H_2-TPR 中催化剂各自的总 H_2 消耗量和酸性位点浓度之间的关系。

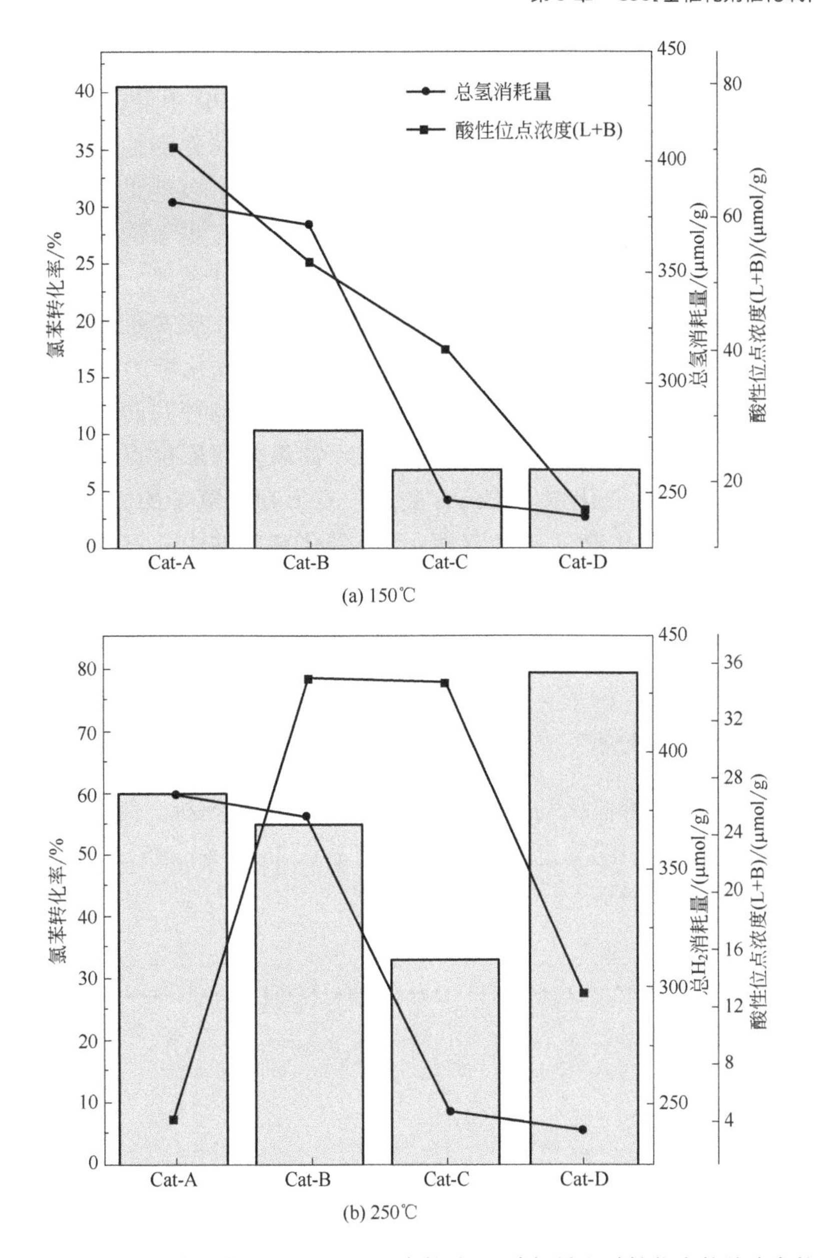

(a) 150℃

(b) 250℃

图 5.33　催化剂的氯苯转化率、H_2-TPR 测试中的总 H_2 消耗量和酸性位点的总浓度的联系图

图 5.33（a）表明催化剂在 150℃下的催化活性与 H_2-TPR 中催化剂各自的总 H_2 消耗量和弱酸性位点总量的变化趋势是一致的，说明催化剂的氧化还原能力和弱酸性位点共同影响了低温下催化剂在氯苯催化氧化过程中的催化性能。如表 5.9 所列，催化剂在 250℃的 Brønsted 酸性位点（B）和 Lewis 酸性位点（L）共同作用展现出催化剂的总中强酸性，中强酸性位点［250℃条件下 Brønsted 酸性位点（B）和 Lewis 酸性位点（L）酸浓度之和］顺序为：Cat-B（35.0μmol/g）＞Cat-C（34.8μmol/g）＞Cat-D（13μmol/g）＞Cat-A（4.1μmol/g）。且由表 5.9 可知，只有 Cat-A 和 Cat-B 样品中在 250℃呈现出 Brønsted（B）酸性位点，另外，在 250℃时 Cat-D 的高活性是

由于其较大的比表面积故而对氯苯的吸附。图 5.33（b）表明除了 Cat-D 催化剂外，在 250℃条件下其他催化剂的催化活性变化趋势与 H_2-TPR 中催化剂各自的总 H_2 消耗量一致。以上现象说明 250℃下催化剂催化氧化氯苯催化活性的影响因素主要是氧化还原能力，而且催化剂的 Brønsted（B）酸性位点可以促进氯苯在较高温条件下的深度氧化。Ying 等[128]制备的 $Ru/TiS_{0.05}$ 催化剂具有更多的酸性位量和最高的氧化还原能力，而且发现酸性位能削弱 CVOCs 的 C—Cl 键能，同时较强的氧化还原能力可以促使中间体在氧化还原位点上发生深度氧化，提高催化活性。Dai 等[129]通过磷酸对 CeO_2 进行改性，认为磷酸改性可以增强二氧化铈的 Brønsted 酸位点，氯苯可以在催化剂的 Brønsted 酸位点上与催化剂的氧物种共同作用将其转化为苯酚和氯化氢，然后中间产物也继续在 HP-CeO_2 的氧化还原位点上进行深度氧化。Sun 等[130]发现，低温时催化剂的 Lewis 酸性位点上存在氯苯的脱氯现象，Lewis 酸位点有利于后期保持催化剂的高稳定性。而且催化剂的酸中心可以削弱催化剂发生氯中毒的程度，保证其氧化还原位点能够高效地将氯苯转化为中间产物。综上所述，在不同的温度范围内，低温和高温催化剂的酸性位点和氧化还原能力对催化活性的影响程度是不同的。

5.4.2.10 催化稳定性分析

催化剂稳定性是评价催化剂催化氧化性能的一个重要指标。为了探究 Cat-A 在氯苯长时间催化氧化过程中的稳定性，对 Cat-A 样品在 235℃和 295℃下进行了稳定性测试，所得结果如图 5.34 所示。

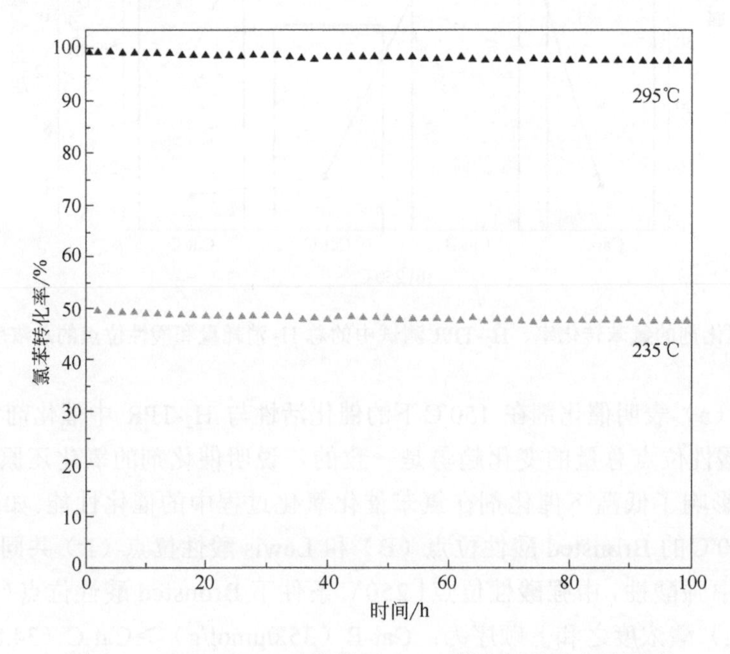

图 5.34　235℃和 295℃条件下 Cat-A 催化剂的稳定性测试

结果表明，Cat-A 分部在 235℃和 295℃条件下催化 100 h，氯苯的转化率均还保持在 47%和 97%以上。可以得出结论 Cat-A 在两种温度下均在长时间高温氯苯催化燃烧过程中保持良好的反应稳定性。因此，Cat-A 样品具有良好的稳定性，并具有抗氯中毒和抗积炭沉积的能力。较好的催化稳定性与较强的氧化还原能力和较多的酸性位点共同作用有关。

5.4.2.11　催化剂抗水蒸气性能分析

由于工况条件下，氯苯的催化氧化过程中难免会有水蒸气的存在。故对 Cat-A 的抗水蒸气性能进行了研究，探究其在水蒸气干扰下的催化稳定性情况，如图 5.35 所示。在 235℃和 295℃的温度条件下，在不通水蒸气的情况下，氯苯的转化率在 1h 前分别保持在 49%和 98%以上。在通入 5%的水蒸气条件下，Cat-A 在 235℃的催化活性下降到 36%左右。加入水蒸气 1h 后，Cat-A 在 295℃时的催化活性提高到 99%左右，在 9h 切断 5%的水蒸气后，Cat-A 对氯苯的转化率恢复到原来的水平。结果表明，Cat-A 在长时间氯苯催化反应过程中表现出较好的耐水蒸气的性能。

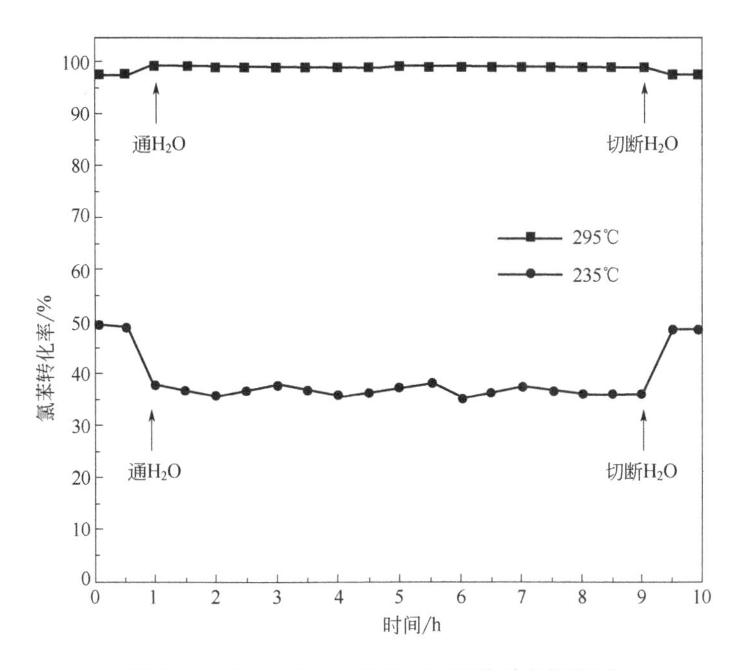

图 5.35　Cat-A 在 235℃和 295℃的耐水性测试

氯苯浓度：500×10^{-6}；质量空速：15000mL/（g·h）；催化剂用量：200mg；水蒸气：5%

5.4.2.12　催化剂的微观结构和表面物种对催化性能的影响

因为催化剂制备所用铈盐的不同，制得的催化样品会呈现出不同的微观结构和颗粒大小。催化剂的微观粒径大小会影响催化剂在催化氧化 CVOCs 的催化效率：Liu 等[131]发现 Ce-Mn 催化剂的比表面积最高、粒径最小，这有利于氧物种从催化剂内部迁移到催化剂表面，提高了催化剂的氧化性能进而提高催化活性。钴氧化物在1,2-二氯乙烷氧化过程中的高活性主要受催化剂粒径的影响，钴氧化物的粒径越小催化活性越高[132]。Zhu等[133]证实了MZC-0.67具有最大的比表面积和分布均匀的小纳米粒子，这可以使催化剂在催化过程中为氯苯提供大量的吸附位点，使得催化效率增强。TEM分析表明，Cat-A颗粒粒径最小，可以在催化反应中提供更多的氯苯吸附位点，提高反应循环中的氧迁移效率。同时，较大的比表面积也为催化剂提供了较多的吸附位点，最大的V_p促进了氯苯在Cat-A表面上的传质效率。较好的气体传质可以促进催化剂与氯苯的接触，使得Cat-A具有较高的催化氧化活性。

从晶面暴露方面分析，图5.30（a，b）与SEM分析可知硅钨酸均匀分布在Cat-A表面，且主要分布在CeO_2的（111）晶面上。Song等[134]发现HSiW位于CeO_2（111）平面上有利于其氧化还原性能和分散性，提高了催化剂的催化活性。Huang等[135]报道称CeO_2暴露（100）和（110）晶面有利于表面氧的迁移，有利于降低催化剂与氯苯反应的活化能，促进催化反应的进行。Wang等[136]得出结论，主要暴露（111）晶面的CeO_2-p比主要暴露（100）晶面的CeO_2-c对甲苯的燃烧活性更高，这是由于（111）晶面会促进CeO_2产生更多的活性氧物种。与之前的XPS和O_2-TPD的表征结果相联系，Cat-A拥有最多的Ce^{3+}和表面吸附氧物种，可以得出结论：Cat-A独特的晶面暴露有利于催化过程中氧化反应过程的能力的提高。同时，HSiW在CeO_2的（111）晶面上的分布更加均匀，同时也可以增强催化剂的氧化还原能力和表面酸性。Gutiérrez-Ortiz等[137]发现，$Mn_{0.4}Zr_{0.6}O_2$和$Ce_{0.15}Zr_{0.85}O_2$催化剂由于其氧化还原能力强以及较多的表面酸性位点，使得其在CVOCs中显现出较好的催化性能，由此可见在CVOCs催化氧化过程中催化剂的表面酸性和氧化还原性的共同作用非常重要。Bertinchamps等[138]说明，CVOCs催化燃烧的第一步是氯化物气体在酸性位点的吸附。同时，氯苯的深度氧化要求催化剂具有良好的氧化还原能力。因此，据之前表征分析，Cat-A具有最好催化活性是由于其最强的氧化还原性能以及催化剂表面充足酸性位点的共同作用。反之，Cat-D因为其匮乏的表面氧物种和较少的表面酸性位点导致其具有较差的氯苯催化活性。因此，不同的CeO_2晶面暴露会显著影响催化剂的表面酸度和氧的物种的数量。综上所述，就Cat-A而言，主要暴露（111）晶面的杂多酸（HSiW）改性CeO_2可以明显提高催化剂对氯苯的催化效率且暴露晶面的不同与制备所用的铈盐有关。

5.4.2.13 使用过的催化剂物相以及形貌的分析

为了深入探究催化剂的稳定性，通过XRD比较新鲜的Cat-A和使用过的Cat-A之间的差异。新鲜的Cat-A和使用过的Cat-A的XRD图谱如图5.36所示。

衍射峰为典型的CeO_2立方萤石晶相（JCPDS card No. 34-0394），没有发现氯化物的衍射峰。与新鲜Cat-A相比，使用过的Cat-A衍射峰变弱变宽，这与氯苯的长期高温氧化以及催化剂表面产生轻微积炭有关。前面的表征结果证明了Cat-A具有更多的酸性位点和大量的表面吸附氧，也可以提高氧的活化能力和抗积炭性能。

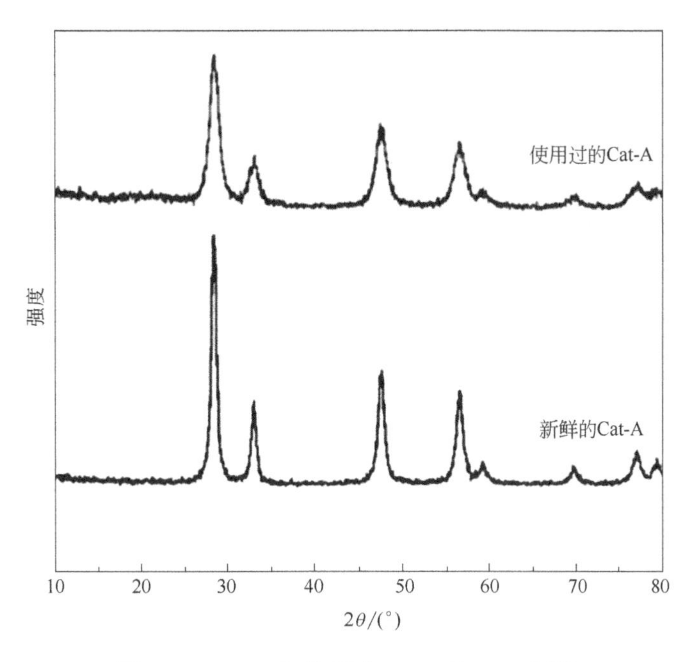

图 5.36 Cat-A 与使用过 Cat-A 的 XRD 图谱

在图 5.37 中观察了使用的 Cat-A 的形貌。从图 5.37（a）可以看出，使用过的 Cat-A 与新鲜的 Cat-A 相似，都是由纳米颗粒聚集形成的片状结构。这表明经过 100h 连续测试之后，Cat-A 的晶粒尺寸和形貌没有变化。使用过的 Cat-A 的粒径由图 5.37（b）测得其粒径约为 3～10nm，这与新鲜的 Cat-A 的粒径是相似的。结果表明，反应后的 Cat-A 仍保持原来的形状，说明在氯苯催化燃烧过程中，Cat-A 具有较强的结构稳定性。图 5.37 和图 5.30（a）相比，可以看到 Cat-A 上只有很少的积炭在催化剂的表面生成。事实上，氯离子的沉积和表面积炭沉积等重要因素会使催化剂失活，从而对催化稳定性产生不

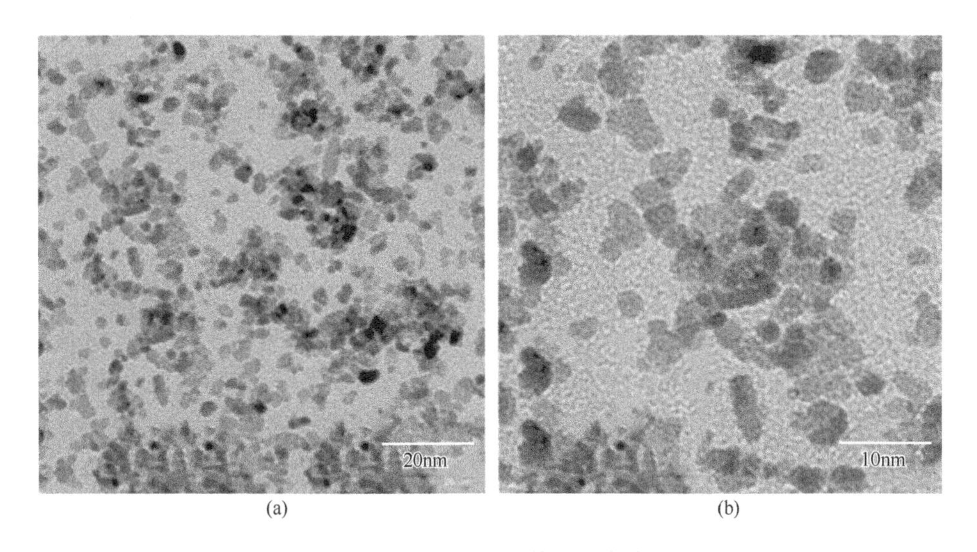

图 5.37 使用过 Cat-A 的透射电镜照片

利影响。减少催化过程中积炭的生成是保持催化剂高稳定性的重要因素[139]。实验证明，在SBA-15 负载的 Ni 催化剂中掺入 Co 显著降低了甲烷干重整过程中催化剂表面积炭的生成，提高了催化反应的稳定性[140]。Wang 等[141]研究发现，添加 CeO_2 可以作为反应过程中储存和释放氧的氧库，可以提高 Pd-CeO_2/HZSM-5 的抗积炭性能，从而提高催化剂的稳定性。

为了探究使用过的 Cat-A 的表面积炭情况，对新鲜 Cat-A 和使用过 Cat-A 在空气气氛下从室温至 900℃温度条件进行热重分析（图 5.38）。

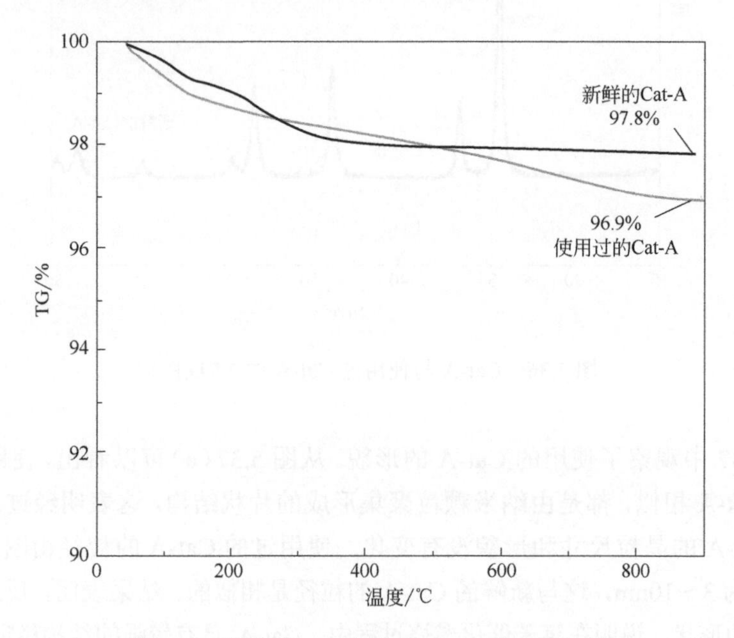

图 5.38　新鲜 Cat-A 和用过 Cat-A 的热重分析

图 5.38 中，新鲜的和使用过的 Cat-A 的失重过程可分为 30～400℃和 400～900℃两个温度段进行分析。新鲜的 Cat-A 在 30～400℃之间的第一个较小的失重步骤约为 3%，这归结于水分、截留溶剂（水和二氧化碳）和醋酸盐的热解。在第二个温度范围 400～900℃，随着温度的升高，新鲜 Cat-A 的质量变化不显著。与新鲜催化剂相对照，用过的 Cat-A 在 30～400℃之间的 TG 曲线变化趋势与新鲜的 Cat-A 相似。但是使用过的 Cat-A 在第二温度段的质量变化是值得探讨的。从图 5.38 可以看出，新鲜的 Cat-A 的最终质量残留比为 97.8 %，而使用过的 Cat-A 的最终质量残留比为 96.9%，得出结论：使用过的 Cat-A 在 400～900℃时的失重约为 0.9%。据文献表明，该结果是由氯苯的长期催化氧化所形成的有机残渣（积炭）燃烧所致[142]。数据证明，经过 100h 氯苯催化氧化后，所使用的 Cat-A 表面只产生少量的积炭。较低的积炭含量说明 Cat-A 在长期催化反应中保持较高的活性，避免了积炭的积累和活性位点的堵塞导致催化剂失活。

5.4.2.14　催化反应机理分析

在 HSiW/CeO_2 催化剂催化氧化氯苯的过程中，催化剂的表面酸性如催化剂表面的

Brønsted（B）酸性位点和 Lewis（L）酸性位点都起着关键性的作用。如图 5.39 所示，HSiW/CeO_2催化剂的 W—OH 形成了催化剂的 Brønsted（B）酸性位点[143]。而 HSiW/CeO_2中 Ce^{3+}/Ce^{4+}和 W^{6+}共同形成了 HSiW/CeO_2 催化剂的 Lewis（L）酸性位点[117]。氯苯在HSiW/CeO_2催化剂上催化燃烧时，首先通过亲核取代反应将氯苯吸附到催化剂的 Brønsted（B）酸位点上。这一阶段，氯苯的 C—Cl 键会被减弱，促使氯苯转化为酚类，然后是环己酮或苯醌[144]。反应过程中的氯物种应以 Cl_2或 HCl 的形式去除，以避免催化剂失活[145]。而游离的 Cl^-会在反应过程中生成 HCl，然后与催化剂表面吸附氧（O_α）反应生成 Cl_2。而且表面吸附氧（O_α）是 Deacon 过程的关键（$2HCl+O \longrightarrow H_2O+Cl$）[146]。$CeO_2$上的氧通过 Ce^{4+}和 Ce^{3+}之间的氧化还原转移来储存和释放。CeO_2和 WO_3的相互作用也可为催化剂提供更多的表面吸附氧（O_α）。氯苯气体在 HSiW/CeO_2催化剂表面的 Lewis（L）酸性位点与表面吸附氧（O_α）的共同作用下形成酚盐，羧酸盐物种，并最终将其转换为 CO_2/CO[147]。表面吸附氧也能将部分氧化中间体氧化成 CO_2、HCl 和 H_2O。

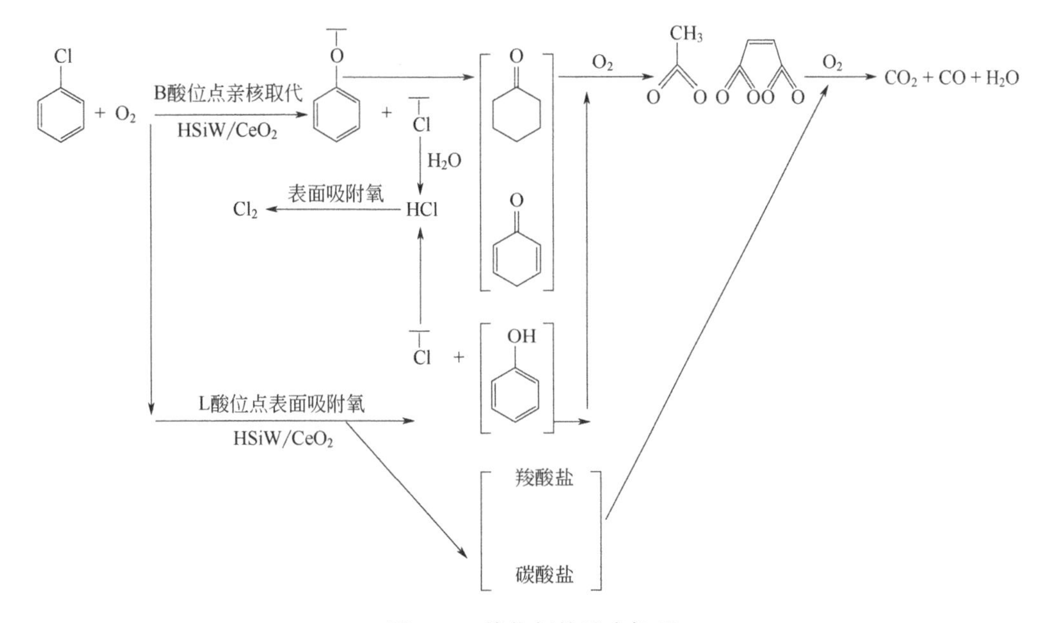

图 5.39　催化剂的反应机理

5.4.3　小结

本节利用 4 种不同铈盐，采用水热法制备了 4 种硅钨酸改性 CeO_2催化剂。催化剂的氧化还原能力和表面酸性是影响催化剂催化氧化氯苯性能的重要因素。结果表明，醋酸铈制备得到的 Cat-A 样品具有良好的氧化还原性能，这与 WO_3分布在催化剂表面的均匀分散有关。Cat-A 样品较多的表面吸附氧也在氯苯的催化氧化过程中起着重要作用。HRTEM 分析表明 Cat-A 主要暴露（111）晶面，有利于提高其氧化还原性能和硅钨酸在 Cat-A 表面的分散性。此外，Cat-A 较大的比表面积和较小的颗粒尺寸为氯苯催化氧化过程提供了较多的吸附位点从而提高催化效率。从Py-IR分析结果可发现，催化剂的氧化还原能力和弱酸性位点的共同作用影响 Cat-A 在低温条件下的催化效率，而 Cat-A 在高温条件下的催化效率主要受其氧化还原能力的影响。对 Cat-A 样品在 235 和 295℃进行了 100h 的稳定性测试以及 10h 的抗水蒸气测试，结果表明 Cat-A 样品在两个温度点均具有良好的稳定性。且 Cat-A 在长时间的催化氧化过程中，仅在表面产生少量的积炭，证明了 Cat-A 对氯和积炭有较强的抗性。

5.5 不同铈源对 CeO_2-MnO_x催化剂氧化还原能力和氧空位的影响及其催化氧化甲苯性能研究

5.5.1 不同铈源改性 Ce-Mn-O_x催化剂研究现状

由于 CeO_2 和 MnO_x 在催化氧化过程中的良好特性，CeO_2-MnO_x 催化系统已成为许多研究者关注的对象。因此，CeO_2-MnO_x 催化剂在去除甲醛、乙醇、乙烷、苯酚[148]等领域已被广泛应用，但对于甲苯的催化氧化仍需进一步研究。锰氧化物催化剂因具有优秀的氧化还原能力、良好的低温催化活性以及优秀的稳定性能被认为是贵金属催化剂的替代品[149-150]。因此，提高锰氧化物的催化活性以及对其反应原理的研究具有重要的意义。

研究人员通过调变 Ce/Mn 的比例或采用不同的制备方法制备了一系列 CeO_2-MnO_x 催化剂，但是对铈源对 CeO_2-MnO_x 催化剂的氧化性能、Ce 和 Mn 价态在催化氧化甲苯中的反应性能的影响尚没有系统性研究[151]。因此，采用共沉淀法制备了一系列 CeO_2-MnO_x 催化剂，通过改变不同的铈源来改性锰氧化物催化性能，同时利用 XRD、XPS 等表征技术探究活性氧物种存在形式以及铈、锰化学价态与催化活性间的主要联系。

5.5.2 催化剂的微观结构、氧化性能及其理化性质对其催化性能的影响

5.5.2.1 物相分析

图 5.40 中显示了 3 个样品的 XRD 表征结果。由图 5.40 可知，所有样品在 28.6°、33.1°、47.6°、56.4°、59.2°和 66.3°处都含有典型 CeO_2 的衍射峰（PDF-＃04-0593）[152]。与 CeO_2 标准卡（PDF-＃04-0593）相比，CeO_2-MnO_x 复合氧化物的衍射角略微向高值偏移，这种现象是由于将 Mn^+掺入 CeO_2 的晶格中形成了 CeO_2-MnO_x 固溶体[91]。据报道[153]，MnO_x 与 CeO_2 的协同作用可以改善 CeO_2-MnO_x 催化剂结构，从而促进催化剂低温还原性能。出色的低温还原性能以及 CeO_2-MnO_x 固溶体的形成有利于催化活性的提高。另外，通过比较 3 个样品的半峰宽发现 Ce1-Mn 样品具有较低的结晶度。较低的结晶度会导致更多的晶格缺陷，而晶格缺陷的增多是催化剂催化活性提高的重要因素。除样品 Ce3-Mn 外，其他催化剂在 38.3°及 68.5°还检测到与 Mn_2O_3 相对应的峰（PDF-＃31-0825）。

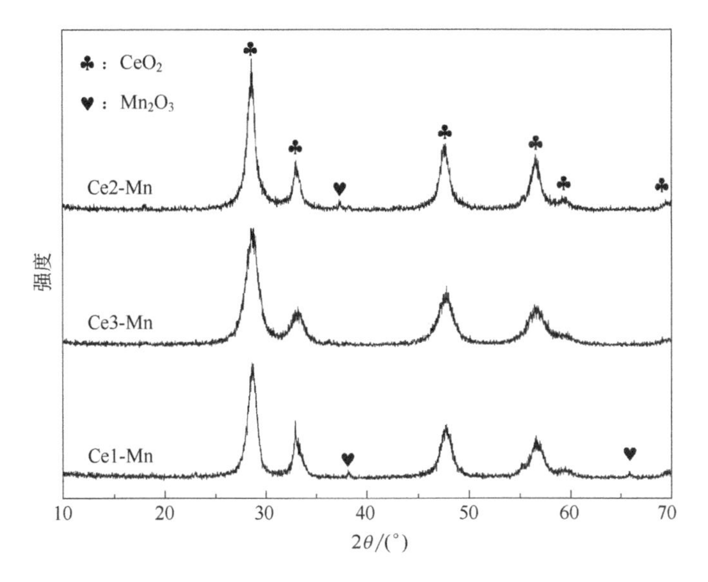

图 5.40　Ce1-Mn、Ce2-Mn 和 Ce3-Mn 的 XRD 谱图

5.5.2.2　比表面积分析

Ce1-Mn、Ce2-Mn 和 Ce3-Mn 催化剂的 N_2 吸附-解吸等温线和 BJH 孔径分布曲线如图 5.41 所示，BET 表面积结果和孔隙率列于表 5.10。在 IUPAC 分类中，3 个样品的等温线属于Ⅳ型等温线，代表样品属于中孔材料[154]。此外，可以在 0.55～1.0 的 P/P_0 范围内观察到 H_3 型迟滞回环，这表明样品存在不规则的孔隙[155]。与其他样品相比，Ce1-Mn 上的闭合点移动到较低值，代表着样品拥有更多数量的介孔并拥有更大的比

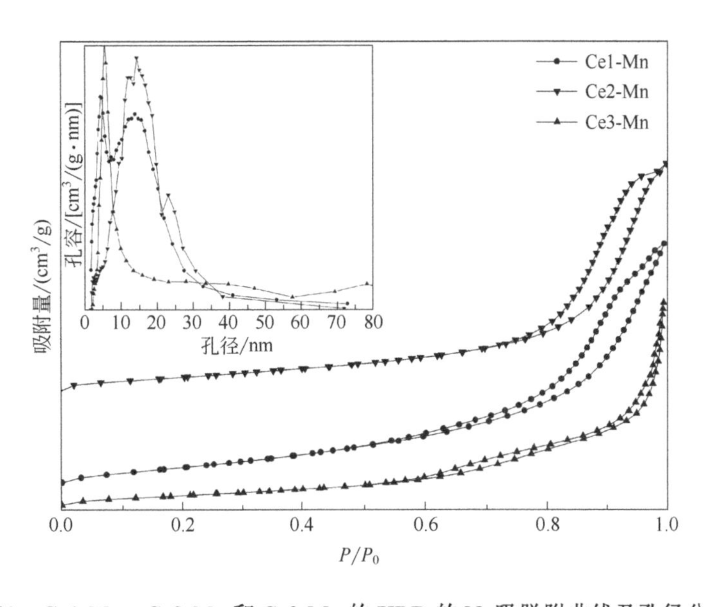

图 5.41　Ce1-Mn、Ce2-Mn 和 Ce3-Mn 的 XRD 的 N_2 吸脱附曲线及孔径分布图

表面积[156]。如图 5.41 所示，所有催化剂的孔径分布位于 2～80nm 的范围内。值得注意的是，Ce1-Mn 的主要孔径显示在 2～20nm，这表明该样品具有丰富的中孔。微孔和中孔可以提供更多的内表面积和孔体积，从而产生出色的催化性能[157]。因此，微孔和中孔的大量存在会提高 Ce-Mn-O_x 的催化活性。

如表 5.10 所列，Ce1-Mn、Ce2-Mn 和 Ce3-Mn 的比表面积分别为 107.2m^2/g、74.9m^2/g 和 59.4m^2/g。从表中可以看出，样品 Ce1-Mn 的比表面积略大于 Ce2-Mn 和 Ce3-Mn。一般来讲，更高的比表面积意味着催化剂上会暴露出更多的活性位点，这有利于提高催化活性[158]。Ce1-Mn，Ce2-Mn 和 Ce3-Mn 的总孔体积分别为 0.321cm^3/g，0.297cm^3/g 和 0.265cm^3/g。显然，由 $Ce(NH_4)_2(NO_3)_6$ 和 $Mn(NO_3)_2$ 制备的 CeO_2-MnO_x 氧化物具有较为良好的孔隙结构和更大的比表面积。综上所述，CeO_2-MnO_x 催化剂的微观结构会受到不同铈源的影响，以硝酸铈铵作为铈源制备的 CeO_2-MnO_x 氧化物具有良好的孔结构和最大比表面积，有助于催化活性的提高。

表 5.10 Ce1-Mn，Ce2-Mn 和 Ce3-Mn 的 BET 信息表

样品名称	S_{BET}/（m^2/g）	V_p/（cm^3/g）
Ce1-Mn	107.2	0.321
Ce2-Mn	74.9	0.297
Ce3-Mn	59.4	0.265

5.5.2.3 化学价态及表面物种的分析

为了证实活性氧物种的存在形式和催化剂表面组成元素的价态，对催化剂进行了 XPS 表征，见图 5.42。

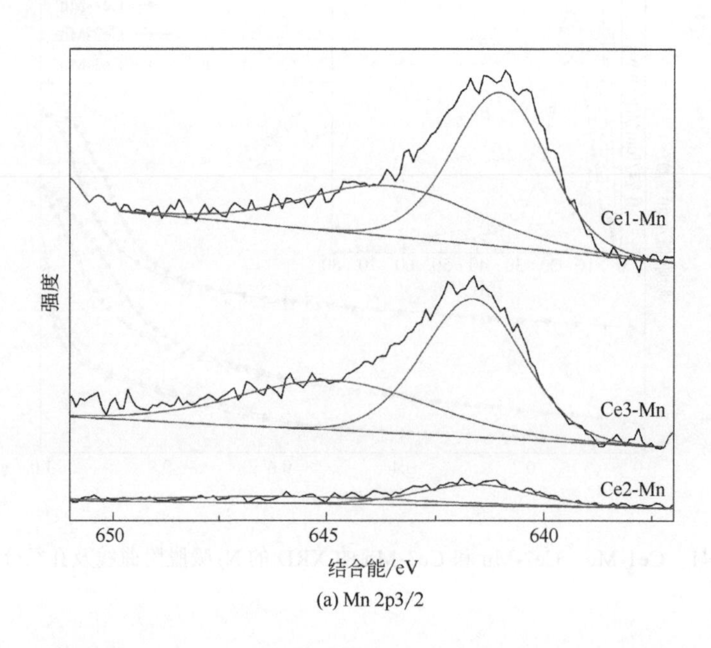

(a) Mn 2p3/2

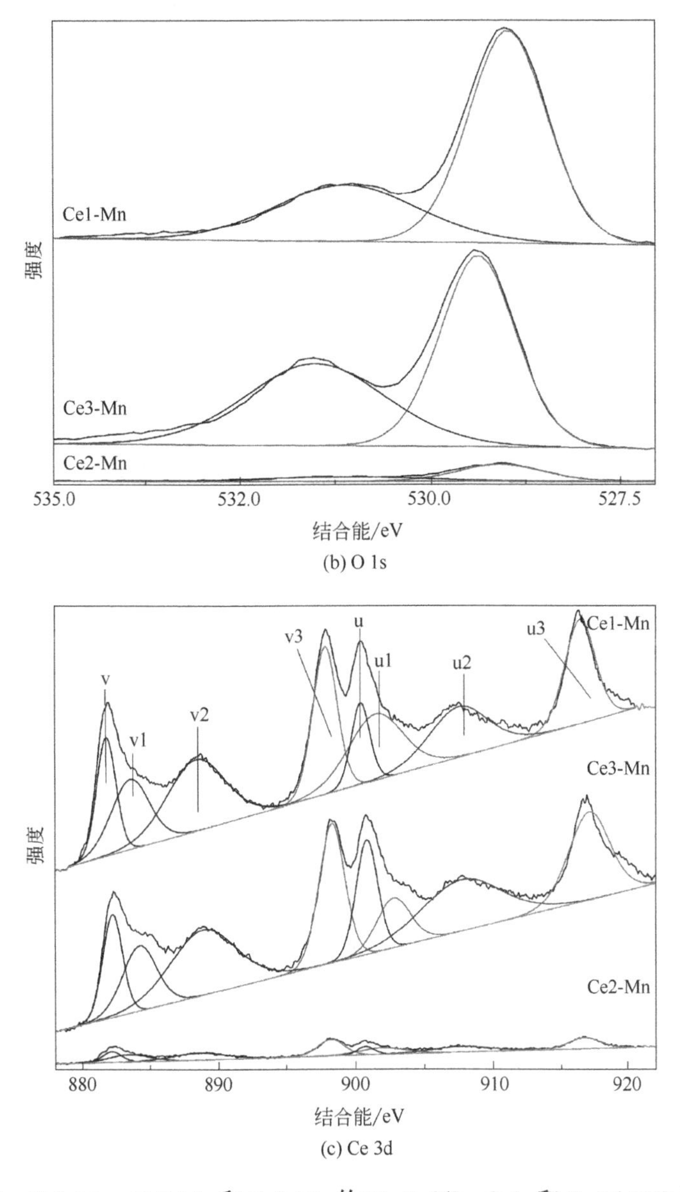

(b) O 1s

(c) Ce 3d

图 5.42 Ce1-Mn、Ce2-Mn 和 Ce3-Mn 的 Mn 2p3/2、O 1s 和 Ce 3d XPS 能谱图

图 5.42（a）给出了 CeO_2-MnO_x 样品的 Mn 2p3/2 的 XPS 光谱，峰值位于 643.4～644.2eV 可归为 Mn^{4+}，而 641.3～641.6eV 处的峰归为 Mn^{3+}物质[159]。表 5.11 显示出了关于所有样品的表面 Mn^{3+}/Mn^{4+}的定量分析。根据表 5.11，Ce1-Mn、Ce2-Mn 和 Ce3-Mn 的表面 Mn^{3+}/Mn^{4+}比分别为 1.68、1.36 和 1.48。较高的 Mn^{3+}/Mn^{4+}有助于更多氧空位的形成并产生更多的活性氧物种，从而提高催化活性[160]。事实证明，Mn^{3+}提供了更多的活性位点并提高催化剂自身的氧化还原性能，有利于催化氧化活性的增强[161]。因此，CeO_2-MnO_x 催化剂的催化性能与 Mn^{3+}/Mn^{4+}的比例密切相关。显然，不同铈源对 CeO_2-MnO_x 催化剂中的 Mn^{3+}含量有显著影响，$Ce(NH_4)_2(NO_3)_6$ 作为铈源可以提供更多的氧空位，从而增加 CeO_2-MnO_x 催化剂的氧化还原能力，并增加活性氧物种的数量，

有利于催化活性的提升。

Ce1-Mn，Ce2-Mn 和 Ce3-Mn 样品的 O 1s 光谱如图 5.42(b)所示。其中位于 531.0～531.5eV 和 528.9～529.3eV 附近的峰依次为吸附氧（O_{ads}）和晶格氧（O_{latt}）的解析峰。如表 5.11 所列，计算并总结了表面 O_{latt}/O_{ads} 的比值，遵循以下顺序：Ce1-Mn（2.08）＞Ce2-Mn（1.94）＞Ce3-Mn（1.27）。显然，Ce1-Mn 在所有样品中拥有最丰富的晶格氧，晶格氧作为活性物种在甲苯的催化氧化中提供了更多的吸附位点[162]。因此，丰富的晶格氧可以提高催化剂的催化氧化能力进而提高催化活性。此外，晶格氧反应性的增加可以极大地促进 VOCs 的氧化。当参加反应的催化剂拥有丰富的晶格氧时可以提高氧的迁移能力，优异的氧迁移速率加快了催化反应的进行[162]。从图 5.42（b）和表 5.11 中可以看出，不同铈源对 O_{latt}/O_{ads} 的比例会产生一定的影响。$Ce(NH_4)_2(NO_3)_6$ 合成的 Ce1-Mn 催化剂具有最高的 O_{latt}/O_{ads} 比例，强大的氧化能力是甲苯催化氧化的重要组成部分。通常，催化氧化过程遵循 Mars-van-Krevelen（MVK）机理，这表明氧化能力是评估催化剂催化活性的重要因素。因此，不同的铈源会引起催化剂表面氧物种的变化，进而影响甲苯的催化氧化能力。

3 个样品的 Ce 3d 3/2 和 3d 5/2 自旋轨道分量结果显示在图 5.42（c）中。标记的 u1 和 v1 归属于 Ce^{3+}，这表明氧化铈表面上氧空位的存在，而 u、u2、u3、v、v2 和 v3 归属于 Ce^{4+}。如表 5.11 所列，Ce1-Mn 表现出最高的 Ce^{3+}/Ce^{4+}比为 0.35，而 Ce2-Mn 和 Ce3-Mn 样品分别为 0.32 和 0.18。根据先前的研究[163]，Mn^{3+}可以进入 Ce^{4+}的晶格，增强二者之间的协同作用，形成相对良好的 Ce-Mn-O_x 固溶体。Ce^{3+}的存在可以增强二氧化铈与其他金属氧化物之间的相互作用[164]，导致二氧化铈中的晶格氧转化为其他金属氧化物的晶格氧，从而提高了催化剂的氧化还原能力进而提高催化剂的活性[165]。Ce^{3+}含量与氧空位浓度有关，并且在氧化机理中起到关键作用，因此 Ce^{3+}含量与甲苯氧化的催化活性呈正相关。实验结果表明，每个 Ce^{3+}都会产生两个氧空位，而较丰富的 Ce^{3+}促进了更多氧空位的形成，氧空位数量的增加导致活性氧位点数目的增多，从而提高了催化剂的氧化还原能力[166]。可以推测，更多的 Ce^{3+}促进了氧空位的形成和表面活性氧数量的增加，从而提高了催化活性。在上述讨论的基础上，可以发现铈源的改变会影响 CeO_2-MnO_x 金属氧化物中 Ce^{3+}的含量，进而影响甲苯的催化氧化能力。

综上所述，XPS 表征结果表明 Ce1-Mn 样品显示出最丰富的 Mn^{3+}、O_{latt} 和 Ce^{3+}物种。因此，不同铈源改变了 CeO_2-MnO_x 催化剂中离子之间的比例，进而影响了催化活性。$Ce(NH_4)_2(NO_3)_6$ 合成的 CeO_2-MnO_x 催化剂拥有更多的活性位点和氧空位数量，因此具有较好的催化活性。

表 5.11 Ce1-Mn、Ce2-Mn 和 Ce3-Mn 的 XPS 信息表

样品名称	Mn^{3+}/Mn^{4+}	O_{latt}/O_{ads}	Ce^{3+}/Ce^{4+}
Ce1-Mn	1.68	2.08	0.35
Ce2-Mn	1.36	1.94	0.32
Ce3-Mn	1.48	1.27	0.18

5.5.2.4　氧化还原性能分析

利用 H_2-TPR 对催化剂的可还原能力进行了检测，图 5.43（a）展现了 CeO_2-MnO_x 混合氧化物的氧化还原性质以及还原温度。与其他研究人员获得的 CeO_2 和 MnO_x 样品相比，由于 Ce-Mn 固溶体的形成，还原峰温度显著降低[167-168]。值得注意的是，Ce1-Mn 和 Ce2-Mn 样品的初始还原峰出现在 200℃左右，表明催化剂具有较强的氧化还原能力。较低的初始还原温度意味着表面氧种类的减少[169]，表面可还原氧物种的存在被认为是具有强还原性的标志[170-171]。因此，由 $Ce(NH_4)_2(NO_3)_6$ 和 $Mn(NO_3)_2$ 合成的 CeO_2-MnO_x 催化剂具有出色的氧化性能以及良好的低温还原性能。在 3 个样品中，

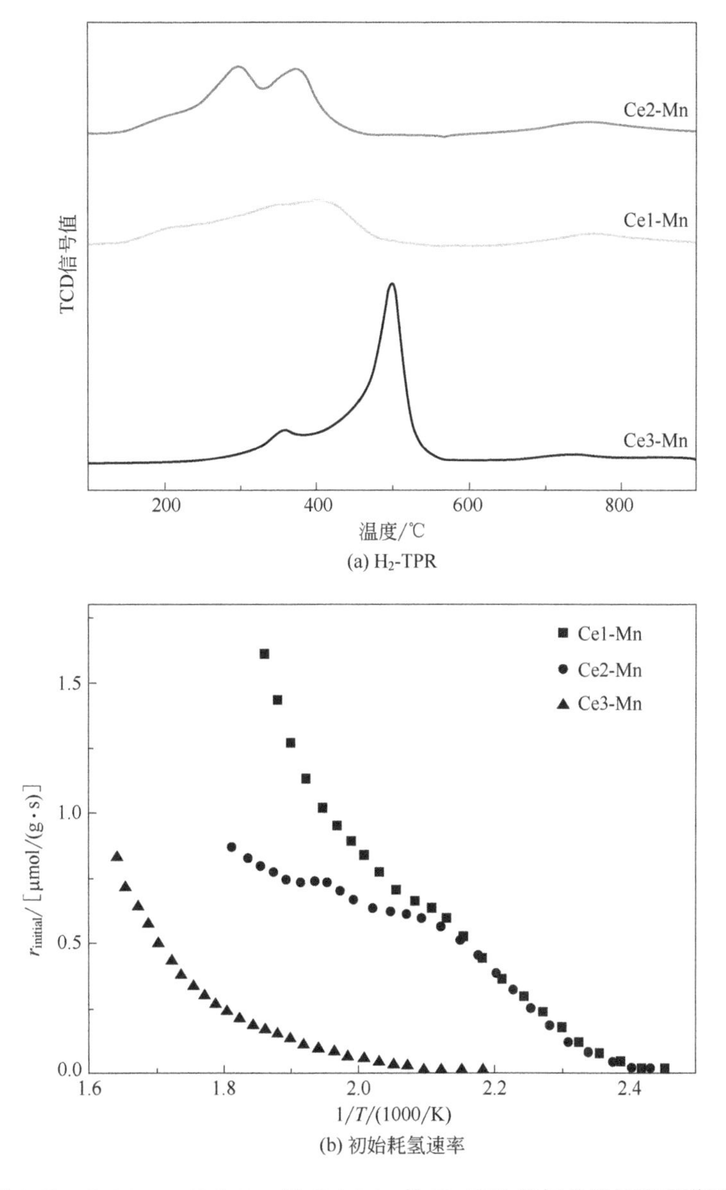

图 5.43　Ce1-Mn、Ce2-Mn 和 Ce3-Mn 的 H_2-TPR 及初始耗氢速率谱图

在310～410℃出现的峰归因于Mn-Ce混合氧化物中MnO_x的还原和表面CeO_2的还原[172]。还原峰出现在370～500℃可归于$Mn_2O_3 \rightarrow Mn_3O_4 \rightarrow MnO$的还原[173]。3个样品在750℃附近的还原峰被认为是体相CeO_2对H_2的消耗[174]。在图5.43（a）中，可以发现Ce1-Mn和Ce2-Mn样品显示出较低的初始还原温度，这意味着样品表现出相对较强的表面反应性能，有利于催化剂催化活性的提高。

为了进一步研究这3个样品的氧化还原特性的差异，初始耗氢速率如图5.43（b）所示。显然，Ce1-Mn表现出最高的初始耗氢速率，表明该样品具有出色的氧化还原性能。较高的初始耗氢速率表明催化剂拥有较强的氧化还原能力，有利于催化活性的提高。显然，在图5.43（a）和（b）中，由$Ce(NH_4)_2(NO_3)_6$合成的CeO_2-MnO_x催化剂展现出优异的低温还原性能和最高的初始耗氢速率。因此，改变不同的铈源可以提升CeO_2-MnO_x催化剂的还原性能和催化活性。

5.5.2.5 氧气程序升温脱附分析

为了研究活性氧对甲苯催化氧化产生的影响，O_2-TPD测试如图5.44所示。

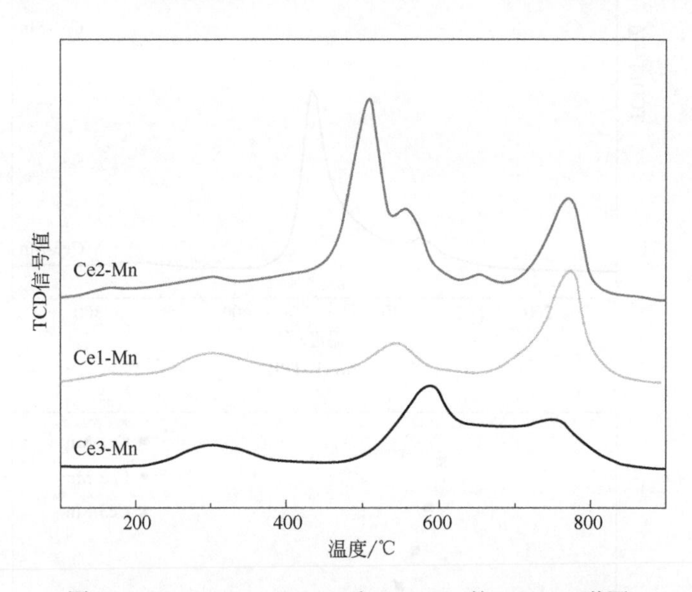

图5.44 Ce1-Mn、Ce2-Mn和Ce3-Mn的O_2-TPD谱图

在图5.44中，反应温度保持在100～900℃内。CeO_2-MnO_x样品的解吸曲线比纯CeO_2更为复杂。O_2-TPD光谱可分为3个区域：低温（＜200℃），中温（200～600℃）和高温区域（＞600℃）。Ce1-Mn和Ce2-Mn样品在低温区域显示出较低的峰，这归因于α-O_2的解吸，与氧空位上吸附的分子O_2、O^{2-}和O_2^{2-}有关，意味着样品中含有丰富的化学吸附氧物种。在图5.44中，由$Ce(NH_4)_2(NO_3)_6$和$Mn(NO_3)_2$合成的CeO_2-MnO_x催化剂展现出较为丰富的化学吸附氧含量，丰富的吸附氧提高了样品的催化氧化能力进而提高了催化活性。如图可见，Ce1-Mn和Ce2-Mn样品在较低的温度下会释放更多的氧气，这表明样品具有丰富的表面氧空位含量和较弱的氧结合能力，有利于催化活性的提高。

中温区域的解析峰与表面晶格氧（O_{latt}）和接近表面的晶格层中的化学吸附氧有关。在 800℃附近的高温区域的峰对应于 Mn^{4+}与氧原子结合所产生的峰。铈源的改变会影响 CeO_2-MnO_x 催化剂中表面氧空位的含量以及氧迁移的速率，进而对催化活性产生影响。

5.5.2.6 催化氧化甲苯及 CO_2 选择性测试

Ce1-Mn、Ce2-Mn 和 Ce3-Mn 样品对甲苯催化氧化的活性结果如图 5.45 所示。不

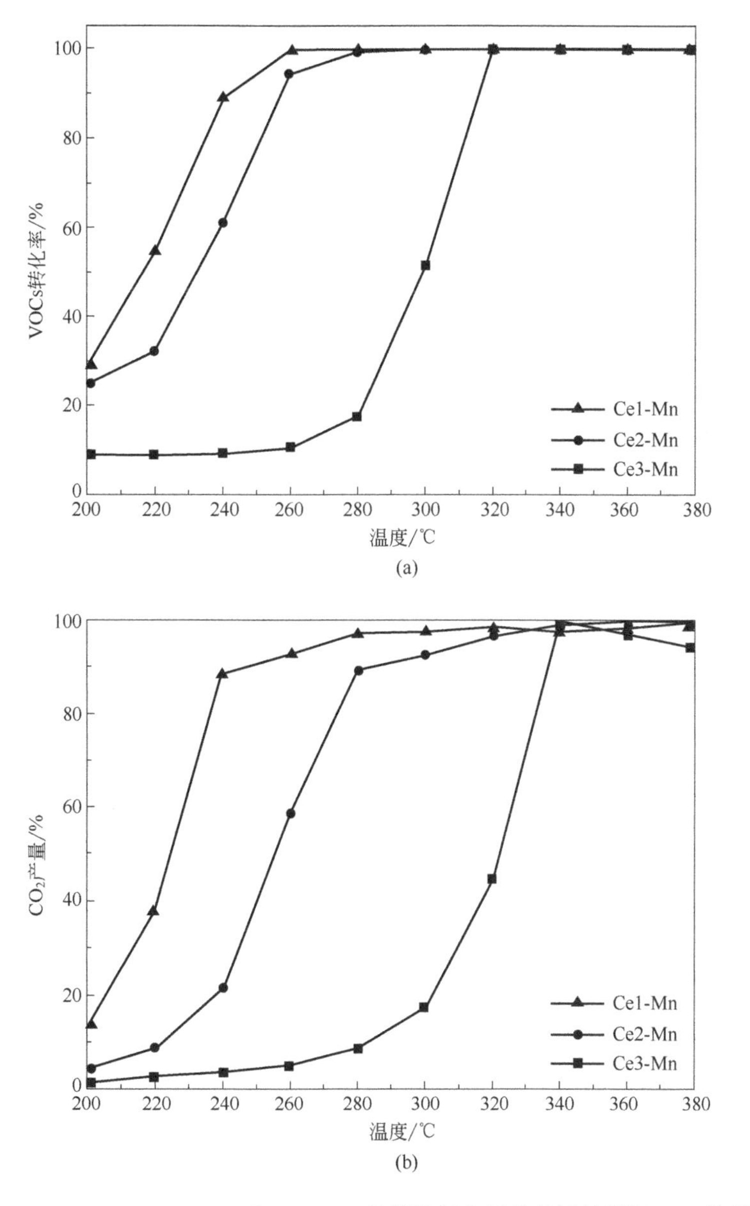

图 5.45 Ce1-Mn、Ce2-Mn 和 Ce3-Mn 的催化氧化甲苯的活性图及 CO_2 选择性

反应条件为甲苯初始浓度 500×10^{-6}，氧气含量 20%，空速为 $60000h^{-1}$

同铈源对 CeO_2-MnO_x 催化活性的影响可以通过比较 T_{50} 和 T_{90} 的反应温度得到相应结论。如图 5.45（a）和表 5.12 所示，甲苯的 T_{50} 转化顺序如下：Ce1-Mn（216℃）＜Ce2-Mn（232℃）＜Ce3-Mn（299℃）。甲苯的 T_{90} 转化顺序如下：Ce1-Mn（242℃）＜Ce2-Mn（257℃）＜Ce3-Mn（315℃），其与 T_{50} 显示出相同的趋势。结果表明，改变铈源可以改善 CeO_2-MnO_x 催化剂的催化性能。显然，$Ce(NH_4)_2(NO_3)_6$ 和 $Mn(NO_3)_2$ 的反应具有最佳的活性，而 $Ce_2(SO_4)_3 \cdot 8H_2O$ 和 $Mn(NO_3)_2$ 的催化性能较差。如图 5.45（b）所示，就 CO_2 选择性而言，观察到如下趋势：Ce1-Mn＞Ce2-Mn＞Ce3-Mn。

与 XRD、XPS、H_2-TPR 和 O_2-TPD 等表征结果结合可知，以 $Ce(NH_4)_2(NO_3)_6$ 为铈源的 Ce-Mn 催化剂具有较好的协同作用，较为丰富的 Mn^{3+}、Ce^{3+}、O_{latt} 和表面可还原性氧物种。因此，Ce1-Mn 表现出更好的催化氧化性能和 CO_2 选择性。

表 5.12　Ce1-Mn、Ce2-Mn 和 Ce3-Mn 的活性信息表

样品名称	甲苯		CO_2	
	T_{50}/℃	T_{90}/℃	T^*_{50}/℃	T^*_{90}/℃
Ce1-Mn	216	242	224	246
Ce2-Mn	232	257	255	286
Ce3-Mn	299	315	322	336

注：T_{50} 代表甲苯去除率达到 50%的温度，T^*_{50} 代表二氧化碳生成量达到 50%的温度。T_{90} 代表甲苯去除率达到 90%的温度，T^*_{90} 代表二氧化碳生成量达到 90%的温度。

5.5.3　小结

本章主要研究不同铈源对铈-锰催化剂催化氧化甲苯性能的影响以及金属价态、氧物种与催化活性之间的联系。结果表明：不同铈源会影响铈-锰氧化物的催化活性，由硝酸铈铵制备的 Ce-MnO_x 催化剂具有较大的比表面积和良好的孔结构，同时还提高了催化剂的氧化还原能力，增加了氧空位的数量，从而提高催化活性。此外，更多的 Mn^{3+} 会增加 Ce-MnO_x 催化剂结构缺陷，导致更多氧空位的形成，从而降低对氧的束缚能力，进一步增加其催化性能；大量的晶格氧可以提高氧的迁移能力，从而提高催化剂的氧化能力，导致催化剂催化活性显著提升。综上，不同铈源会对铈-锰催化剂催化活性产生重要影响。

参考文献

[1] Wu J L，Xia Q B，Wang H H，et al. Catalytic performance of plasma catalysis system with nickel oxide catalysts on different supports for toluene removal：Effect of water vapor [J]. Appl. Catal. B：Environ.，2014，156-157：265-272.

[2] Zhu X B，Gao X，Qin R，et al. Plasma-catalytic removal of formaldehyde over Cu-Ce catalysts in a dielectric barrier discharge reactor [J]. Appl. Catal. B：Environ.，2015，170-171：293-300.

[3] Lu H F，Kong X X，Huang H F，et al. Cu-Mn-Ce ternary mixed-oxide catalysts for catalytic combustion of toluene [J]. J. Environ. Sci.，2015，32：102-107.
[4] Hu F Y，Chen J J，Peng Y，et al. Novel nanowire self-assembled hierarchical CeO_2 microspheres for low temperature toluene catalytic combustion [J]. Chem. Eng. J.，2018，331：425-434.
[5] Wang H P，Lu Y Y，Han Y X，et al. Enhanced catalytic toluene oxidation by interaction between copper oxide and manganese oxide in Cu-O-Mn/λ-Al_2O_3 catalysts [J]. Appl. Surf. Sci.，2017，420：260-266.
[6] Wang L，Wang Y F，Zhang Y，et al. Shape dependence of nanoceria on completely catalytic oxidation of *o*-xylene [J]. Catal. Sci. Technol.，2016，6：4840-4848.
[7] Luo Y J，Wang K C，Xu Y X，et al. The role of Cu species in electrospun CuO-CeO_2 nanofibers for total benzene oxidation [J]. New J. Chem.，2015，39：1001-1005.
[8] Venkataswamy P，Jampaiah D，Rao K N，et al. Nanostructured $Ce_{0.7}Mn_{0.3}O_{2-\delta}$ and $Ce_{0.7}Fe_{0.3}O_{2-\delta}$ solid solutions for diesel soot oxidation [J]. Appl. Catal. A：Gen.，2014，488：1-10.
[9] Li T Y，Chiang S J，Liaw B J，et al. Catalytic oxidation of benzene over CuO/$Ce_{1-x}Mn_xO_2$ catalysts [J]. Appl. Catal. B：Environ.，2011，103：143-148.
[10] Zhao L L，Zhang Z P，Li Y S，et al. Synthesis of Ce_aMnO_x hollow microsphere with hierarchical structure and its excellent catalytic performance for toluene combustion 11 [J]. Appl. Catal. B：Environ.，2019，245：502-512.
[11] Wang W，Zhu Q，Dai Q G，et al. Fe doped CeO_2 nanosheets for catalytic oxidation of 1，2-dichloroethane：Effect of preparation method [J]. Chem. Eng. J.，2017，307：1037-1046.
[12] He C，Xu B T，Shi J W，et al. Catalytic destruction of chlorobenzene over mesoporous $ACeO_x$（A=Co，Cu，Fe，Mn，or Zr）composites prepared by inorganic metal precursor spontaneous precipitation [J]. Fuel Process. Technol.，2015，130：179-187.
[13] Du J P，Qu Z P，Dong C，et al. Low temperature abatement of toluene over Mn-Ce oxides catalysts synthesized by a modified hydrothermal approach [J]. Appl. Surf. Sci.，2018，433：1025-1035.
[14] Chen J，Chen X，Chen X，et al. Homogeneous introduction of CeO_y into MnO_x-based catalyst for oxidation of aromatic VOCs [J]. Appl. Catal. B：Environ.，2018，224：825-835.
[15] Giroir-Fendler A，Alves-Fortunato M，Richard M，et al. Synthesis of oxide supported $LaMnO_3$ perovskites to enhance yields in toluene combustion [J]. Appl. Catal. B：Environ.，2016，180：29-37.
[16] Rokicińska A，Drozdek M，Dudek B，et al. Cobalt-containing BEA zeolite for catalytic combustion of toluene [J]. Appl. Catal. B：Environ.，2017，212：59-67.
[17] Wang C，Zhang C H，Hua W C，et al. Catalytic oxidation of vinyl chloride emissions over Co-Ce composite oxide catalysts [J]. Chem Eng J，2017，315：392-402.
[18] Wang X Y，Kang Q，Li D，et al. Catalytic combustion of chlorobenzene over MnO_x-CeO_2 mixed oxide catalysts [J]. Appl. Catal. B：Environ.，2009，86：166-175.
[19] Hu Z，Qiu S，You Y，et al. Hydrothermal synthesis of $NiCeO_x$ nanosheets and its application to the total oxidation of propane [J]. Appl. Catal. B：Environ.，2018，225：110-120.
[20] Wu H，Pantaleo G，Carlo G D，et al. Co_3O_4 particles grown over nanocrystalline CeO_2：influence of precipitation agents and calcination temperature on the catalytic activity for methane oxidation [J]. Catal. Sci. Technol.，2015，5：1888-1901.
[21] Cheng Z，Chen Z，Li J R，et al. Mesoporous silica-pillared clays supported nanosized Co_3O_4-CeO_2 for catalytic combustion of toluene [J]. Appl. Surf. Sci.，2018，459：32-39.

［22］Zhang C，Guo Y，Guo Y，et al. $LaMnO_3$ perovskite oxides prepared by different methods for catalytic oxidation of toluene［J］. Appl. Catal. B：Environ.，2014，148-149：490-498.

［23］Sihaib Z，Puleo F，Garcia-Vargas J M，et al. Manganese oxide-based catalysts for toluene oxidation［J］. Appl. Catal. B：Environ.，2017，209：689-700.

［24］Fang Z T，Yuan B，Lin T，et al. Monolith $Ce_{0.65}Zr_{0.35}O_2$-based catalysts for selective catalytic reduction of NO_x with NH_3［J］. Chem. Eng. Res. Des.，2015，94：648-659.

［25］Arena F，Trunfio G，Negro J，et al. Synthesis of highly dispersed $MnCeO_x$ catalysts via a novel "redox-precipitation" route［J］. Mater. Res. Bull.，2008，43：539-545.

［26］Venkataswamy P，Rao K N，Jampaiah D，et al. Nanostructured manganese doped ceria solid solutions for CO oxidation at lower temperatures［J］. Appl. Catal. B：Environ.，2015，162：122-132.

［27］Yang P，Yang S S，Shi Z N，et al. Accelerating effect of ZrO_2 doping on catalytic performance and thermal stability of CeO_2-CrO_x mixed oxide for 1,2-dichloroethane elimination［J］. Chem Eng J，2016，285：544-553.

［28］Liu P，Wei G L，Liang X L，et al. Synergetic effect of Cu and Mn oxides supported on palygorskite for the catalytic oxidation of formaldehyde：Dispersion，microstructure，and catalytic performance［J］. Appl. Clay Sci.，2018，161：265-273.

［29］Kang M，Park E D，Kim J M，et al. Manganese oxide catalysts for NO_x reduction with NH_3 at low temperatures［J］. Appl. Catal. A：Gen.，2007，327：261-269.

［30］Yang P，Yang S S，Shi Z N，et al. Deep oxidation of chlorinated VOCs over CeO_2-based transition metal mixed oxide catalysts［J］. Appl. Catal. B：Environ.，2015，162：227-235.

［31］Ma L，Wang D S，Li J H，et al. Ag/CeO_2 nanospheres：Efficient catalysts for formaldehyde oxidation［J］. Appl. Catal. B：Environ. 2014，148-149：36-43.

［32］Li L M，Jing F L，Yan J L，et al. Highly effective self-propagating synthesis of CeO_2-doped MnO_2 catalysts for toluene catalytic combustion［J］. Catal. Today，2017，297：167-172.

［33］Laguna O H，Sarria F R，Centeno M A，et al. Gold supported on metal-doped ceria catalysts（M=Zr，Zn and Fe）for the preferential oxidation of CO（PROX）［J］. J. Catal.，2010，276：360-370.

［34］Liao Y N，Fu M L，Chen L M，et al. Catalytic oxidation of toluene over nanorod-structured Mn-Ce mixed oxides［J］. Catal. Today，2013，216：220-228.

［35］Zhang X D，Hou F L，Yang Y，et al. A facile synthesis for cauliflower like CeO_2 catalysts from Ce-BTC precursor and their catalytic performance for CO oxidation［J］. Appl. Surf. Sci.，2017，423：771-779.

［36］Hussain S T，Sayari A，Larachi F. Enhancing the stability of Mn-Ce-O WETOX catalysts using potassium［J］. Appl. Catal. B：Environ.，2001，34：1-9.

［37］Torrente-Murciano L，Gilbank A，Puertolas B，et al. Shape-dependency activity of nanostructured CeO_2 in the total oxidation of polycyclic aromatic hydrocarbons［J］. Appl. Catal. B：Environ.，2013，132-133：116-122.

［38］Tang X F，Li Y G，Huang X M，et al. MnO_x-CeO_2 mixed oxide catalysts for complete oxidation of formaldehyde：Effect of preparation method and calcination temperature［J］. Appl. Catal. B：Environ.，2006，62：265-273.

［39］Santos V P，Pereira M F R，Órfão J J，et al. The role of lattice oxygen on the activity of manganese oxides towards the oxidation of volatile organic compounds［J］. Appl. Catal. B：Environ.，2010，99：353-363.

［40］Yu D，Liu Y，Wu Z B. Low-temperature catalytic oxidation of toluene over mesoporous MnO_x-

CeO_2/TiO_2 prepared by sol-gel method [J]. Catal. Commun., 2010, 11: 788-791.
[41] Hu S, He L M, Wang Y, et al. Effects of oxygen species from Fe addition on promoting steam reforming of toluene over Fe-Ni/Al_2O_3 catalysts [J]. Int. J. Hydrogen Energ., 2016, 41: 17967-17975.
[42] Zhao X Y, Li H R, Zhang J P, et al. Design and synthesis of NiCe@m-SiO_2 yolk-shell framework catalysts with improved coke- and sintering-resistance in dry reforming of methane [J]. Int. J. Hydrogen Energ., 2016, 41: 2447-7456.
[43] Hou Z Y, Feng J, Lin T, et al. The performance of manganese-based catalysts with $Ce_{0.65}Zr_{0.35}O_2$ as support for catalytic oxidation of toluene [J]. Appl. Surf. Sci., 2018, 434: 82-90.
[44] Tan W, Deng J G, Xie S H, et al. $Ce_{0.6}Zr_{0.3}Y_{0.1}O_2$ nanorods supported gold and palladium alloy nanoparticles: High-performance catalysts for toluene oxidation [J]. Nanoscale, 2015, 7: 8510-8523.
[45] Rivas B D, López-Fonseca R, Sampedro C, et al. Catalytic behaviour of thermally aged Ce/Zr mixed oxides for the purification of chlorinated VOC-containing gas streams [J]. Appl. Catal. B: Environ., 2009, 90: 545-555.
[46] Gutiérrez-Ortiz J I, Rivas B D, López-Fonseca R, et al. Catalytic purification of waste gases containing VOC mixtures with Ce/Zr solid solutions [J]. Appl. Catal. B: Environ., 2006, 65: 191-200.
[47] Wang Z , Shen G L, Li J Q. Catalytic removal of benzene over CeO_2-MnO_x composite oxides prepared by hydrothermal method [J]. Appl. Catal. B: Environ., 2013, 138-139: 253-259.
[48] Hu F Y, Chen J J, Zhao S, et al. Toluene catalytic combustion over copper modified $Mn_{0.5}Ce_{0.5}O_x$ solid solution sponge-like structures [J]. Appl. Catal. A: Gen., 2017, 540: 57-67.
[49] Long G Y, Chen M X, Li Y J, et al. One-pot synthesis of monolithic Mn-Ce-Zr ternary mixed oxides catalyst for the catalytic combustion of chlorobenzene [J]. Chem. Eng. J., 2019, 360: 964-973.
[50] Deng L, Ding Y P, Duan B Q, et al. Catalytic deep combustion characteristics of benzene over cobalt doped Mn-Ce solid solution catalysts at lower temperatures [J]. Mol. Catal., 2018, 446: 72-80.
[51] Zhang X J, Zhao J G, Song Z X, et al. Enhancement of catalytic performance over different transition metals modified CeO_2 for toluene abatement [J]. React. Kinet. Mech. Cat., 2019, 128: 271-287.
[52] Tang W X, Wu X F, Liu G, et al. Preparation of hierarchical layer-stacking Mn-Ce composite oxide for catalytic total oxidation of VOCs [J]. J. Rare Earth., 2015, 33: 62-69.
[53] Yang P, Shi Z N, Tao F, et al. Synergistic performance between oxidizability and acidity/texture properties for 1,2-dichloroethane oxidation over $(Ce,Cr)_xO_2$/zeolite catalysts [J]. Chem. Eng. Sci., 2015, 134: 340-347.
[54] Li Y Z, Fan Z Y, Shi J W, et al. Modified manganese oxide octahedral molecular sieves M'-OMS-2 (M'=Co,Ce,Cu) as catalysts in post plasma-catalysis for acetaldehyde degradation [J]. Catal. Today, 2015, 256: 178-185.
[55] Akram S, Wang Z, Chen L, et al. Low-temperature efficient degradation of ethyl acetate catalyzed by lattice-doped CeO_2-CoO_x nanocomposites [J]. Catal. Commun., 2016, 73: 123-127.
[56] Ahn C W, You Y W, Heo I, et al. Catalytic combustion of volatile organic compound over spherical-shaped copper-manganese oxide [J]. J. Ind. Eng Chem., 2017, 47: 439-445.
[57] Wang B W, Chi C M, Xu M, et al. Plasma-catalytic removal of toluene over CeO_2-MnO_x catalysts in an atmosphere dielectric barrier discharge [J]. Chem. Eng. J., 2017, 322: 679-692.
[58] Dou B J, Liu D L, Zhang Q, et al. Enhanced removal of toluene by dielectric barrier discharge

coupling with Cu-Ce-Zr supported ZSM-5/TiO_2/Al_2O_3［J］. Catal. Commun., 2017, 92: 15-18.
［59］Feng J, Hou Z Y, Zhou X Y, et al. Low-temperature catalytic oxidation of toluene over Mn-Co-O/$Ce_{0.65}Zr_{0.35}O_2$ mixed oxide catalysts［J］. Chem. Pap., 2018, 72: 161-172.
［60］Xie S H, Liu Y X, Deng J G, et al. Three-dimensionally ordered macroporous CeO_2 supported Pd@Co nanoparticles: Highly active catalysts for methane oxidation［J］. J. Catal., 2016, 342: 17-26.
［61］Zhang X L, Zhang L F, Zhang H J, et al. Promotion of Cerium Oxide as Additive over MnO_x/PG SCR Catalysts for Low Temperature Flue Gas NO Removal［J］. Adv. Mater. Res., 2013, 726-731: 2264-2269.
［62］Qi G S, Yang R T. Characterization and FTIR Studies of MnO_x-CeO_2 Catalyst for Low-Temperature Selective Catalytic Reduction of NO with NH_3［J］. J. Phys. Chem. B, 2004, 108: 15738-15747.
［63］Yi H H, Yang Z Y, Tang X L, et al. Promotion of low temperature oxidation of toluene vapor derived from the combination of microwave radiation and nano-size Co_3O_4［J］. Chem. Eng. J., 2018, 333: 554-563.
［64］Peng Y X, Zhang L, Chen L, et al. Catalytic performance for toluene abatement over Al-rich Beta zeolite supported manganese oxides［J］. Catal. Today, 2017, 297: 182-187.
［65］Jiang Y, Xie S H, Yang H G, et al. Mn_3O_4-Au/3DOM $La_{0.6}Sr_{0.4}CoO_3$: High-performance catalysts for toluene oxidation［J］. Catal. Today, 2017, 281: 437-446.
［66］Ye Z, Giraudon J M, Nuns N, et al. Influence of the preparation method on the activity of copper-manganese oxides for toluene total oxidation［J］. Appl. Catal. B: Environ., 2018, 223: 154-166.
［67］Xie S H, Liu Y X, Deng J G, et al. Effect of transition metal doping on the catalytic performance of Au-Pd/3DOM Mn_2O_3 for the oxidation of methane and *o*-xylene［J］. Appl. Catal. B: Environ., 2017, 206: 221-232.
［68］Kim S C, Shim W G. Catalytic combustion of VOCs over a series of manganese oxide catalysts［J］. Appl. Catal. B: Environ., 2010, 98: 180-185.
［69］Yang P, Li J R, Zuo S F. Promoting oxidative activity and stability of CeO_2 addition on the MnO_x modified kaolin-based catalysts for catalytic combustion of benzene［J］. Chem. Eng. Sci., 2017, 162: 218-226.
［70］Rivas B D, Guillén-Hurtado N, López-Fonseca R, et al. Activity, selectivity and stability of praseodymium-doped CeO_2 for chlorinated VOCs catalytic combustion［J］. Appl. Catal. B: Environ., 2012, 121-122: 162-170.
［71］Han Z, Liu Y X, Deng J G, et al. Preparation and high catalytic performance of Co_3O_4-MnO_2 for the combustion of o-xylene［J］. Catal. Today, 2019, 327: 246-253.
［72］Castaño M H, Molina R, Moreno S. Cooperative effect of the Co-Mn mixed oxides for the catalytic oxidation of VOCs: Influence of the synthesis method［J］. Appl. Catal. A: Gen., 2015, 492: 48-59.
［73］Dai Q G, Wu J Y, Deng W, et al. Comparative Studies of P/CeO_2 and Ru/CeO_2 Catalysts for Catalytic Combustion of Dichloromethane: From Effects of H_2O to Distribution of Chlorinated By-products［J］. Appl. Catal. B: Environ., 2019, 249: 9-18.
［74］Zhang X J, Zhao J G, Song Z X, et al. Cooperative Effect of the Ce-Co-O_x for the Catalytic Oxidation of Toluene［J］. Chemistry Select, 2019, 4: 8902-8909.
［75］Jiang N, Hu J, Li J, et al. Plasma-catalytic degradation of benzene over Ag-Ce bimetallic oxide

catalysts using hybrid surface/packed-bed discharge plasmas [J]. Appl. Catal. B: Environ., 2016, 184: 355-363.

[76] Piumetti M, Bensaid S, Andana T, et al. Cerium-Copper oxides prepared by solution combustion synthesis for total oxidation reactions: from powder catalysts to structured reactors [J]. Appl. Catal. B: Environ., 2017, 205: 455-468.

[77] Suárez-Vázquez S I, Gil S, García-Vargas J M, et al. Catalytic oxidation of toluene by $SrTi_{1-x}B_xO_3$ (B=Cu and Mn) with dendritic morphology synthesized by one pot hydrothermal route [J]. Appl. Catal. B: Environ., 2018, 223: 201-208.

[78] Zhang P F, Lu H F, Zhou Y, et al. Mesoporous $MnCeO_x$ solid solutions for low temperature and selective oxidation of hydrocarbons [J]. Nat. Commun., 2015, 6: 8446.

[79] Kan J W, Deng L, Li B, et al. Performance of Co-doped Mn-Ce catalysts supported on cordierite for low concentration chlorobenzene oxidation [J]. Appl. Catal. A: Gen., 2017, 530: 21-29.

[80] Vickers S M, Gholami R, Smith K J, et al. Mesoporous Mn- and La-doped Cerium Oxide/Cobalt Oxide mixed metal catalysts for methane oxidation [J]. ACS Appl. Mater. Interfaces, 2015, 7: 11460-11466.

[81] Zou J S, Si Z C, Cao Y D, et al. Localized surface plasmon resonance assisted photo-thermal catalysis of CO and toluene oxidation over Pd-CeO_2 catalyst under visible light irradiation [J]. J. Phys. Chem. C, 2016, 120: 29116-29125.

[82] Mahammadunnisa S, Reddy P M K, Lingaiah N, et al. NiO/$Ce_{1-x}Ni_xO_{2-\delta}$ as an alternative to noble metal catalysts for CO oxidation [J]. Catal. Sci. Technol., 2013, 3: 730-736.

[83] Guo M, Lu J Q, Wu Y N, et al. UV and visible Raman studies of oxygen vacancies in rare-earth-doped ceria [J]. Langmuir, 2011, 27: 3872-3877.

[84] Naganuma T. Shape design of cerium oxide nanoparticles for enhancement of enzyme mimetic activity in therapeutic applications [J]. Nano Res., 2017, 10: 199-217.

[85] Zhang X J, Zhao H, Song Z X, et al. Influence of hydrothermal synthesis temperature on the redox and oxygen mobility properties of manganese oxides in the catalytic oxidation of toluene [J]. Transit. Met. Chem., 2019. https://doi.org/10.1007/s11243-019-00331-5.

[86] Jung C R, Kundu A, Nam S W, et al. Selective oxidation of carbon monoxide over CuO-CeO_2 catalyst: Effect of hydrothermal treatment [J]. Appl. Catal. B: Environ., 2008, 84: 426-432.

[87] Chang X P, Zhang X, Chen N, et al. Oxidizing synthesis of Ni^{2+}-Mn^{3+} layered double hydroxide with good crystallinity [J]. Mater. Res. Bull., 2011, 46: 1843-1847.

[88] Cao G S, Su L, Zhang X J, et al. Hydrothermal synthesis and catalytic properties of α- and β-MnO_2 nanorods [J]. Mater. Res. Bull., 2010, 45: 425-428.

[89] Tang X L, Gao F Y, Xiang Y, et al. Low temperature catalytic oxidation of nitric oxide over the Mn-CoO_x catalyst modified by nonthermal plasma [J]. Catal. Commun., 2015, 64: 12-17.

[90] López J M, Gilbank A L, García T, et al. The prevalence of surface oxygen vacancies over the mobility of bulk oxygen in nanostructured ceria for the total toluene oxidation [J]. Appl. Catal. B: Environ., 2015, 174-175: 403-412.

[91] Delimaris D, Ioannides T. VOC oxidation over MnO_x-CeO_2 catalysts prepared by a combustion method [J]. Appl. Catal. B: Environ., 2008, 84: 303-312.

[92] Wei Y H, Ni L, Li M X, et al. A template-free method for preparation of MnO_2 catalysts with high surface areas [J]. Catal. Today, 2017, 297: 188-192.

[93] Gatica J M, Castiglioni J, Santos C D L, et al. Use of pillared clays in the preparation of washcoated clay

honeycomb monoliths as support of manganese catalysts for the total oxidation of VOCs [J]. Catal. Today, 2017, 296: 84-94.

[94] 中国环境监测总站. 2013 中国环境状况公报-监测报告-中国环境监测总站 [EB/OL]. http://www.cnemc.cn/jcbg/zghjzkgb/201706/t20170606_646747.shtml

[95] Ordonez S, Diez F V, Sastre H. Catalytic hydrodechlorination of chlorinated olefins over a Pd/Al_2O_3 catalyst: Kinetics and inhibition phenomena [J]. Industrial & Engineering Chemistry Research, 2002, 41 (3): 505-511.

[96] 王光军，王方园，顾震宇，等. 低温等离子体-光催化降解涂装行业 VOC 技术 [J]. 广州化工, 2018, 46 (10): 112-113, 127.

[97] Jiao Y M, Chen X, He F, et al. Simple preparation of uniformly distributed mesoporous Cr/TiO_2 microspheres for low-temperature catalytic combustion of chlorobenzene[J]. Chemical Engineering Journal, 2019, 372: 107-117.

[98] Nie A M, Yang H S, Li Q, et al. Catalytic oxidation of chlorobenzene over V_2O_5/TiO_2-carbon nanotubes composites[J]. Industrial & Engineering Chemistry Research, 2011, 50(17): 9944-9948.

[99] Dai Q G, Huang H, Zhu Y, et al. Catalysis oxidation of 1,2-dichloroethane and ethyl acetate over ceria nanocrystals with well-defined crystal planes [J]. Applied Catalysis B-Environmental, 2012, 117: 360-368.

[100] Dobrzynska E, Posniak M, Szewczynska M, et al. Chlorinated volatile organic compounds—old, however, actual analytical and toxicological problem [J]. Critical Reviews in Analytical Chemistry, 2010, 40 (1): 41-57.

[101] Shi Z N, Yang P, Tao F, et al. New insight into the structure of CeO_2-TiO_2 mixed oxides and their excellent catalytic performances for 1,2-dichloroethane oxidation [J]. Chemical Engineering Journal, 2016, 295: 99-108.

[102] Weng X L, Sun P F, Long Y, et al. Catalytic oxidation of chlorobenzene over $Mn_xCe_{1-x}O_2$/HZSM-5 Catalysts: A study with practical implications [J]. Environmental Science & Technology, 2017, 51 (14): 8057-8066.

[103] Taralunga M, Mijoin. J, Magnoux, P. Catalytic destruction of 1,2-dichlorobenzene over zeolites [J]. Catalysis Communications, 2006, 7 (3): 115-121.

[104] Yang P, Yang S S, Shi Z N, et al. Deep oxidation of chlorinated VOCs over CeO_2-based transition metal mixed oxide catalysts [J]. Applied Catalysis B-Environmental, 2015, 162: 227-235.

[105] Chen M, Zheng X M. The effect of K and Al over $NiCo_2O_4$ catalyst on its character and catalytic oxidation of VOCs [J]. Journal of Molecular Catalysis A: Chemical, 2004, 221 (1-2): 77-80.

[106] Bai G M, Dai H X, Deng J G, et al. Porous NiO nanoflowers and nanourchins: Highly active catalysts for toluene combustion [J]. Catalysis Communications, 2012, 27: 148-153.

[107] Wang F, Ma J Z, He G Z, et al. Synergistic effect of TiO_2-SiO_2 in Ag/Si-Ti catalyst for the selective catalytic oxidation of ammonia[J]. Industrial & Engineering Chemistry Research, 2018, 57(35): 11903-11910.

[108] Wang F, He G Z, Zhang B, et al. Insights into the activation effect of H-2 pretreatment on Ag/Al_2O_3 catalyst for the selective oxidation of ammonia [J]. Acs Catalysis, 2019, 9 (2): 1437-1445.

[109] He C, Xu B T, Shi J W, et al. Catalytic destruction of chlorobenzene over mesoporous ACeO (x) (A=Co, Cu, Fe, Mn, or Zr) composites prepared by inorganic metal precursor spontaneous precipitation [J]. Fuel Processing Technology, 2015, 130: 179-187.

[110] Huang H, Gu Y F, Zhao J, et al. Catalytic combustion of chlorobenzene over VO_x/CeO_2 catalysts

[J]. Journal of Catalysis, 2015, 326: 54-68.
[111] Li G B, Shen K, Wang L, et al. Synergistic degradation mechanism of chlorobenzene and NO_x over the multi-active center catalyst: The role of NO_2, Bronsted acidic site, oxygen vacancy[J]. Applied Catalysis B-Environmental, 2021, 286. 119865.
[112] Huang Q Q, Xue X M, Zhou R X. Decomposition of 1,2-dichloroethane over CeO_2 modified USY zeolite catalysts: Effect of acidity and redox property on the catalytic behavior [J]. Journal of Hazardous Materials, 2010, 183 (1-3): 694-700.
[113] Zhang X J, Ma Z A, Song Z X, et al. Role of cryptomelane in surface-adsorbed oxygen and Mn chemical valence in MnO_x during the catalytic oxidation of toluene [J]. Journal of Physical Chemistry C, 2019, 123 (28): 17255-17264.
[114] Sedjame H J, Fontaine C, Lafaye G, et al. On the promoting effect of the addition of ceria to platinum based alumina catalysts for VOCs oxidation [J]. Applied Catalysis B-Environmental, 2014, 144: 233-242.
[115] Iwasaki M, Iglesia E. Mechanistic assessments of NO oxidation turnover rates and active site densities on WO_3-promoted CeO_2 catalysts [J]. Journal of Catalysis, 2016, 342: 84-97.
[116] Peng Y, Li K H, Li J H. Identification of the active sites on CeO_2-WO_3 catalysts for SCR of NO_x with NH_3: An in situ IR and Raman spectroscopy study [J]. Applied Catalysis B-Environmental, 2013, 140: 483-492.
[117] Song Z X, Xing Y, Zhang X J, et al. Silicotungstic acid modified Ce-Fe-O_x catalyst for selective catalytic reduction of NO_x with NH_3: Effect of the amount of HSiW [J]. Applied Organometallic Chemistry, 2019, 33 (10): e5160.
[118] Chen, F, Chen, Z, Liu, C, Wu, Z. et al. Synthesis of biomorphic ceria templated from Crucian fish scales [J]. Key Engineering Materials, 2013, (562-565): 1353-1357.
[119] Wei Y H, Ni L, Li M X, et al. A template-free method for preparation of MnO_2 catalysts with high surface areas [J]. Catalysis Today, 2017, 297: 188-192.
[120] Zhang X J, Zhao J G, Song Z X, et al. Enhancement of catalytic performance over different transition metals modified CeO_2 for toluene abatement [J]. Reaction Kinetics Mechanisms and Catalysis, 2019, 128 (1): 271-287.
[121] Gu Y F, Cai T, Gao X H, et al. Catalytic combustion of chlorinated aromatics over WO_x/CeO_2 catalysts at low temperature [J]. Applied Catalysis B-Environmental, 2019, 248: 264-276.
[122] Wang Z, Huang Z P, Brosnahan J T, et al. Ru/CeO_2 catalyst with optimized CeO_2 support morphology and surface facets for propane combustion[J]. Environmental Science & Technology, 2019, 53 (9): 5349-5358.
[123] Celardo I, De Nicola M, Mandoli C, et al. Ce^{3+} ions determine redox-dependent anti-apoptotic effect of cerium oxide nanoparticles [J]. Acs Nano, 2011, 5 (6): 4537-4549.
[124] Liu X W, Zhou K B, Wang L, et al. Oxygen vacancy clusters promoting reducibility and activity of ceria nanorods [J]. Journal of the American Chemical Society, 2009, 131 (9): 3140-3154.
[125] Zhang X, Liu Y X, Deng J G, et al. Alloying of gold with palladium: An effective strategy to improve catalytic stability and chlorine-tolerance of the 3DOM CeO_2-supported catalysts in trichloroethylene combustion [J]. Applied Catalysis B-Environmental, 2019, 257.
[126] Castano M H, Molina R, Moreno S. Catalytic oxidation of VOCs on $MnMgAlO_x$ mixed oxides obtained by auto-combustion[J]. Journal of Molecular Catalysis a-Chemical, 2015, 398: 358-367.
[127] Wang L N, Meng F M. Oxygen vacancy and Ce^{3+} ion dependent magnetism of monocrystal CeO_2

nanopoles synthesized by a facile hydrothermal method [J]. Materials Research Bulletin，2013，48 (9)：3492-3498.
[128] Ying Q J，Liu Y，Wang N Y，et al. The superior performance of dichloromethane oxidation over Ru doped sulfated TiO_2 catalysts：synergistic effects of Ru dispersion and acidity [J]. Applied Surface Science，2020，515. 145971.
[129] Dai X X，Wang X W，Long Y P，et al. Efficient elimination of chlorinated organics on a phosphoric acid modified CeO_2 catalyst: A hydrolytic destruction route[J]. Environmental Science & Technology，2019，53 (21)：12697-12705.
[130] Sun P F，Long Y，Long Y P，et al. Deactivation effects of Pb (Ⅱ) and sulfur dioxide on a gamma-MnO_2 catalyst for combustion of chlorobenzene [J]. Journal of Colloid and Interface Science，2020，559：96-104.
[131] Liu G，Yue R L，Jia Y，et al. Catalytic oxidation of benzene over Ce-Mn oxides synthesized by flame spray pyrolysis [J]. Particuology，2013，11 (4)：454-459.
[132] Reiche M A，Maciejewski M，Baiker A. Characterization by temperature programmed reduction [J]. Catalysis Today，2000，56 (4)：347-355.
[133] Zhu L，Li X，Liu Z Y，et al. High Catalytic Performance of Mn-Doped Ce-Zr Catalysts for Chlorobenzene Elimination [J]. Nanomaterials，2019，9 (5)：675.
[134] Song Z X，Ning P，Zhang Q L，et al. The role of surface properties of silicotungstic acid doped CeO_2 for selective catalytic reduction of NO_x by NH_3：Effect of precipitant [J]. Journal of Molecular Catalysis a-Chemical，2016，413：15-23.
[135] Huang H，Dai Q G，Wang X Y. Morphology effect of Ru/CeO_2 catalysts for the catalytic combustion of chlorobenzene [J]. Applied Catalysis B-Environmental，2014，158：96-105.
[136] Wang Y Q，Xiao L，Zhao C C，et al. Catalytic combustion of toluene with Pd/$La_{0.8}Ce_{0.2}MnO_3$ supported on different zeolites [J]. Environmental Progress & Sustainable Energy，2018，37 (1)：215-220.
[137] Gutiérrez-Ortiz J I，De Rivas B，Lopez-Fonseca R，et al. Structure of Mn-Zr mixed oxides catalysts and their catalytic performance in the gas-phase oxidation of chlorocarbons [J]. Chemosphere，2007，68 (6)：1004-1012.
[138] Bertinchamps F，Gregoire C，Gaigneaux E M. Systematic investigation of supported transition metal oxide based formulations for the catalytic oxidative elimination of (chloro)-aromatics - Part Ⅱ：Influence of the nature and addition protocol of secondary phases to VO_x/TiO_2 [J]. Applied Catalysis B-Environmental，2006，66 (1-2)：10-22.
[139] Gong T，Zhang X，Bai T，et al. Coupling conversion of methanol and C-4 hydrocarbon to propylene on La-modified HZSM-5 zeolite catalysts [J]. Industrial & Engineering Chemistry Research，2012，51 (42)：13589-13598.
[140] Zhang X，Zhong J，Wang J W，et al. Catalytic performance and characterization of Ni-doped HZSM-5 catalysts for selective trimerization of *n*-butene [J]. Fuel Processing Technology，2009，90 (7-8)：863-870.
[141] Wang H，Tian P H，Chen Z W，et al. Effect of coke formation on catalytic activity tests for catalytic combustion of toluene：the difficulty of measuring TOF and T-98 accurately [J]. Chemical Engineering Communications，2019，206 (1)：22-32.
[142] Liu W，Liu R，Zhang X J. Controllable synthesis of 3D hierarchical Co_3O_4 catalysts and their excellent catalytic performance for toluene combustion [J]. Applied Surface Science，2020，

507. 145174.

[143] Torrente-Murciano L，Gilbank A，Puertolas B，et al. Shape-dependency activity of nanostructured CeO_2 in the total oxidation of polycyclic aromatic hydrocarbons [J]. Applied Catalysis B-Environmental，2013，132：116-122.

[144] Peng Y，Li J H，Chen L，et al. Alkali metal poisoning of a CeO_2-WO_3 catalyst used in the selective catalytic reduction of NO_x with NH_3：An experimental and theoretical study [J]. Environmental Science & Technology，2012，46（5）：2864-2869.

[145] Song Z X，Fu Y M，Ning P，et al. Investigating effect of pH values on CeSiW catalyst for the selective catalytic reduction of NO by NH_3 [J]. Research on Chemical Intermediates，2019，45（4）：2313-2326.

[146] Zhang X J，Zhao H，Song Z X，et al. Insight into the effect of oxygen species and Mn chemical valence over MnO_x on the catalytic oxidation of toluene[J]. Applied Surface Science，2019，493：9-17.

[147] Reddy B. M，Ataullah K，Lakshmanan P. et al. Structural characterization of nanosized CeO_2-SiO_2，CeO_2-TiO_2，and CeO_2-ZrO_2 catalysts by XRD，Raman，and HRTEM techniques [J]. The Journal of Physical Chemistry B. 2005，109：3355-3363.

[148] Colon G，Valdivieso F，Pijolat M，et al. Textural and phase stability of $Ce_xZr_{1-x}O_2$ mixed oxides under high temperature oxidising conditions [J]. Catalysis Today，1999，50（2）：271-284.

[149] Guo F，Xu J Q，Chu W. CO_2 reforming of methane over Mn promoted Ni/Al_2O_3 catalyst treated by N_2 glow discharge plasma [J]. Catal. Today，2015，256：124-129.

[150] Bao H Z，Chen X，Fang J，et al. Structure-activity Relation of Fe_2O_3-CeO_2 Composite Catalysts in CO Oxidation [J]. Catal Lett，2008，125：160-167.

[151] Erdogan B，Arbag H，Yasyerli N. SBA-15 supported mesoporous Ni and Co catalysts with high coke resistance for dry reforming of methane [J]. International Journal of Hydrogen Energy，2018，43（3）：1396-1405.

[152] Zhang Q L，Song Z X，Ning P，et al. Novel promoting effect of acid modification on selective catalytic reduction of NO with ammonia over CeO_2 catalyst[J]. Catalysis Communications，2015，59：170-174.

[153] Ma Z R，Weng D，Wu X D，et al. Effects of WO_x modification on the activity，adsorption and redox properties of CeO_2 catalyst for NO_x reduction with ammonia [J]. Journal of Environmental Sciences，2012，24（7）：1305-1316.

[154] Sun P F，Wang W L，Dai X X，et al. Mechanism study on catalytic oxidation of chlorobenzene over $Mn_xCe_{1-x}O_2$/H-ZSM5 catalysts under dry and humid conditions [J]. Applied Catalysis B-Environmental，2016，198：389-397.

[155] Li A Q，Long H M，Zhang H L，et al. High-yield synthesis of Ce modified Fe-Mn composite oxides benefitting from catalytic destruction of chlorobenzene [J]. Rsc Advances，2020，10（17）：10030-10037.

[156] He F，Chen Y，Zhao P，et al. Effect of calcination temperature on the structure and performance of CeO_x-MnO_x/TiO_2 nanoparticles for the catalytic combustion of chlorobenzene [J]. Journal of Nanoparticle Research，2016，18（5）. 119.

[157] Du C C，Lu S Y，Wang Q L，et al. A review on catalytic oxidation of chloroaromatics from flue gas [J]. Chemical Engineering Journal，2018，334：519-544.

[158] Rao T，Shen M ，Jia L，et al. Oxidation of ethanol over Mn-Ce-O and Mn-Ce-Zr-O complex

compounds synthesized by sol-gel method [J]. Catal. Comm. 2007, 8: 1743-1747.

[159] Picasso G, Gutierrez M, Pina M P, et al. Preparation and characterization of Ce-Zr and Ce-Mn based oxides for n-hexane combustion: Application to catalytic membrane reactors [J]. Chem. Eng. J. 2007, 126: 119.

[160] Chen H, Sayari A, Adnot A, et al. Composition-activity effects of Mn-Ce-O composites on phenol catalytic wet oxidation [J]. Appl. Catal. B: Environ, 2001, 32: 195-204.

[161] Si W Z, Wang Y, Peng Y, et al. A high-efficiency γ-MnO_2-like catalyst in toluene combustion [J]. Chem. Commun., 2015, 51: 14977-14980.

[162] Phoka S, Laokul P, Swatsitang E, et al. Synthesis, structural and optical properties of CeO_2 nanoparticles synthesized by a simple polyvinyl pyrrolidone (PVP) solution route [J]. Materials Chemistry and Physics, 2009, 115 (1): 423-428.

[163] Liang Q, Wu X D, Weng D, et al. Oxygen activation on Cu/Mn-Ce mixed oxides and the role in diesel soot oxidation [J]. Catal. Today, 2008, 139: 113-118.

[164] Li T Y, Chiang S J, Liaw B J, et al. Catalytic oxidation of benzene over CuO/$Ce_{1-x}Mn_xO_2$ catalysts [J]. Appl. Catal. B: Environ, 2011, 103: 143-148.

[165] Thommes M, Kaneko K, Alexander V. et al. Physisorption of gases, with special reference to the evaluation of surface area and pore size distribution (IUPAC Technical Report) [J]. Pure. Appl. Chem. 2015, 87:1051-1069.

[166] Chen J, Chen X., Xu W, et al. Hydrolysis driving redox reaction to synthesize Mn-Fe binary oxides as highly active catalysts for the removal of toluene [J]. Chem. Eng. J, 2017, 330: 281-293.

[167] Fang Z. T, Yuan, B, Lin, T, et al. Monolith $Ce_{0.65}Zr_{0.35}O_2$-based catalysts for selective catalytic reduction of NO_x with NH_3 [J]. Chem. Eng. Res. Des, 2015, 94: 648-659.

[168] Liu F, He H. Structure-activity relationship of iron titanate catalysts in the selective catalytic reduction of NO_x with NH_3 [J]. J. Phys. Chem. C, 2010, 114: 16929-16936.

[169] Qu Z, Gao K, Fu Q, et al. Low-temperature catalytic oxidation of toluene over nanocrystal-like Mn-Co oxides prepared by two-step hydrothermal method[J]. Chem. Commun, 2014, 52: 31-35.

[170] Santos V P, Pereira M F R, Órfão J J M, et al. The role of lattice oxygen on the activity of manganese oxides towards the oxidation of volatile organic compounds [J]. Appl. Catal. B: Environ, 2010, 99: 353-363.

[171] Genuino H C, Dharmarathna S, Njagi E C, et al. Gas-phase total oxidation of benzene, toluene, ethylbenzene, and xylenes using shape-selective manganese oxide and copper manganese oxide catalysts [J]. J. Phys. Chem. C, 2012, 116: 12066-12078.

[172] Yu D Q, Liu Y, Wu Z B. Low-temperature catalytic oxidation of toluene over mesoporous MnO_x-CeO_2/TiO_2 prepared by sol-gel method [J]. Catal. Commun, 2010, 11: 788-791.

[173] Terribile D, Trovarelli A, Leitenburg C. D, et al. Catalytic combustion of hydrocarbons with Mn and Cu-doped ceria-zirconia solid solutions [J]. Catal. Today, 1999, 47: 133.

[174] Wang Y, Deng W, Wang Y F, et al. A comparative study of the catalytic oxidation of chlorobenzene and toluene over Ce-Mn oxides [J]. Mol. Catal, 2018, 459: 61-70.

第6章

钴基催化剂催化氧化甲苯性能

6.1 不同金属氧化物改性钴基催化剂的制备及其催化燃烧甲苯性能研究

6.1.1 不同金属氧化物改性钴基催化剂研究现状

过渡金属（如 Mn、Co、Fe、Cr、Cu 等）氧化物催化剂和稀土金属（如 Ce、La 等）氧化物催化剂被认为是 VOCs 氧化的替代催化剂[1-17]。钴氧化物（Co_3O_4）在 VOCs 的催化燃烧中表现出优异的性能[18-20]。但是单一氧化物的催化性能大多低于贵金属催化剂。所以将两种或两种以上的非贵金属元素结合使用是提高催化活性的有效方法。Tang 等[4]证明了 Mn-Co 混合氧化物具有较高的比表面积、丰富的多孔结构和良好的低温还原性，对 VOCs 具有较高的催化去除效果。Pu 等[21]研究发现，ZrO_2 改性的 Co_3O_4 催化剂，由于 Co^{2+}浓度和 O_{ads} 浓度增加，可以提高催化氧化 VOCs 的活性。Liotta 等[22]发现 Co_xCe 在 VOCs 催化氧化中的优异活性是由于晶格氧具有较高的迁移率。有报道称，在氧化钴的尖晶石中加入铁，可以提高氧化钴的热稳定性和选择性，进而提高 VOCs 的转化率[23]。此外，研究人员已经证明，$LaCoO_3$ 上的表面 O_{ads} 物种要比单独的 CoO_x 和 LaO_x 上丰富得多，O_{ads} 物种数量的增加有助于改善低温还原性。综上所述，Co 与其他金属的相互作用在 VOCs 的催化氧化过程中起着重要的作用，但是双金属协同作用在钴基催化剂性能中的作用还存在争议。因此，不同过渡金属/稀土金属改性的 CoO_x 中的活性物种对甲苯催化氧化的影响还有待进一步阐明。本章采用共沉淀法合成了一系列 Co-M（M=La、Mn、Zr、Ni）混合氧化物催化剂，研究了 CoO_x 含量及制备方法对催化燃烧甲苯（C_7H_8）性能的影响。为了深入了解 Co-M 催化剂的结构、氧化还原能力和表面活性种类对催化性能的影响，从而确定这些催化剂的结构活性关系，分别对催化剂进行了 X 射线衍射（XRD）、N_2 吸附/脱附、拉曼（Raman）、X 射线光电子能谱（XPS）、氢气程序升温还原（H_2-TPR）和氧气程序升温脱附（O_2-TPD）表征测试。

6.1.2 催化剂的微观结构、氧化性能及其理化性质对其催化性能的影响

6.1.2.1 X 射线衍射（XRD）

XRD 是研究材料晶相和晶体结构的主要手段。Co-M（M=La、Mn、Zr、Ni）样品的 XRD 图谱如图 6.1 所示。

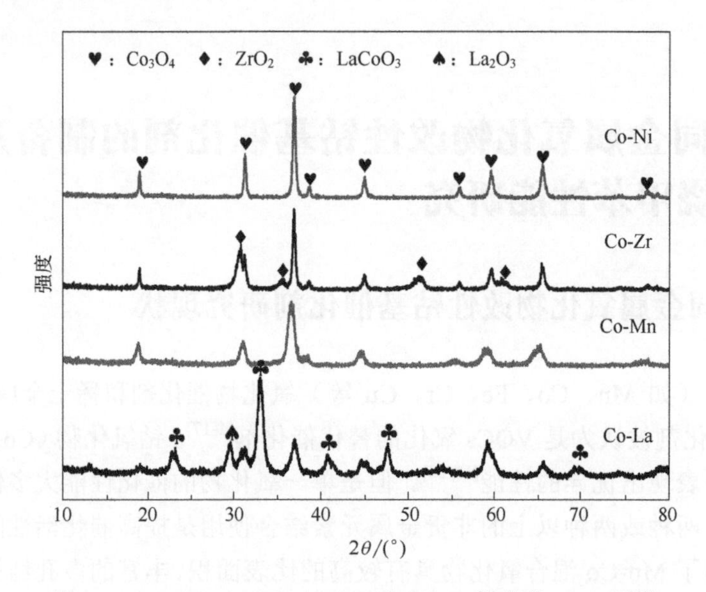

图 6.1 Co-La、Co-Mn、Co-Zr 和 Co-Ni 样品的 XRD 图谱

所有催化剂均在 2θ 为 19.1°、31.3°、36.9°、38.6°、44.9°、55.7°、59.4°、65.4°和 77.41°的位置观察到衍射峰，这些峰分别对应 Co_3O_4 尖晶石结构的（111）、（220）、（311）、（222）、（400）、（422）、（511）、（440）和（533）晶面（JCPDS PDF#73-1701）。此外，在 Co-Zr 样品中检测到了 ZrO_2 晶相（JCPDS PDF#89-9069），这表明过量的 ZrO_2 晶相被分离出来。但未观察到 MnO_x 和 NiO_x 物种；这表明 Mn 或 Ni 被引入钴氧化物晶格中形成固溶体或均匀分散在 Co_3O_4 表面。值得注意的是，Co-La 催化剂的 XRD 图谱中，在 23.1°、33.0°、40.7°、47.5°和 69.41°处出现了特征峰，这些峰被认为是典型的 $LaCoO_3$ 钙钛矿晶相（JCPDS PDF#77.0279）。钙钛矿结构（ABO_3）形成的原因可能与容差因子 t 有关[24]：

$$t=\frac{R_A+R_O}{\sqrt{2}(R_B+R_O)}$$

式中　R_A、R_B、R_O——A、B 和氧物种的离子半径。

当容差系数在 0.8～1.0 之间时，可形成钙钛矿结构。考虑到 Co^{3+} 和 Co^{2+} 均可能存在高自旋和低自旋构型，离子半径分别为 0.53Å（低自旋）和 0.61Å（高自旋）、0.57Å

（低自旋）和 0.74Å（高自旋），La 离子半径为 1.32Å。计算得到 Co-La 催化剂的容差因子在 0.90～0.98 之间变化，因此可以形成钙钛矿型结构。有报道称钙钛矿型氧化物对 CO 和 VOCs 的氧化有较好的活性[25-26]。纯 $LaCoO_3$ 钙钛矿的形成取决于制备方法、Co/La 的含量比和煅烧温度。因此，本章的 Co-La 催化剂形成了 Co_3O_4 和 $LaCoO_3$ 钙钛矿复合晶体相。此外，在 29.61°处发现了 La_2O_3 的小峰，这是由过量的 LaO_x 加入导致聚集形成的。对于 Co-Mn 和 Co-La 复合氧化物，Co_3O_4 晶体相的衍射峰强度明显低于 Co-Zr 和 Co-Ni 催化剂，这表明 Co-Mn 和 Co-La 具有更小的晶体尺寸。利用谢勒（Scherrer）方程计算了 Co_3O_4 晶相的平均晶粒尺寸，结果如表 6.1 所列。Co-La、Co-Mn、Co-Zr、Co-Ni 的粒径（S）分别为 11nm、10nm、26nm、25nm。有报道称，晶粒尺寸越小，可以产生更多的晶体缺陷，这有利于催化活性的提高。

表 6.1　Co-La、Co-Mn、Co-Zr 和 Co-Ni 催化剂的物理性质

催化剂	S_{BET}/（m^2/g）	V_p/（cm^3/g）	D_P/nm	S/nm
Co-La	41	0.36	27.9	11
Co-Mn	34	0.21	22.3	10
Co-Zr	25	0.10	12.2	26
Co-Ni	12	0.12	39.9	25

6.1.2.2　N_2 吸/脱附（BET）

Co-M（M=La、Mn、Zr、Ni）催化剂的 N_2 吸脱附等温线和孔径分布分别如图 6.2 所示。

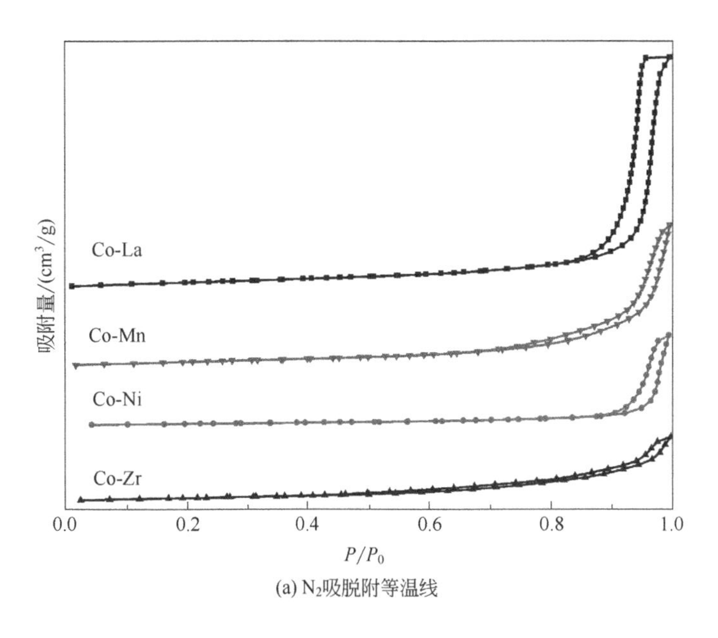

(a) N_2吸脱附等温线

图 6.2

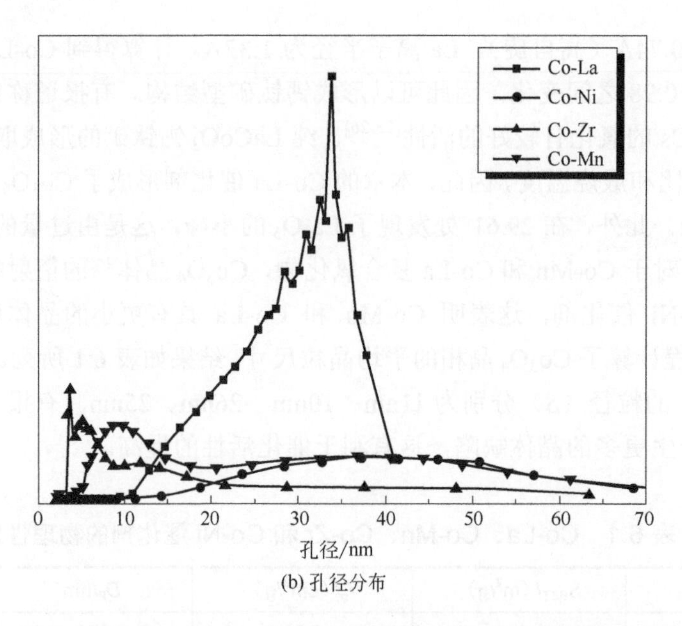

(b) 孔径分布

图 6.2　Co-La、Co-Mn、Co-Zr 和 Co-Ni 样品的 N_2 吸脱附等温线和孔径分布

如图 6.2（a）所示，所有样品的 N_2 吸附-解吸等温线均表现出Ⅳ型特征，具有 H_3 型滞回线[26]。其中 Co-La 催化剂的吸附强度明显高于其他样品，这表明在 Co-La 上形成了丰富的中孔结构。介孔结构具有许多独特的特性，这有利于提高固体材料的内在性能[27-28]。从图 6.2（b）可以看出，Co-La 的孔径主要分布在 34nm 范围内；而 Co-Mn、Co-Zr 和 Co-Ni 样品的孔径分布范围分别为 12～69nm、3～22nm 和 2～70nm。催化剂具有丰富的多孔结构，可以促进反应物的吸附和扩散，从而降低了相间传质的限制，这有利于提高催化反应速率[4]。由表 6.1 可以看出，Co-La 样品的比表面积和孔体积最大，分别为 $41m^2/g$ 和 $0.36cm^3/g$，这与其丰富的介孔结构是相关的。这些混合氧化物的 S_{BET} 值降低顺序如下：Co-La＞Co-Mn＞Co-Zr＞Co-Ni。较高的比表面积能够提供更多可用的活性位点，这有利于提高催化活性。因此，Co-La 催化剂具有丰富的介孔结构和较大的比表面积，这对催化性能是有利的。

6.1.2.3　拉曼分析（Raman）

Co-M（M=La、Mn、Zr、Ni）催化剂的 Raman 谱图如图 6.3 所示。所有样品在 $190cm^{-1}$、$480cm^{-1}$、$520cm^{-1}$、$610cm^{-1}$ 和 $682cm^{-1}$ 的拉曼峰与所报道的 Co_3O_4 尖晶石峰的位置一致[21]。在 $190cm^{-1}$ 处的峰与四面体位点（CoO_4）的特征相对应，归为 F_{2g}（3）的对称模型。在 $480cm^{-1}$ 和 $520cm^{-1}$ 的拉曼谱带分别归于 E_g 和 F_{2g}（2）对称振动。$610cm^{-1}$ 的弱峰与 F_{2g}（1）对称有关。$682cm^{-1}$ 的拉曼峰归于八面体位点（CoO_6）的振动，这被认为是 O_h^7 光谱空间群的 A_{1g} 对称性[21]。未观察到其他杂质的振动模式，表明金属 M 在催化剂表面具有良好的分散性。与 Co-Zr 和 Co-Ni 样品相比，Co-La 和 Co-Mn 的拉曼带向低频方向移动。峰强度变弱，半峰宽略有增加，说明结构无序程度增强，Co—O

键强度（力常数）减小；因此，晶格氧活性增加，这意味着不同金属种类对 CoO_x 的改性会影响晶体结构[29]。而 LaO_x 和 MnO_x 的加入对晶体结构的影响更为明显。

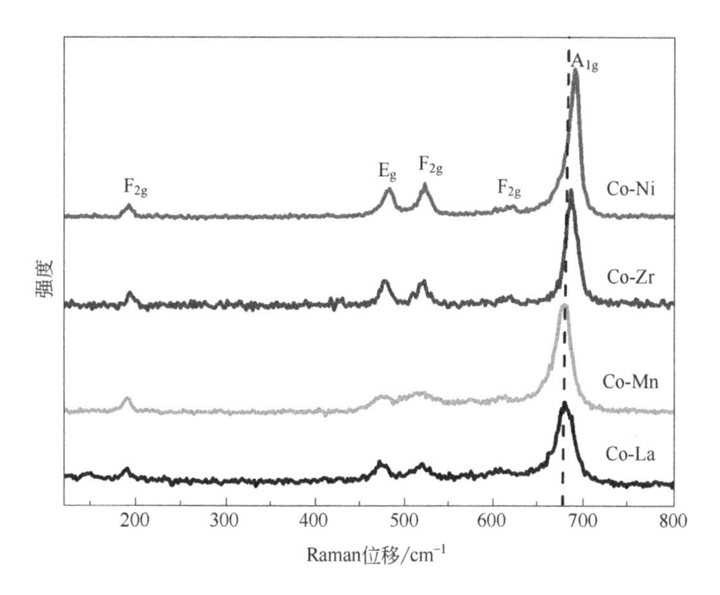

图 6.3　Co-La、Co-Mn、Co-Zr 和 Co-Ni 样品的 Raman 图谱

6.1.2.4　X 射线光电子能谱（XPS）

为了研究催化剂的表面化学组成和氧化状态的详细信息，Co 2p 和 O 1s 电子能级的 XPS 谱图分别显示在图 6.4 中。

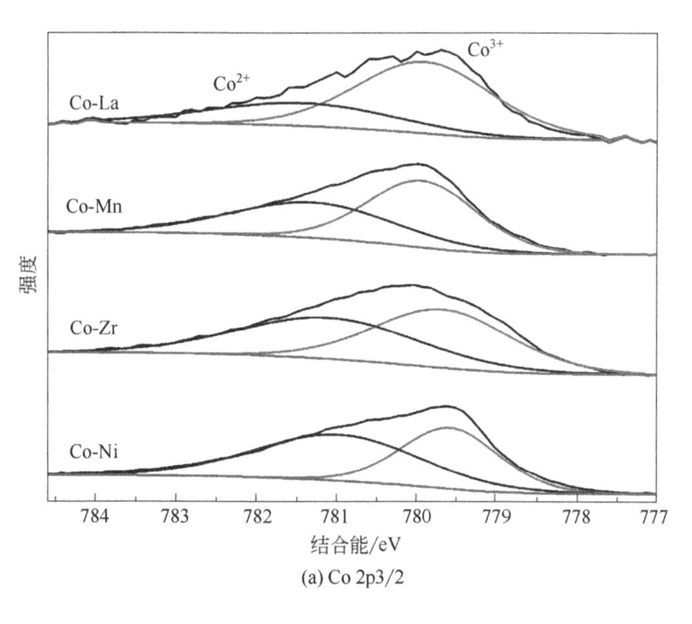

(a) Co 2p3/2

图 6.4

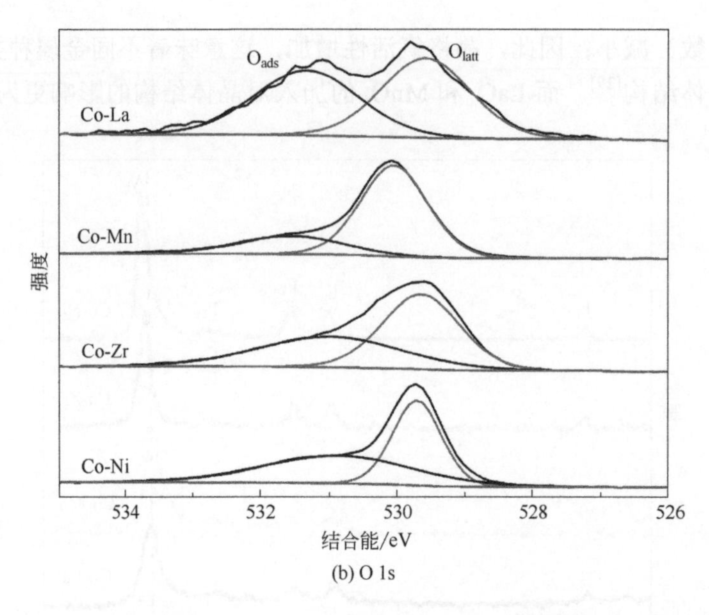

(b) O 1s

图 6.4 Co-La、Co-Mn、Co-Zr 和 Co-Ni 样品的 Co 2p3/2 和 O 1s XPS 谱图

如图 6.4（a）所示，所有催化剂的不对称 Co 2p3/2 XPS 图谱可以分成两部分，在（779.6±0.3）eV 位置的峰对应的是 Co^{3+}物种，而结合能位置在（781.1±0.3）eV 的峰对应 Co^{2+}[30]。这些峰的存在表明，在所有催化剂中 Co^{3+}和 Co^{2+}两种物质共存。为了确定表面物质的原子和摩尔比，笔者对相应的峰进行了积分，结果如表 6.2 所列。从表 6.2 可以看出，Co^{3+}/Co^{2+}浓度比以 Co-Ni＜Co-Zr＜Co-Mn＜Co-La 的顺序逐渐增加。研究表明，Co 基催化剂中表面 Co^{3+}浓度越高，氧化性能越好[31-32]。Xie 等[31]发现 Co_3O_4 催化剂上的 Co^{3+}是 VOCs 氧化的主要活性位点，有助于提高催化性能和 CO_2 选择性。因此，在 CoO_x 中加入不同的金属氧化物会改变 Co^{3+}的比例，进而影响催化性能。

表 6.2 Co-La、Co-Mn、Co-Zr 和 Co-Ni 催化剂的 XPS 分析

催化剂	Co^{3+}/eV	Co^{2+}/eV	O_{latt}/eV	O_{ads}/eV	Co^{3+}/Co^{2+}	O_{ads}/O_{latt}
Co-La	779.9	781.4	529.6	531.3	2.33	0.95
Co-Mn	779.9	781.3	530.0	531.6	1.27	0.31
Co-Zr	779.7	781.0	529.6	531.0	1.08	0.75
Co-Ni	779.6	780.9	529.7	530.9	0.79	0.99

将 Co-La、Co-Mn、Co-Zr 和 Co-Ni 催化剂的 O 1s 图谱分解为两部分，如图 6.4（b）所示。结合能在 529.7～530.1eV 处的峰代表晶格氧（O^{2-}，记为 O_{latt}），而结合能在 530.8～531.6eV 处的峰被归为表面吸附氧（O_2^-/O^-，记为 O_{ads}）[33]。O_{ads}/O_{latt}的比值见表 6.2，可以看出 O_{ads}/O_{latt} 比值以 Co-Ni＞Co-La＞Co-Zr＞Co-Mn 的顺序

逐渐减小。有报道指出，O_{ads} 对催化剂的催化性能有重要影响，有利于 Mars-van-Krevelen 机制对 VOCs 的氧化反应。众所周知，吸附氧的浓度与氧空位的密度有关[34]。因此，较高的 O_{ads}/O_{latt} 值意味着催化剂表面存在更多的氧空位，意味着催化剂具有更多的活性位点[1]。

6.1.2.5　氢气程序升温还原（H_2-TPR）

H_2-TPR 是检测催化剂氧化还原能力的方法。图 6.5 为所有样品的 H_2-TPR 图像。

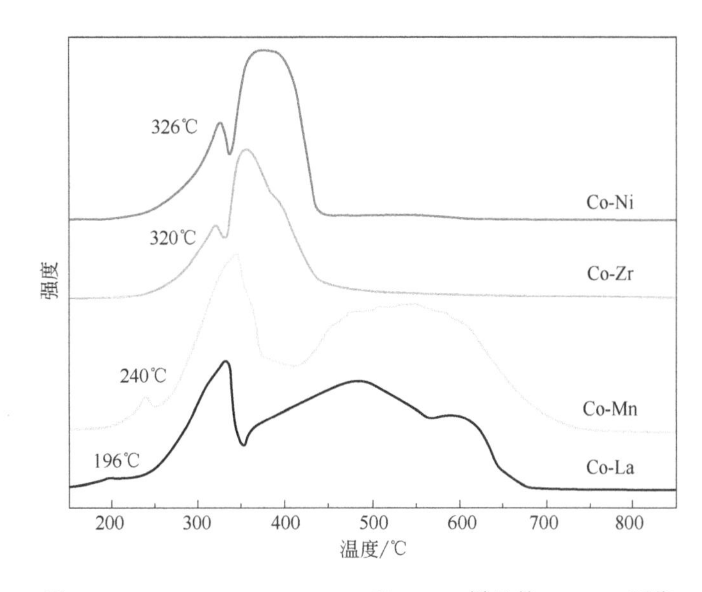

图 6.5　Co-La、Co-Mn、Co-Zr 和 Co-Ni 样品的 H_2-TPR 图像

在 250～450℃范围内，Co-Ni 和 Co-Zr 样品主要表现为 2 个还原峰，分别归于 Co_3O_4 还原为 CoO 和 CoO 还原为 Co^0 [35]。Co-Mn 催化剂有 3 个还原峰，分别在 240℃、343℃和 536℃。第一个弱峰可以归因于 Mn_2O_3 还原为 Mn_3O_4，而第二个峰是由 Mn_2O_3 还原为 Mn_3O_4 和部分 Co^{3+} 还原为 Co^{2+} 引起的，第三个宽峰对应 CoO 还原为 Co^0 和 Mn^{3+} 还原至 Mn^{2+} 的协同还原峰[29]。Co-La 样品在 196℃、331℃和 480℃有 3 个主要的还原峰，在 597℃有一个肩峰。在 196℃出现的第一个弱峰是由 H_2 与化学吸附氧的反应引起的，这可能是由高活性氧种类的消耗造成的[36]。根据 O_2-TPD 结果（图 6.6），在 312℃处观察到 Co-La 催化剂具有最多的化学吸附氧种类。在相对较低的温度下，物理吸附和/或化学吸附的氧很容易被除去。Zhang 等[26]和 Cai 等[29]也报道了类似的结果。此外，第二个和第三个峰分别是由 Co^{3+} 还原至 Co^{2+} 和 Co^{2+} 还原至 Co^0 引起的。Co-La 样品中 597℃处的肩峰可以归因于 $LaCoO_3$ 钙钛矿的部分还原。钙钛矿还原过程包括尖晶石结构的形成（La_2CoO_4），B 阳离子的还原（从 CoO 到 Co^0），最后生成 La_2O_3 和金属 Co[24]：

$$2LaCoO_3 \longrightarrow La_2CoO_4 + CoO + \frac{1}{2}O_2$$

$$CoO \longrightarrow Co + \frac{1}{2}O_2$$

$$La_2CoO_4 \longrightarrow La_2O_3 + Co + \frac{1}{2}O_2$$

如图 6.5 所示，所有样品的低温还原性能降低的顺序为 Co-La（196℃）＞Co-Mn（240℃）＞Co-Zr（320℃）＞Co-Ni（326℃）。Co-La 催化剂表现出最佳的低温还原性，这可能是由于钙钛矿型结构的形成和 Co^{3+}浓度的增加。

6.1.2.6 氧气程序升温脱附（O_2-TPD）

O_2-TPD 测量用于研究样品中氧物种的解吸，其分布如图 6.6 所示。

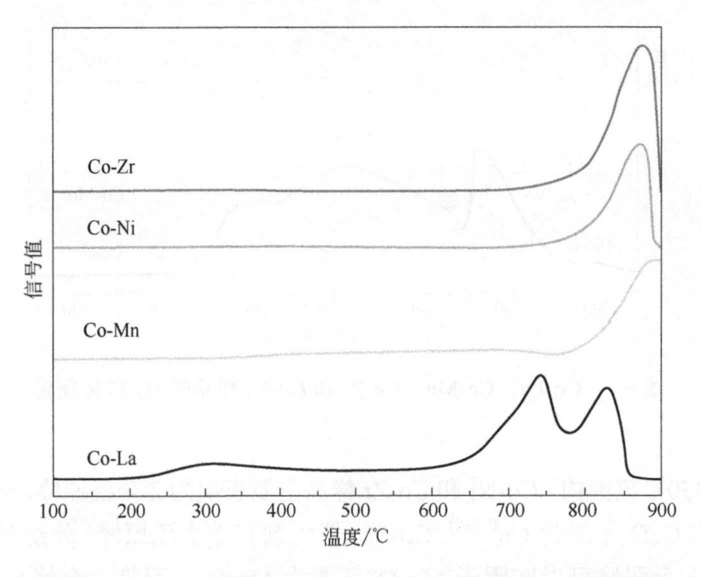

图 6.6 Co-La、Co-Mn、Co-Zr 和 Co-Ni 样品的 O_2-TPD 图像

显然，除 Co-La 外，所有样品只在 877℃附近有一个解吸峰。而 Co-La 在 226～372℃、627～772℃和 772～855℃的温度范围内，有 3 个清晰的解吸区域。在低温（＜400℃）条件下解吸的氧被认为是最弱的物理吸附氧或化学吸附氧，记作 O_{ads}。而在高温（＞400℃）出现的解吸峰归于体相晶格氧，记作 O_{latt}。化学吸附/物理吸附氧（O_2^-/O^-）比晶格氧（O^{2-}）物种更容易解吸[37]。如图 6.6 所示，Co-La 在 312℃处有一个微弱而明显的低温氧解吸峰，说明 Co-La 表面形成了少量的化学吸附氧种。这些结果表明，Co-La 混合氧化物具有优异的储氧能力。在 627～772℃区域的氧解吸峰可能与钙钛矿型氧化物的超化学计量氧有关，如下式所示[26]：

$$2Co^{3+} + O^{2-} \longrightarrow 2Co^{2+} + O_2$$

其中，额外的氧气消耗由阳离子空位来补偿。这一现象表明，过量的化学计量氧的存在可以促进氧化还原反应。此外，还发现 Co-La 样品在所有样品中呈现出最低的 O_{latt} 解吸温度（741℃），这说明 Co-La 样品的 O_{latt} 物种具有更强的流动性。晶格氧的高迁移率可以加速氧从体相到表面的迁移，这有利于氧化反应[9]。O_2-TPD 结果表明，Co-La 样品具有更多可用的吸附氧和更好的氧迁移率，可以促进催化剂在低温条件下与反应物的相互作用；从而提高催化性能，这与 Co-La 样品上钙钛矿型结构的形成密切相关。

6.1.2.7　催化性能

甲苯转化率和 CO_2 的选择性随反应温度的变化如图 6.7 所示。

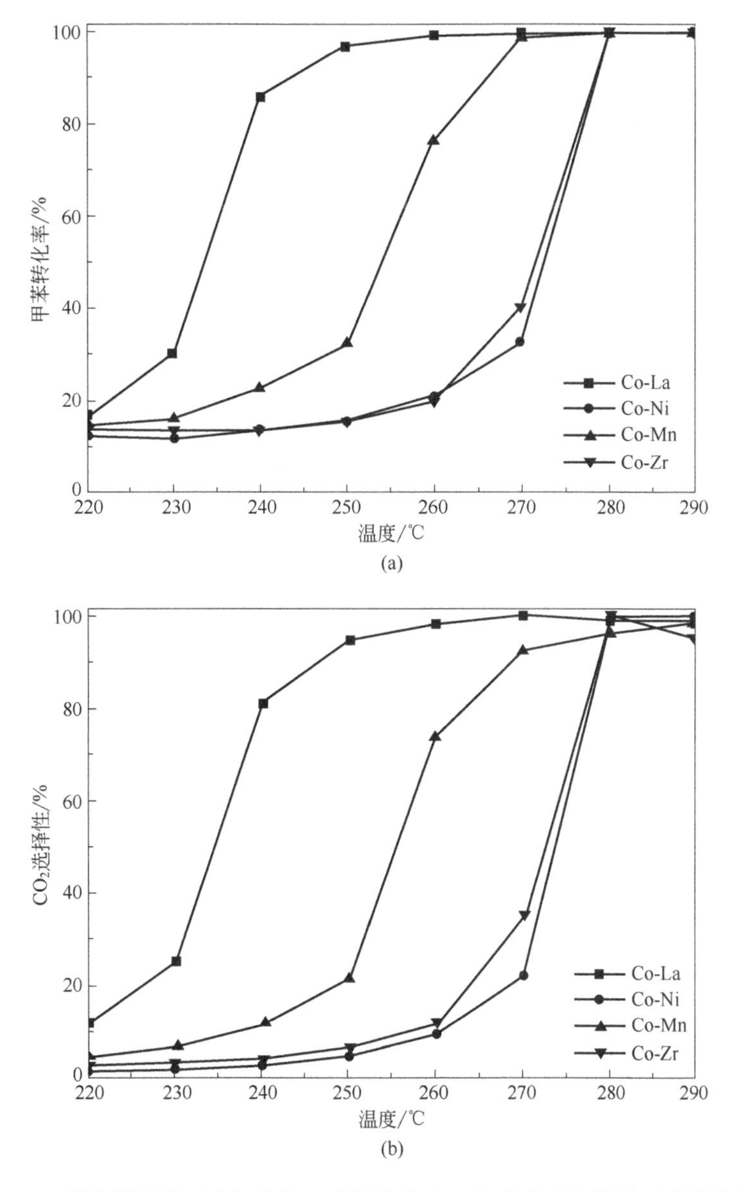

图 6.7　所有样品的反应温度与甲苯转化率和二氧化碳选择性的对应曲线图

从图 6.7 可以看出，甲苯转化率随着温度的升高而增大。催化剂的活性降低顺序为：Co-La＜Co-Mn＜Co-Zr＜Co-Ni。Co-La 催化剂活性最佳，根据表 6.3，其 T_{50} 和 T_{90} 分别为 233℃和 243℃。这一结果可能与掺杂金属氧化物的内在性质及其与 Co_3O_4 的相互作用有关。根据上述结果以及 H_2-TPR 和 XPS 结果，尽管 Co-Mn 表现出了较为优秀的氧化还原能力，但催化性能依然远低于 Co-La 催化剂，这可能是由于 $LaCoO_3$ 钙钛矿型结构的生成导致更优越的催化活性。表 6.3 列出了 VOCs 完全转化为 CO_2 的温度。

图 6.7（b）展示了样品对 CO_2 的选择性。一般来说，VOCs 氧化的理想产物是 CO_2 和 H_2O，但在氧化过程中往往会产生一些中间产物，如 CO 和不理想的有机化合物。因此，在探索催化氧化反应时，有必要研究样品的 CO_2 选择性，以获得所需的产品。从图中可以看出，随着温度的升高，各样品的 CO_2 选择性逐渐增加，直到 CO_2 的产率接近甲苯的直接转化率，这说明 VOCs 分子完全转化为 CO_2 和 H_2O。所有催化剂中 VOCs 分子完全转化为 CO_2 的顺序依次为：Co-Mn＜Co-Ni＜Co-Zr＜Co-La。显然，Co-La 催化剂对 CO_2 的选择性最佳，在 234℃和 267℃时对 CO_2 的选择性分别为 50%和 100%。值得注意的是，Co-La、Co-Zr 和 Co-Ni 催化剂的 CO_2 生成温度与甲苯完全转换温度基本一致，这表明催化剂氧化甲苯完全生成 CO_2 和 H_2O。而对于 Co-Mn 催化剂，与活性温度（275℃）相比，CO_2 的选择性温度（301℃）有明显的滞后，这可能是由其深度氧化能力较差以及中间产物如苯甲醇或苯甲酸的形成引起的 [38]。

表 6.3　T_{50}、T_{90}、CO_2 选择性和 T_{90} 与 Co^{3+}/Co^{2+} 关系

催化剂	T_{50}/℃	T_{90}/℃	CO_2 选择性/℃	T_{90}/℃（Co^{3+}/Co^{2+} 比值）
Co-La	233	243	267	243（2.33）
Co-Mn	253	265	301	266（1.27）
Co-Zr	271	278	280	278（1.08）
Co-Ni	272	279	280	279（0.79）

ABO_3 型钙钛矿结构具有良好的高温氧化 VOCs 的催化性能。CO_2 的选择性归因于 CO 在较高温度下的深度氧化。因此，Co-La 样品独特的催化活性与 $LaCoO_3$ 钙钛矿结构有关。另外，从上述结果可以看出，催化性能的顺序与 H_2-TPR 和 O_2-TPD 的结果完全一致。因此，可以得出催化性能和 CO_2 选择性与表面活性氧的种类和低温还原性有关。

显然，在 220～240℃的低温范围内，所有样品的 CO_2 选择性都滞后于甲苯转化率；这可能是由于甲苯首先分解成 C_xH_y 中间体，然后随着温度的升高进一步氧化为 CO_2。Wang 等[17]根据原位 FTIR 结果发现，在 MOF-Mn1Co1 催化剂上，可以在低温条件下观察到苯环和苯甲酸的特征峰。当温度升高到 300℃时，甲苯和部分氧化中间体的种类逐渐减少；此外，水的吸附峰出现，说明进一步的深度氧化。Zheng

等[39]提出了 $Co/Sr\text{-}CeO_2$ 氧化甲苯的反应机理，发现甲苯首先分解成甲基和苯基。Chen 等[40]也证明了类似的现象。因此，与甲苯转化率相比，CO_2 的选择性表现出滞后的现象。

6.1.3　讨论与分析

Co-M 催化剂 T_{90} 与比表面积、表面 Co^{3+}/Co^{2+} 比值和 O_{ads}/O_{latt} 比值的关系见图 6.8。

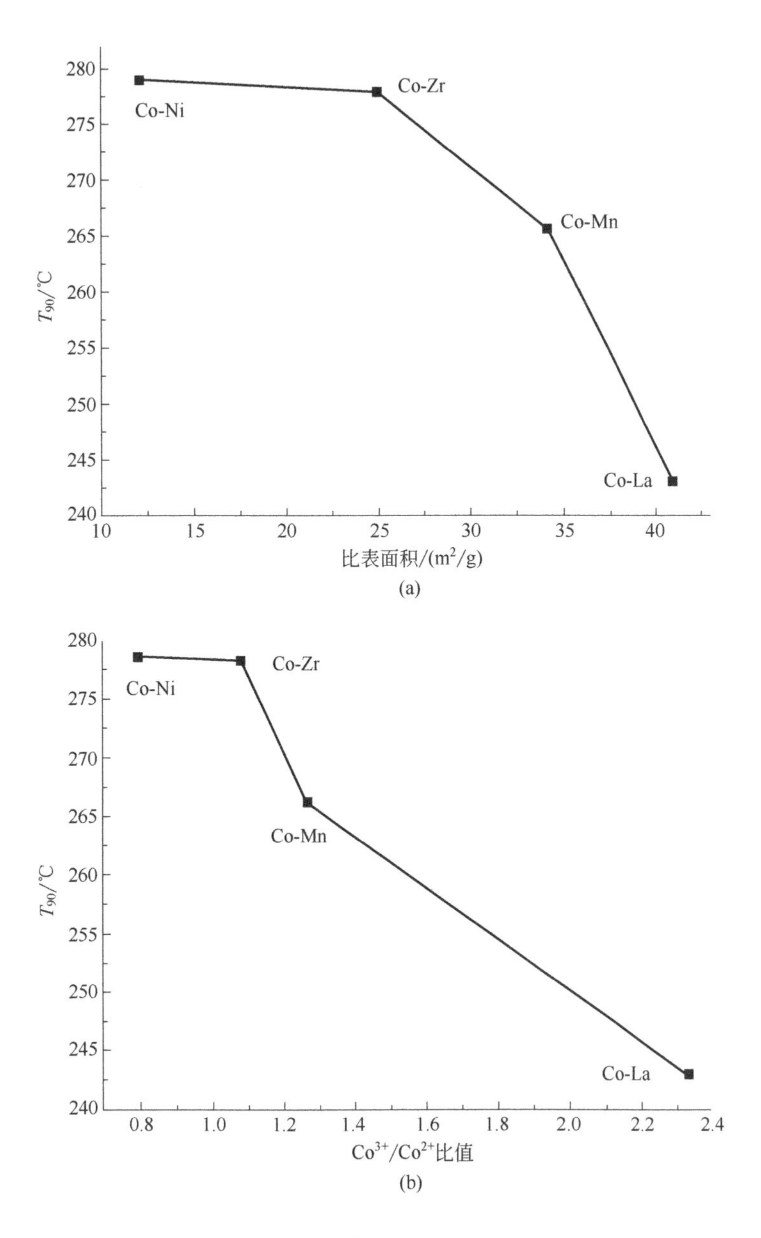

图 6.8

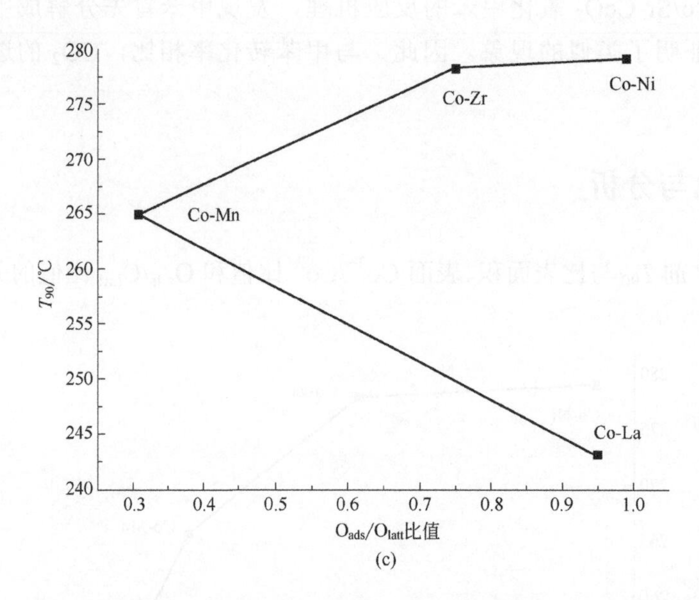

图 6.8　Co-M 催化剂 T_{90} 与比表面积、表面 Co^{3+}/Co^{2+}比值和 O_{ads}/O_{latt} 比值的关系图

众所周知，影响催化活性的主要因素包括织构性能（孔体积、比表面积、晶粒尺寸）以及表面活性物质（吸附氧和 Co^{3+}）[41]。结果表明，不同金属在 Co_3O_4 上负载的性质不同，对 VOCs 催化氧化的活性有不同程度的影响。

6.1.3.1　Co-M（M=La、Mn、Zr 和 Ni）催化剂的结构活性关系

在本研究中，Co-M（M=La、Mn、Zr 和 Ni）催化剂具有相同的典型 Co_3O_4 尖晶石晶体结构，但结晶尺寸不同，催化性能也不同。在 Co-La 样品中，检测到 $LaCoO_3$ 和 La_2O_3 晶相。值得注意的是，与 Co-Mn、Co-Zr 和 Co-Ni 催化剂相比，Co-La 具有更小的晶格尺寸、最高的比表面积和最大的孔体积，这有利于促进反应物的扩散和吸附，从而提高了催化活性。从孔径分布结果可以看出，Co-La 与其他 3 种催化剂相比，介孔分布最大，这与 $LaCoO_3$ 钙钛矿的聚集有关。拉曼结果显示，Co-La 的峰最弱、最宽，结晶度最低。一般来说，低结晶度有利于催化活性。这些结果表明，La 离子引入 Co_3O_4 会影响催化剂的微观结构，进而影响催化性能。Chen 等[40]和 Zhang 等[26]证明了催化剂表面积的提高使得催化剂在 VOCs 催化燃烧中表现出更好的性能。因此，为了进一步研究钴基催化剂的结构与活性关系选择比表面积作为估算各催化剂催化燃烧活性的参数，并基于 T_{90} 的相关图谱进行了直观分析。如图 6.8（a）所示，催化剂的 T_{90} 值随着比表面积的增大而逐渐降低，其顺序为：Co-Ni＞Co-Zr＞Co-Mn＞Co-La。结果表明，催化剂的催化活性受比表面积的影响，良好的孔结构有利于甲苯的催化氧化。

6.1.3.2　表面活性物种对催化活性的影响

对于钴基催化剂，Co^{3+}和 O_{ads} 是甲苯催化氧化的主要活性物质[34,42]。通常情况下，

甲苯分子被吸附在钴基催化剂上并与吸附氧反应，部分 Co^{3+}被还原为 Co^{2+}。由此产生了 CO_2 和 H_2O。然后，被消耗的表面吸附氧主要通过晶格氧的迁移和气态 O_2 的补充来再生。最后，还原态被氧化并回复到初始氧化态，即 Co^{2+}到 Co^{3+}。整个反应遵循 MVK（Mars-van-Krevelen）机制的两个不可逆步骤[43]。为了深入了解表面 Co^{3+}和 O_{ads} 与催化活性的关系，笔者选择了 T_{90} 的相关图谱进行直观分析。

如图 6.8（b）所示，T_{90} 随着 Co^{3+}/Co^{2+}比值的增加而降低，这说明 Co^{3+}在甲苯燃烧中起着关键作用，这与以前的研究结果一致[39]。更多的 Co^{3+}为 VOCs 的吸附提供了足够的活性位点，提高了催化性能。通过 MVK 机制可知，Co^{3+}在低温下的还原可以提高催化活性。根据 H_2-TPR 结果，可以清楚地发现 Co-La 样品具有最佳的低温还原性能。对于钴氧化物，低温是指 Co^{3+}还原为 Co^{2+}的过程，而高温是指 Co^{2+}还原为 Co^{0}[44]。因此，可以推断丰富的 Co^{3+}物种可以改善低温还原性。Tchoua 等[45]研究发现，边缘连接的八面配位的 Co^{3+}具有更高的还原能力，这是钴氧化物对 VOCs 的深度氧化具有更高活性的原因。另外，更多 Co^{3+}的存在可以迅速补充消耗的活性氧（$2Co^{3+}+O_{latt}^{2-}\longrightarrow 2Co^{2+}+O_2$）。因此，表面 Co^{3+}的存在是甲苯催化燃烧的关键。

表面吸附氧是 VOCs 催化氧化的另一个重要因素。通常，VOCs 在钴基催化剂上的催化燃烧包括 O_{latt}^{2-} 的还原、氧空位的产生和活性氧的再氧化，O_{latt} 和 O_{ads} 的平衡遵循 $O_{latt}^{2-}\rightarrow 2O_{ads}^{-}+V_O\rightarrow O_{2ads}^{-}\rightarrow O_{2ads}\rightarrow O_{2gas}$。此外，C—H 键和 C—C 键的断裂分别被不同的氧攻击。这是因为 C—C 键的键能（332kJ/mol）低于 C—H 键（414kJ/mol）。C—C 键的裂解是通过亲电氧（O_{ads}^{-} 和 O_{2ads}^{-}）攻击来完成的，这是反应速率的关键一步[46]。Feng 等[9]证明甲苯优先与吸附氧（O_{ads}）反应。因此，Co-La 低温催化活性好的原因是具有较高的吸附氧量。

图 6.8（c）为 T_{90} 与 O_{ads}/O_{latt} 比值之间的关系图。结果表明，Co-Ni 样品具有较高的 O_{ads}/O_{latt} 比值，但催化性能较差。而 Co-La 样品表现出最佳的催化氧化活性。这说明催化剂的表面 O_{ads}/O_{latt} 比值并不是影响甲苯催化氧化的唯一因素。从图 6.7 可以看出，在 220℃时，甲苯优先与吸附的氧反应，因此 Co-La 和 Co-Ni 的催化活性相似，这是由于 O_{ads}/O_{latt} 比值相似（Co-La 的 O_{ads}/O_{latt} 比值为 0.95、Co-Ni 的 O_{ads}/O_{latt} 比值为 0.99）。但随着温度的升高，Co-Ni 的催化活性明显降低，这可能是由 Co^{3+}含量较少，消耗的吸附氧不能及时补充所致。综上所述，Co-La 具有最佳的催化活性是由具有丰富的表面活性物种 Co^{3+}和吸附氧共同作用。此外，从表 6.3 可以看出，对于 Co-Ni 和 Co-Zr 催化剂，Ni（1.4%）和 Zr（6.3%）的原子比低于 Mn（10.0%）和 La（11.0%），这说明 Ni 和 Zr 在催化剂表面具有良好的分散性。研究表明，良好的金属分散性能显著提高催化性能[47]。

6.1.4 小结

本节采用共沉淀法制备了一系列 Co-M（M=La、Mn、Zr、Ni）复合氧化物催化剂。通过催化剂对甲苯的催化氧化，评价了催化剂的催化性能。结果表明，Co-M 样品在

300℃以下可以实现甲苯的完全转化。在所有催化剂中，Co-La对甲苯的氧化反应表现出最佳的催化活性和CO_2选择性。XRD和拉曼分析的结果表明，将La引入Co_3O_4尖晶石结构会引起微观结构产生明显的变化，导致$LaCoO_3$钙钛矿结构的形成，同时具有弱的Co—O键强度，形成最大的比表面积和孔隙体积。此外，XPS显示，Co-La具有最多的Co^{3+}和较高的表面O_{ads}/O_{latt}比值。结果表明，更多Co^{3+}的存在可以改善低温还原性能。O_2-TPD结果表明，Co-La具有良好的储氧能力，可以为反应过程提供足够的吸附氧。根据深入分析Co-M的比表面积和表面活性物种与活性的关系，可以得出结论，Co-M（M=La、Mn、Zr和Ni）催化剂优秀的催化活性与高的比表面积、丰富的表面Co^{3+}以及吸附氧物种是直接相关的。

6.2 LaO_x含量及协同效应对LaO_x-Co_3O_4在甲苯高效纯化中的相互作用与影响

6.2.1 La-Co-O_x催化剂研究现状

以前的研究发现，在VOCs催化氧化过程中，$Co_{3-x}Fe_xO_4$[23]、$Co_{3-x}Cu_xO_4$[48]和SnO_2改性的Co_3O_4[49]表现出比纯Co_3O_4催化剂更高的活性。La与其他氧化物可以形成固溶体，如Ce-La-O[50]等，提高了催化剂的热稳定性。La_2O_3与一些过渡金属氧化物可以形成ABO_3型钙钛矿结构，例如$LaMnO_3$钙钛矿氧化物在对甲烷的催化氧化中表现出更好的催化性能[51]。Yang等[52]制备了不同比例的Mn-Ce催化剂研究其对苯的催化性能，结果发现随着锰含量的增加，催化活性先增加后降低，其中MnCe（9:1）表现出了最佳的催化性能。Cai等[29]通过共沉淀法制备了一系列不同比例的Co-Mn催化剂，研究其对二氯苯的催化性能，也发现了相似的结果。说明适量的金属氧化物掺入更有利于协同作用，从而提高催化活性。因此，为了进一步探索Co-La复合氧化物催化去除VOCs的催化活性，通过调变钴、镧氧化物的质量比，研究两者协同效应的变化，以及对催化性能的影响。在CoO_x中加入适量的LaO_x可以为催化燃烧VOCs提供一种高活性的新型催化剂。特别是关于Co-La催化剂用于甲苯催化燃烧的研究较少。本章采用共沉淀法合成了La_2O、Co_3O_4、90Co-10La、80Co-20La和70Co-30La样品，并将其应用于甲苯催化氧化评价其催化性能。

6.2.2 催化剂的微观结构、氧化性能及其理化性质对其催化性能的影响

6.2.2.1 结构特性和形态

采用XRD技术分别对La_2O_3、Co_3O_4、90Co-10La、80Co-20La和70Co-30La催化剂的晶相进行了表征，见图6.9。

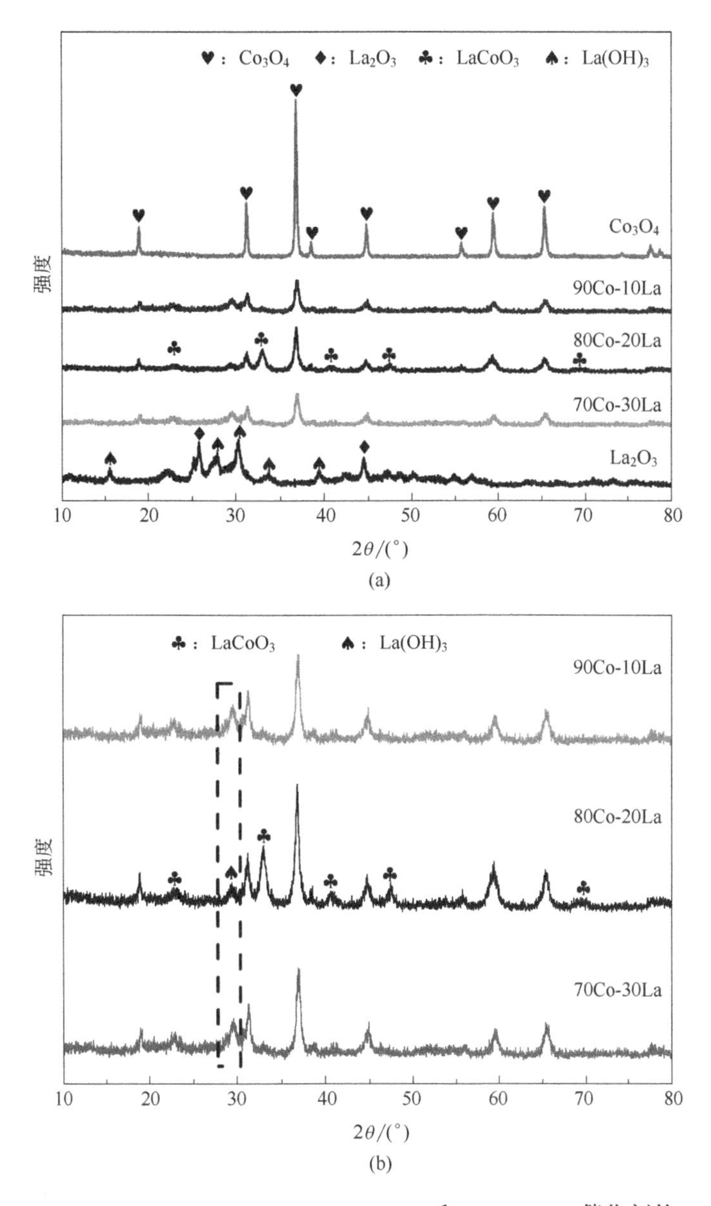

图 6.9 La_2O_3、Co_3O_4、90Co-10La、80Co-20La 和 70Co-30La 催化剂的 XRD 图谱

从图 6.9(a)可以看出，La_2O_3 的衍射峰较为复杂，是 La_2O_3 和 $La(OH)_3$ 的复合晶相[32,53]。$La(OH)_3$ 相在其他作者的 La_2O_3 催化剂中也被检测到，形成原因为 La_2O_3 催化剂暴露于湿润的大气环境下，通过水解生成 $La(OH)_3$ 晶相[54]。此外，在 3 个 Co-La 样品中，在 29.6°处也检测到了 $La(OH)_3$ 的痕迹，如图 6.9（b）所示。与 90Co-10La 和 70Co-30La 相比，80Co-20La 的 $La(OH)_3$ 峰宽和强度表现最弱，说明进入 Co_3O_4 晶格的 La 较多，而不是形成明显的氧化晶相。19.1°、31.2°、36.8°、38.6°、44.9°、55.7°、59.4°、65.4°和 77.5°处的衍射峰对应标准的 Co_3O_4 立方尖晶石型结构（JCPDS PDF#43-1003），这与之前的研究结果一致[55]。此外，在 3 个 Co-La 样品中 23.1°、33.0°、40.7°、47.5°和 69.4°的位置检测到新的衍射峰，这些峰归因于 $LaCoO_3$ 钙钛矿的特征峰（JCPDS PDF#77.0279）。从图 6.9

（b）可以明显看出，与 90Co-10La 和 70Co-30La 相比，80Co-20La 的 $LaCoO_3$ 钙钛矿衍射峰变宽、强度增加，说明 80Co-20La 有更多的 $LaCoO_3$ 钙钛矿形成。值得注意的是，钙钛矿型氧化物对 CO 和 VOCs 的氧化具有较好的活性[5,26]。而 $LaCoO_3$ 钙钛矿型结构（ABO_3）的形成则与容差因子（t）有关，详细计算内容见 6.1.2.1 部分。

此外，与纯 Co_3O_4 催化剂相比，在 3 种 Co-La 催化剂中，Co_3O_4 晶体相的位置轻微地向大值方向移动，这意味着发生了晶格扩张，可能是由尖晶石结构中的 Co^{3+} 或 Co^{2+} 被半径略大的 La^{3+} 取代所导致。而且衍射峰变宽，强度明显降低，说明 Co-La 复合氧化物的晶体尺寸比纯 Co_3O_4 小。纯钴和 3 个 Co-La 样品的 Co_3O_4 晶体相的平均晶粒尺寸（S/nm）由谢勒方程计算。结果证实了 3 种 Co-La 催化剂［90Co-10La（14.0nm）、80Co-20La（21.9nm）和 70Co-30La（26.5nm）］的晶粒尺寸比纯钴（43.8nm）小。结果说明 LaO_x 的加入有利于抑制 Co_3O_4 晶粒的生长。在 Zr-Co 和 Mn-Co[35]催化剂上也观察到类似的结果。研究显示晶粒尺寸越小，晶格缺陷越多，从而可以改善 Co-La 催化剂的催化性能[4]。

研究报道发现催化剂的 S_{BET} 对活性物质的分散、反应物和产物的吸附与解吸均有影响。因此，N_2 吸附-脱附等温线和孔径分布如图 6.10 所示，其结构特性（S_{BET}、V_p 和 D_P）列于表 6.4 中。

从图 6.10（a）可以看出，所有催化剂均表现出Ⅳ型等温线，且存在明显的 H_3 型滞回环，说明介孔结构的存在[26]。相比之下，Co_3O_4 催化剂滞回环的相对压力（P/P_0）范围为 0.9～1.0，小于 La_2O_3 和 3 种 Co-La 催化剂的相对压力（P/P_0 在 0.8～1.0 之间）范围。这种差异可能与它们特有的多孔结构有关[56]。如表 6.4 所列，纯 Co_3O_4 催化剂的比表面积最小（$14m^2/g$），而纯 La_2O_3 的比表面积最大（$57m^2/g$）。3 种 Co-La［90Co-10La/（$49m^2/g$）、80Co-20La/（$41m^2/g$）、70Co-30La/（$38m^2/g$）］的 S_{BET} 明显大于纯 Co_3O_4 催化剂，这可能与 $La(OH)_3$ 和 $LaCoO_3$ 的形成有关[32]。结果表明，LaO_x 的加入可明显提高比表面积，从而有利于提高催化氧化甲苯的活性。

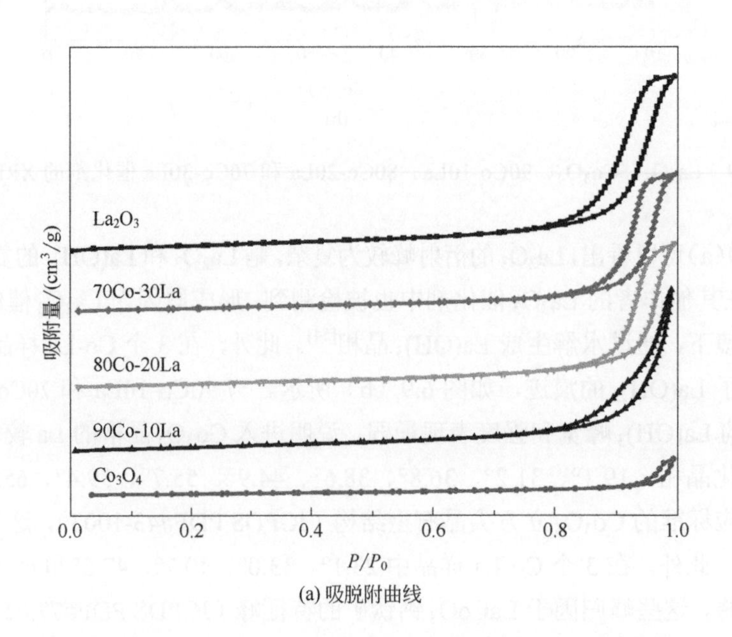

(a) 吸脱附曲线

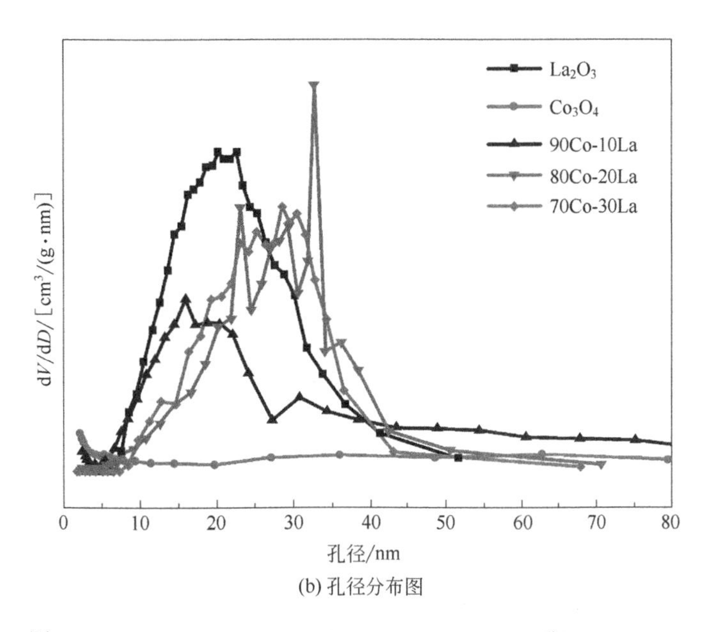

(b) 孔径分布图

图 6.10　La_2O_3、Co_3O_4、90Co-10La、80Co-20La 和 70Co-30La 催化剂的 N_2 吸脱附和孔径分布图

表 6.4　La_2O_3、Co_3O_4 和 3 个 Co-La 催化剂的结构特性

催化剂	S①/nm	S_{BET}/（m^2/g）	V_p/（cm^3/g）	D_P/nm	HC②/（mmol/g）
Co_3O_4	43.8	14	0.07	21.6	0.44
90Co-10La	14.0	49	0.35	25.7	0.38
80Co-20La	21.9	41	0.31	26.2	0.30
70Co-30La	26.5	38	0.31	24.8	0.25
La_2O_3	—	57	0.40	20.9	0.045

① 通过 XRD 谱图，利用 Scherrer 方程计算了晶体的平均尺寸。

② 通过 H_2-TPR 峰面积计算耗氢量。

此外，La_2O_3、Co_3O_4、90Co-10La、80Co-20La 和 70Co-30La 催化剂的孔径分布主要在 2～50nm 之间，进一步说明催化剂均为介孔结构。90Co-10La、80Co-20La 和 70Co-30La 催化剂的孔容积顺序与比表面积的顺序相同。平均孔径最大的是 80Co-20La（26.2nm）。由此可见，镧的加入对纯钴催化剂的结构有明显的影响，证实了 CoO_x 与 LaO_x 的相互作用会改变催化剂的微观结构。

Co_3O_4、90Co-10La、80Co-20La、70Co-30La 催化剂的 SEM 图像如图 6.11 所示。

与纯 Co_3O_4 相比，3 种 Co-La 复合氧化物的粒径明显减小，这与 XRD 结果一致。该结果进一步表明，LaO_x 的加入抑制了 Co_3O_4 晶体在制备过程中的生长。从图 6.11（b）可以看出，90Co-10La 表面不均匀，团聚严重，但其粒径最小。70Co-30La 催化剂的聚合作用更为严重，纳米颗粒聚集成块状和长条状，会抑制催化性能。相比之下，80Co-20La 的纳米颗粒分布更均匀、更光滑，几乎不发生聚合，这更有利于甲苯的催化氧化。因此，适量的 LaO_x 改性钴基催化剂可以提高活性组分在催化剂表面的分散性。

图 6.11　Co_3O_4、90Co-10La、80Co-20La 和 70Co-30La 催化剂的 SEM 图像

为了进一步了解催化剂的结构，图 6.12（a）显示了 Co_3O_4、90Co-10La、80Co-20La 和 70Co-30La 催化剂的 Raman 谱图。在 100～800cm^{-1} 范围内发现了 5 个峰（A_{1g}、E_g 和 $3F_{2g}$）。纯 Co_3O_4 的峰位置和宽度与以前报道的一致[29]。在 190cm^{-1} 附近的峰是四面体 CoO_4，对应 Co^{2+}的位点，属于 F_{2g}（3）对称模式。480cm^{-1} 和 520cm^{-1} 附近的峰位分别归属 E_g 和 F_{2g}（2）振动模型，而 610cm^{-1} 处的峰位归属 F_{2g}（1）对称。峰值位置在 682cm^{-1} 的峰与 Co_3O_4 相的八面体 CoO_6 位点（Co^{3+}）相对应，属于 A_{1g} 对称[21]。未观察到镧系氧化物的振动峰，说明 La 在 Co-La 催化剂表面分布良好或呈非晶状。

从图 6.12（a）可以看出，70Co-30La 样品的拉曼峰（A_{1g}）与纯 Co_3O_4 相比，向更高的频率位置移动，峰宽和强度几乎没有变化。相比之下，90Co-10La 和 80Co-20La 的峰位略有下降，说明 CoO_x 和 LaO_x 的协同作用会改变立方体结构，导致氧空位的形成。氧空位可以活化、吸附 O_2，为氧迁移提供晶格点，从而提高催化性能。值得注意的是，3 个 Co-La 催化剂的峰型更不对称，范围更广，其中 80Co-20La 的峰强度最弱，这可以说明 80Co-20La 具有最小的 Co—O 键强度（力常数），有利于增加晶格氧的活性，从而提高催化性能。拉曼结果进一步证实了 La 进入 Co_3O_4 尖晶石结构中。此外，值得一提的是 La—O 键强度大于 Co—O 键长，由此可以推断，La_2O_3 催化剂的催化活性可能比纯 Co_3O_4 弱[50]。

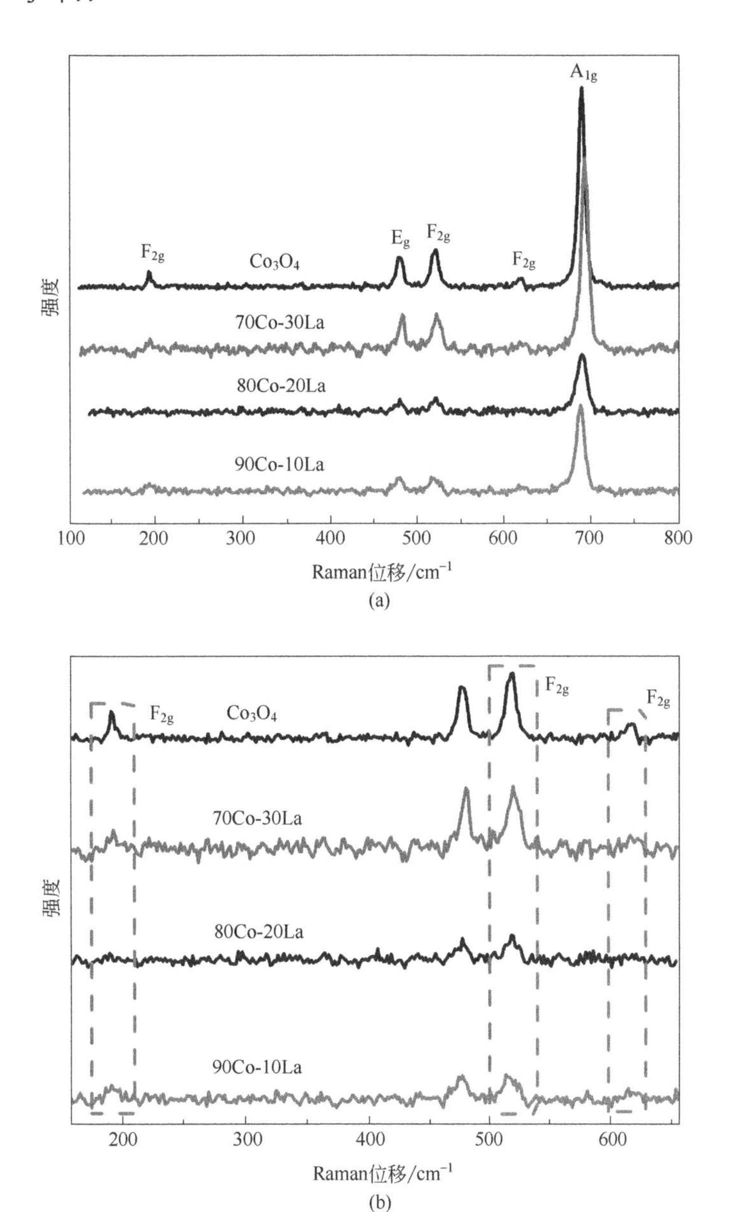

图 6.12 Co_3O_4、90Co-10La、80Co-20La 和 70Co-30La 催化剂的 Raman 谱图以及 Co_3O_4 和 3 个 Co-La 催化剂的 F_{2g} 峰 Raman 谱图

另外，从图 6.12（b）可以看出，3 种 Co-La 催化剂的 F_{2g} 的峰宽和强度都明显低于纯 Co_3O_4。特别是 80Co-20La 催化剂的 190cm^{-1} 和 610cm^{-1} 波段几乎消失。这一现象表明更多的 Co 离子被 La 离子取代，形成了 $LaCoO_3$ 钙钛矿结构。该结果与 XRD 一致，进一步证实了 CoO_x 与 LaO_x 的强协同作用可以改变催化剂的微观结构。

6.2.2.2 XPS 和 O_2-TPD 分析

为了获得表面元素组成的详细信息，图 6.13 显示了 La_2O_3、Co_3O_4、90Co-10La、80Co-20La 和 70Co-30La 催化剂的 Co 2p、O 1s 和 La 3d XPS 光谱。

元素的摩尔比及对应的结合能列于表 6.5。Co_3O_4 是一种具有正尖晶石结构的 p 型磁性半导体，有四面体配位和八面体配位两种配位方式。从图 6.13（a）可以看出，Co_3O_4 和 3 个 Co-La 样品的 Co2p 光谱可以分解成两部分：位于（779.6±0.3）eV 处的峰可分配给表面的 Co^{3+} 物种，而位于（781.3±0.3）eV 处的峰对应于表面的 Co^{2+} 物种[30]。从表 6.5 可以看出，3 种 Co-La 催化剂的 Co^{3+}/Co^{2+} 的比例较纯 Co_3O_4 催化剂有

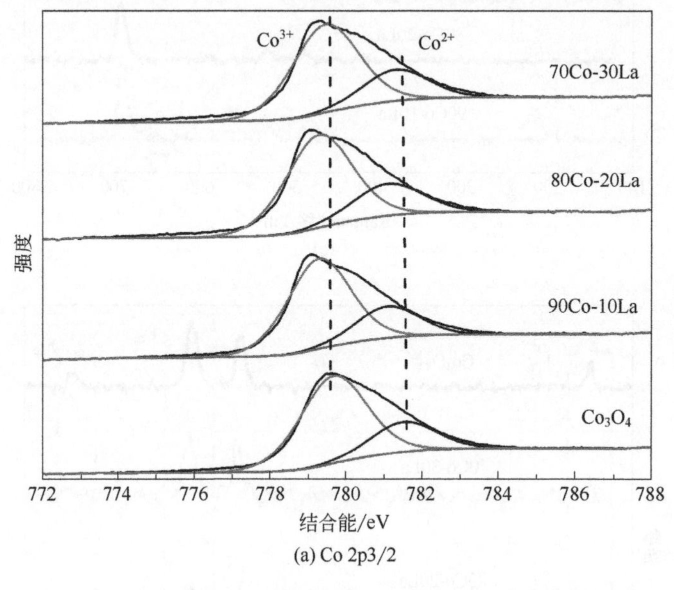

(a) Co 2p3/2

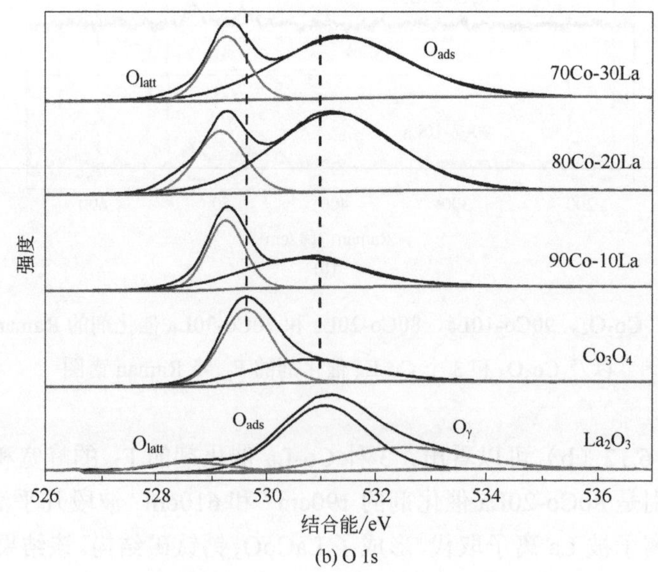

(b) O 1s

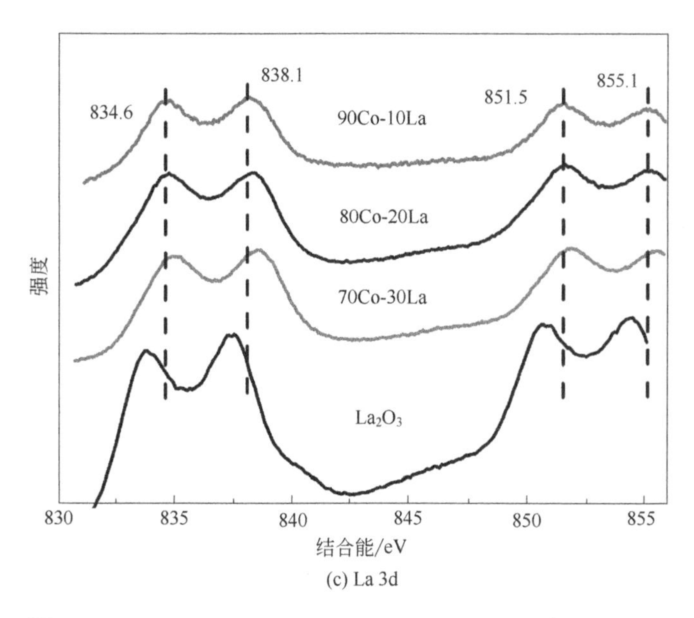

(c) La 3d

图 6.13 La_2O_3、Co_3O_4、90Co-10La、80Co-20La 和 70Co-30La 催化剂的 Co 2p、O 1s 和 La 3d 的 XPS 图谱

所降低（3.03～2.83）。这一现象表明，由于 La 物种进入 Co_3O_4 尖晶石的晶格内，Co^{3+} 被 Co^{2+} 和/或 La^{3+} 取代，从而使 Co^{2+} 的浓度增加，进一步证实了 $LaCoO_3$ 钙钛矿结构的形成。此外，值得注意的是，3 种 Co-La 催化剂表面的 Co^{3+} 物种对应的结合能相比纯 Co_3O_4 向低值方向偏移，表明电子云密度增加，可以提高氧化能力[57]。

表 6.5 La_2O_3、Co_3O_4、90Co-10La、80Co-20La 和 70Co-30La 催化剂的 XPS 分析结果

催化剂	Co^{3+}/eV	Co^{2+}/eV	O_{latt}/eV	O_{ads}/eV	O_γ/eV	Co^{3+}/Co^{2+}	O_{ads}/O_{latt}
Co_3O_4	779.7	781.5	529.7	530.8	—	3.03	0.69
90Co-10La	779.3	781.1	529.3	530.7		2.89	1.38
80Co-20La	779.3	781.1	529.2	531.3		2.83	3.14
70Co-30La	779.5	781.3	529.3	531.4		2.90	2.92
La_2O_3	—	—	528.7	531.1	532.8	—	0.65

图 6.13（b）为各催化剂的 O 1s XPS 谱图。较低位置的峰（529.2～529.7eV）属于晶格氧（O_{latt}），530.7～531.4eV 位置的峰属于表面吸附氧（O_{ads}）[33]。而纯 La_2O_3 催化剂被分为 3 个部分，在 528.7eV、531.1eV 和 532.8eV 位置的峰分别归于 O_{latt}、O_{ads} 和 O_γ（指吸附分子水、羟基和/或碳酸物种）。一般情况下，O_{ads} 物种优先参与完全氧化反应，O_{latt} 则主要参与选择性氧化反应[19]，O_{ads} 的迁移率优于 O_{latt} 物种，因此 O_{ads} 物种在催化燃烧反应中较为活跃。从表 6.5 可以看出，O_{ads}/O_{latt} 比值的下降顺序为 80Co-20La(3.14)＞70Co-30La(2.92)＞90Co-10La(1.38)＞Co_3O_4(0.69)＞La_2O_3(0.65)。研究发现 O_{ads} 浓度与氧空位密度有关，O_{ads}/O_{latt} 比值越大，表示氧空位越多[36]。显然，80Co-20La 催化剂的 O_{ads}/O_{latt} 比值最大，说明该催化剂的 O_{ads} 物种最多。因此可以推

断，80Co-20La 的甲苯转化率和 CO_2 选择性可以由于 O_{ads} 的增加而提高。从表 6.6 中可以看出，3 种 Co-La 催化剂表面化学吸附氧种类的原子量均高于纯 Co_3O_4（53.14%），其中 80Co-20La（63.77%）高于 90Co-10La（54.98%）和 70Co-30La（61.68%）。这些结果表明，LaO_x 的加入会影响催化剂的化学结构，CoO_x 与 LaO_x 的协同作用促进了活性组分中 Co^{2+} 和 O_{ads} 的生成。图 6.13（c）是 La 3d 光谱，在 834.6eV 和 838.1eV 的峰属于 La 3d5/2 峰，而 851.5eV 和 855.1eV 属于 La 3d3/2 峰[2]。

为了分析 La_2O_3、Co_3O_4、90Co-10La、80Co-20La 和 70Co-30La 催化剂不同氧种类的解吸，进行了 O_2-TPD 测试，并将谱图显示在图 6.14 中。

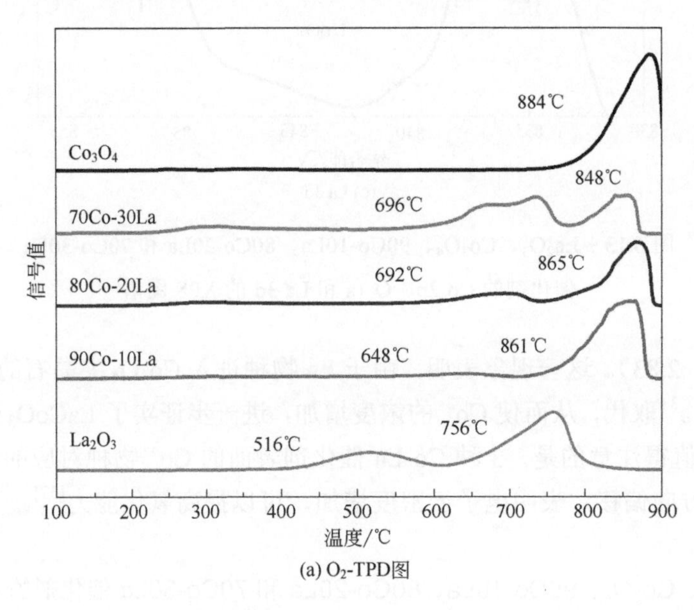

(a) O_2-TPD图

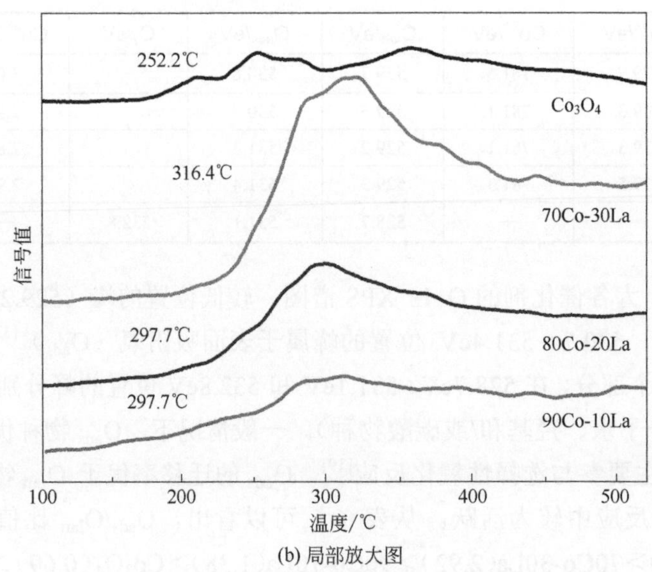

(b) 局部放大图

图 6.14 La_2O_3、Co_3O_4、90Co-10La、80Co-20La 和 70Co-30La 催化剂的 O_2-TPD 图以及 Co_3O_4 和 3 个 Co-La 催化剂 100～500℃区域放大图

从图 6.14 可以看出，纯 Co_3O_4 和 La_2O_3 催化剂表现出两个解吸峰，而 3 种 Co-La 催化剂均表现出 3 个解吸区。一般认为，400℃以下解吸的氧物种属于较弱的物理吸附和/或化学吸附氧（表示为 O_{ads}），在相对较低的温度下很容易参与反应[58]。从图 6.14 发现，在 Co_3O_4 和 3 种 Co-La 催化剂上可以观察到 O_{ads} 的解吸峰，而在 La_2O_3 区域未发现 O_{ads} 的解吸峰。此外，3 个 Co-La 样品与纯 Co_3O_4 相比，O_{ads} 解吸峰面积更大，说明 Co-La 催化剂具有较好的储氧能力，这可能与较高的 Co^{2+} 浓度[29]和 $LaCoO_3$ 钙钛矿的形成有关。Luo 等[32]研究发现 $LaCoO_3$ 钙钛矿氧化物具有丰富的 O_{ads} 物种。解吸峰温度高于 400℃，属于晶格氧（O_{latt}）。O_{latt} 的高迁移率可以加速氧物种从体相到表面的迁移，进而促进催化氧化反应。La_2O_3 催化剂的第一个 O_{latt} 脱附峰温度为 516℃，是所有催化剂中最低的，说明 La_2O_3 的 O_{latt} 种类具有较强的流动性。值得注意的是，与纯 Co_3O_4（884℃）催化剂相比，3 种 Co-La 催化剂（648～865℃）的 O_{latt} 解吸峰温度明显降低，说明加入 LaO_x 可以提高晶格氧物种的移动能力。

一般来说，甲苯在 Co-La 催化剂上的催化燃烧符合 MVK 机理[43]。氧作为催化氧化中主要的活性物质，在催化氧化中起着重要的价态转换作用。反应过程为[46]：$O_{latt}^{2-} \rightarrow 2O_{ads}^{-}+V_O \rightarrow O_{2ads}^{-} \rightarrow O_{2ads} \rightarrow O_{2gas}$。此外，C—H 键和 C—C 键的裂解分别需要不同的氧。甲苯吸附在 Co-La 催化剂表面，由于 C—C 键强度（332kJ/mol）弱于 C—H 键强度（414kJ/mol），优先被 O_{ads} 物种攻击而断裂。这是提高反应速率的关键步骤。从 O_2-TPD 结果中可以明显看出，3 个 Co-La 样品在 400℃以下呈现 O_{ads} 解吸峰，说明它们具有更好的低温催化活性。为了验证该理论和评价催化剂初始催化性能，计算并总结了比反应速率（R_s），如表 6.7 所列。催化氧化甲苯的比反应率下降序列为：80Co-20La［2.0×10^{-3}mmol/（h·m^2）］>90Co-10La［1.1×10^{-3}mmol/（h·m^2）］≈70Co-30La［1.1×10^{-3}mmol/（h·m^2）］>Co_3O_4（8.3×10^{-4}mmol/（h·m^2）］，这与催化活性 T_{10}、T_{50} 和 T_{90} 的顺序一致。这些结果表明，LaO_x 的加入可以改变催化剂的氧化性能，CoO_x 与 LaO_x 的协同作用可以促进活性相 O_{ads} 的生成，有利于催化性能的提高。

表 6.6　Co_3O_4、90Co-10La、80Co-20La 和 70Co-30La 催化剂表面元素的原子含量

催化剂	Co 原子含量/%	O 原子含量/%	La 原子含量/%
Co_3O_4	35.25	53.14	—
90Co-10La	23.8	54.98	3.06
80Co-20La	12.94	63.77	4.59
70Co-30La	15.11	61.68	4.9

6.2.2.3　还原性能

为了研究 La_2O_3、Co_3O_4、90Co-10La、80Co-20La 和 70Co-30La 催化剂的还原性

能，进行了 H_2-TPR 实验，结果如图 6.15 所示。

纯 La_2O_3 样品有 3 个主要的还原峰。正常情况下，倍半氧化物很难在低于 1000℃的温度下还原[59]。因此，在较低温度 237～285℃范围内的峰可以归因于吸附氧物种的还原。最后 2 个还原峰可以归因于碳物种的氧化还原[60]，其他研究人员也获得了类似的 La_2O_3 还原过程[59]。纯 Co_3O_4 表现出 2 个还原范围，低温区 187～336℃与 Co^{3+} 还原为 Co^{2+} 有关，而 336～424℃的还原区归于 Co^{2+} 还原为 Co^0[29]。

3 种 Co-La 复合氧化物表现出不同的还原峰，相比于纯 Co_3O_4 催化剂还原过程较为复杂。90Co-10La 表现出 3 个还原区域，前两个峰的还原过程与纯 Co_3O_4 的还原过程相似。此外，在 503℃左右出现了一个小的肩峰，可以归为 $LaCoO_3$ 钙钛矿的还原。

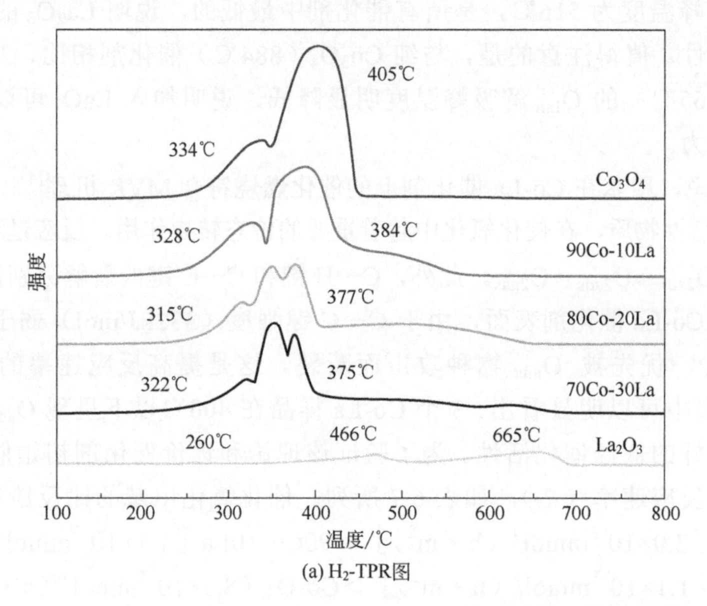

(a) H_2-TPR图

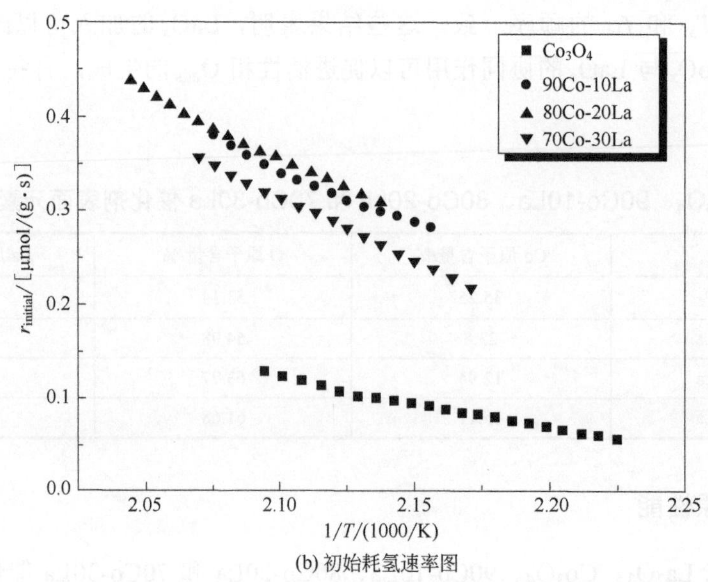

(b) 初始耗氢速率图

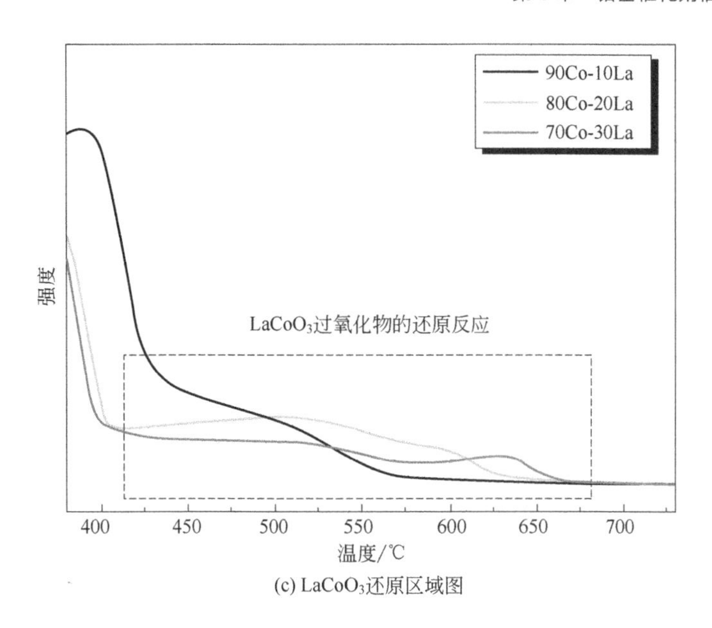

(c) $LaCoO_3$还原区域图

图 6.15　La_2O_3、Co_3O_4、90Co-10La、80Co-20La 和 70Co-30La 催化剂的 H_2-TPR 图、初始耗氢速率图以及 3 个 Co-La 催化剂的 $LaCoO_3$ 钙钛矿的还原区域图

值得注意的是，80Co-20La 和 70Co-30La 催化剂表现出相似的还原过程，有 4 个还原峰。低温范围内 226～325℃的第一个还原峰，这是由高活性氧的去除和部分 Co^{3+}被还原为 Co^{2+}导致的[36]。在 327～362℃和 363～407℃范围内的第二个峰和第三个峰分别对应于 Co^{3+}还原为 Co^{2+}和 Co^{2+}还原为 Co^0。而 534℃左右的肩峰与 $LaCoO_3$ 钙钛矿还原为缺氧结构的中间钙钛矿有关[24]。从图 6.15（a）可以看出，第一个还原峰的温度顺序为 La_2O_3（260℃）＞80Co-20La（315℃）＞70Co-30La（322℃）＞90Co-10La（328℃）＞Co_3O_4（334℃）。显然，3 种 Co-La 复合氧化物的低温还原性相比于纯 Co_3O_4 都有所提高，尤其是 80Co-20La。这个结果表明，适当含量的 LaO_x 添加可以增强 CoO_x 与 LaO_x 的协同作用，从而提高低温还原性。这是影响催化活性的重要因素之一，因此可以推断，80Co-20La 催化剂具有良好的催化活性。

利用 H_2-TPR 结果对所有样品的总耗氢量进行定量分析，结果见表 6.4。显然，总耗氢量的顺序为 Co_3O_4（0.44mmol/g）＞90Co-10La（0.38mmol/g）＞80Co-20La（0.30mmol/g）＞70Co-30La（0.25mmol/g）＞La_2O_3（0.045mmol/g），其结果与低温还原性顺序不一致。为了更深入、更直观地了解低温还原性，对初始耗氢速率进行了评估。如图 6.15（b）所示，发现纯 La_2O_3 在这个温度范围内几乎没有 H_2 消耗，但是纯 Co_3O_4 表现出较低的耗氢速率，说明后者的低温还原能力优于前者。耗氢速率的下降顺序为 80Co-20La＞90Co-10La＞70Co-30La＞Co_3O_4。3 种 Co-La 催化剂的耗氢速率明显高于纯 Co_3O_4，进一步证明了 CoO_x 与 LaO_x 的协同作用可以改善低温还原性。其中，80Co-20La 为最优，说明适量 LaO_x 的添加可以改变 CoO_x 与 LaO_x 协同作用的程度，也是低温还原性的重要影响因素。

此外，如图 6.15（c）所示，3 种 Co-La 催化剂上的 $LaCoO_3$ 钙钛矿还原区域的曲线面积不同。80Co-20La 最大，其次是 70Co-30La、90Co-10La。这个结果进一步表明，80Co-20La 具有更多的 $LaCoO_3$ 钙钛矿形成，这与 XRD 结果一致。

6.2.2.4 催化性能

La_2O_3、Co_3O_4、90Co-10La、80Co-20La 和 70Co-30La 催化剂的甲苯转化率和 CO_2 选择性与温度的曲线如图 6.16 所示。甲苯转换率为 10%、50%、90%时的温度（T_{10}、T_{50} 和 T_{90}）与 CO_2 生成量为 90%的温度（T_C）分别总结在表 6.7 中。

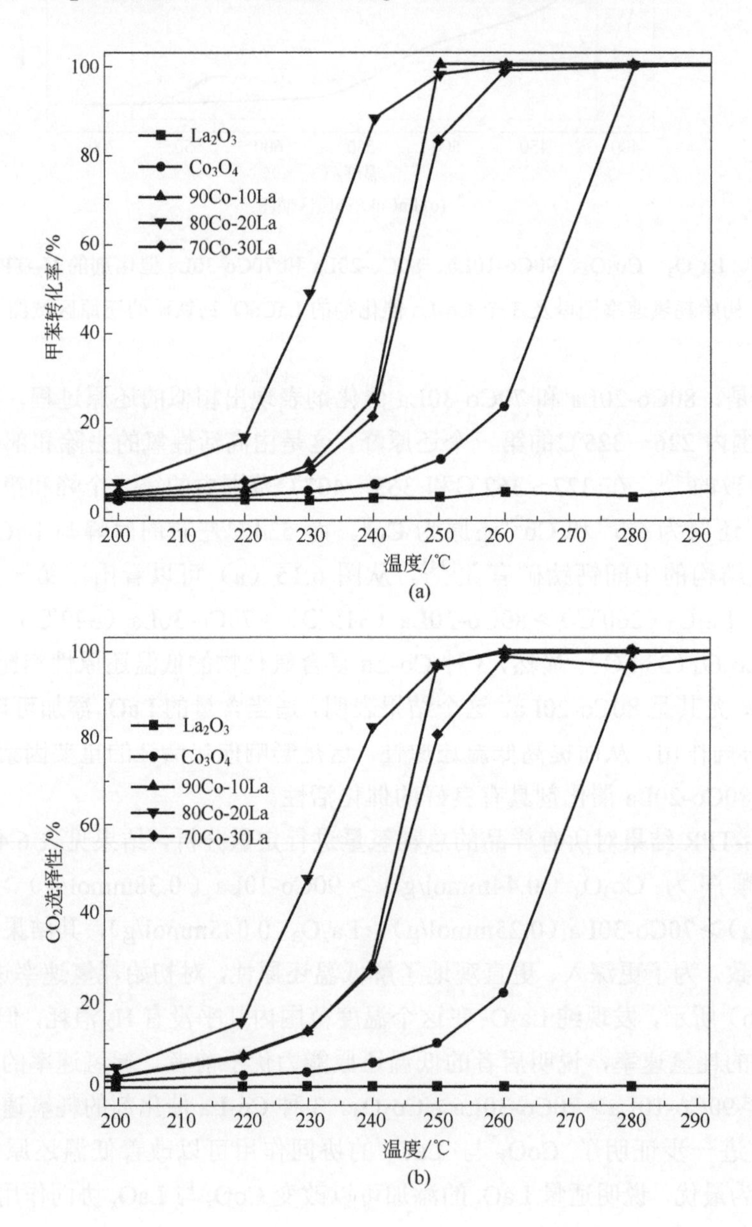

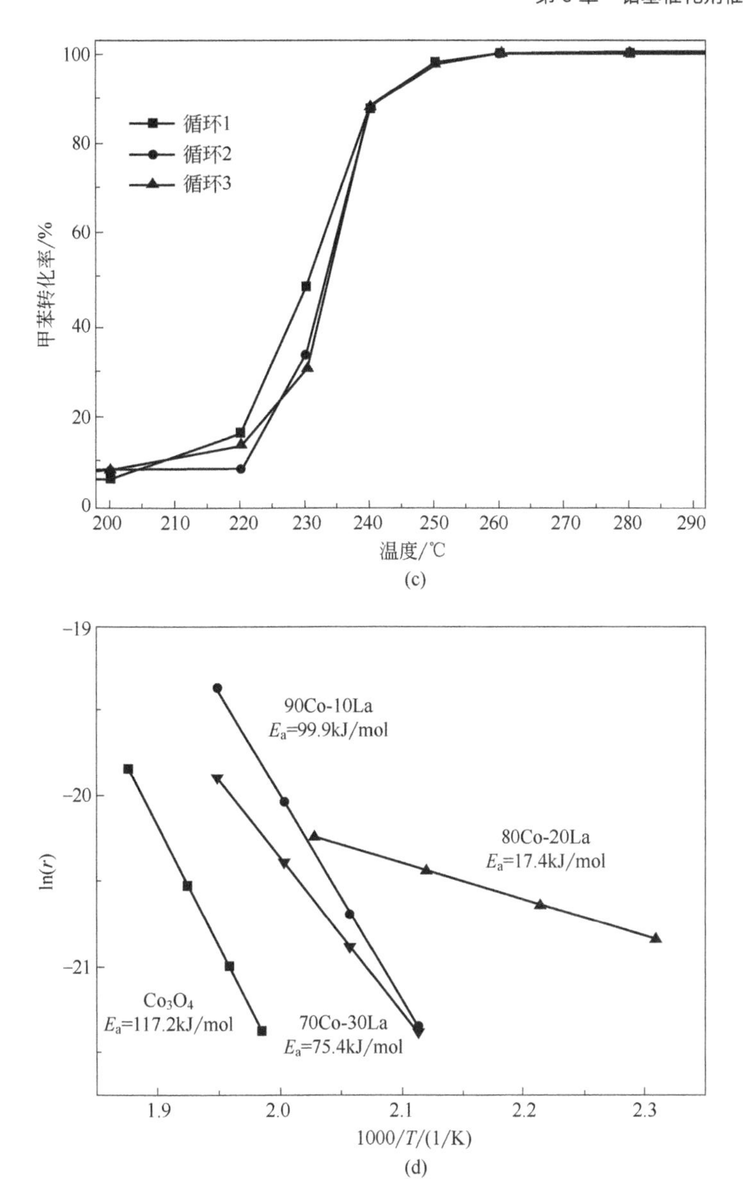

图 6.16　La_2O_3、Co_3O_4和 3 个 Co-La 催化剂的甲苯转换率-温度图、CO_2选择性-温度图、80Co-20La 催化剂的 3 次循环使用图和催化氧化甲苯的阿伦尼乌斯图

表 6.7　La_2O_3、Co_3O_4和 Co-La 催化剂催化氧化甲苯的 T_{10}、T_{50}、T_{90}和 T_C反应温度值

催化剂	T_{10}/℃	T_{50}/℃	T_{90}/℃	T_C/℃	R_s（220℃下）/[mmol/(h · m^2)] ①	E_a /（kJ/mol）
Co_3O_4	246	267	277	277	8.3×10^{-4}	117.2
90Co-10La	229	243	248	249	1.1×10^{-3}	99.9
80Co-20La	207	230	242	245	2.0×10^{-3}	17.4
70Co-30La	230	245	254	255	1.1×10^{-3}	75.4
La_2O_3	—	—	—	—	—	—

续表

催化剂	T_{10}/℃	T_{50}/℃	T_{90}/℃	T_C/℃	R_s（220℃下）/[mmol/(h·m²)]①	E_a /（kJ/mol）
Ag-CoAlO	267	293	300	—	—	—
Pt-CoAlO	254	282	289	—	—	—

① 反应温度在220℃时的比反应速率。

从图6.16（a）可以看出，在Co_3O_4和3个Co-La催化剂上，甲苯的转化率随着温度的升高而单调增加，而氧化镧几乎没有变化。催化活性降低的顺序为80Co-20La＞90Co-10La＞70Co-30La＞Co_3O_4＞La_2O_3。80Co-20La对氧化甲苯表现出最佳的催化活性（T_{10}=207℃、T_{50}=230℃和T_{90}=242℃），远远高于贵金属改性钴基催化剂（Ag-CoAlO和Pt-CoAlO[10]总结在表6.7）。显然，3个Co-La催化剂的催化活性远高于单一氧化物Co_3O_4和La_2O_3的活性。从图6.16（b）和表6.7可以明显看出，90%的CO_2生成量的温度与T_{90}基本一致。说明大部分VOCs分子直接转化为CO_2和H_2O，没有产生不理想的副产物。80Co-20La催化剂上，T_C的温度为245℃，说明该催化剂具有优秀的深度氧化能力。

催化剂的稳定性是工业应用的重要标准。因此，以连续3次运行80Co-20La来测量循环使用性能，如图6.16（c）所示。可以清楚地发现，在连续3个循环测量后样品的甲苯转化率几乎没有差异，这说明80Co-20La具有优秀的稳定性和耐久性。

图6.16（d）为Co_3O_4和3种Co-La催化剂在20%以下甲苯转化时的阿伦尼乌斯图，表观活化能（E_a）通过斜率计算列在表6.7中。结果发现，随着反应温度的升高，反应速率（r）升高，反应速率最大的是80Co-20La，说明其拥有最佳的催化活性。普遍认为，E_a值越低，甲苯越容易被氧化。E_a值以Co_3O_4（117.2kJ/mol）＞90Co-10La（99.9kJ/mol）＞70Co-30La（75.4kJ/mol）＞80Co-20La（17.4kJ/mol）的顺序下降，这也验证了80Co-20La催化剂具有良好的活性，这与甲苯转化率和比反应速率（R_s）的结果一致。

以上结果表明，CoO_x与LaO_x的协同效应直接影响催化活性，适量添加LaO_x更有利于甲苯的催化燃烧反应。

6.2.3 讨论

众所周知，活性物质的氧化还原在催化氧化甲苯中起着至关重要的作用，这与反应物的吸附/氧化行为有关。其中，Co基催化剂上的Co^{2+}和O_{ads}物种为主要的活性相。为了获得活性物种和催化活性之间直观的分析图，Co_3O_4和3个Co-La催化剂的T_{10}、T_{50}和T_{90}与Co^{3+}/Co^{2+}的关系图及低温还原性与O_{ads}/O_{latt}和O的关系图分别见图6.17。

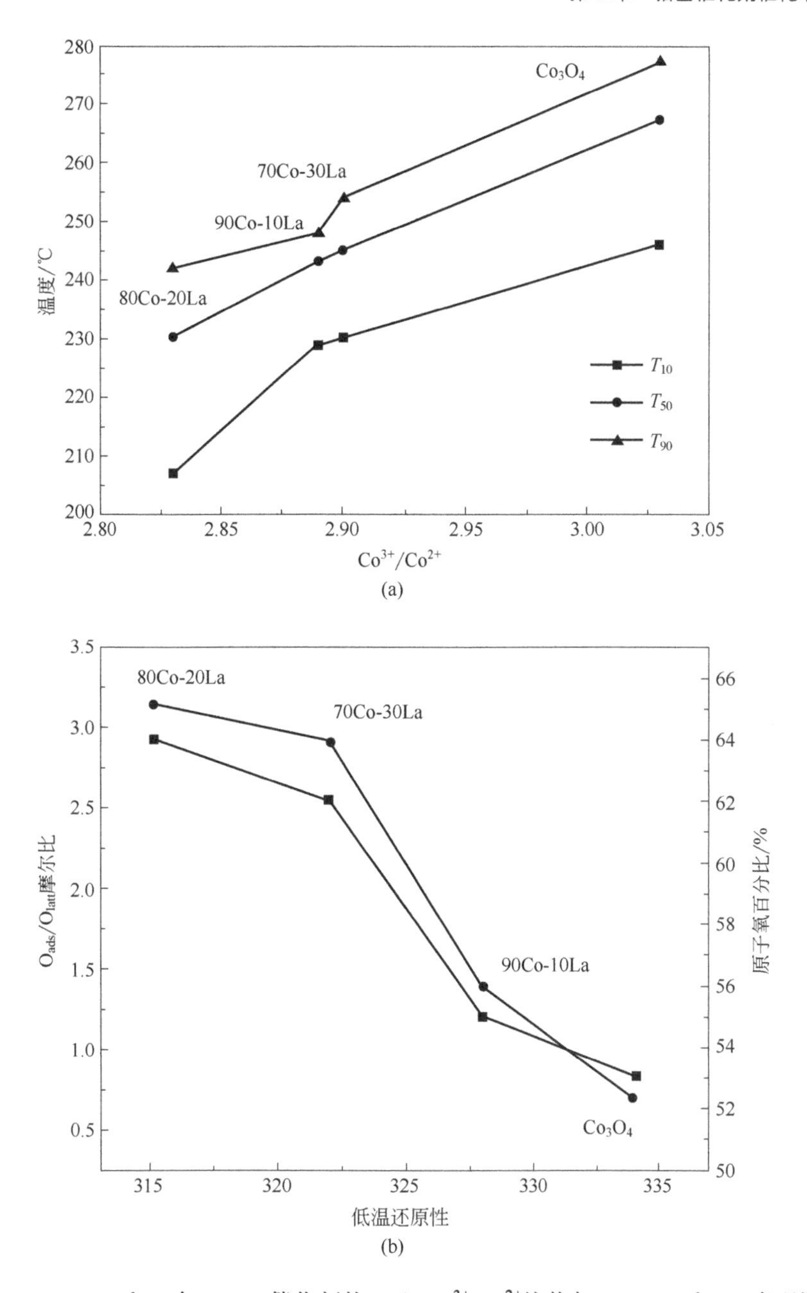

图 6.17 Co_3O_4和 3 个 Co-La 催化剂的（a）Co^{3+}/Co^{2+}比值与 T_{10}、T_{50}和 T_{90}直观图和（b）O_{ads}/O_{latt}和原子氧百分比与低温还原性的关系图

可以明显看出，T_{10}、T_{50}、T_{90}随着 Co^{3+}/Co^{2+}比值的减小而减小。由此可见，更多的表面 Co^{2+}物种有利于甲苯的氧化，这与催化性能直接相关。Yi 等[61]和 Li 等[62]研究发现，根据电中性理论，丰富的 Co^{2+}物种可以提高氧空位的浓度。此外，高浓度的 Co^{2+}能促进氧空位离催化剂表面更近，更有利于表面催化反应的发生。结合 H_2-TPR 和图 6.17 结果可以看出，80Co-20La 催化剂表现出最佳的低温还原行为，与较高的 O_{ads} 浓度是相关的。因为低温时吸附氧可以迅速被去除，从而有利于低温活性。以上

结果进一步表明，CoO_x与LaO_x的协同作用可以有效提高催化剂的催化活性。

6.2.4 小结

本节通过共沉淀法制备了La_2O_3、Co_3O_4、90Co-10La、80Co-20La和70Co-30La催化剂，并通过催化燃烧甲苯进行了性能评估。结果表明，Co-La复合氧化物的催化性能优于单一的La_2O_3和Co_3O_4催化剂，其中80Co-20La催化剂拥有最佳的T_{10}（207℃）、T_{50}（230℃）、T_{90}（242℃）和CO_2选择性（245℃），说明适量LaO_x的加入更有利于增强协同效应。同时，它表现出最大的反应速率［R_s=2.0×10^{-3}mmol/（h·m^2）］和最小的表观活化能（E_a=17.4kJ/mol），说明甲苯氧化反应更容易发生在80Co-20La催化剂表面。表征分析结果表明，LaO_x掺入Co_3O_4尖晶石结构中，可以大大提高钴物种的分散性，抑制Co_3O_4晶相的生长，而晶体尺寸的减小会增加晶格缺陷的数量。Co-La催化剂上$LaCoO_3$钙钛矿的形成有助于催化性能的提高。此外，由于LaO_x和CoO_x的强相互作用，S_{BET}、表面活性物种数量以及低温还原性均有所增加，从而导致催化氧化甲苯的活性被提高。

6.3 合成方法对Co-La催化剂去除甲苯的物化性能和氧化还原能力的影响

6.3.1 合成方法改性La-Co-O_x催化剂研究现状

之前的研究中，笔者发现不同金属M（La、Mn、Zr和Ni）改性钴基催化剂催化氧化甲苯的过程中，Co-La催化剂由于拥有更多的活性物种和低温还原性而表现出更卓越的催化性能。通过调变钴、镧氧化物的质量比合成的Co-La系列（Co_3O_4、La_2O_3、90Co-10La、80Co-20La和70Co-30La）催化剂中，80Co-20La展现了更优异的催化活性，因为加入适量的LaO_x可以大大提高钴物种的分散性，增加晶格缺陷的数量，以及更有利于$LaCoO_3$钙钛矿的形成，增强LaO_x和CoO_x协同效应从而提高催化氧化甲苯的能力。研究发现，不同的制备方法可以影响催化剂的分散性、氧化还原能力以及活性组分与载体的相互作用，从而进一步影响催化性能[37]。Khodakov等[63]发现浸渍法广泛应用于负载型催化剂的合成，但这种方法会导致催化剂结块和差的分散性。而Xu等[64]研究报道通过原位生长方法制备可以提高催化剂表面活性镍的分散性。Chu等[65]通过等离子体辅助法制备的CoPt-Al_2O_3催化剂具有较高的钴分散性和还原性。Wang等[66]发现通过浸渍和燃烧合成法制备的Co_3O_4/γ-Al_2O_3催化剂具有更好的催化活性。研究报道，在较低的温度下，Co_3O_4的分散性可以促进表面Co^{3+}的迁移率和Co^{2+}与Co^{3+}之间的氧化还原循环。因此，研究不同合成方法对Co-La催化剂活性组分与载体间相互作用的影响是必要的。本研究中，分别采用溶胶-凝胶法（SG）、共沉淀法（CP）、一锅法（OP）和浸渍法（IM）合成了一系列Co-La催化剂。通过XRD、BET、XPS、

TPR、TPD 等技术对催化剂进行了表征，研究不同制备方法对催化剂微观结构和氧化还原性能的影响。同时，利用热重分析技术（TG）进一步探讨了材料的热稳定性。

6.3.2　催化剂的微观结构、表面物种及化学价态对催化剂性能的影响

6.3.2.1　催化性能

SG、CP、OP 和 IM 样品催化氧化甲苯的催化性能如图 6.18 所示，甲苯转化率为 10%、50%和 90%的温度（T_{10}、T_{50} 和 T_{90}）如表 6.8 所列。

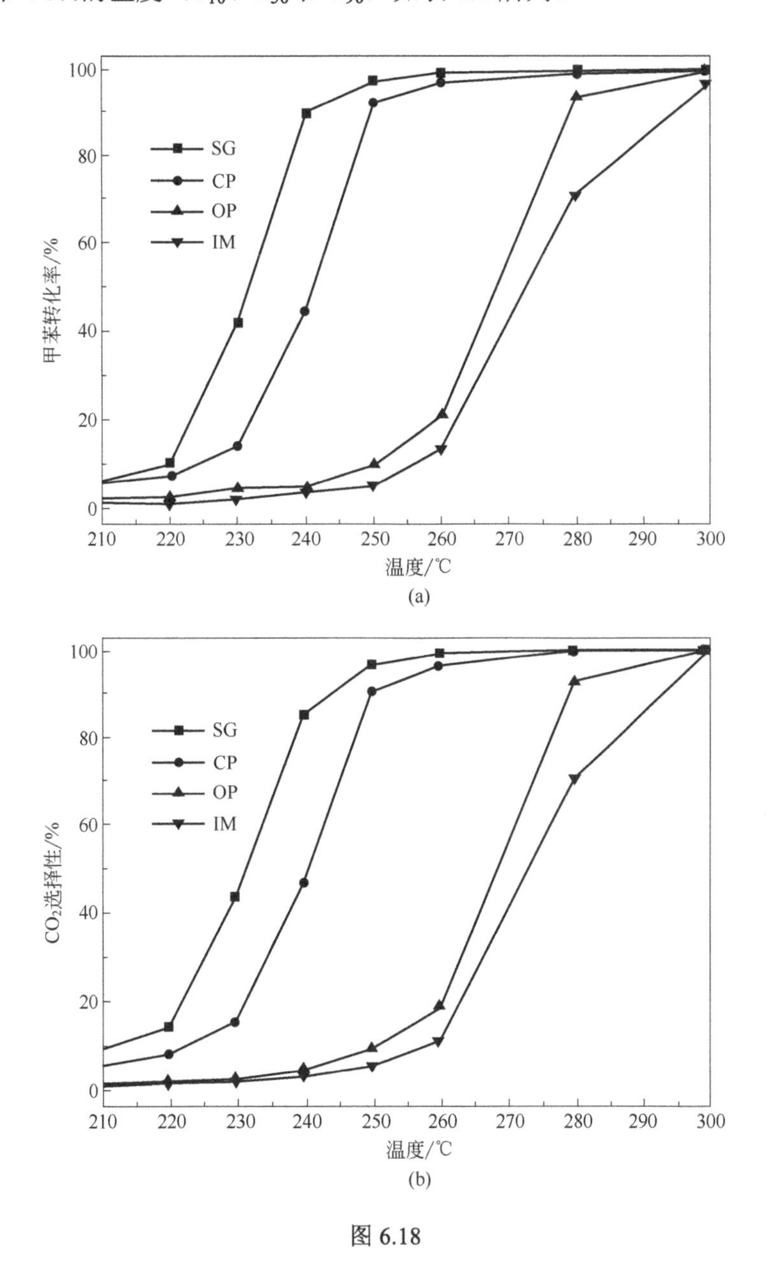

图 6.18

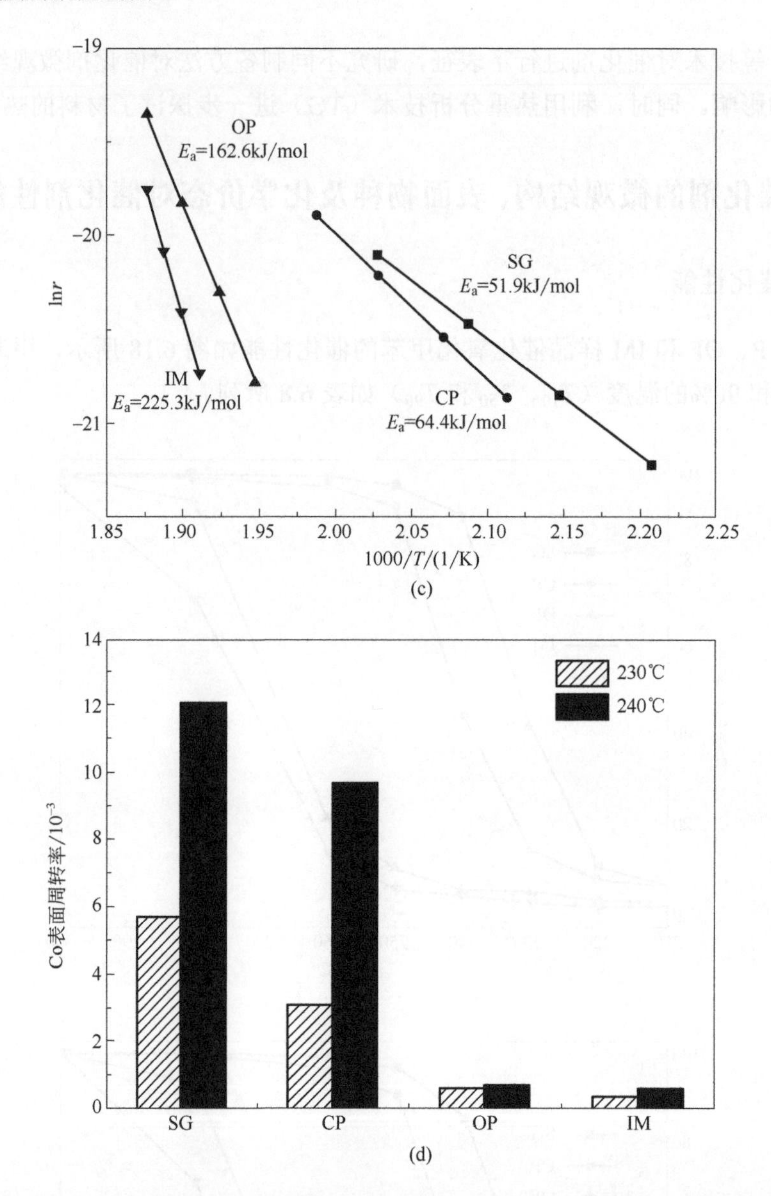

图 6.18　SG、CP、OP 和 IM 催化剂的甲苯转化率、CO_2 选择性、甲苯氧化的阿伦尼乌斯和基于表面钴物种在 230℃和 240℃时的表面周转率

从图 6.18（a）和表 6.8 可以发现催化剂活性顺序为 IM＜OP＜CP＜SG。结果表明，SG 催化剂的催化活性最好，T_{10}、T_{50} 和 T_{90} 分别为 219℃、231℃和 240℃。甲苯几乎完全氧化的温度低于 258℃。从图 6.18（b）中可以看出，与 CP、OP 和 IM 相比，SG 样品的 CO_2 选择性最佳。此外，结合图 6.18（a）和（b）可以发现，所有催化剂的甲苯转化温度和生成 CO_2 的温度几乎相同，说明催化燃烧过程中没有生成副产物。这些结果表明，催化剂的合成方法对催化性能有明显的影响。

为了研究各催化剂的固有催化性能，分别对 SG、CP、OP 和 IM 样品进行了甲苯转化率低于 20%时的阿伦尼乌斯计算，如图 6.18（c）所示，表观活化能（E_a）结果见

表6.8。之前的研究报道甲苯的催化燃烧遵循一级反应机理，合理的假设存在过量的氧（O_2浓度为 20%）[67]。因此，表观活化能（E_a）计算公式为[26]：

$$r=-kc=\left[-A\exp\left(\frac{E_a}{RT}\right)\right]c$$

式中　r——反应速率，mol/（g・s）；

k——速率常数，s^{-1}；

c——甲苯浓度，mol/g；

A——指数前因子。

E_a值由小到大分别为 SG（51.9kJ/mol）＜CP（64.4kJ/mol）＜OP（162.6kJ/mol）＜IM（225.3kJ/mol），与催化活性结果是一致的。E_a值越低，说明在 SG 催化剂上甲苯氧化反应越容易发生。因此，SG 催化剂具有最佳的催化性能和 CO_2的选择性。

周转率（TON）是指每个活性位点上每分钟发生的反应周期，是测定氧化反应的基础指标[68]。所有催化剂根据表面 Co 含量分别计算在 230℃和 240℃时的 TON 值，直方图如图 6.18（d）所示。TON 值的顺序由大到小为：SG＞CP＞OP＞IM，这与催化活性是一致的。结果表明，不同的合成方法对 TON 有明显的影响，这可能是由于其微观结构和氧化还原能力发生了变化。综上所述，SG 催化剂无论是在低甲苯转化率还是高甲苯转化率都表现出最高的 TON 值，因此 SG 催化剂对甲苯的催化燃烧表现出最佳的催化能力。

6.3.2.2　XRD、BET 和 Raman 分析

SG、CP、OP 和 IM 法制备的 Co-La 样品的 XRD 图谱如图 6.19 所示。所有样品的晶体结构和对称性均可参考国际衍射数据中心（ICDD）数据库中的标准粉末衍射文件（PDF）被推导出。如图 6.19（a）所示，所有样品均在 2θ 为 19.0°、31.5°、36.9°、38.7°、44.8°、55.8°、59.3°、65.3°、77.6°和 78.1°的位置表现出特征峰，归属于 Co_3O_4 晶相（JCPDS PDF # 43-1003）[55]。值得注意的是除了 SG 催化剂，所有样品在 29.6°附近发现了 $La(OH)_3$ 晶相，这一现象说明镧在 SG 催化剂上具有良好的分散性，并进入 Co_3O_4 晶格内[53]。此外，SG 和 CP 样品均在 33.0°、40.9°、47.5°和 69.7°的位置检测到 $LaCoO_3$ 钙钛矿晶体相，而 OP 和 IM 催化剂没有发现明显的钙钛矿晶体相。根据容差因子（t）可以计算出所有 Co-La 催化剂都可以形成 $LaCoO_3$ 钙钛矿晶相[24]。具体的计算结果可以查看本书 6.1.2.1 中 XRD 部分。该结果表明制备方法或合成过程的参数控制可能影响 $LaCoO_3$ 钙钛矿的结晶度[69]。

从图 6.19（a）和（b）中可以看出，Co_3O_4 的衍射峰强度按 SG＜CP＜OP＜IM 的顺序逐渐变宽变弱，说明 SG 样品具有较低的结晶度和较高的分散性。根据谢勒方程，可以计算 Co_3O_4 晶相的平均晶粒尺寸（S/nm），如表 6.8 所列。结果发现 SG 催化剂的晶粒尺寸最小（9.8nm），而 CP、OP 和 IM 催化剂的晶粒尺寸分别为 21.8nm、36.3nm 和 53.5nm。通常较低的晶体尺寸代表更多的晶格缺陷，它可以促进内部原子的暴露和

形成较大的表面积[70]。从图 6.19（b）在 36°～38°范围放大的 XRD 谱图中可以看出，相比于 IM 样品，SG、CP 和 OP 样品的 Co_3O_4 的衍射峰位置向高值方向移动。衍射峰的明显移动解释了 Co 物种被 La 取代，这可以证明 LaO_x 进入 Co_3O_4 骨架中形成固溶体[71]。据报道，固溶体的形成可以提高氧的迁移率和吸附/解吸能力，增加更多的氧空位，从而提升催化氧化甲苯的能力[72-73]。在之前的研究中发现 IM 催化剂衍射峰的位置与纯 Co_3O_4 相比几乎是一致的，如图 6.19（c）所示。这一现象表明，在 IM 催化剂中几乎没有形成固溶体。Saqer 等[74]通过浸渍法制备了 MnO_x-CuO 混合氧化物，也发现了类似的情况。这些研究说明，浸渍法很难形生固溶体，从而导致较低的催化活性。

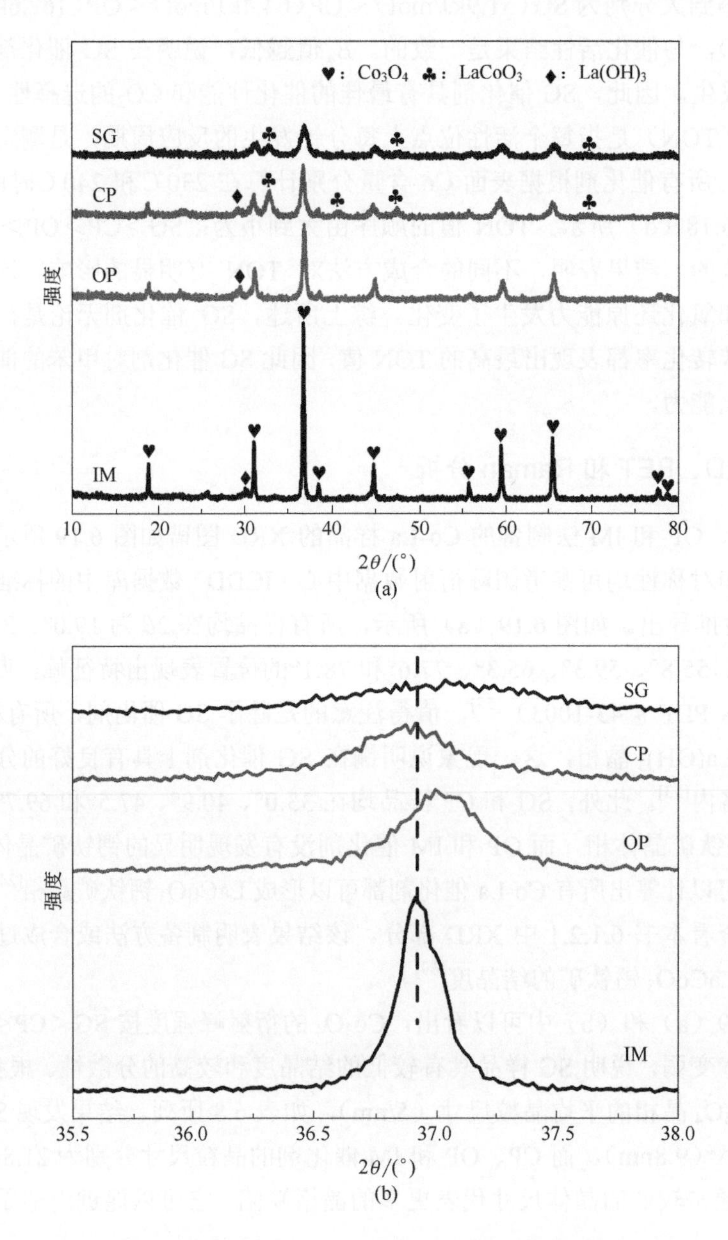

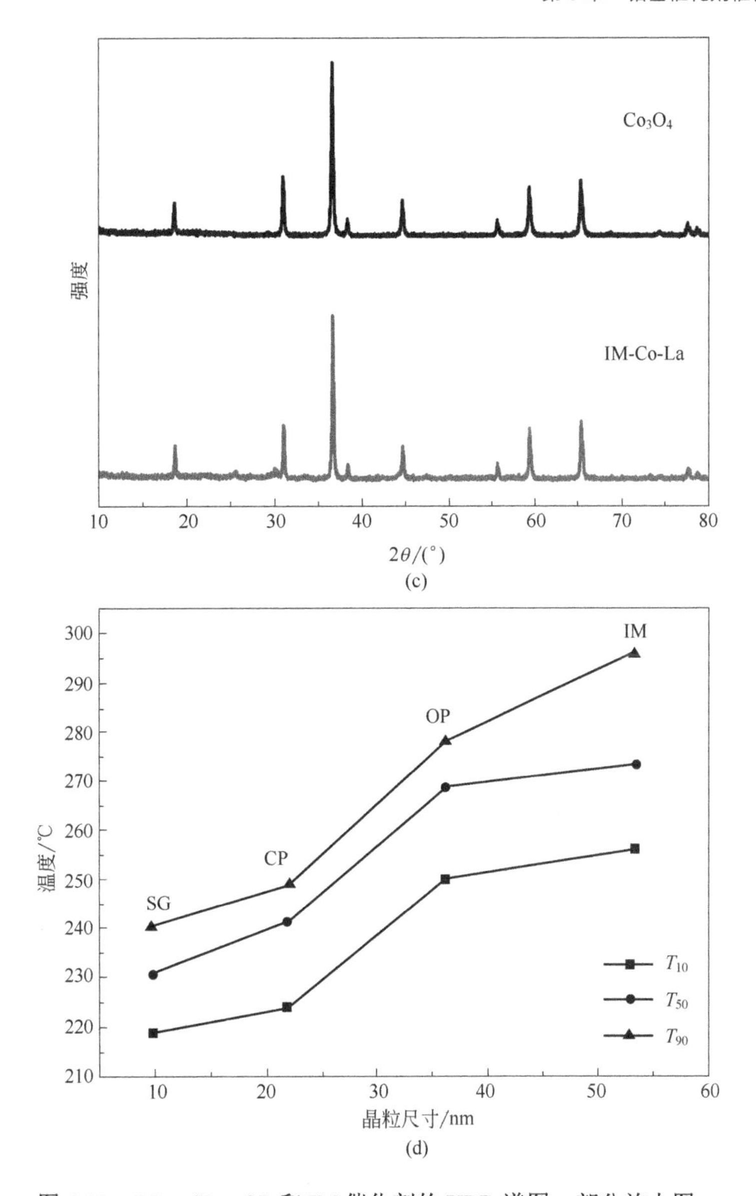

图 6.19　SG、CP、OP 和 IM 催化剂的 XRD 谱图，部分放大图，Co_3O_4和 IM 样品的 XRD 谱图以及 T_{10}、T_{50} 和 T_{90} 和晶粒尺寸的关系图

表 6.8　催化剂的催化活性和物理性能

催化剂	转化温度/℃			结构参数			XRD/Co_3O_4	E_a/（kJ/mol）
	T_{10}	T_{50}	T_{90}	S_{BET}/（m^2/g）	V_p/（cm^3/g）	D_p/nm	S/nm	
IM	256	273	296	16.6	0.116	26.1	53.5	225.3
OP	250	268	278	12.6	0.083	20.6	36.3	162.6
CP	224	241	249	40.8	0.311	26.3	21.8	64.4
SG	219	231	240	41.4	0.127	9.6	9.8	51.9
SG-240	—	—	—	—	—	—	11.4	
SG-270	—	—	—	—	—	—	9	

从图 6.19（d）可以观察到，所有样品中的平均晶体尺寸与催化活性（T_{10}、T_{50} 和 T_{90}）之间存在直接的线性关系，SG 催化剂的晶粒尺寸最小，催化活性最佳。这说明溶胶凝胶法制备的催化剂中 CoO_x 与 LaO_x 的协同效应更强，同时 Co 氧化物在 SG 催化剂表面的分散性更高。综上所述，XRD 结果证实了不同的制备路线可以产生不同的晶体结构和性能参数，进而影响催化活性。

IM、OP、CP 和 SG 催化剂的 N_2 吸脱附等温线和孔径分布见图 6.20，比表面积（S_{BET}）、孔容积（V_p）和平均孔直径（D_p）总结在表 6.8 中。

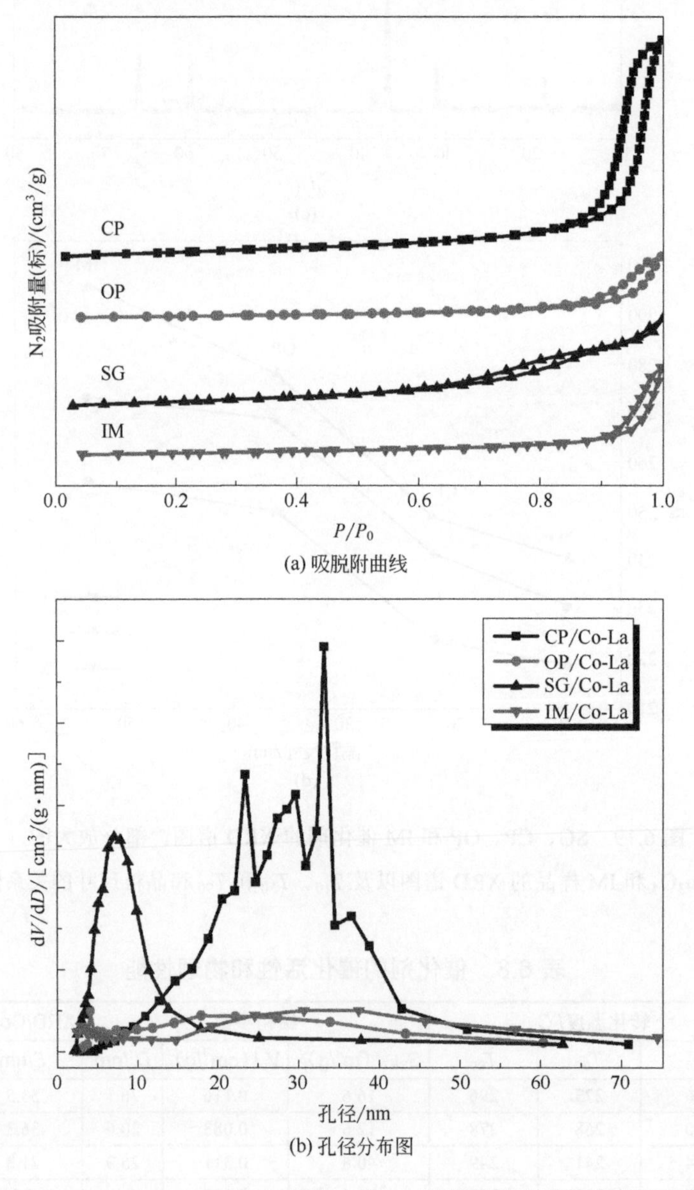

图 6.20　IM、OP、CP 和 SG 催化剂的 N_2 吸脱附等温线和孔径分布图

如图 6.20（a）所示，根据 IUPAC 分类，所有催化剂均表现出 H_3 型迟滞回线的Ⅳ

型等温线，说明存在介孔结构[75]，图 6.20（b）中孔径分布也证实了介孔结构的形成。CP、OP 和 IM 样品的孔径分布较宽，分布范围为 2～60nm，而 SG 催化剂表现出较窄的介孔范围（2～20nm）处，因此 SG 的平均孔径较小（9.6nm），这与它的滞后环向更低的 P/P_0 值的变化是一致的。从表 6.8 中发现，SG 催化剂的比表面积最大，其值为 41.4m²/g，这可以增加催化剂表面更多活性位点的暴露[76]，从而有利于催化氧化反应的发生。

众所周知，催化剂的比表面积（S_{BET}）是挥发性有机化合物催化燃烧的关键影响因素。从图 6.21（a）可以看出，随着比表面积的减小，SG 和 CP 催化剂的 T_{50} 和 T_{90}

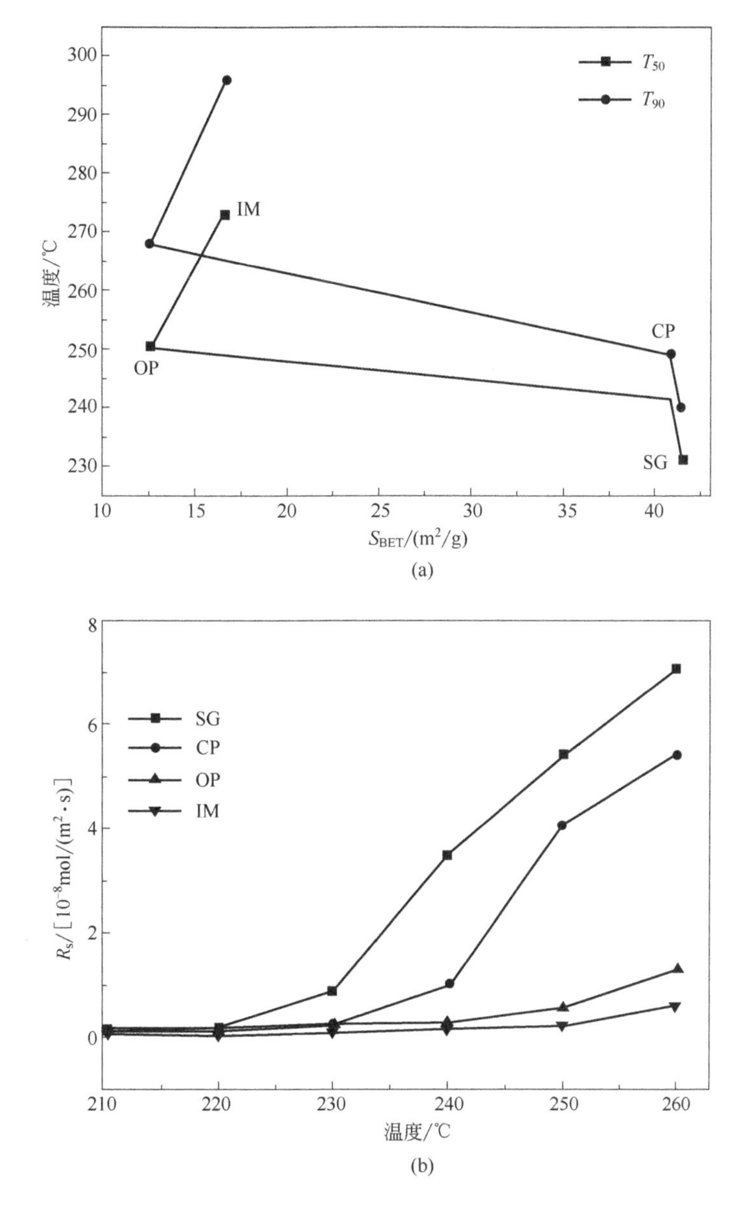

图 6.21　SG、CP、OP 和 IM 催化剂的 T_{50} 和 T_{90} 与表面积的关系图以及温度在 210～260℃时的反应速率图

值逐渐增大。而 OP 和 IM 样品的 T_{50} 和 T_{90} 与 S_{BET} 的关系与催化活性的顺序不一致。因此，为了更精确地评估催化活性的影响因素，反应速率（R_s）通过 S_{BET} 进行了归一化计算，与反应温度的相关曲线如图 6.21（b）所示。在 220℃以下，各样品的催化性能基本相同；但随着温度的升高，SG 催化剂的活性明显高于 CP、OP 和 IM。反应速率（R_s）值的顺序为 SG＞CP＞OP＞IM，这与甲苯转化的趋势相吻合。这些结果表明，较大的比表面积有利于催化氧化反应的发生；但比表面积并不是影响催化性能的唯一因素。综上所述，不同的制备方法会改变催化剂的物理性质，从而影响催化氧化甲苯的催化性能。

为了深入了解催化剂的结构，对 SG、CP、OP 和 IM 的 Raman 谱图进行了研究和讨论，如图 6.22 所示。在所有催化剂上共出现 5 个拉曼峰（$A_{1g} + E_g + 3F_{2g}$），分别位于 $192cm^{-1}$、$480cm^{-1}$、$521cm^{-1}$、$614cm^{-1}$ 和 $688cm^{-1}$，是由 Co_3O_4 结构振动引起的[77]。没有发现其他杂质峰，说明掺杂的镧均匀分散在催化剂表面。$688cm^{-1}$ 处的 A_{1g} 峰归属于 Co_3O_4 尖晶石的 CoO_6 位点的振动，对晶格缺陷较敏感[78]。值得注意的是，SG 和 CP 样品的 A_{1g} 峰相对于 IM 催化剂轻微的向更高的位置移动，说明晶体畸变会产生更多的晶格缺陷，产生更多的活性氧，从而提高催化剂的催化性能[62]。同时，所有拉曼峰均随 IM＜OP＜CP＜SG 的顺序逐渐变宽变弱。这是一种尺寸依赖的现象，通常在纳米颗粒中观察到，可以用非均匀应变展宽和声子约束来解释。所得结果与 XRD 结果的平均晶粒尺寸顺序一致。该结果说明 SG 催化剂具有最弱的 Co—O 键强度，可以提高晶格氧的活性[79]。拉曼测量结果进一步证明不同的制备方法会改变催化剂的微观结构，进而影响挥发性有机物的催化燃烧活性。

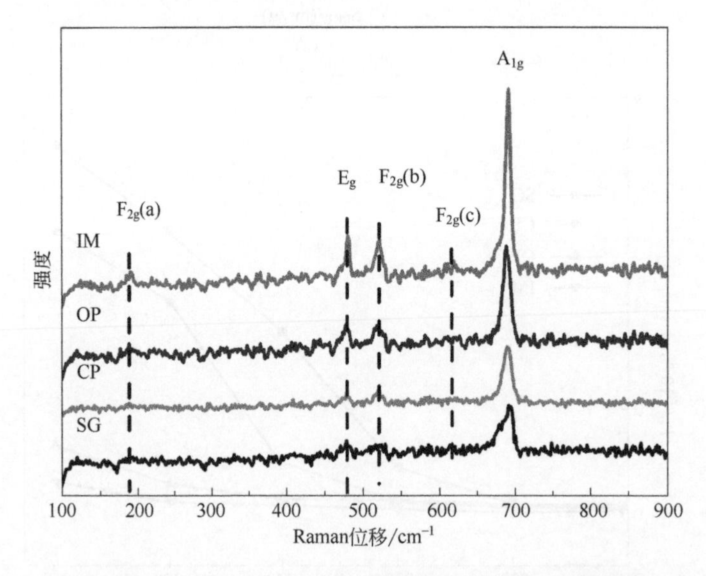

图 6.22　SG、CP、OP 和 IM 催化剂的 Raman 图谱

6.3.2.3　XPS 分析

为了考察催化剂的表面状态，所有催化剂的 XPS 谱图如图 6.23 所示，而 Co^{3+}/Co^{2+}、

O_{ads}/O_{latt} 的比值以及 Co、O、La 3 种元素的原子量列于表 6.9。

图 6.23（a）显示了 Co 2p 的光谱图，所有催化剂均可分解为两部分，结合能为 779.2eV 和 781.1eV 的峰分别代表 Co^{3+}和 Co^{2+}[80]。SG 样品拥有最高的 Co^{3+}/Co^{2+}比值（3.31），有报道称更多的 Co^{3+}可以增加表面氧空位密度[81]。如图 6.23（b）所示，将 O 1s 的 XPS 谱分解为两部分，529.2 eV 附近的峰对应于表面晶格氧（O_{latt}），而 531.0 eV 的峰对应于表面吸附氧（O_{ads}）[82]。如表 6.9 所列，CP 样品的 O_{ads}/O_{latt} 值最高（3.10），其次是 SG 催化剂（1.93）。其中 O_{ads} 是主要的活性物种，更有利于催化活性的提高。由表 6.9 可知，CP（63.77%）的氧原子含量高于 SG（56.16%）、OP（56.22%）和 IM（56.22%），

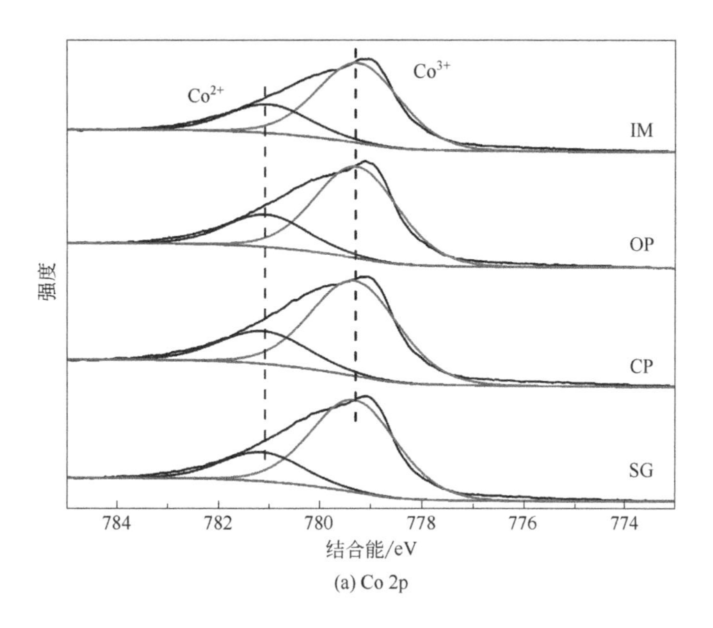

(a) Co 2p

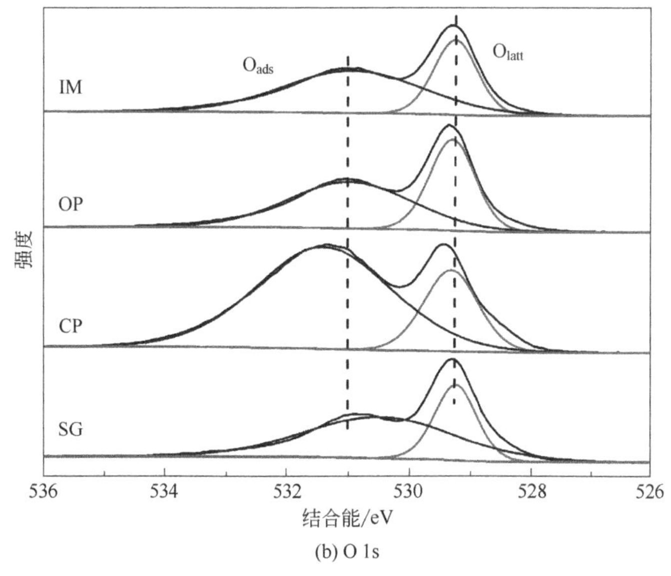

(b) O 1s

图 6.23

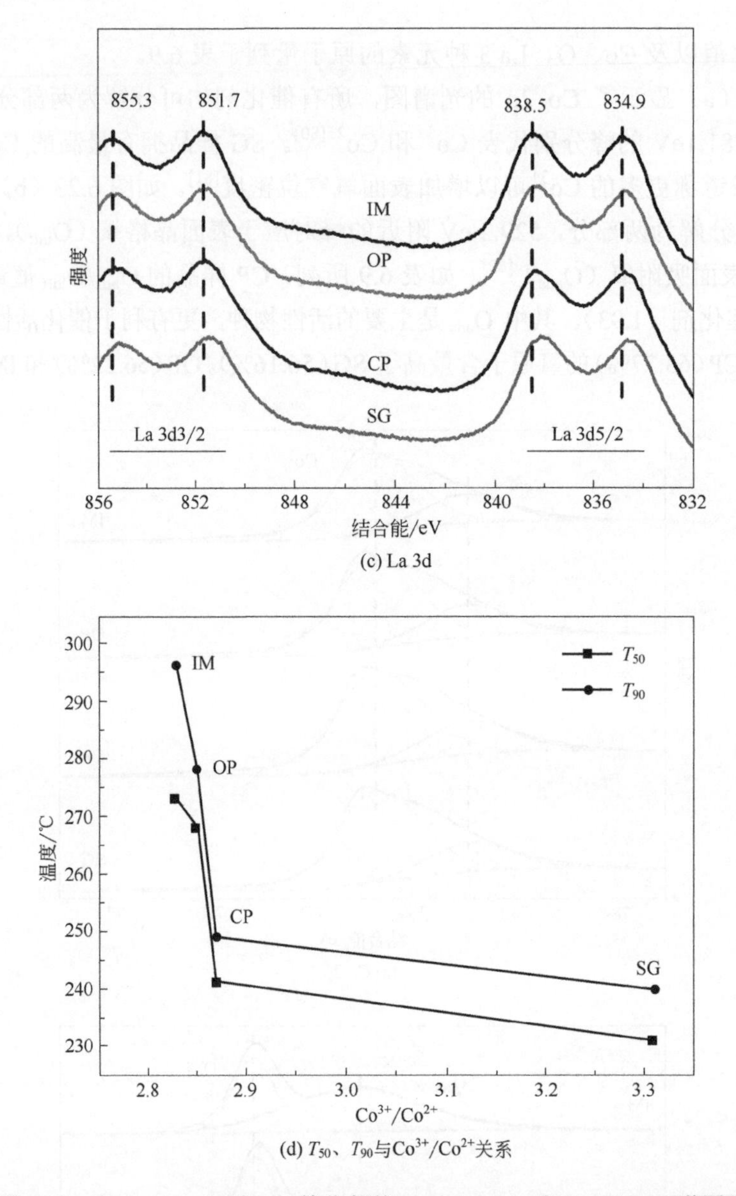

(c) La 3d

(d) T_{50}、T_{90}与Co^{3+}/Co^{2+}关系

图 6.23 SG、CP、OP 和 IM 催化剂的 Co 2p、O 1s 和 La 3d XPS 谱图和 T_{50}和T_{90}与Co^{3+}/Co^{2+}比值的关系图

这与 O_{ads}/O_{latt} 比值的顺序一致。说明 CP 催化剂表面有更多的可用氧。图 6.23（c）显示了所有样品的 La 3d 谱图，被反褶分为两个峰，851.7eV 和 855.3eV 的峰为 La 3d3/2，而 834.9eV 和 838.5eV 的峰为 La 3d5/2。可以计算出所有样本的 La 3d 能级的自旋轨道差值为 16.7。这一结果表明所有 Co-La 样品中 La 物种的价态是三价[57]。

活性组分 Co^{3+}是催化氧化甲苯的重要因素。从图 6.23（d）可以看出，在 SG、CP、OP 和 IM 催化剂中，T_{50} 和 T_{90} 值随着 Co^{3+}/Co^{2+}比值的增加而逐渐降低。结果表明，Co^{3+}浓度与甲苯转化率呈正相关。从 XRD、XPS 和 Raman 结果可以确定，氧化钴尖晶石结构同时具有 Co^{2+}和 Co^{3+}。通常八面体位置（Co^{3+}）是氧化反应的活性中心，它有利于电子转移过程中氧空位的形成，可以加速甲苯分子在催化燃烧反应中的吸附[83]。因此，Co^{3+}物种处于相对灵活的位置，可以作为吸附氧的中心，而形成活性氧物种是催化燃烧的前提。所以 SG 催化剂表面拥有丰富的 Co^{3+}浓度，从而表现出最佳的催化性能。综上所述，合成方法对催化剂表面活性组分含量和分散性有明显的影响，其中溶胶凝胶法更有易于表面 LaO_x 和 CoO_x 的相互作用，从而提高了催化活性。

表 6.9　SG、CP、OP 和 IM 催化剂的表面元素组成、耗氢量和反应速率

催化剂	XPS		原子占比/%			耗氢量 HC/（mmol/g）	R_s（220℃）/［10^{-8}mol/（$m^2 \cdot s$）］
	Co^{3+}/Co^{2+}	O_{ads}/O_{latt}	Co	O	La		
IM	2.83	1.80	17.58	56.22	4.56	0.38	0.04
OP	2.85	1.37	20.7	56.22	4.55	0.34	0.15
CP	2.87	3.10	12.94	63.77	4.59	0.30	0.13
SG	3.31	1.93	21.2	56.16	4.57	0.32	0.17

6.3.2.4　O_2-TPD 和 H_2-TPR 分析

为了研究催化剂中氧的种类和迁移率，通过 O_2-TPD 法对 SG、CP、OP 和 IM 催化剂进行测定。从图 6.24（a）可以看出，所有样品均在 100～400℃、600～750℃和 751～900℃区间内有 3 个解吸区。低温脱附峰与表面和/或表面氧空位的化学吸附氧有关，其中包括超氧化物和过氧离子 O_2^-和 O_2^{2-}/O^-[84]。通常表面/化学吸附氧是主要的活性氧，在低温下很容易被去除[85]。从图 6.24（b）中可以明显看出，SG 催化剂在低温（<400℃）下的解吸峰面积最大，说明 SG 催化剂表面化学吸附氧种类较多，氧结合能力最弱，更有利于催化氧化反应。中等温度区间的解吸峰归为表面晶格缺陷中的晶格氧（O^{2-}），而高温解吸峰归于体相晶格氧[86]。

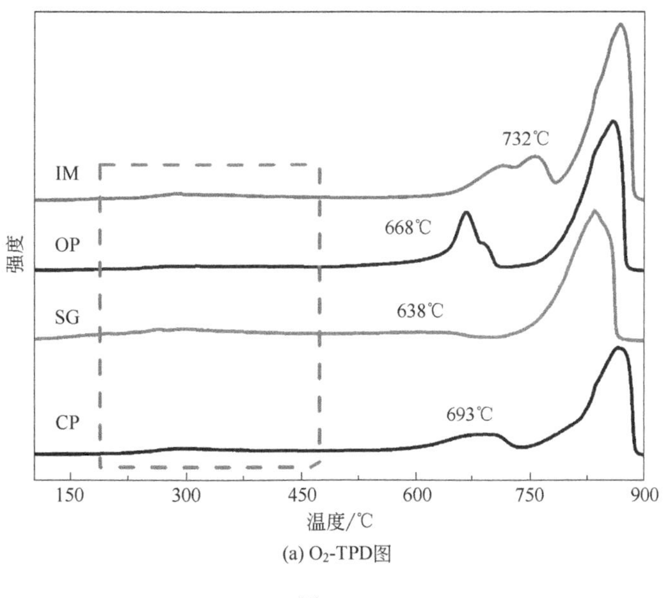

(a) O_2-TPD图

图 6.24

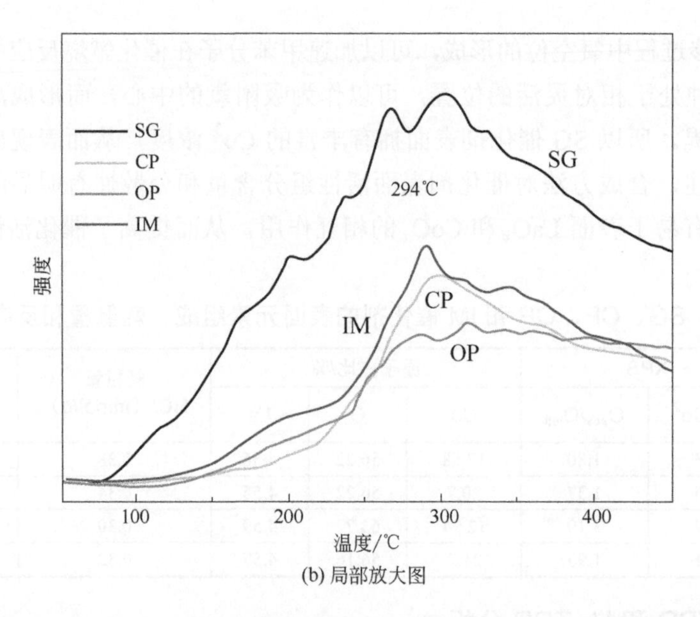

(b) 局部放大图

图 6.24 IM、OP、CP 和 SG 催化剂的 O_2-TPD 图和 50～450℃的局部放大图

据报道，氧化反应可能有两种机制，分别是同侧机制和/或内侧机制。前一个机理是作用在催化剂表面氧空位的吸附氧上，而后者是通过 Mars-van-Krevelen 氧化还原循环作用于晶格氧[22]。值得注意的是，SG 样品表面晶格氧解吸温度最低（638℃），说明 SG 催化剂具有较高的氧迁移率，可以快速补充消耗的气相氧，从而可以提高反应速率（R_s）。因此，在 220℃，甲苯转化率低于 20%时的 R_s 计算结果总结在表 6.9。发现反应速率的顺序为 SG［0.17×10^{-8}mol/（$m^2\cdot s$）］＞OP［0.15×10^{-8}mol/（$m^2\cdot s$）］＞CP［0.13×10^{-8}mol/（$m^2\cdot s$）］＞IM［0.04×10^{-8}mol/（$m^2\cdot s$）］，这个结果与表面晶格氧解吸温度的顺序是一致的。说明不同的制备方法对催化剂的吸附氧含量和氧迁移率有一定的影响。因此，SG 催化剂表现出最佳的催化活性与丰富的活性氧种类和较高的氧迁移率有关。

通过 H_2-TPR 实验测试了 SG、CP、OP 和 IM 样品的还原性，如图 6.25（a）所示。所有催化剂均表现出 4 个还原区间，其中 OP 和 IM 样品表现出相似的还原过程。前 3 个峰分别对应高价钴离子（Co^{3+}）还原为 Co_3O_4、Co_3O_4 还原为 Co^{2+}以及 Co^{2+}还原为 Co^0 的过程[87]。而 600℃左右的小峰对应 $LaCoO_3$ 钙钛矿还原为缺氧结构的中间钙钛矿的过程[24]。与 OP 和 IM 样品相比，CP 和 SG 催化剂的低温还原性明显提高。CP 样品的第一个还原峰温度为 316℃，这是由表面吸附氧被去除，部分 Co^{3+}被还原导致的[88]。XPS 结果证实 CP 催化剂具有更多的表面吸附氧（O_{ads}/O_{latt} 比值为 3.10），其他峰的还原过程与 OP 和 IM 样品一致。而 SG 样品的第一个还原峰温度为 206℃，这是由于表面化学吸附氧的与 H_2 发生反应所造成的。O_2-TPD 结果已证实 SG 催化剂具有更多的化学吸附氧。第二个峰属于 Co^{3+}的还原，其峰面积比其他 3 个样品更大，XPS 结果已经证实 SG 催化剂有更多的 Co^{3+}物种。第三个峰是 Co_3O_4 还原为 Co^{2+}、Co^{2+}还原为 Co^0

的过程。而 586℃左右的肩峰则与 $LaCoO_3$ 钙钛矿的还原有关。

所有催化剂的总耗氢量列于表 6.9，其顺序为 IM＞OP＞SG＞CP，这与低温还原性和催化活性不一致，说明总耗氢量不是影响催化性能的主要因素。利用初始耗氢速率（甲苯转化率＜20%）来评价催化剂的低温还原性能是更好的方法。如图 6.25（c）所示，低温还原性的顺序为 IM＜OP＜CP＜SG，这与催化活性的顺序一致。H_2-TPR 结果表明，低温还原性是影响催化活性的重要因素，制备方法通过影响催化剂的活性物种（Co^{3+}和吸附氧）数量，从而改变催化剂的还原性能，其中溶胶凝胶法更有利于低温还原性能。

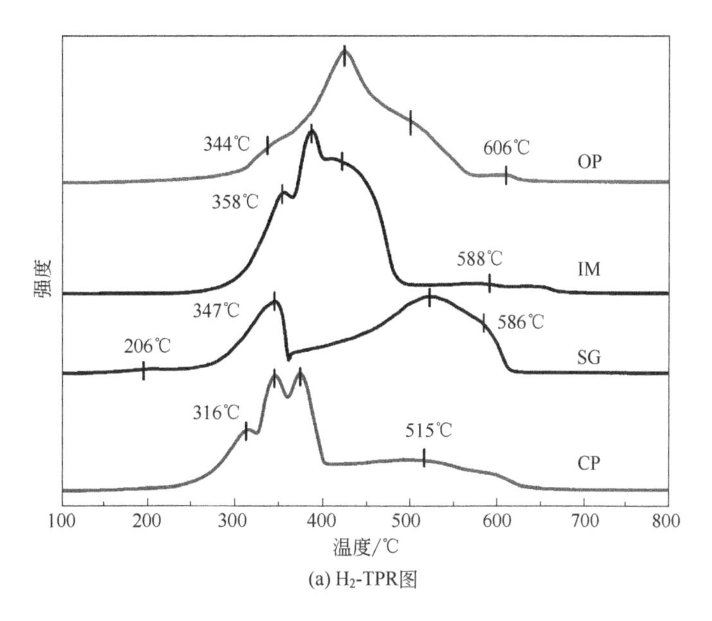

(a) H_2-TPR图

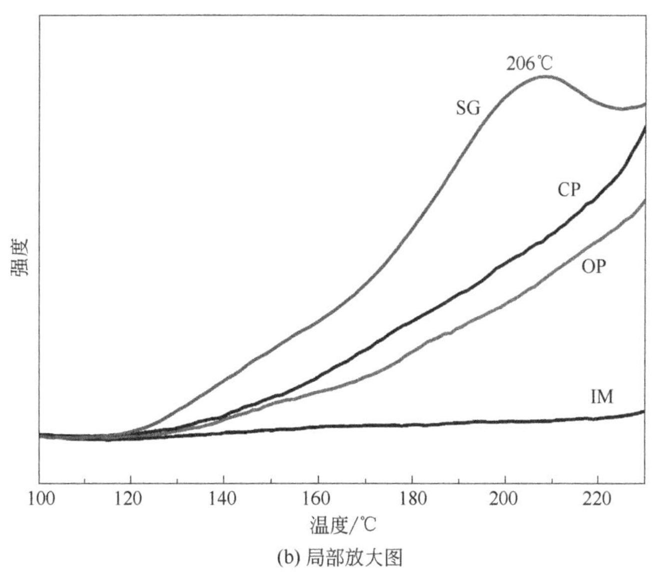

(b) 局部放大图

图 6.25

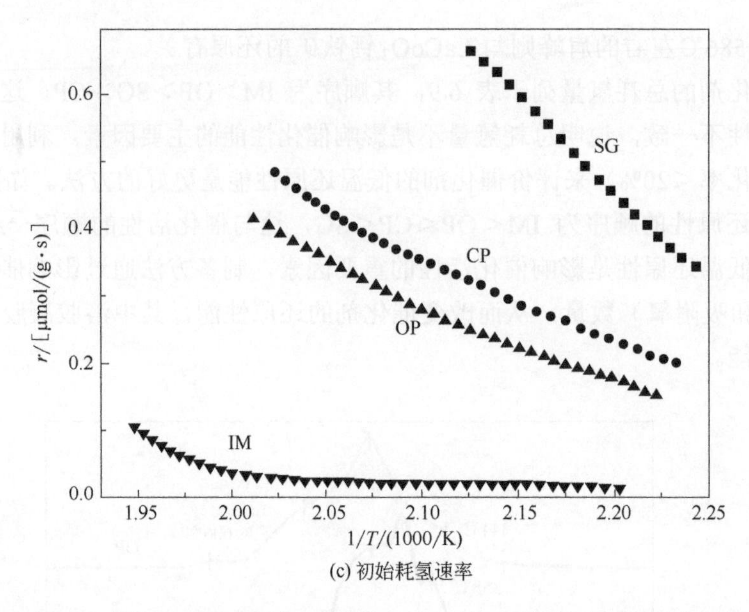

(c) 初始耗氢速率

图 6.25 IM、OP、CP 和 SG 催化剂的 H_2-TPR 图、局部放大图和初始耗氢速率

6.3.2.5 稳定性测试

催化剂的稳定性是催化剂在工业应用中的重要指标。因此，SG 催化剂的循环使用性能和长期热稳定性被测试，结果如图 6.26 所示。

如图 6.26（a）所示，在 SG 催化剂上连续进行了 3 轮活性测试，结果发现 SG 样品的甲苯转化率基本不变，说明 SG 样品具有良好的耐久性，有利于工业应用。通常 LaO_x 的加入可以提高催化剂的热稳定性，因此 SG 样品的长期稳定性测试分别在 240℃（SG-240）和 270℃（SG-270）下进行。从图 6.26（b）中可以看出，连续运行

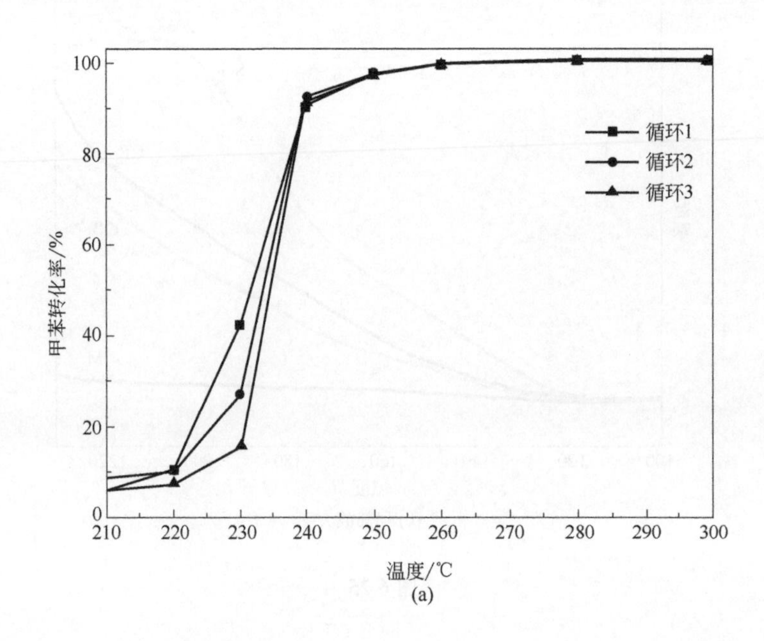

(a)

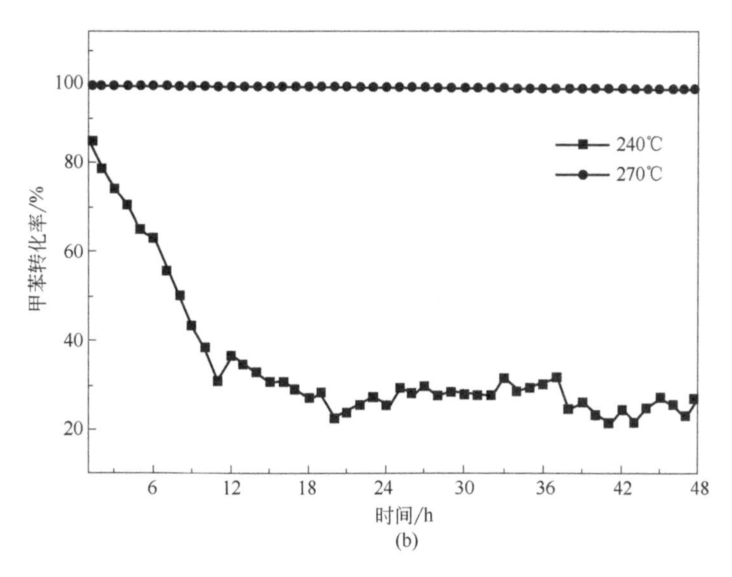

(b)

图 6.26　SG 连续使用 3 次的甲苯转化率图和 SG 分别在 240℃和 270℃的热稳定性测试

11h 后，240℃下的催化剂甲苯转化率由 86%下降到 31%，持续稳定运行 48h 后活性保持在24%左右。SG 样品在低温甲苯氧化过程中出现失活现象较为普遍，这是由未完全反应的有机物覆盖了 SG 样品的活性位点所致[89]。而在 270℃催化剂上的甲苯转化率基本没有变化，说明 SG 催化剂在较高温度下具有更好的热稳定性。

为了进一步研究催化剂的结构性能，分别对在 240℃和 270℃连续运行 48h 的催化剂以及新鲜催化剂进行了 XRD 和 Raman 表征。从图 6.27（a）可以发现 3 种催化剂均存在 Co_3O_4 和 $LaCoO_3$ 钙钛矿的结构，说明 SG 催化剂即使被使用过依然具有较好的结构稳定性。通过谢勒方程计算了 Co_3O_4 晶相的平均晶粒尺寸（表 6.8），发现相比 SG

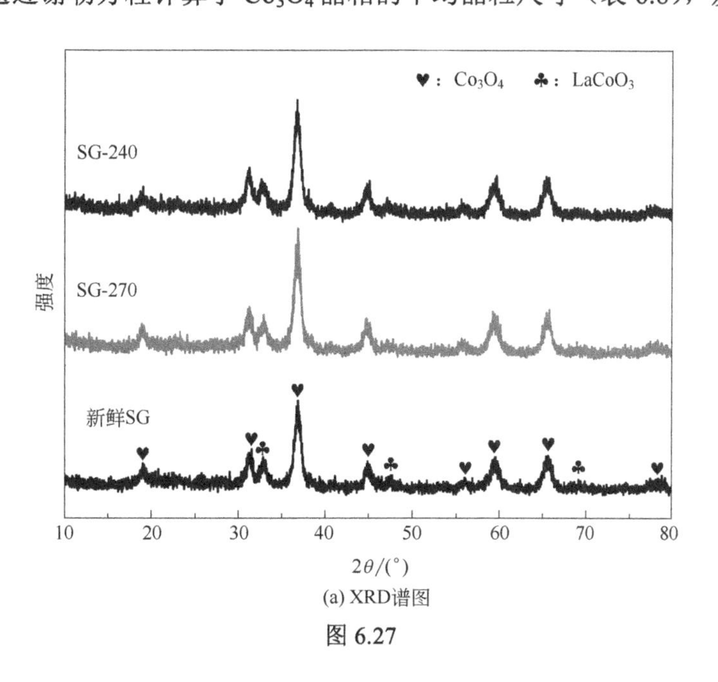

(a) XRD谱图

图 6.27

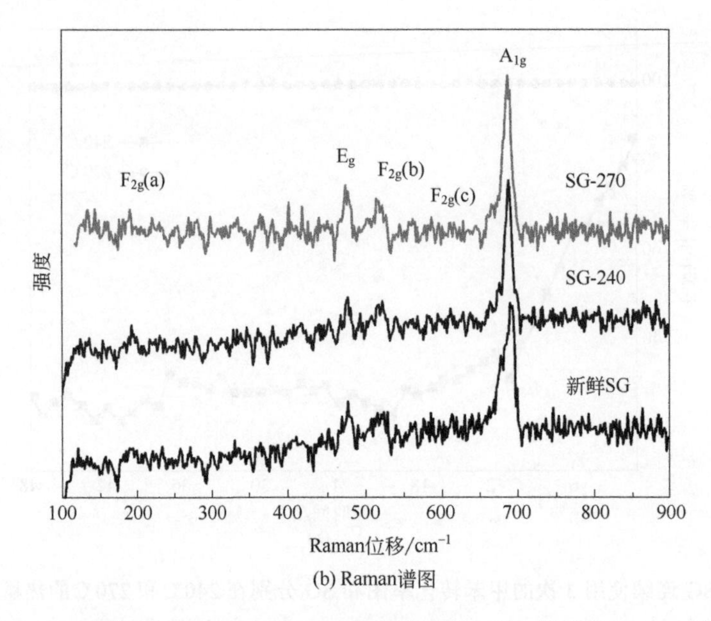

(b) Raman谱图

图 6.27　新鲜 SG、SG-240 和 SG-270 催化剂的 XRD 谱图和 Raman 谱图

催化剂（9.8nm）的平均晶粒尺寸，SG-240（11.4nm）的尺寸增大，而 SG-270（9nm）的晶粒尺寸几乎没有变化。SG-240 样品发生的轻微变化，可能与催化剂表面的积炭有关。在图 6.27（b）中，发现 Co_3O_4 结构的拉曼振动峰的位置和峰宽以及峰强度几乎没有变化。这一现象进一步表明 SG 催化剂具有良好的结构稳定性。由于 SG 催化剂具有较大的比表面积和稳定的介孔结构，从而表现出了优异的催化性能和结构稳定性。

为了探究 SG-240 催化剂失活的原因，在空气氛围下，对新鲜催化剂和使用过的催化剂进行了热重的测定，结果见图 6.28。如图 6.28（a）所示，可以看出 3 种催化剂

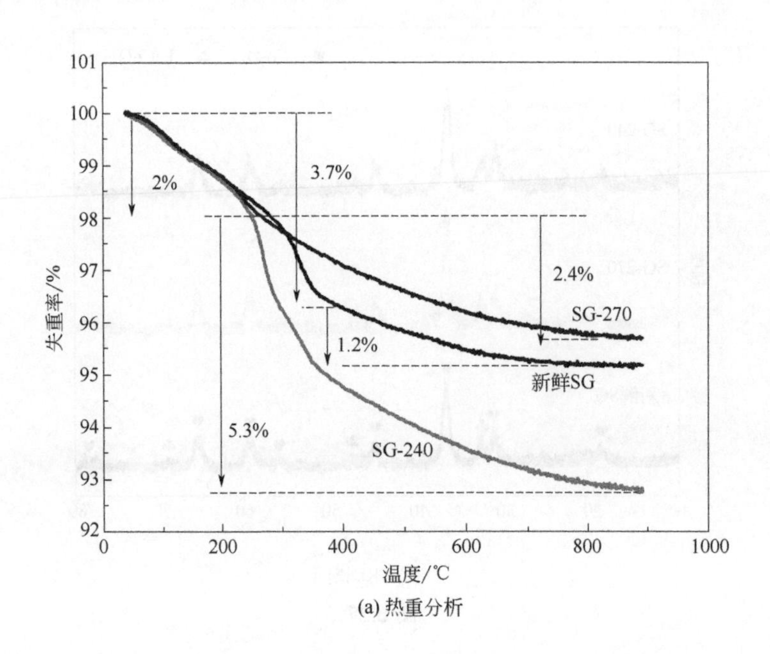

(a) 热重分析

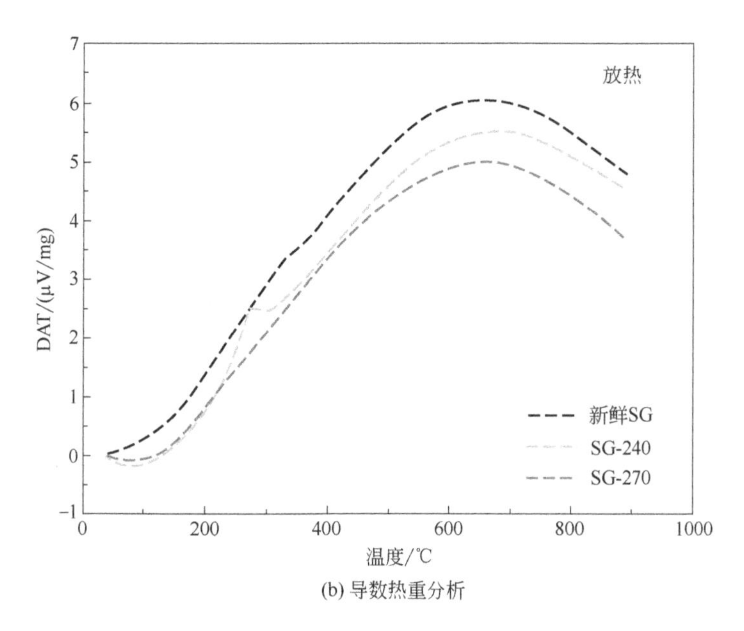

(b) 导数热重分析

图 6.28　新鲜 SG、SG-240 和 SG-270 催化剂在空气流下的热重分析（TG）和导数热重分析（DTA）曲线

主要表现为两个失重步骤。一般认为，低于 320℃的第一个失重峰是由 H_2O 的挥发和非晶碳的去除所致 [90]。值得注意的是，新鲜催化剂的首次失重率高于 SG-240 和 SG-270 样品，可能是由于废催化剂在 240℃和 270℃下运行了 48h 导致部分水已经挥发。新鲜 SG 样品在 350～700℃之间的第二个失重峰归于结构中的钴物种氧化[91]。

之前的研究发现，在 400℃时的失重属于焦炭气化，是由使用的样品中焦炭氧化成 CO 和 CO_2 造成的[92]。TG 结果发现 SG-240 和 SG-270 的第二次失重率分别为 5.3% 和 2.4%，明显高于新鲜 SG 催化剂的第二次失重率（1.2%）。同时，在 3 种催化剂的 DTA 曲线上发现了明显的放热峰，如图 6.28（b）所示。这些结果表明，在使用过的 SG-240 样品上生成了更多的焦炭，从而覆盖了活性位点，使催化剂失活。反应温度越高（270℃以上），对碳的去除率越高，对催化剂的失活有抑制作用，说明 SG 催化剂拥有高温稳定性，具备巨大的工业应用潜力。

Rastegarpanah 等[93]和 Lei 等[94]报道甲苯氧化过程的主要中间产物包括苯甲醇、苯甲酸和马来酸。这些结果进一步解释了 SG-240 催化剂失活的原因，是由于中间体的形成覆盖了活性位点。因此，根据上述结果和文献[7,95]，可以提出在 SG 催化剂上催化氧化甲苯的路线。如图 6.29 所示（彩图见书后），首先，甲苯分子和气相氧吸附在催化剂表面，然后形成 $(C_6H_5)CH_3 \rightarrow (C_6H_5)CH_2^- + H^-$，吸附氧 $O_2 \rightarrow 2O^-$和氢氧根物种（$O^- + H^- \rightarrow OH^-$）。随着温度的增加，通过具有优秀氧化能力的 O^-和 OH^-物种，$(C_6H_5)CH_2^-$ 被氧化成苯甲醇［$(C_6H_5)CH_2OH$］，随后转化为苯甲醛［$(C_6H_5)CHO$］和苯甲酸［$(C_6H_5)COOH$］。最后，苯环被打开并氧化形成 CO_2 和 H_2O。

在整个过程中，化学吸附氧和 Co^{3+}物种起着至关重要的作用。O_2-TPD 结果证明了 SG 样品具有最多的吸附氧种类和良好的晶格氧迁移率。即 SG 催化剂可以捕获更多的气相氧，迅速将晶格氧转化为吸附氧（$2Co^{3+}+O_{latt}^{2-} \rightarrow 2Co^{2+}O_2$），然后 O_2 会补充反应中消耗的化学吸附氧（O^-）。SG 由于拥有最佳的氧化还原循环性能，从而表现出了优秀的催化性能。

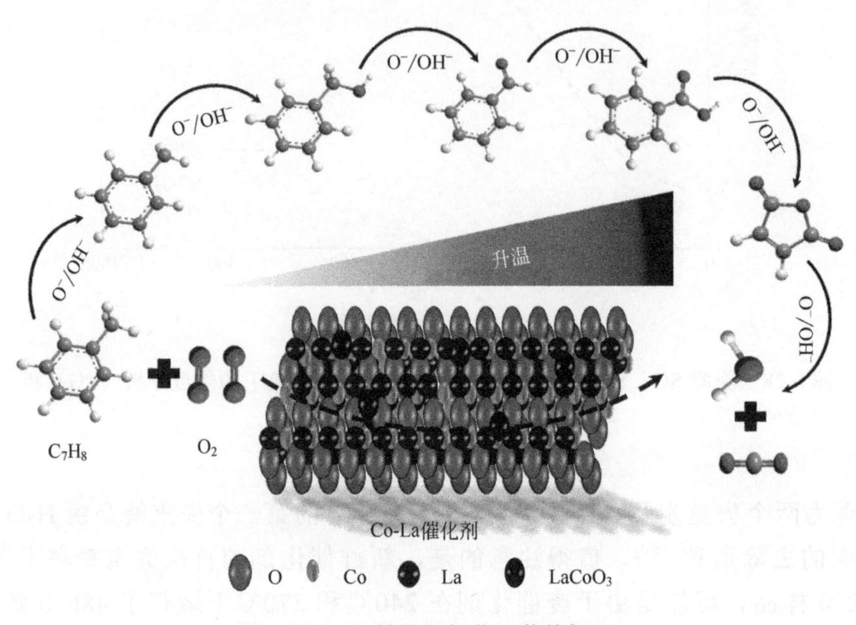

图 6.29 SG 催化剂氧化甲苯的机理

6.3.3 小结

采用溶胶-凝胶法（SG）、共沉淀法（CP）、一锅法（OP）和浸渍法（IM）4 种传统方法分别制备了 Co-La 催化剂。催化氧化甲苯的催化活性测定结果表明，合成方法可以有效地调整催化剂的微观结构和氧化还原能力，从而显著改变催化剂的性能。催化活性顺序为 SG＞CP＞OP＞IM，SG 催化剂展现出最佳的催化活性，T_{90} 为 240℃。同时拥有最小的表观活化能 E_a=51.9kJ/mol，较大的反应速率（R_s）和 TON 值，说明在 SG 催化剂表面甲苯氧化反应更容易发生。表征测试结果发现，SG 催化剂拥有最小的 Co_3O_4 晶相的平均晶粒尺寸、最大的比表面积以及最弱的 Co—O 键强度，说明催化剂表面可以产生更多的氧空位，暴露更多的活性位点以及更强的晶格氧活性，从而提高催化性能。同时，发现 SG 样品具有丰富的 Co^{3+}物种、优秀的低温还原性、较多的活性氧物种和较高的氧迁移率，可以提高 SG 催化剂的氧化还原循环性能，从而加速甲苯的去除反应。此外，稳定性试验发现 SG 催化剂具有良好的结构稳定性和耐久性，说明它在工业应用中存在巨大的潜力。

参考文献

[1] 吕阳，吕炳南，刘京，等. 生物技术在会发性有机污染物处理中的应用研究［J］. 环境保护科学. 2008，3：1-7.

[2] A. Rokicińska，M. Drozdek，B. Dudek，et al. Cobalt-containing BEA zeolite for catalytic combustion of toluene［J］. Appl. Catal. B：Environ.，2017，212.

[3] D. M. Luo，S. S. Liu，J. J. Liu，et al. Catalytic combustion of toluene over cobalt oxides supported on graphitic carbon nitride（CoO_x/g-C_3N_4）catalyst［J］. Ind. Eng. Chem. Res. 2018，57：11920-11928.

[4] W. Tang，X. Wu，S. Li，et al. Porous Mn-Co mixed oxide nanorod as a novel catalyst with enhanced catalytic activity for removal of VOCs［J］. Catal. Commun. 2014，56（5）：134-138.

[5] Y. Liu，H. Dai，J. Deng，et al. Controlled generation of uniform spherical $LaMnO_3$，$LaCoO_3$，Mn_2O_3，and Co_3O_4 nanoparticles and their high catalytic performance for carbon monoxide and toluene oxidation［J］. Inorg. Chem.，2013，52：8667-8676.

[6] X. X. Li，M. Chen，X. M. Zheng. Preparation and characterization of a novel washcoat material and supported Pd catalysts［J］. Kinet. Catal.，2013，54：572-577.

[7] W. L. Han，F. Dong，H. J. Zhao，et al. Outstanding water-resistance Pd-Co nanoparticles functionalized mesoporous carbon catalyst for CO catalytic oxidation at room temperature［J］. Chem. Select.，2018，3：6601-6610.

[8] Y. S. Xia，H. X. Dai，H. Y. Jiang，et al. Three-dimensional ordered mesoporous cobalt oxides：Highly active catalysts for the oxidation of toluene and methanol［J］. Catal. Commun.，2010，11：1171-1175.

[9] X. Feng，J. Guo，X. Wen，et al. Enhancing performance of Co/CeO_2 catalyst by Sr doping for catalytic combustion of toluene. Appl. Surf. Sci. 2018，445：147-153.

[10] S. Zhao，K. Li，S. Jiang，et al. Pd-Co based spinel oxides derived from Pd nanoparticles immobilized on layered double hydroxides for toluene combustion［J］. Appl. Catal. B：Environ.，2016，181：236-248.

[11] G. Li，C. Zhang，Z. Wang，et al. Fabrication of mesoporous Co_3O_4 oxides by acid treatment and their catalytic performances for toluene oxidation［J］. Appl. Catal. A：Gen.，2018，550：67-76.

[12] B. Solsona，E. Aylón，R. Murillo，et al. Deep oxidation of pollutants using gold deposited on a high surface area cobalt oxide prepared by a nanocasting route［J］. J. Hazard. Mater.，2011，187：544-552.

[13] H. Li，G. Lu，D. Qiao，et al. Catalytic methane combustion over Co_3O_4/CeO_2 composite oxides prepared by modified citrate sol-gel method［J］. Catal. Lett.，2011，141：452-458.

[14] C. Chen，J. J. Pignatello. Catalytic oxidation for elimination of methyl bromide fumigation emissions using ceria-based catalysts［J］. Appl. Catal. B：Environ.，2013，142：787-794.

[15] Y. Wang，W. Deng，Y. Wang，et al. A comparative study of the catalytic oxidation of chlorobenzene and toluene over Ce-Mn oxides［J］. Mol. Catal.，2018，459：61-70.

[16] S. Lin，G. Su，M. Zheng，et al. Synthesis of flower-like Co_3O_4-CeO_2 composite oxide and its application to catalytic degradation of 1,2,4-trichlorobenzene［J］. Appl. Catal. B：Environ.，2012，123：440-447.

[17] W. Si，Y. Wang，S. Zhao，et al. A facile method for in situ preparation of the MnO_2/$LaMnO_3$ catalyst for the removal of toluene［J］. Environ. Sci. Technol.，2016，50：4572-4578.

[18] J. Mei，S.，H. Xu，et al. The performance and mechanism for the catalytic oxidation of

dibromomethane（CH_2Br_2）over Co_3O_4/TiO_2 catalysts[J]. RSC Advances.，2016，6：31181-31190.
[19] Y. Zheng，Y. Liu，H. Zhou，et al. Complete combustion of methane over Co_3O_4 catalysts：Influence of pH values [J]. J. Alloys Compd.，2017，734：112-120.
[20] Y. Ren，Z. Ma，L. Qian，et al. Ordered crystalline mesoporous oxides as catalysts for CO oxidation [J]. Catal. Lett.，2009，131：146-154.
[21] Z. Pu，Y. Liu，H. Zhou，et al. Catalytic combustion of lean methane at low temperature over ZrO_2-modified Co_3O_4 catalysts [J]. Appl. Surf. Sci.，2017，422：87-93.
[22] L. F. Liotta，M. Ousmane，G. D. Carlo，et al. Total oxidation of propene at low temperature over Co_3O_4 CeO_2 mixed oxides：Role of surface oxygen vacancies and bulk oxygen mobility in the catalytic activity [J]. Appl. Catal.，A：Gen.，2008，347：81-88.
[23] N. Bahlawane，P. H. T. Ngamou，V. Vannier，et al. Tailoring the properties and the reactivity of the spinel cobalt oxide [J]. Phys. Chem. Chem. Phys.，2009，11：9224.
[24] X. Chen，S. A. C. Carabineiro，P. B. Tavares，et al. Catalytic oxidation of ethyl acetate over La-Co and La-Cu oxides [J]. J. Environ. Chem. Eng.，2014，2：344-355.
[25] Y. Liu，H. Dai，J. Deng，et al. Controlled generation of uniform spherical $LaMnO_3$，$LaCoO_3$，Mn_2O_3 and Co_3O_4 nanoparticles and their high catalytic performance for carbon monoxide and toluene oxidation [J]. Inorg. Chem.，2013，52：8667-8676.
[26] C. Zhang，Y. Guo，Y. Guo，et al. $LaMnO_3$ perovskite oxides prepared by different methods for catalytic oxidation of toluene [J]. Appl. Catal. B：Environ.，2014，148：490-498.
[27] A. S. Poyraz1，C. H. Kuo，S. Biswas，et al. A general approach to crystalline and monomodal pore size mesoporous materials [J]. Nat. Commun.，2013，4：2952.
[28] P. Zhang，H. Zhu，S. Dai. Porous carbon supports：Recent advances with various morphologies and compositions [J]. Chem Cat Chem.，2015，7：2788-2805.
[29] T. Cai，H. Huang，W. Deng，et al. Catalytic combustion of 1，2-dichlorobenzene at low temperature over Mn-modified Co_3O_4 catalysts [J]. Appl. Catal. B：Environ.，2015，166：393-405.
[30] J. Kan，L. Deng，B. Li，et al. Performance of Co-doped Mn-Ce catalysts supported on cordierite for low concentration chlorobenzene oxidation [J]. Appl. Catal. A：Gen.，2016，530：21-29.
[31] X. Xie，Y. Li，Z. Q. Liu，et al. Low-temperature oxidation of CO catalysed by Co_3O_4 nanorods [J]. Nat. lett.，2009，458：746-749.
[32] Y. Luo，K. Wang，J. Zuo，et al. Selective corrosion of $LaCoO_3$ by NaOH：Structural evolution and enhanced activity for benzene oxidation [J]. Catal. Sci. Technol.，2017，7：496-501.
[33] S. Xie，Y. Liu，J. Deng，et al. Insights into the active sites of ordered mesoporous cobalt oxide catalysts for the total oxidation of *o*-xylene [J]. J. Catal.，2017，352：282-292.
[34] Y. Wang，L. Zhang，L. Guo. Enhanced toluene combustion over highly homogeneous iron manganese oxide nanocatalysts [J]. ACS Appl. Nano Mater.，2018，1：1066-1075.
[35] L. F. Liotta，H. Wu，G. Pantaleo，et al. Co_3O_4 Nanocrystals and Co_3O_4-MO_x binary oxides for CO，CH_4 and VOC oxidation at low temperatures：A review [J]. Catal. Sci. Technol.，2013，3：3087-3012.
[36] W. Song，A. S. Poyraz，Y. Meng，et al. Mesoporous Co_3O_4 with controlled porosity：Inverse micelle synthesis and high-performance catalytic CO oxidation at -60℃ [J]. Chem. Mater.，2014，26：4629-4639.
[37] P. Li，C. He，J. Cheng，et al. Catalytic oxidation of toluene over Pd/Co_3AlO catalysts derived from hydrotalcite-like compounds：Effects of preparation methods [J]. Appl. Catal. B：Environ.，

2011，101：570-579.

[38] Y. Liao，X. Zhang，R. Peng，et al. Catalytic properties of manganese oxide polyhedra with hollow and solid morphologies in toluene removal [J]. Appl. Surf. Sci.，2017，405：20-28.

[39] Y. Luo，Y. Zheng，J. Zuo，et al. Insights into the high performance of Mn-Co oxides derived from metal-organic frameworks for total toluene oxidation [J]. J. Hazard. Mater.，2018，349：119-127.

[40] J. Chen，X. Chen，X. Chen，et al. Homogeneous introduction of CeO_y into MnO_x-based catalyst for oxidation of aromatic VOCs [J]. Appl. Catal. B：Environ.，2018，224：827-835.

[41] G. Zhou，X. He，S. Liu，et al. Phenyl VOCs catalytic combustion on supported CoMn/AC oxide catalyst [J]. J. Ind. Eng. Chem.，2015，21：932-941.

[42] Q. Wang，Y. Peng，J. Fu，et al. Synthesis，characterization and catalytic evaluation of Co_3O_4/γ-Al_2O_3 as methane combustion catalysts：Significance of Co species and the redox cycle [J]. Appl. Catal. B：Environ.，2015，168：42-50.

[43] B. Solsona，T. García，G. J. Hutchings，et al. TAP reactor study of the deep oxidation of propane using cobalt oxide and gold-containing cobalt oxide catalysts [J]. Appl. Catal. A：Gen.，2009，365：222-230.

[44] B. D. Rivas，R. L. Fonseca，C. J. González，et al. Synthesis，characterisation and catalytic performance of nanocrystalline Co_3O_4 for gas-phase chlorinated VOC abatement [J]. J. Catal.，2011，281：88-97.

[45] P. H. Tchoua，N. N. Bahlawane. Influence of the arrangement of the octahedrally coordinated trivalent cobalt cations on the electrical charge transport and surface reactivity [J]. Chem. Mater.，2010，22：4158-4165.

[46] N. Fang，J. Guo，S. Shu，et al. Enhancement of low-temperature activity and sulfur resistance of $Fe_{0.3}Mn_{0.5}Zr_{0.2}$，catalyst for NO removal by NH_3-SCR[J]. Chem. Eng. J.，2017，325：114-123.

[47] S. C. Kim，W. G. Shim. Properties and performance of Pd based catalysts for catalytic oxidation of volatile organic compounds [J]. Appl. Catal.，B：Environ.，2009，92：429-436.

[48] Y. Feng，X. Zheng. Copper ion enhanced synthesis of nanostructured cobalt oxide catalyst for oxidation of methane [J]. Chemcatchem.，2012，4：1-4.

[49] X. Xu，X. Sun，H. Han，et al. Improving water tolerance of Co_3O_4 by SnO_2 addition for CO oxidation [J]. Appl. Surf. Sci.，2015，355：1254-1260.

[50] B. Zhang，D. Li，X. Wang. Catalytic performance of La-Ce-O mixed oxide for combustion of methane [J]. Catal. Today.，2010，158：348-353.

[51] M. van den Bossche，S. McIntosh. The rate and selectivity of methane oxidation over $La_{0.75}Sr_{0.25}Cr_xMn_{1-x}O_{3-\delta}$ as a function of lattice oxygen stoichiometry under solid oxide fuel cell anode conditions [J]. Catal.，2008，255：313-323.

[52] P. Yang，J. R. Li，S. F. Zuo. Promoting oxidative activity and stability of CeO_2 addition on the MnO_x modified kaolin-based catalysts for catalytic combustion of benzene [J]. Chem. Eng. Sci.，2017，162：218-226.

[53] S. A. C. Carabineiro，N. Bogdanchikova，M. Avalos-Borja，et al. Gold supported on metal oxides for carbon monoxide oxidation [J]. Nano Res.，2011，4：180-193.

[54] V. R. Choudhary，S. A. R. Mulla，B. S. Uphade. Oxidative coupling of methane over supported La_2O_3 and La-promoted MgO catalysts：Influence of catalyst-support interactions [J]. Ind. Eng. Chem. Res.，1997，36：2096-2100.

[55] Y. Zhao, F. Dong, W. Han, et al. The synergistic catalytic effect between graphene oxide and three-dimensional ordered mesoporous Co_3O_4 nanoparticles for low-temperature CO oxidation [J]. Mic. Meso. Mater., 2019, 273: 1-9.
[56] C. Ma, D. Wang, W. Xue, et al. Investigation of formaldehyde oxidation over Co_3O_4-CeO_2 and Au/Co_3O_4-CeO_2 catalysts at room temperature: Effective removal and determination of reaction mechanism [J]. Environ. Sci. Technol., 2011, 45: 3628-3634.
[57] G. Xiao, S. Xin, H. Wang, et al. Catalytic oxidation of styrene over Ce-substitution $La_{1-x}Ce_xMnO_3$ catalysts [J]. Ind. Eng. Chem. Res., 2019, 58: 5388-5396.
[58] S. Liang, T. Xu, F. Teng, et al. The high activity and stability of $La_{0.5}Ba_{0.5}MnO_3$ nanocubes in the oxidation of CO and CH_4 [J]. Appl Catal B: Environ., 2010, 96: 267-275.
[59] X. Chen, S. A. C. Carabineiro, S. S. T. Bastos, et al. Exotemplated copper, cobalt, iron, lanthanum and nickel oxides for catalytic oxidation of ethyl acetate [J]. J. Environ. Chem. Eng., 2013, 1: 797-804.
[60] M. Khoudiakov, M. C. Gupta, S. Deevi. Au/Fe_2O_3 nanocatalysts for CO oxidation: A comparative study of deposition-precipitation and coprecipitation techniques [J]. Appl. Catal. A: Gen., 2005, 291: 151-161.
[61] H. Yi, Z. Yang, X. Tang, et al. Promotion of low temperature oxidation of toluene vapor derived from the combination of microwave radiation and nano-size Co_3O_4 [J]. Chem. Eng. J., 2018, 333: 554-563.
[62] S. Li, H. Wang, W. Li, et al. Effect of Cu substitution on promoted benzene oxidation over porous CuCo-based catalysts derived from layered double hydroxide with resistance of water vapor [J]. Appl. Catal. B., 2015, 166-167: 260-269.
[63] A. Y. Khodakov, W. Chu, P. Fongarland. Advances in the development of novel cobalt Fischer-Tropsch catalysts for synthesis of long-chain hydrocarbons and clean fuels [J]. Chem. Rev., 2007, 107: 1692-1744.
[64] Z. X. Xu, N. Wang, W. Chu, et al. In situ controllable assembly of layered-double-hydroxide-based nickel nanocatalysts for carbon dioxide reforming of methane [J]. Catal. Sci. Technol., 2015, 5: 1588-1597.
[65] W. Chu, L. N. Wang, P. A. Chernavskii, et al. Glow-discharge plasma-assisted design of cobalt catalysts for Fischer-Tropsch synthesis [J]. Angew Chem. Int. Ed., 2008, 47: 5052-5055.
[66] Q. Wang, Y. Peng, J. Fu, et al. Synthesis, characterization, and catalytic evaluation of Co_3O_4/γ-Al_2O_3 as methane combustion catalysts: significance of Co species and the redox cycle [J]. Appl Catal B: Environ., 2015, 168-169: 42-50.
[67] B. de Rivas, R. López-Fonseca, C. Jiménez-González, et al. Highly active behaviour of nanocrystalline Co_3O_4 from oxalate nanorods in the oxidation of chlorinated short chain alkanes [J]. Chem. Eng. J., 2012, 184: 184-192.
[68] L. L. Zhao, Z. P. Zhang, Y. S. Li, et al. Synthesis of Ce_aMnO_x hollow microsphere with hierarchical structure and its excellent catalytic performance for toluene combustion [J]. Appl Catal B: Environ., 2019, 245: 502-512.
[69] N. A. Merino, B. P. Barbero, P. Ruiz, et al. Synthesis, characterisation, catalytic activity and structural stability of $LaCo_{1-y}Fe_yO_{3\pm\lambda}$ perovskite catalysts for combustion of ethanol and propane [J]. J. Catal., 2006, 240: 246-957.
[70] W. L. Han, Z. C. Tang, Q. Lin. Morphology-controlled synthesis of the metal-organic

framework-derived nanorod interweaved lamellose structure Co_3O_4 for outstanding catalytic combustion performance [J]. Cryst. Growth Des., 2019, 19: 4546-4556.

[71] L. M. Li, J. J. Luo, Y. F. Liu, et al. Self-propagated flaming synthesis of highly active layered CuO-δ-MnO_2 hybrid composites for catalytic total oxidation of toluene pollutant [J]. ACS Appl. Mater. Interfaces., 2017, 9: 21798-21808.

[72] P. Liu, G. L. Wei, X. L. Liang, et al. Synergetic effect of Cu and Mn oxides supported on palygorskite for the catalytic oxidation of formaldehyde: dispersion, microstructure, and catalytic performance [J]. Appl. Clay Sci., 2018, 161: 266-973.

[73] C. W. Ahn, Y. W. You, I. Heo, et al. Catalytic combustion of volatile organic compound over spherical-shaped copper-manganese oxide [J]. J. Ind. Eng. Chem., 2017, 47: 439-445.

[74] S. M. Saqer, D. I. Kondarides, X. E. Verykios. Catalytic oxidation of toluene over binary mixtures of copper, manganese and cerium oxides supported on Γ-Al_2O_3 [J]. Appl. Catal. B: Environ., 2011, 103: 276-986.

[75] K. Ji, H. Dai, J. Deng, et al. Catalytic removal of toluene over three-dimensionally ordered macroporous $Eu_{1-x}Sr_xFeO_3$ [J]. Chem. Eng. J., 2013, 214: 262-271.

[76] J. Xiong, Q. Wu, X. Mei, et al. Fabrication of spinel-type $Pd_xCo_{3-x}O_4$ binary active sites on 3D ordered meso-macroporous Ce-Zr-O_2 with enhanced activity for catalytic soot oxidation [J]. ACS Catal., 2018, 8: 7917-7930.

[77] H. Deng, S. Y. Kang, J. Z. Ma, et al. Role of structural d in MnO_x promoted by Ag doping in the catalytic combustion of volatile organic compounds and ambient decomposition of O_3 [J]. Environ. Sci. Technol., 2019, 53: 10871-10879.

[78] J. Xu, Y. Q. Deng, Y. Luo, et al. Operando Raman spectroscopy and kinetic study of low-temperature CO oxidation on an alpha-Mn_2O_3 nanocatalyst [J]. J. Catal., 2013, 300: 226-934.

[79] J. T. Hou, Y. Z. Li, L. L. Liu, et al. Effect of giant oxygen vacancy defects on the catalytic oxidation of OMS-2 nanorods [J]. J. Mater. Chem. A., 2013, 1: 6736.

[80] Q. Li, T. Odoom-Wubah, Y. P. Zhou, et al. Coral-like $CoMnO_x$ as a highly active catalyst for benzene catalytic oxidation [J]. Ind. Eng. Chem. Res., 2019, 58: 2882-2890.

[81] S. Mo, S. Li, J. Li, et al. Rich surface Co (Ⅲ) ions-enhanced Co nanocatalyst benzene/toluene oxidation performance derived from Co (Ⅱ) Co (Ⅲ) layered double hydroxide [J]. Nanoscale., 2016, 8: 15763-15773.

[82] J. Bae, D. Shin, H. Jeong, et al. Highly water-resistant La-doped Co_3O_4 catalyst for CO oxidation [J]. ACS Catal., 2019, 9: 10093-10100.

[83] L. Ma, C. Seo, X. Chen, et al. Indium-doped Co_3O_4 nanorods for catalytic oxidation of CO and C_3H_6 towards diesel exhaust [J]. Appl. Catal. B: Environ., 2018, 222: 44-58.

[84] B. Zhao, R. Wang, X. Yang. Simultaneous catalytic removal of NO_x and diesel soot particulates over $La_{1-x}Ce_xNiO_3$ perovskite oxide catalysts [J]. Catal. Commun., 2009, 10: 1029-1033.

[85] X. Yang, X. Yu, M. Lin, et al. Enhancement effect of acid treatment on Mn_2O_3 catalyst for toluene oxidation [J]. Catal. Today., 2019, 327: 254-261.

[86] X. Q. Yang, X. L. Yu, M. Z. Jing, et al. Defective $Mn_xZr_{1-x}O_2$ solid solution for the catalytic oxidation of toluene: Insights into the oxygen vacancy contribution[J]. ACS Appl. Mater. Interfaces., 2019, 11: 730-739.

[87] S. Akram, Z. Wang, L. Chen, et al. Low-temperature efficient degradation of ethyl acetate catalyzed by lattice-doped CeO_2-CoO_x nanocomposites [J]. Catal. Commun., 2016, 73: 123-127.

［88］H. Einaga，S. Futamura. Effect of water vapor on catalytic oxidation of benzene with ozone on alumina-supported manganese oxides［J］. J. Catal.，2006，243：446-450.

［89］S. Yang，H. J. Zhao，F. Dong，et al. Highly efficient catalytic combustion of *o*-dichlorobenzene over three-dimensional ordered mesoporous cerium manganese bimetallic oxides：A new concept of chlorine removal mechanism［J］. Molecular Catal.，2019，463：119-129.

［90］X. Zhao，Y. Cao，H. Li，et al. Sc promoted and aerogel confined Ni catalysts for coking-resistant dry reforming of methane［J］. RSC Adv.，2017，7：4737-4745.

［91］B. Erdogan，H. Arbag，N. Yasyerli. SBA-15 supported mesoporous Ni and Co catalysts with high coke resistance for dry reforming of methane［J］. International J. Hydrogen Energy.，2018，43：1396-1405.

［92］H. Arbag，S. Yasyerli，N. Yasyerli，et al. Enhancement of catalytic performance of Ni based mesoporous alumina by Co incorporation in conversion of biogas to synthesis gas［J］. Appl. Catal. B：Environ.，2016，198：254-265.

［93］A. Rastegarpanah，F. Meshkani，Y. X. Liu，et al. Toluene oxidation over the M-Al（M=Ce，La，Co，Ce-La，and Ce-Co）catalysts derived from the modified "One-Pot" evaporation-induced self-assembly method：Effects of microwave or ultrasound irradiation and noble metal loading on catalytic activity and stability［J］. Ind. Eng. Chem. Res. DOI：10.1021/acs.iecr.9b06306.

［94］J. Lei，S. Wang，J. P. Li. Mesoporous Co_3O_4 derived from facile calcining of octahedra Co-MOFs for toluene catalytic oxidation［J］. Ind. Eng. Chem. Res. DOI：10.1021/acs.iecr.9b06243.

［95］M. Kamal，S. Razzak，M. Hossain. Catalytic oxidation of volatile organic compounds（VOCs）— A review［J］. Atmos. Environ.，2016，140：117-134.

第 7 章

钾锰矿催化剂催化氧化甲苯性能

7.1 钾锰矿对甲苯催化氧化过程中 MnO_x 表面吸附氧和 Mn 化学价态的作用

7.1.1 MnO_x 催化剂研究现状

在前期的实验中，笔者考察了不同铈源对铈-锰氧化物催化氧化甲苯的影响，发现 CeO_2 的掺杂可显著改变 Mn 化学价态和氧物种数量，进而影响其活性。为更好地探究 Mn 化学价态和氧物种在甲苯反应过程中的作用，本章采用以高锰酸钾和硝酸锰为前驱体源制备的 MnO_2 催化剂来催化氧化甲苯，以便在较为简单的体系中得出更为直接的结论。

众所周知，锰氧化物具有较为丰富的种类，其中锰元素不同的化学价态是影响锰基催化剂催化活性的重要因素[1,2]。Piumetti 等[3]报道 Mn_3O_4 催化剂在甲苯的催化氧化中表现出优异的催化性能。据文献报道[4]，钾锰矿型锰氧化物对乙酸乙酯具有较为优秀的活性，其活性高于贵金属催化剂。Santos 等[5]用 $KMnO_4$ 制备的催化剂与商业锰基催化剂相比氧化还原能力大大提高。Ma 等[6]证明，将铈、钴和铁掺杂到钾锰矿型氧化锰（M-OMS-2）催化剂中，改善了表面缺陷和 Mn^{3+} 的含量，从而改善臭氧的分解效率。

本章以 $Mn(NO_3)_2$ 和 $KMnO_4$ 为锰源，采用共沉淀法，通过调变二者不同的摩尔比制备催化剂，以改变 Mn 化学价态和表面吸附氧物种；同时，采用水热法制备了 MnO_2 催化剂，从而进一步考察活性物种化学价态和氧物种对催化性能的影响。

7.1.2 催化剂的微观结构、表面物种及化学价态对催化剂性能影响

7.1.2.1 物相分析

图 7.1 为催化剂的 XRD 谱图。在 Cat-0 和 Cat-5 上观察到位于 23.1°、32.9°、38.2°、45.1°、49.4°、55.2°、60.6°、64.1°和 65.8°的 Mn_2O_3（PDF-#89-2809）的特征衍射峰[7]。此外，在 Cat-3 和 Cat-4 上也发现了归属 Mn_2O_3 的衍射峰，分别位于 23.1°、32.9°、49.4°

和 64.1°。值得注意的是，添加 $KMnO_4$ 后，钾锰矿（KMn_8O_{16}）出现在 Cat-1、Cat-2、Cat-3 和 Cat-4（PDF-#77-1796）中[8]。KMn_8O_{16} 的形成可以提高 VOCs 催化氧化的活性，也可以增强锰氧化物的 CO_2 选择性[9]。钾锰矿的形成有利于增强催化剂的结构稳定性并提高晶格氧的迁移率，从而提高催化剂的催化性能[4]。因此，Mn（NO_3）$_2$/$KMnO_4$ 摩尔比的变化会影响 Mn 物种相的组成，进而影响催化剂自身的催化性能。

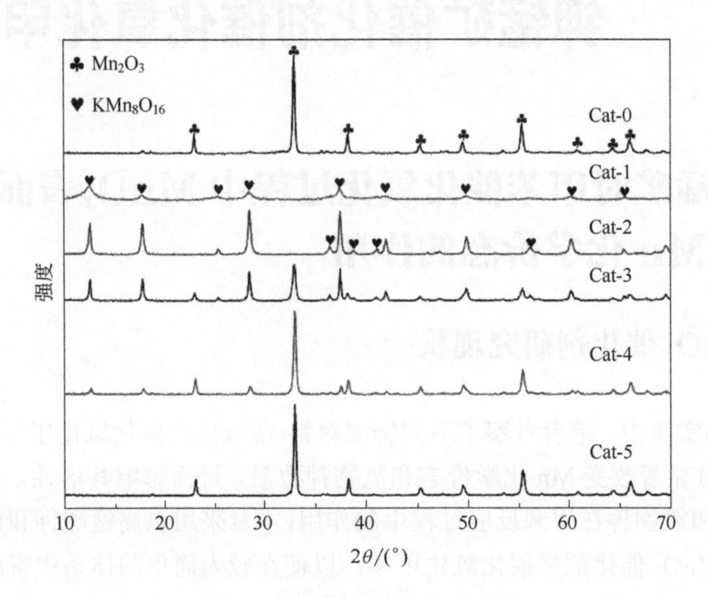

图 7.1　6 种催化剂的 XRD 谱图

所有样品的拉曼光谱测试结果如图 7.2 所示。很明显，在所有催化剂上均检测到 638cm^{-1} 处的特征峰，这归因于 MnO_6 八面体中 Mn^{3+}的 Mn—O 键的对称拉伸[10-11]。值

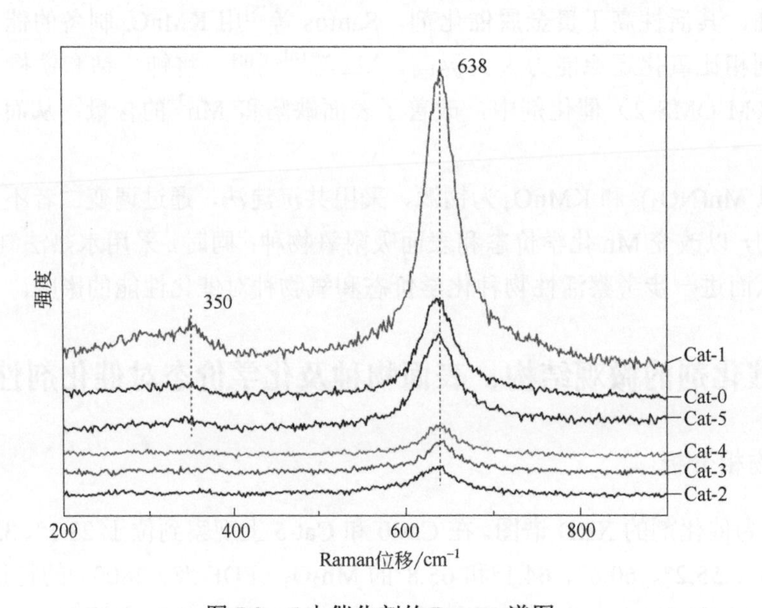

图 7.2　6 中催化剂的 Raman 谱图

得注意的是，Cat-2、Cat-3 和 Cat-4 样品的峰强度减弱且更加宽泛，表明三者存在更多的氧空位缺陷。氧空位缺陷浓度的增加可以提高晶格氧的反应性能，极大地促进了 VOCs 的催化活性。此外，氧空位缺陷的增加会导致 Mn—O 键的弱化，从而提高晶格氧物种的活性[12]。在 Cat-0、Cat-1 和 Cat-2 样品上，位于 $350cm^{-1}$ 处的峰归属桥接氧物种（Mn-O-Mn）的不对称拉伸和 Mn_2O_3 的平面弯曲振动。此外，XRD 未观察到 Mn_2O_3 出现在 Cat-1 和 Cat-2 样品中，这意味着 Mn_2O_3 主要为非晶态或以微晶形式存在于二者中，无法通过 XRD 技术检测到。

7.1.2.2　比表面积分析

催化剂的 N_2 吸脱附曲线和 BJH 孔径分布曲线如图 7.3 所示。由图可知，所有催化剂的等温线均属于Ⅳ型等温线[13]，在 P/P_0 在 0.8～1.0 的范围内检查到 H_3 型迟滞回环，代表不规则的裂隙状介孔的存在。与 Cat-2 样品相比，其他催化剂的吸附-解吸等温线的斜率在较高压力下减小，并且闭合点向高值偏移，这表明微孔和中孔消失导致大孔的形成，从而使得催化剂比表面积略有下降[14]。如图 7.3 所示，所有催化剂的孔径分布均在 6～80nm 范围内。值得注意的是，Cat-2 的主孔径在 20nm 左右，小于其他样品。BET 表面积的结果总结在表 7.1 中。Cat-0、Cat-1、Cat-2、Cat-3、Cat-4 和 Cat-5 的比表面积分别为 $11m^2/g$、$17m^2/g$、$21m^2/g$、$20m^2/g$、$20m^2/g$ 和 $11m^2/g$。研究表明，微孔和中孔可以提供更多的内表面积和孔体积，从而为催化剂催化氧化甲苯带来积极的影响[15]。因此，不同的 $Mn(NO_3)_2/KMnO_4$ 摩尔比会影响催化剂的微观结构，Cat-2 具有丰富的中孔和较大的比表面积，因此具有优秀的催化活性。

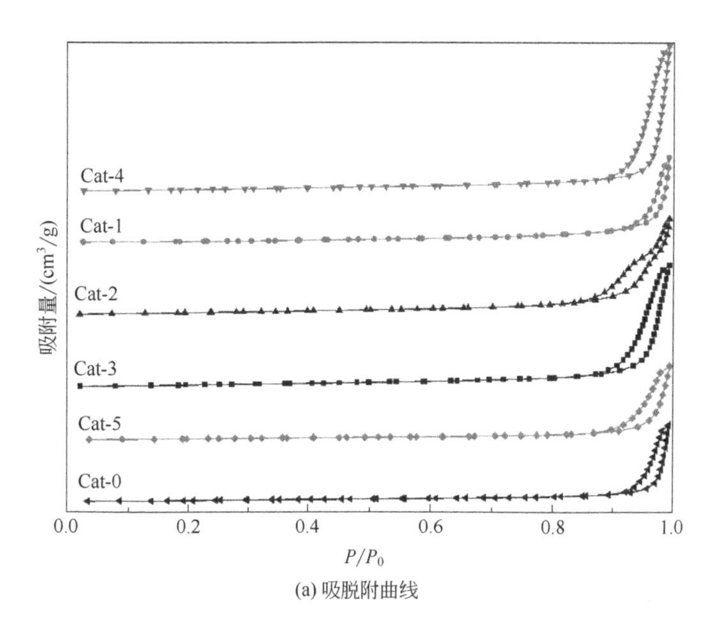

(a) 吸脱附曲线

图 7.3

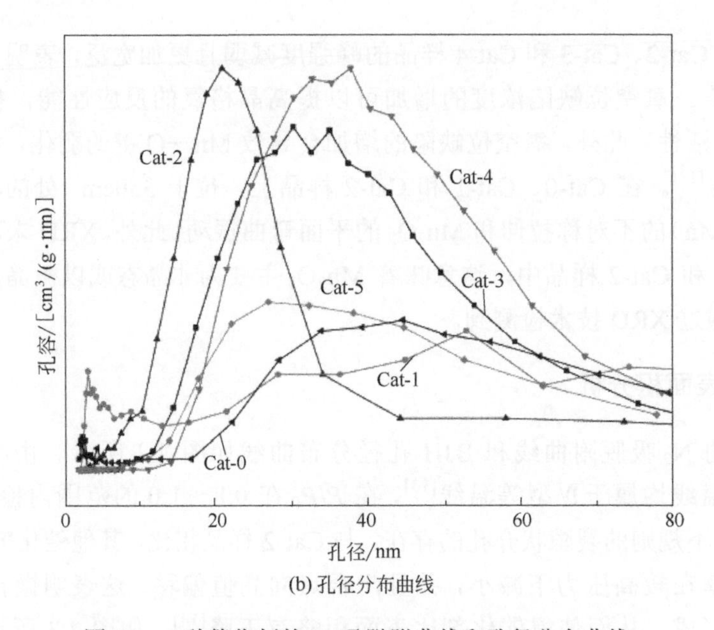

(b) 孔径分布曲线

图 7.3　6 种催化剂的 N_2 吸脱附曲线和孔径分布曲线

表 7.1　6 种催化剂的比表面积、总孔体积和平均孔径分布

样品名称	S_{BET}/（m^2/g）	V_p/（cm^3/g）	平均孔径/nm
Cat-0	11	0.119	44.8
Cat-1	17	0.136	32.06
Cat-2	21	0.152	28.9
Cat-3	20	0.190	37.9
Cat-4	20	0.227	45.7
Cat-5	11	0.115	43.2

7.1.2.3　TEM 测试结果

通过共沉淀法制备的锰氧化物催化剂的 TEM 光谱如图 7.4 所示。

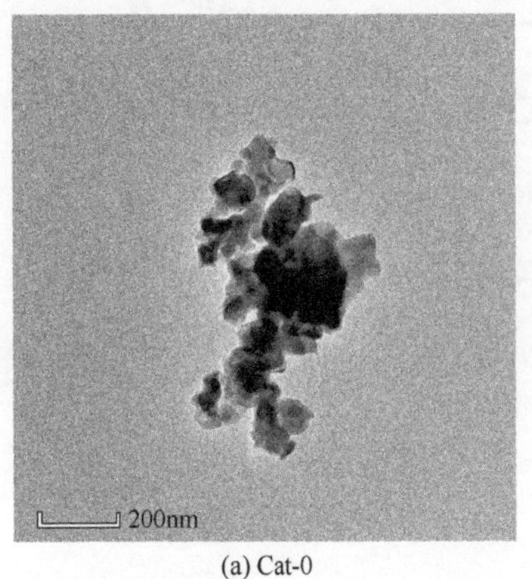

(a) Cat-0

(b) Cat-1

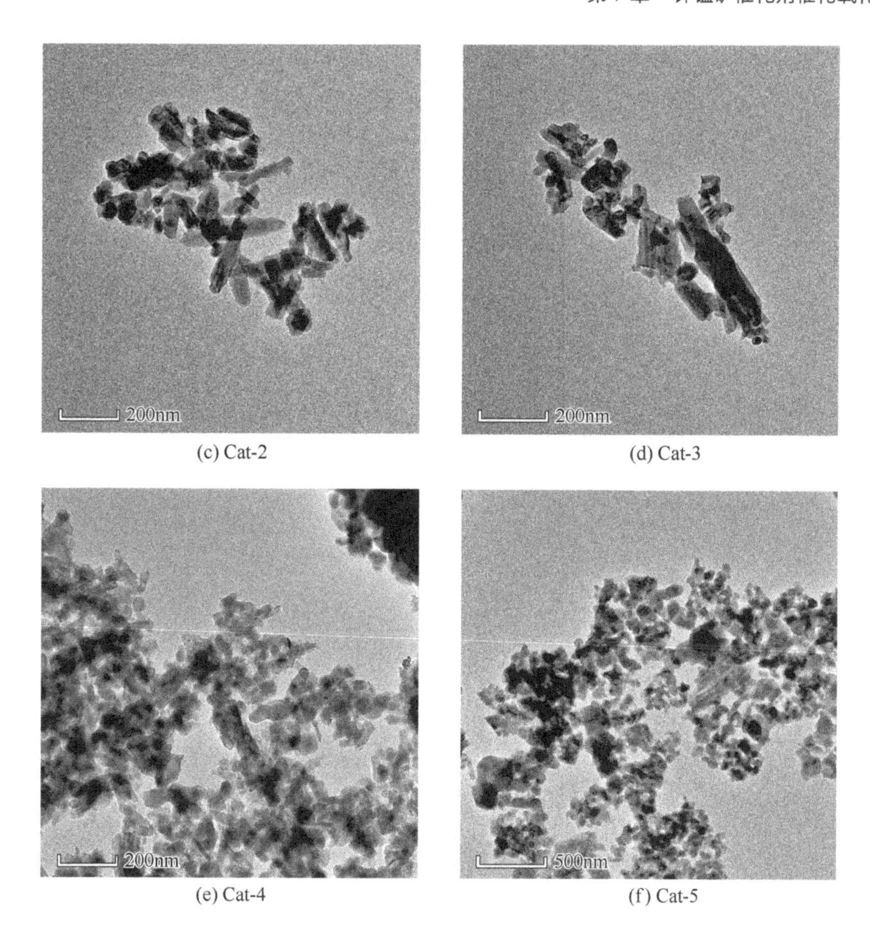

(c) Cat-2　(d) Cat-3

(e) Cat-4　(f) Cat-5

图 7.4　6 种催化剂的 TEM 谱图

由图 7.4 可知，Cat-0 样品显示出纳米颗粒的形态。随着 $KMnO_4$ 的引入，其他催化剂的 TEM 图像呈现出纳米棒状形态。据报道[16]，钾锰矿型锰氧化物呈现纳米棒状结构，这种形貌特征对甲苯的催化氧化较为有利。众所周知，MnO_x 催化剂的催化活性与诸多因素相关，例如结构缺陷密度、还原性、比表面积和形貌特征。一般而言，纳米棒状结构显示出更高的结构缺陷密度和更强的还原性能，这有利于将氧分子活化为活性氧，并表现出良好的催化性能[17]。因此，钾锰矿的形成有利于提高 MnO_x 催化剂的催化活性。

7.1.2.4　化学价态及表面物种的分析

为了确定催化剂的表面元素组成，对其进行了 XPS 表征，见图 7.5，同时在表 7.2 中列出了相关数据。图 7.5(a)中，位于 642.2～643.5eV 的峰归为 Mn^{4+}，而位于 640.7～642.3eV 的峰归属 Mn^{3+}。表 7.2 还列出了所有样品的表面 Mn^{3+}/Mn^{4+} 摩尔比的定量分析。从表 7.2 可以看出，Cat-0、Cat-1、Cat-2、Cat-3、Cat-4 和 Cat-5 的表面 Mn^{3+}/Mn^{4+} 摩尔比分别为 0.675、1.072、1.201、1.135、1.070 和 0.606。通常，更多的活性位点和丰富的表面活性氧物种有利于催化剂的催化活性。氧化锰催化剂的混合价态在氧化还原过程中起到重要作用。Mn^{3+}的存在为锰氧化物催化剂提供了更多的活性位点并提高了催化剂自身的氧化还原性能。因此，Mn^{3+}含量最高的 Cat-2 样品表现出优异的催化性能和出色的 CO_2 选择性。

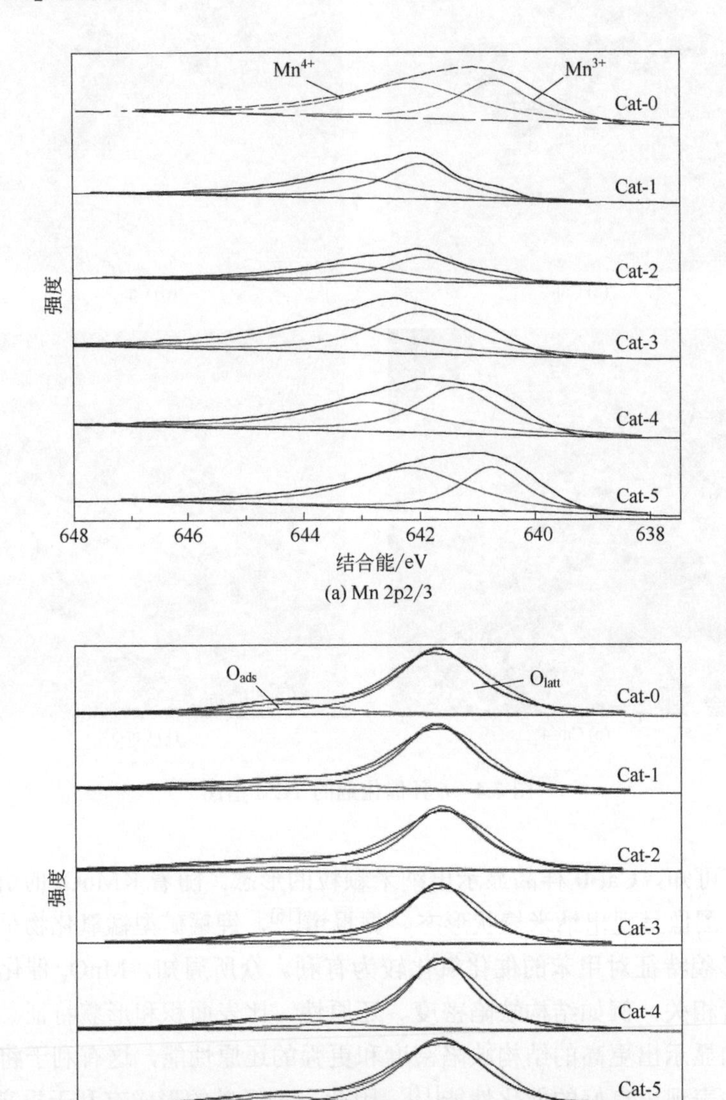

(a) Mn 2p2/3

(b) O 1s

图 7.5　6 种催化剂的 XPS 能谱图

表 7.2　6 种催化剂的 XPS 信息表

样品名称	Mn^{3+}/Mn^{4+}摩尔比	O_{ads}/O_{latt}摩尔比
Cat-0	0.675	0.198
Cat-1	1.072	0.262

续表

样品名称	Mn^{3+}/Mn^{4+}摩尔比	O_{ads}/O_{latt}摩尔比
Cat-2	1.201	0.384
Cat-3	1.135	0.230
Cat-4	1.070	0.267
Cat-5	0.606	0.233

图 7.5（b）显示了 6 种催化剂的 O 1s 光谱。在 531.3eV 和 529.6eV 附近的两个峰分别对应吸附氧（O_{ads}）和晶格氧（O_{latt}）的谱带[18]。如表 7.2 所列，Cat-0、Cat-1、Cat-2、Cat-3、Cat-4 和 Cat-5 的表面 O_{ads}/O_{latt} 摩尔比分别为 0.198、0.262、0.384、0.230、0.267 和 0.233。丰富的表面吸附氧物种在低温下很容易被吸收，这有利于增加锰氧化物催化剂的还原性能，进而提高催化活性[19]。丰富的表面吸附氧有利于气相氧的循环，并促进甲苯的氧化[20]。显然，Cat-2 表现出最丰富的化学吸附氧，这增加了其氧化还原能力并降低了甲苯催化氧化的温度。

7.1.2.5　氧化还原性能分析

通过 H_2-TPR 对催化剂的还原性能进行比较，所有催化剂的图谱如图 7.6（a）所示。所有样品的还原峰可分为三部分：$MnO_2 \rightarrow Mn_2O_3 \rightarrow Mn_3O_4 \rightarrow MnO$[21]。与 Cat-0 相比，随着 $KMnO_4$ 的引入，其他催化剂的还原温度向低温偏移，表明 $KMnO_4$ 的引入增强了催化剂的氧化还原能力。显然，Cat-2 拥有最低的初始还原温度（313℃），较低的初始还原温度意味着样品拥有更多的表面活性氧物质，这有利于催化活性的提高[6]。

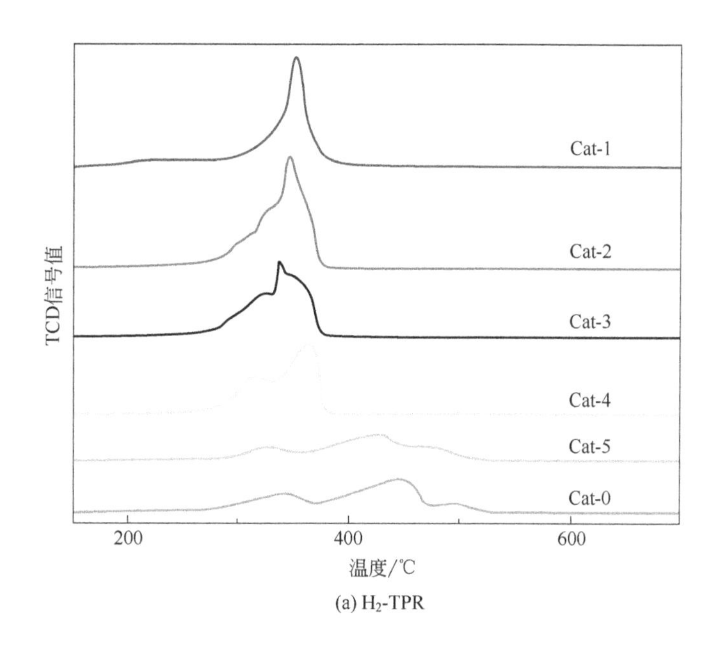

(a) H_2-TPR

图 7.6

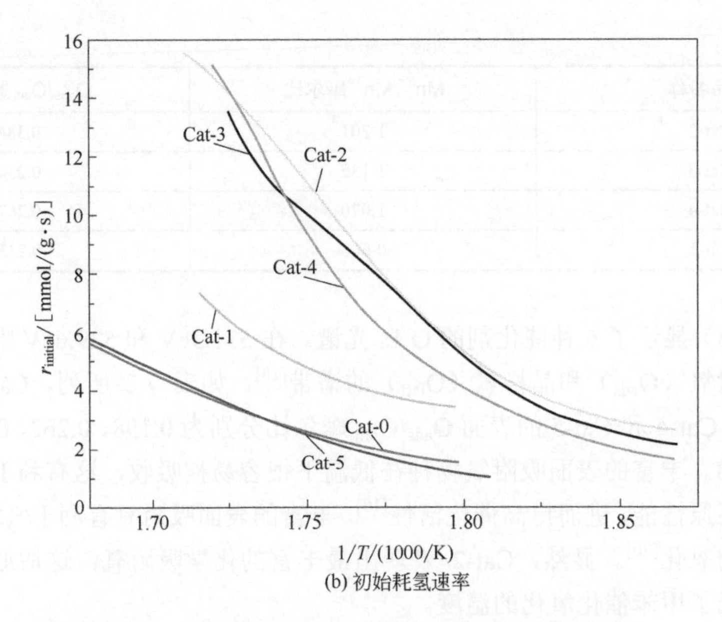

(b) 初始耗氢速率

图 7.6　6 种催化剂的 H_2-TPR 及初始耗氢速率谱图

为了进一步研究这 6 种催化剂的氧化还原特性的差异，图 7.6（b）中给出所有样品的初始耗氢速率。通过比较发现，Cat-2 具有最高的初始氢气消耗速率，较高的初始氢气消耗速率说明样品具有较强的氧化还原性能[22]。因此，随着钾锰矿的出现，MnO_x 催化剂的还原性能明显提高。因此，改变 $Mn(NO_3)_2/KMnO_4$ 摩尔比有利于改善锰氧化物的催化活性。

7.1.2.6　氧气程序升温脱附分析

图 7.7 记录了所有催化剂的 O_2-TPD 曲线。

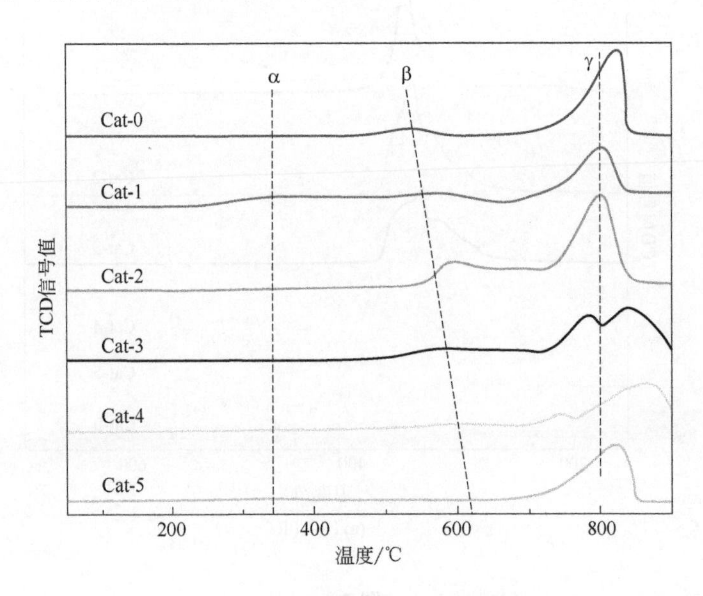

图 7.7　6 种催化剂的 O_2-TPD 谱图

如图 7.7 所示，样品在 100～400℃、400～700℃和 700～900℃的温度范围内显示出 3 种解吸峰，第一个峰归为表面吸附氧的解析（α），第二个峰归属于框架中的氧原子与 Mn^{3+}的结合（β），而最后一个峰则是氧原子与 Mn^{4+}（γ）的结合[23]。在 580～600℃附近峰强度的差异可以认为是由 $Mn(NO_3)_2/KMnO_4$ 摩尔比的变化所造成的。由图 7.7 可见，在 Cat-2 样品中释放了更多数量的 β 物种。联系 XPS 表征结果，这种现象可归因于 Cat-2 中含有大量的 Mn^{3+}。通常，约 600℃的峰与催化剂氧迁移率有关，催化剂的氧迁移率在 VOCs 的催化氧化中起着关键作用，Cat-2 样品拥有较好的氧迁能力，因此具有较高的催化活性。综上所述，$Mn(NO_3)_2/KMnO_4$ 摩尔比的不同导致催化剂的氧迁移率发生变化，进而影响催化剂的催化氧化活性以及 CO_2 的选择性[12]。

7.1.2.7　催化氧化甲苯活性及稳定性分析

如图 7.8 所示，笔者测量了所有样品在甲苯催化氧化中的催化活性。通过比较 T_{50} 和 T_{90} 反应温度，研究了不同 $Mn(NO_3)_2/KMnO_4$ 摩尔比对 MnO_x 催化活性的影响。

如图 7.8（a）和表 7.3 所示，甲苯的 T_{50} 转化顺序如下：Cat-2（225℃）＞Cat-3（235℃）＞Cat-4（243℃）＞Cat-5（257℃）＞Cat-0（260℃）＞Cat-1（297℃）。此外，在催化剂上的 T_{90} 显示出与 T_{50} 顺序相同。当 $Mn(NO_3)_2/KMnO_4$ 摩尔比为 3∶7 时，制备的锰氧化物催化剂表现出最佳的甲苯催化氧化活性。然而，$Mn(NO_3)_2/KMnO_4$ 摩尔比达到 1∶9 时，催化活性明显下降。尽管 Cat-1 和 Cat-2 均具有钾锰矿结构及拥有相似的比表面积，但锰氧化物催化剂的催化性能主要受表面氧和 Mn^{3+}含量的影响。Du 等[20]指出，Mn^{3+}促进了氧的补充，增加催化剂中氧的转移，对催化活性

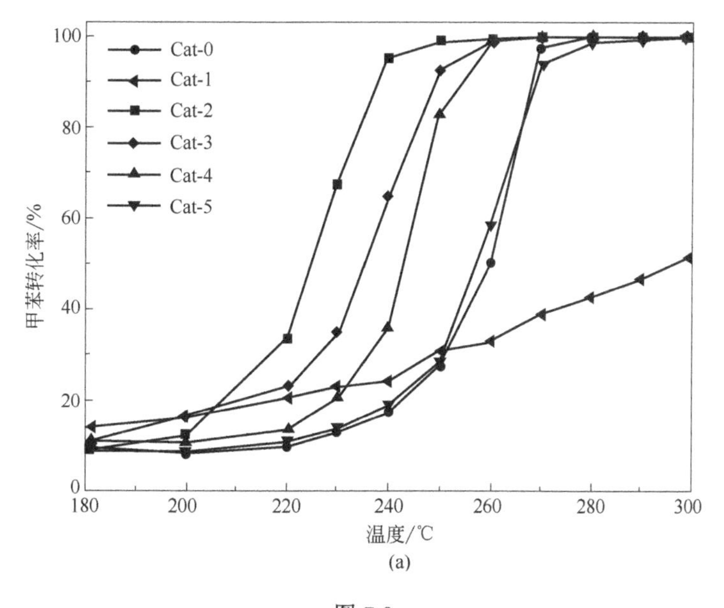

(a)

图 7.8

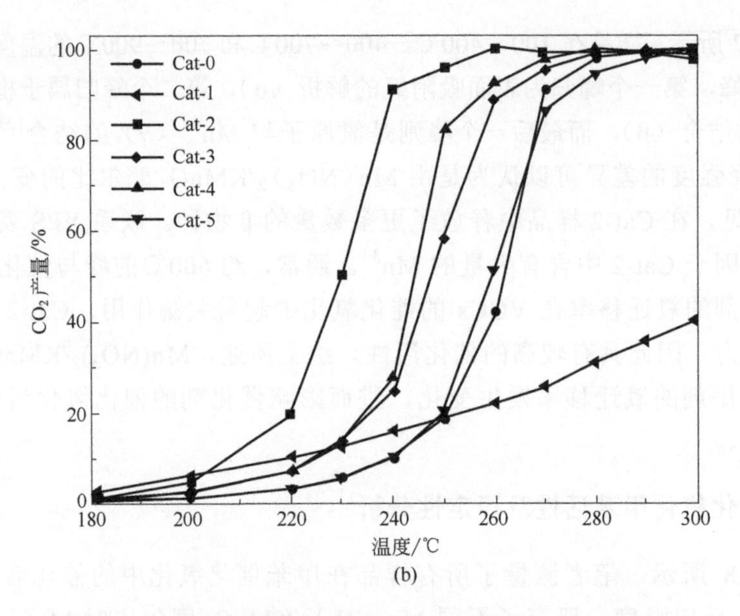

图 7.8　6 种催化剂的催化氧化甲苯的活性图及 CO_2 选择性

反应条件为甲苯初始浓度为 500×10^{-6}，氧气含量为 20%，空速为 60000h^{-1}

的提高较为有利。之前的研究也发现，表面氧在甲苯的氧化中起到关键的作用，而催化剂中的活性表面氧促进了低温下的氧化反应。因此，Cat-2 比 Cat-1 具有更好的催化活性。

表 7.3　6 种催化剂的活性信息表

样品名称	甲苯		CO_2	
	T_{50}/℃	T_{90}/℃	T^*_{50}/℃	T^*_{90}/℃
Cat-0	260	268	262	270
Cat-1	297	—	—	—
Cat-2	225	238	230	246
Cat-3	235	249	247	262
Cat-4	243	255	244	257
Cat-5	257	269	260	274

如图 7.8（b）所示，就 CO_2 选择性而言观察到如下趋势：Cat-2＞Cat-4＞Cat-3＞Cat-0≈Cat-5＞Cat-1。与 XRD、XPS、H_2-TPR 和 O_2-TPD 表征结果相对应，Cat-2 具有最多的 Mn^{3+}、表面吸附氧和最强的氧化还原能力。因此，Cat-2 表现出更好的催化氧化性能和优秀的 CO_2 选择性。

此外，笔者对 Cat-2 催化剂的稳定性在 260℃下进行了测试，结果如图 7.9 所示。Cat-2 在 100h 内展现了出色的稳定性。在整个检测期间，甲苯的去除率保持在 90%以上。因此，Cat-2 样品具有良好的稳定性。

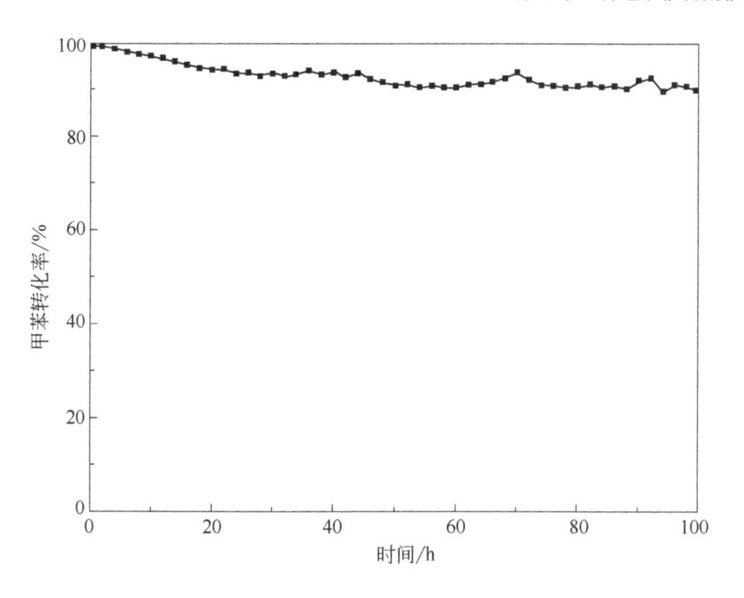

图 7.9　Cat-2 在 260℃下催化氧化甲苯的稳定性

7.1.2.8　K^+和钾锰矿在甲苯催化氧化中的作用

根据 Santos 等[4]的发现，钾锰矿型氧化物催化剂具有优异的催化活性。Hou 等[7]证明，掺杂 K^+可以提高 OMS-2 分子筛晶格中氧的活性，从而提高催化剂的催化性能。Wang 等[17]在锰氧化物中加入不同结构（分离和局部）的层间 K^+，提高了催化剂催化氧化甲醛的能力。为了进一步研究钾锰矿和 K^+在 MnO_x 催化剂中的作用，采用浸渍法制备了理论钾离子含量与 Cat-2 催化剂相同的 MnO_x 催化剂。

图 7.10 测定了 IM-2 样品在甲苯催化氧化中的活性。如图 7.10 可知，IM-2 催化剂

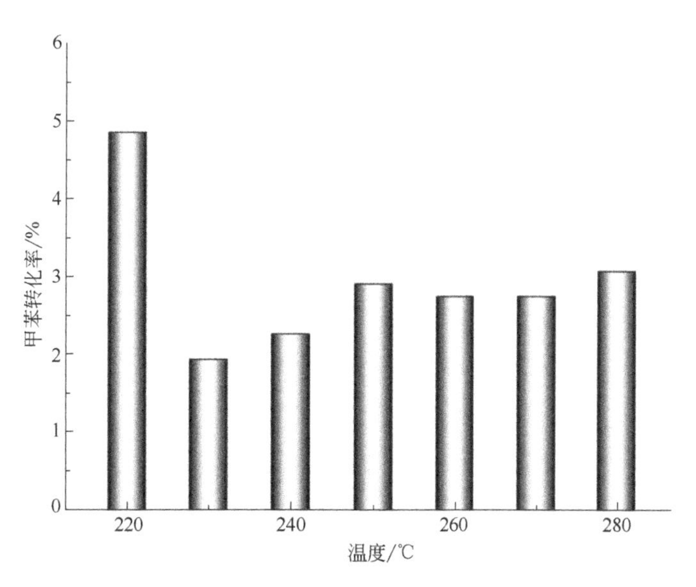

图 7.10　IM-2 催化剂催化氧化甲苯的活性图

反应条件为甲苯初始浓度为 500×10^{-6}，氧气含量为 20%，空速为 60000h^{-1}

展现出较差的甲苯氧化能力，甲苯的最大转化率仅为5%。因此，在 MnO_x 上添加游离态的 K^+ 会抑制甲苯的催化氧化。与XRD结果相对应，可以推测出钾锰矿（KMn_8O_{16}）的形成是Cat-2具有优异催化性能的原因。Santos等[4]发现，钾锰矿型催化剂具有较强的氧化性能和较高的催化活性。Sun等[16]证明OMS-2材料具有典型钾锰矿结构，这种结构可以释放出大量的晶格氧，从而提高了催化剂的氧化性能。Genuino等[24]也认为由于钾锰矿的存在，OMS-2催化剂具有出色的VOCs催化氧化能力。因此，向 MnO_x 中添加 $KMnO_4$ 促进了钾锰矿的形成，这是Cat-2样品具有优秀的催化氧化性能和 CO_2 选择性的重要原因。

7.1.2.9 Mn^{3+}/Mn^{4+} 和表面氧物种对 MnO_x 催化性能的作用

一般来讲，较多的活性位点和丰富的表面活性氧物种有利于催化剂的催化活性。氧化锰催化剂的混合价态在氧化还原催化中起重要作用。Genuino等[24]提出，Mn^{3+} 的存在为催化剂提供了更多的活性位点，这有利于提高锰氧化物的催化活性。同样，Yu等[18]报道，Mn^{3+} 的增加可以提高催化剂的氧化还原性能，进而使得锰氧化物拥有较为良好的催化活性。实验结果证明[12]，钾锰矿型八面体分子筛（OMS-2）纳米棒同时具有 Mn^{3+} 和 Mn^{4+} 物种，丰富的 Mn^{3+} 为催化剂提供了更多的氧空位缺陷，提高了催化性能。因此，锰氧化物的催化性能与 Mn^{3+}/Mn^{4+} 摩尔比密切相关，而更多的 Mn^{3+} 可以提高 MnO_x 催化剂的催化性能。

众所周知，较好的低温还原性能对催化氧化更为有利。根据之前的报道，氧气的释放导致骨架中氧空位的形成，这种氧空位的形成可以充当氧化反应的催化活性位点，从而提高催化剂的催化活性。钾锰矿结构中Mn-O晶格的变化导致晶格缺陷增加，从而促进了氧的交换并增加了VOCs分子活性。Hou等[7]报道，改善催化剂中氧空位的缺陷可以增强晶格氧的反应性能，可以极大地提升催化剂的催化活性。晶格氧主要提供催化剂的氧化能力，当参与反应的晶格氧含量充足时，优异的氧迁移率促进了反应的进行。然而，增加氧的吸附可以改善催化剂的氧流动性，并在反应过程中加快晶格氧的补充，从而提高催化性能。从 O_2-TPD、XPS和XRD结果看，Cat-2催化剂具有更多的表面吸附氧，丰富的 Mn^{3+} 以及较强的氧化还原能力。因此，其具有较好的催化活性。

7.1.3 小结

本节主要研究了不同的 $Mn(NO_3)_2$/$KMnO_4$ 摩尔比对 MnO_x 催化剂催化氧化甲苯性能的影响以及Mn的化学价态和表面吸附氧含量与催化活性间的构效关系。结果表明：不同 $Mn(NO_3)_2$/$KMnO_4$ 摩尔比会明显影响催化剂的催化活性，其中摩尔比为3∶7时能有效改善催化剂的孔隙结构和比表面积等织构性质，同时还会提高催化剂的氧化还原性能，增强其催化活性。其活性顺序为：Cat-2（225℃）＞Cat-3（235℃）＞Cat-4（243℃）＞Cat-5（257℃）＞Cat-0（260℃）＞Cat-1（297℃）。丰富的 Mn^{3+} 会增加催化剂的结构缺陷，降低对氧的束缚能力；表面吸附氧的增多可以改善催化剂的氧移动性能，进而提高锰氧化物的催化活性。钾锰矿的存在使锰氧化物提高了大量的晶格氧物种并产生了更多的晶格缺陷，极大地提升了催化剂的催化活性。

7.2 水热温度对 MnO_x 催化剂中锰化学价态和氧化还原能力的影响及其催化氧化甲苯性能的研究

在前期的研究中，笔者发现钾锰矿、Mn 化学价态和氧物种在 MnO_x 催化剂催化氧化甲苯中起着关键作用。但催化剂的催化性能受制备方法、制备条件、活性组分等因素影响，因此，本节选用水热方法制备 MnO_x 催化剂，着重考察水热温度的调变对 MnO_x 催化剂微观结构和表面物种在催化氧化甲苯性能中的影响。

7.2.1 水热温度改性 MnO_x 催化剂研究现状

催化剂的合成方法是影响 MnO_x 结构性能、氧化还原能力和催化活性的重要因素。水热法常被用于制备微观结构较为规整的催化剂。Cheng 等[25]通过改变水热条件制备了一系列形态规整有序的 α-MnO_2 催化剂，在对二甲醚进行催化燃烧实验时发现，不同的水热条件致使催化剂的催化性能发生明显变化。Liao 等[26]也发现通过不同水热时间制得的 MnO_x 催化剂在甲苯催化氧化方面存在显著差异。

7.2.2 催化剂的微观结构、表面物种及化学价态对催化剂性能的影响

7.2.2.1 物相分析

图 7.11 中显示了 6 个样品的 XRD 表征结果。

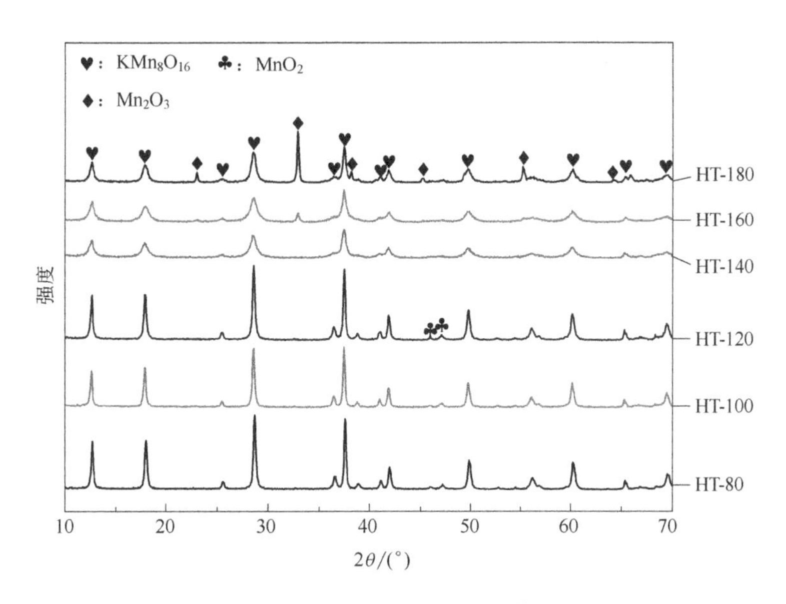

图 7.11　6 个样品的 XRD 谱图

由图 7.11 可知，在所有样品中观察到 KMn_8O_{16} 的特征峰位于 12.8°、18.0°、25.7°、28.7°、36.6°、37.5°、41.25°、42.0°、49.9 °、60.2°、65.3°和 69.5°（PDF-#-29-1020）。在 HT-80、HT-100、HT-120 和 HT-180 上 38.2°和 55.2°处的衍射峰为归属于 Mn_2O_3(PDF-＃-31-0825)。在 HT-180 上发现了 2θ 位于 23.1°、45.2°和 64.1°处的衍射峰为 Mn_2O_3（PDF-#-31-0825）的特征峰。在 HT-80、HT-100 和 HT-120 上被发现位于 45.9°和 46.9°处的衍射峰对应于 MnO_2（PDF -#-11-0055）。显然，在 HT-140 样品上检测到所有峰均属于钾锰矿（KMn_8O_{16}）的特征峰。此外，通过比较样品的半峰宽，发现 HT-140 在所有的样品中具有较低的结晶度。通常，较低的结晶度会导致更多的晶格缺陷的产生，这种缺陷的形成有利于催化活性的提高。Santos 等[4]证明，钾锰矿的形成可以提高催化剂的结构稳定性，从而提高晶格氧的迁移率，进而改善锰氧化物的催化性能。因此，改变不同水热温度会影响 Mn 物种相的组成和催化剂晶体结构的改变，进而对催化活性产生影响。

为了获得更多的结构信息，对所有样品进行了拉曼光谱测试，结果如图 7.12 所示。很明显，所有催化剂在 636cm^{-1} 附近均显示出较宽的谱带。随着水热温度的升高，样品的峰变的更宽且强度变得更弱，表明更多的氧空位缺陷在催化剂中形成。氧空位缺陷浓度的增加显著提高了晶格氧的反应性能，进而加快了催化剂与 VOCs 分子之间的反应，提高催化活性。另外，氧空位缺陷的增加导致 Mn—O 键减弱，导致催化剂中晶格氧物种数量更多，致使活性提高[7]。HT-180 上 451cm^{-1} 处的峰归结于桥接氧物种（Mn-O-Mn）的不对称拉伸，可能是由于中间产物 Mn_jO_k 的形成，其中 $1<j<2$、$1<k<3$，且 $1<k/j<1.5$[23]。因此，水热温度不同会导致催化剂自身结构的变化，进而影响锰氧化物的催化活性。

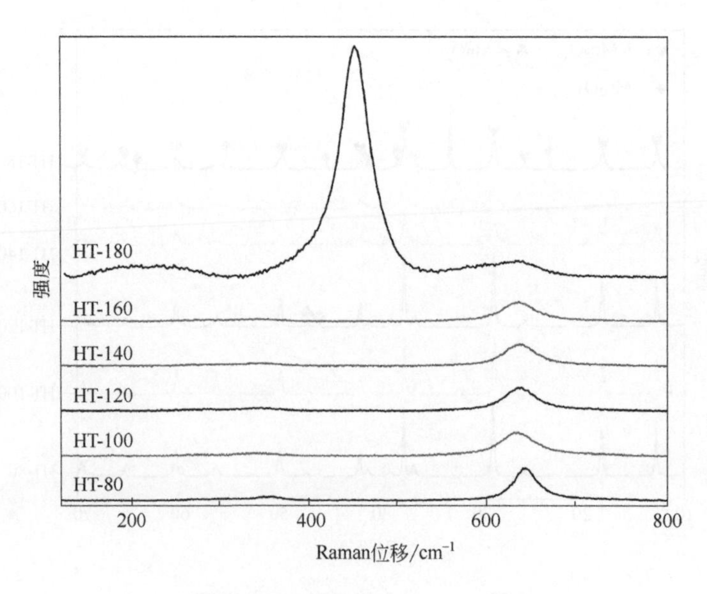

图 7.12　6 个样品的 Raman 谱图

7.2.2.2　比表面积分析

催化剂的 N_2 吸脱附曲线和 BJH 孔径分布曲线如图 7.13 所示。

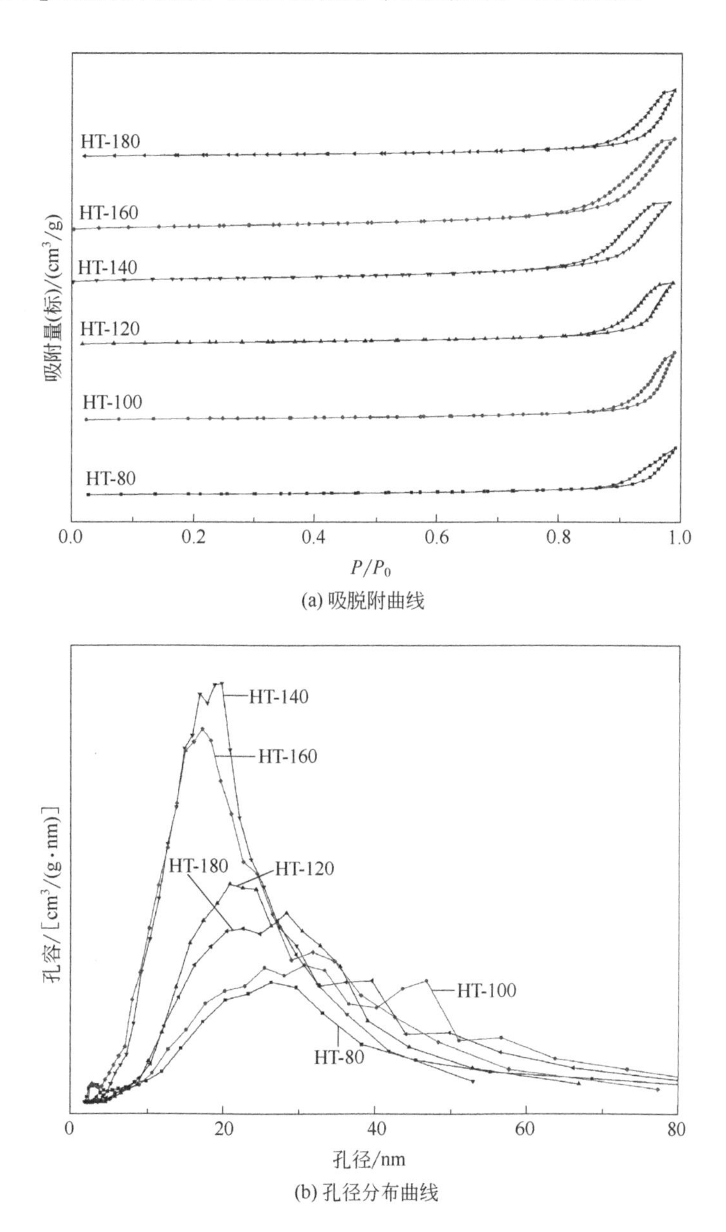

(a) 吸脱附曲线

(b) 孔径分布曲线

图 7.13　6 个样品的 N_2 吸脱附曲线和孔径分布曲线

根据图 7.13（a），所有催化剂均属于Ⅳ型等温线和 H_3 型迟滞回环，表明催化剂中介孔和狭缝形孔隙的存在[13]。与 HT-140 和 HT-160 相比，其他样品的吸脱附曲线的斜率在较高压力下减小，并且闭合点移动到较高的值，这表明微孔和中孔消失，形成大孔[14]。如图 7.13（b）所示，6 种催化剂的孔径分布位于 4.80nm。HT-140 的主要孔径为 4.20nm，孔径分布小于其他样品。Liu 等[27]报道，大量的中孔可以提供更多的内表面积和孔体积，使催化剂拥有较好的结构特性。HT-80、HT-100、HT-120、HT-140、HT-160 和 HT-180 催化剂的比表面积、总孔体积和平均孔径列于表 7.4 中，其比表面积分别为 $21.9m^2/g$、$26.0m^2/g$、$32.5m^2/g$、$55.9m^2/g$、$60.4m^2/g$ 和 $30.2m^2/g$。

表 7.4　6 个样品的比表面积、总孔体积和平均孔径分布

样品名称	S_{BET}/（m^2/g）	V_p/（cm^3/g）	平均孔径/nm
HT-80	21.9	0.164	30.06
HT-100	26.0	0.231	35.6
HT-120	32.5	0.228	28.1
HT-140	55.9	0.290	20.74
HT-160	60.4	0.332	22.02
HT-180	30.2	0.244	32.32

7.2.2.3　扫描电镜（SEM）结果分析

如图 7.14 所示，利用 SEM 表征对所制备催化剂的形态结构进行研究。

(a) HT-80　(b) HT-100　(c) HT-120　(d) HT-140

(e) HT-160

(f) HT-180

图 7.14　6 个样品的扫描电镜图

由图 7.14 可见，较低温度下制得的 HT-80 和 HT-100 样品呈现不规则的纳米颗粒形态。随着水热温度的升高，其他催化剂均观察到含有纳米棒状的结构形态。值得注意的是，HT-140 的微观结构相对规整，全部是由纳米棒状结构组成的锰氧化物。据报道[17]，纳米棒结构有利于将氧分子活化为活性氧，从而提高催化剂自身的活性。Sun 等[16]证明纳米棒状的钾锰矿型锰氧化物对甲苯的催化氧化具有优异的活性。HT-140 的 SEM 图像与 XRD 测试结果十分吻合。因此，通过改变水热温度可以得到不同形态的 MnO_x，钾锰矿的形成更有利于提高 MnO_x 催化剂的催化活性。

7.2.2.4　表面物种及其化学价态分析

6 个样品的 Mn 2p、O 1s 和 K 2p XPS 光谱如图 7.15 所示。图 7.15(a)中，641.8eV 的信号对应的是 Mn^{3+}，而 643.5eV 的信号代表着 Mn^{4+}的存在[4]。显然，水热温度的变化对 MnO_x 催化剂表面 Mn^{3+}/Mn^{4+}具有重要影响。从表 7.5 中可以明显看出，HT-80、HT-100、HT-120、HT-140、HT-160 和 HT-180 样品的表面 Mn^{3+}/Mn^{4+}摩尔比分别为 1.665、1.851、1.689、1.633、1.739 和 2.161。通常，锰基催化剂的混合价态在氧化还原催化中起重要作用，较高浓度的 Mn^{4+}可以增加锰氧化物的表面氧空位浓度，并有利于烃类化合物的催化燃烧，进而提高催化氧化性能。结合催化活性结果，Mn^{4+}含量最高的 HT-140 在所有样品中表现出优异的催化性能和出色的 CO_2 选择性。因此，可以推断出，MnO_x 中相对丰富的 Mn^{4+}含量对甲苯氧化的催化活性起到促进作用。

如图 7.15（b）所示，HT-80、HT-100、HT-120、HT-140、HT-160 和 HT-180 的 O 1s XPS 谱峰显示在 530.9eV 和 529.4eV 附近的 2 个谱带，分别分配给吸附氧（O_{ads}）和晶格氧（O_{latt}）物种。如表 7.5 所列，HT-80、HT-100、HT-120、HT-140、HT-160 和 HT-180 的表面 O_{latt}/O_{ads} 摩尔比分别为 2.360、2.473、2.235、2.539、2.197 和 2.139。丰富的晶格氧物种可以提供更多的吸附位点并提高催化氧化性能，进而促进 VOCs 氧化的催化活性。因此，晶格氧对于甲苯的催化氧化是必不可少的。从图 7.15（b）和表 7.5 可以看出，不同的水热温度对锰氧化物的 O_{latt}/O_{ads} 摩尔比有着较大的影响。在 140℃的水热温度下合成的催化剂具有最高的 O_{latt}/O_{ads} 摩尔比，这意味着晶格氧浓度最高的 HT-140 样品具有最强的氧化能力，因此展现出最好的活性。不同的水热温度会引起催化剂 O_{latt}/O_{ads} 摩尔比的变化，进而影响催化氧化甲苯活性。

所有样品的 K 2p 光谱如图 7.15（c）所示。K^+的两个可识别的特征峰在 291.7～291.7eV 和 294.7～294.6eV 处呈现。值得注意的是，随着水热温度的升高，HT-120、HT-140、HT-160 和 HT-180 样品的峰向低值偏移，代表样品具有较高的电子密度[28]。较高的电子密度可以补充锰物质之间的电荷平衡并改变锰元素的价态，进而形成大量的不饱和氧，从而使催化剂获得优异的催化性能。

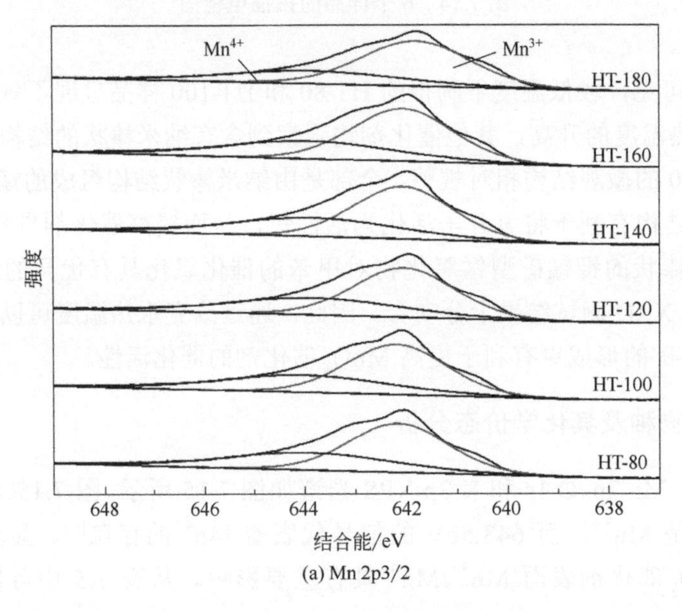

(a) Mn 2p3/2

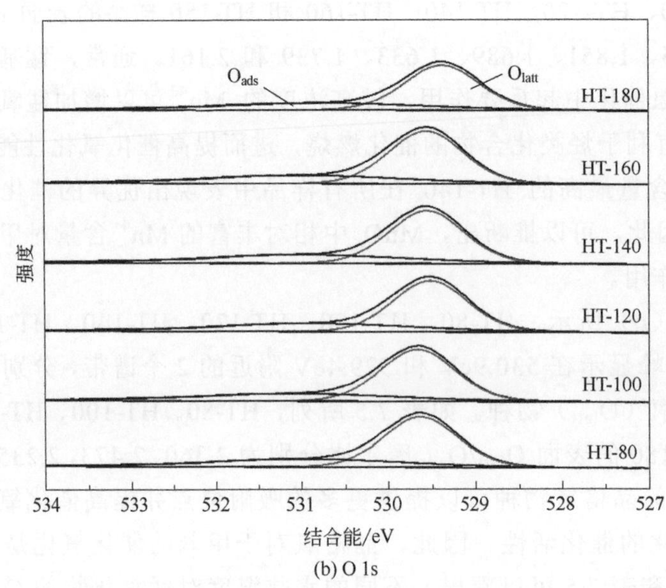

(b) O 1s

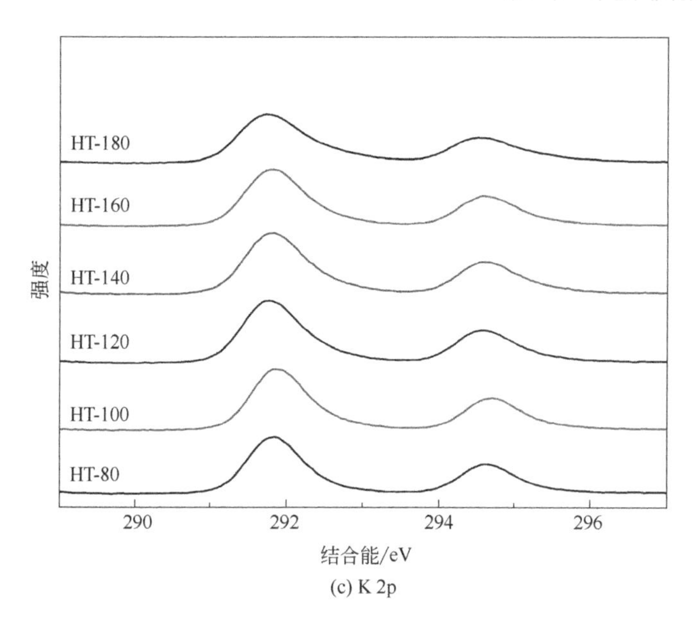

(c) K 2p

图 7.15　6 个样品的 XPS 能谱图

表 7.5　6 个样品的 XPS 信息表

样品名称	Mn^{3+}/Mn^{4+}摩尔比	O_{latt}/O_{ads}摩尔比
HT-80	1.665	2.360
HT-100	1.851	2.473
HT-120	1.689	2.235
HT-140	1.633	2.539
HT-160	1.739	2.197
HT-180	2.161	2.139

7.2.2.5　氧化还原性能分析

图 7.16（a）为所有锰氧化物样品的 H_2-TPR 曲线。6 个样品的还原峰可分为三部分：$MnO_2 \rightarrow Mn_2O_3$、$Mn_2O_3 \rightarrow Mn_3O_4$ 以及 $Mn_3O_4 \rightarrow MnO$ 的还原过程[29]。与其他样品相比，HT-140 样品拥有最低的初始还原温度，这意味着催化剂拥有更多的表面活性物种，这有利于催化剂催化性能的提升。因此，选择合适的水热温度可以有效地提升催化剂的氧化还原性能。

为了更好地比较催化剂的低温还原性，计算每个样品的初始氢气消耗速率，并将结果示于图 7.16（b）中。可以观察到初始耗氢速率由大到小为 HT-140＞HT-160＞HT-120＞HT-80＞HT-100＞HT-180。通过比较发现，HT-140 具有最高的初始氢气消耗速率，较高的初始氢气消耗速率说明样品具有较强的氧化还原性能[30]。因此，在 140℃的水热温度下合成的 HT-140 催化剂显示出优异的低温还原性能。

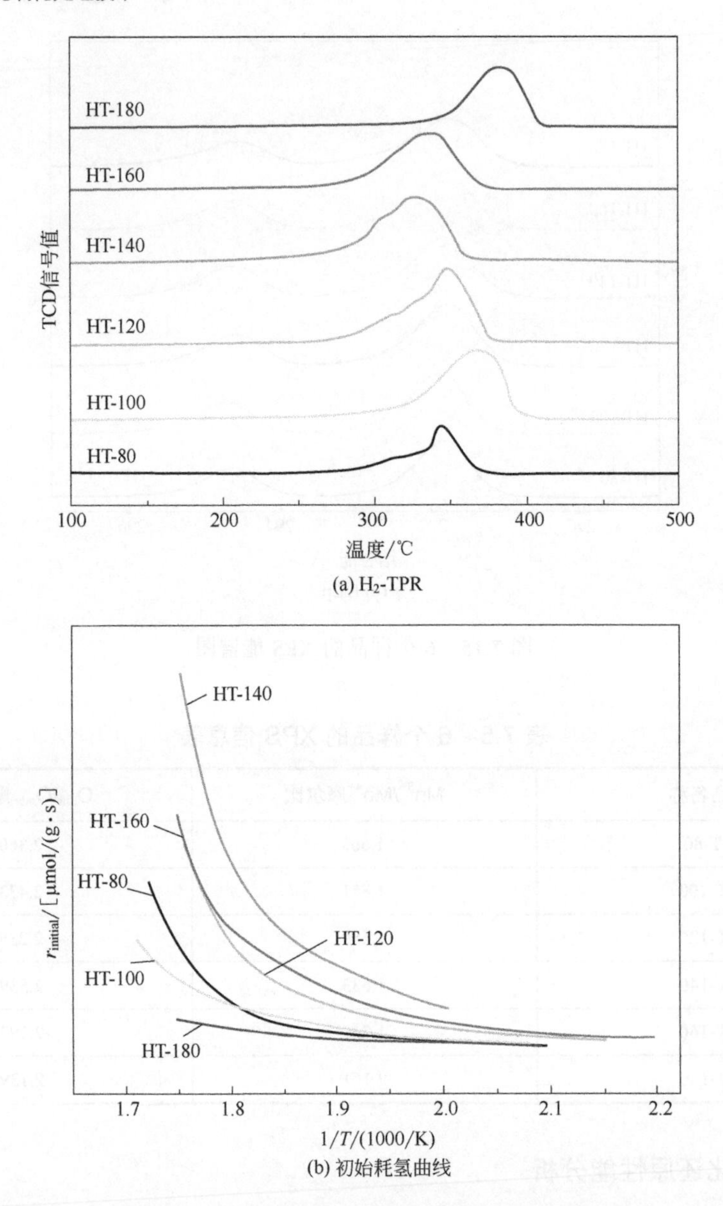

(a) H_2-TPR

(b) 初始耗氢曲线

图 7.16　6 个样品的 H_2-TPR 及初始耗氢速率曲线

7.2.2.6　氧气程序升温脱附分析

如图 7.17 所示，样品在 574～598℃和 787～813℃的范围内显示出两种类型的解吸峰。第一个峰归因于与 Mn^{3+}结合的框架氧原子之间较弱的相互作用，另一个可归为与 Mn^{4+}结合的氧原子在较高温度下的释放[4]。与其他样品相比，HT-120 和 HT-140 表现出最大的峰面积。这种现象可能是由于样品中存在大量的 Mn^{4+}物质，这与 XPS 的结果一致。因此，水热温度的改变会导致 MnO_x 中氧物种和 Mn 化学价的变化，较大的 Mn^{4+}浓度可以提高 MnO_x 催化性能[31]。

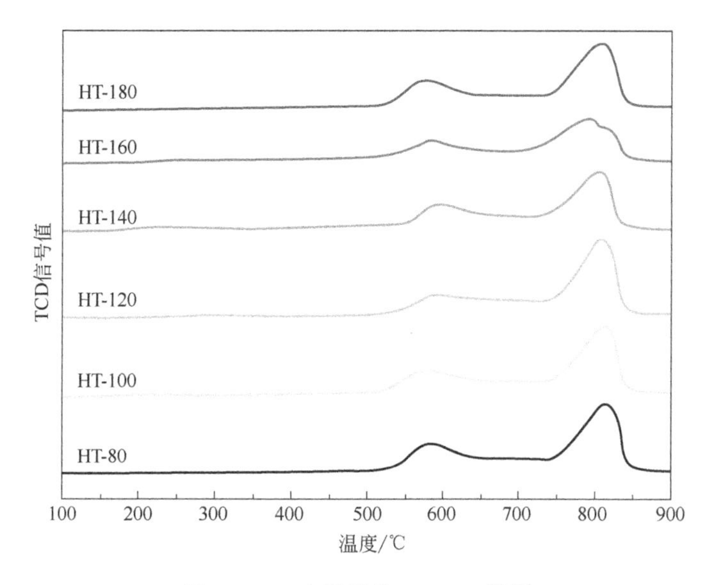

图 7.17　6 个样品的 O_2-TPD 谱图

7.2.2.7　催化氧化甲苯活性及 CO_2 选择性

所有样品的催化活性和 CO_2 选择性，结果如图 7.18 所示。通过比较 T_{50} 和 T_{90} 的反应温度，研究了不同水热温度对 MnO_x 催化活性和 CO_2 选择性的影响。

如图 7.18（a）和表 7.6 所示，T_{50} 由大到小顺序如下：HT-140（232℃）＞HT-160（235℃）＞HT-120（236℃）＞HT-80（240℃）＞HT-100（252℃）＞HT-180（254℃）。此外，T_{90} 由大到小顺序如下：HT-140（240℃）＞HT-120（248℃）＞HT-80（251℃）＞HT-160

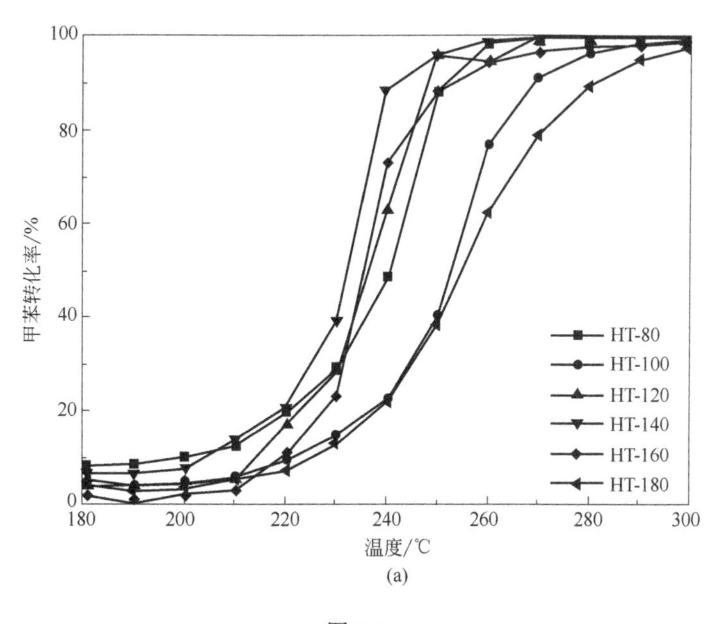

图 7.18

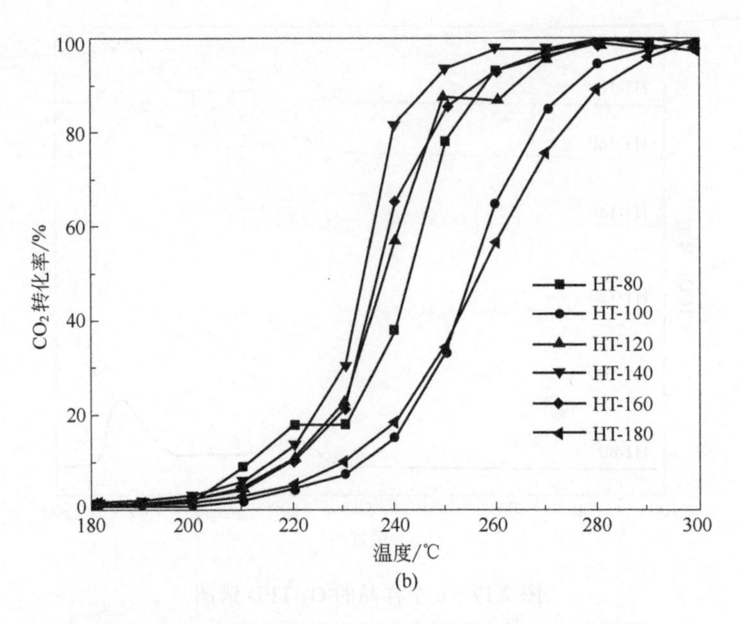

图 7.18　6 个样品催化氧化甲苯的活性及 CO_2 选择性

反应条件为甲苯初始浓度为 500×10^{-6}，氧气含量为 20%，空速为 $60000h^{-1}$

（253℃）＞HT-100（270℃）＞HT-180（280℃）。随着水热温度的变化，催化剂催化性能得到改善。显然，水热温度为140℃表现出最佳的甲苯催化活性。因此，不同的水热温度导致催化剂的微观结构和氧化还原性能的变化从而使催化剂展现不同的催化活性。如图 7.18（b）所示，就 CO_2 选择性而言，观察到以下性能趋势：HT-140＞HT-160≈HT-80＞HT-120＞HT-100＞HT-180。较为丰富的晶格氧物种可以提供强大的氧化能力，这是增加 CO_2 选择性的主要动力[30]。与 XRD、XPS、H_2-TPR 和 O_2-TPD 等表征结果相对应，HT-140 样品展现出棒状的钾锰矿型结构并具有更多的 Mn^{4+}，晶格氧和较强的氧化能力。因此，HT-140 表现出较为优秀的催化氧化性能以及良好的 CO_2 选择性。

表 7.6　6 个样品的活性信息表

样品名称	甲苯		CO_2	
	T_{50}/℃	T_{90}/℃	T^*_{50}/℃	T^*_{90}/℃
HT-80	240	251	243	257
HT-100	252	270	255	274
HT-120	236	248	238	263
HT-140	232	240	233	246
HT-160	235	253	236	255
HT-180	254	280	257	280

7.2.3　小结

本节主要研究了水热温度对 MnO_x 催化性能的影响，并探究了催化剂氧化还原能力与其催化活性之间的关系。结果发现：水热温度为 140℃时，催化剂具有最佳催化性能，在 240℃时甲苯去除率达到 90%。改变水热温度会导致催化剂的氧化还原性能和微观结构的变化。从 XRD、Raman 和 H_2-TPR 等表征结果发现，Mn-140 具有较好的氧化还原性能。较高浓度的 Mn^{4+}为 Mn-140 样品提供了更多的氧空位。同时，大量的晶格氧为其提供了强大的氧化能力。因此，卓越的氧化还原性能和氧移动能力是提高 Mn-140 催化性能的主要原因。

参考文献

[1] Guo F，Xu J Q，Chu W. CO_2 reforming of methane over Mn promoted Ni/Al_2O_3 catalyst treated by N_2 glow discharge plasma [J]. Catal. Today，2015，256：124-129.

[2] Fang Z. T，Yuan，B，Lin，T，et al. Monolith $Ce_{0.65}Zr_{0.35}O_2$-based catalysts for selective catalytic reduction of NO_x with NH_3 [J]. Chem. Eng. Res. Des，2015，94：648-659.

[3] Piumetti M，Fino D，Russo N. Mesoporous manganese oxides prepared by solution combustion synthesis as catalysts for the total oxidation of VOCs [J]. Appl. Catal. B：Environ，2015，163：277-287.

[4] Santos V P，Pereira M F R，Órfão J J M，et al. Synthesis and characterization of manganese oxide catalysts for the total oxidation of ethyl acetate [J]. Top. Catal，2009，52：470-481.

[5] Santos V P，Pereira M F R，Órfão J J M，et al. The role of lattice oxygen on the activity of manganese oxides towards the oxidation of volatile organic compounds [J]. Appl. Catal. B：Environ，2010，99：353-363.

[6] Ma J Z，Wang C X，He H. Transition metal doped cryptomelane-type manganese oxide catalysts for ozone decomposition [J]. Appl. Catal. B：Environ，2017，201：503-510.

[7] Hou J T，Li Y Z，Liu L L，et al. Effect of giant oxygen vacancy defects on the catalytic oxidation of OMS-2 nanorods [J]. J. Mater. Chem. A，2013，1：6736-6741.

[8] Terribile D，Trovarelli A，Leitenburg C. D，et al. Catalytic combustion of hydrocarbons with Mn and Cu-doped ceria-zirconia solid solutions [J]. Catal. Today，1999，47：133.

[9] Marco P，Debora F，Nunzio R，Mesoporous manganese oxides prepared by solution combustion synthesis as catalysts for the total oxidation of VOCs [J]. Appl. Catal. B：Environ，2015，163：277-287.

[10] Deng J G，He S N，Xie S H，et al. Ultralow loading of silver nanoparticles on Mn_2O_3 nanowires derived with molten salts：A high-efficiency catalyst for the oxidative removal of toluene [J]. Environ. Sci. Technol.，2015，49：11089-11095.

[11] Si W Z，Wang Y，Peng Y，et al. A high-efficiency γ-MnO_2-like catalyst on toluene combustion [J]. Chem. Commun，2015，51：14977-14980.

[12] Santos D F M，Soares O S G P，Figueiredo J L，et al. Effect of ball milling on the catalytic activity of cryptomelane for VOC oxidation [J]. Environ. Technol，2018，1-14.

[13] Hou J T，Liu L L，Li Y Z，et al. Tuning the K^+ concentration in the tunnel of OMS-2 nanorods leads to a significant enhancement of the catalytic activity for benzene oxidation [J]. Environ. Sci. Technol，

2013，47：13730-13736.

[14] Bai B Y，Li J H，Hao J M. 1D-MnO_2，2D-MnO_2 and 3D-MnO_2 for low-temperature oxidation of ethanol [J]. Appl. Catal. B：Environ，2015，164：241-250.

[15] Bastos S S T，Órfão J J M，Freitas M M A，et al. Manganese oxide catalysts synthesized by exotemplating for the total oxidation of ethanol [J]. Appl. Catal. B：Environ，2009，93：30-37.

[16] Sun H，Liu Z G，Chen S，et al. The role of lattice oxygen on the activity and selectivity of the OMS-2 catalyst for the total oxidation of toluene [J]. Chem. Eng. J，2015，270：58-65.

[17] Wang J L，Li J G，Jiang C J，et al. The effect of manganese vacancy in birnessite-type MnO_2 on room-temperature oxidation of formaldehyde in air [J]. Appl. Catal. B：Environ，2017，204：147-155.

[18] Yu D Q，Liu Y，Wu Z B. Low-temperature catalytic oxidation of toluene over mesoporous MnO_x-CeO_2/TiO_2 prepared by sol-gel method. Catal. Commun，2011，11：788-791.

[19] Guan H T，Dang W H，Chen G，et al. RGO/KMn_8O_{16} composite as supercapacitor electrode with high specific capacitance [J]. Ceram. Int，2016，42：5197. 5202.

[20] Du Z P，Gao K，Fu Q，et al. Low-temperature catalytic oxidation of toluene over nanocrystal-like Mn-Co oxides prepared by two-step hydrothermal method [J]. Catal. Commun，2014，52：31-35.

[21] Luo J，Zhang Q H，Huang A M，et al. Total oxidation of volatile organic compounds with hydrophobic cryptomelane-type octahedral molecular sieves [J]. Micropor Mesopor Mat，2000，35：209-217.

[22] Wang F，Dai H X，Deng J G，et al. Manganese oxides with rod-，wire-，tube-，and flower-like morphologies：highly effective catalysts for the removal of toluene [J]. Environ. Sci. Technol，2012，46：4034-4041.

[23] Ginsburg A，Keller D A，Barad H N，et al. One-Step synthesis of crystalline Mn_2O_3 thin film by ultrasonic spray pyrolysis [J]. Thin. Solid. Films，2016，615：261-264.

[24] Genuino H C，Dharmarathna S，Njagi E C，et al. Gas-phase total oxidation of benzene，toluene，ethylbenzene，and xylenes using shape-selective manganese oxide and copper manganese oxide catalysts [J]. J. Phys. Chem. C，2012，116：12066-12078.

[25] Cheng G，Yu L，He B，et al. Catalytic combustion of dimethyl ether over α-MnO_2 nanostructures with different morphologies [J]. Appl. Surf. Sci，2017，409：223-231.

[26] Liao Y，Zhang X，Peng R，et al. Catalytic properties of manganese oxide polyhedral with hollow and solid morphologies in toluene removal [J]. Appl. Surf. Sci，2017，405：20-28.

[27] Liu F，He H，Structure-activity relationship of iron titanate catalysts in the selective catalytic reduction of NO_x with NH_3 [J]. J. Phys. Chem. C，2010，114：16929-16936.

[28] Kapteljn F，Smgoredjo L，Andreml A. Activity and selectivity of pure manganese oxides in the selective catalytic reduction of nitric oxide with ammonia [J]. Appl. Catal. B：Environ，1994，3：169-173.

[29] Liu L S，Song Z，Fu D，et al. Enhanced catalytic performanceof Cu- and/or Mn-loaded Fe-sep catalysts for the oxidation of CO and ethyl acetate [J]. Chin. J. Chem. Eng，2017，25：1427-1434.

[30] Wang X Y，Kang Q，Li D. Catalytic combustion of chlorobenzene over MnO_x-CeO_2 mixed oxide catalysts [J]. Appl. Catal. B：Environ，2018，224：863-870.

[31] Wang J L，Li J，Zhang P Y，et al. Understanding the "seesaw effect" of interlayered K^+ with different structure in manganese oxides for the enhanced formaldehyde oxidation [J]. Appl. Catal. B：Environ，2018，224：863-870.

第8章

Pt基催化剂催化氧化氯苯性能研究

8.1 Pt基催化剂研究现状

在前面的研究中，发现醋酸铈制备的硅钨酸改性二氧化铈具有较好的氯苯催化氧化活性与催化稳定性，这是由于硅钨酸的改性同时提高了催化剂的氧化还原能力和表面酸性。Pt催化剂由于其良好的氧化还原性能，对VOCs气体分子的C—O和C—H具有较高的活化能力，在制备过程中具有较好的水热稳定性及化学稳定性。目前CeO_2负载铂（Pt/CeO_2）已应用于VOCs气体的催化氧化，很多研究表明贵金属铂的掺杂会提高催化剂的催化性能。Peng等[1]制备了Pt/CeO_2催化剂并对甲苯的催化氧化进行了研究，负载贵金属Pt之后二氧化铈的催化性能显著提高，且Pt的存在提高了二氧化铈表面氧空位浓度，加速了催化剂催化氧化甲苯过程中的氧循环效率。Gu等[2]采用$(NH_4)_6$-$H_2W_{12}O_{40}$和H_2PtCl_6水溶液共浸渍法制备Pt-$_x$W/CeO_2催化剂，用于苯（B）、氯苯（CB）和1,2-二氯苯（1,2-DCB）的催化氧化。Pt—O—Ce键的形成促进了表面氧的还原性。Pt-$_x$W/CeO_2催化剂对CB和1,2-DCB具有较高的活性，在50h的稳定性测试中，即使在存在水的情况下，铂改性催化剂的结构仍保持不变。Chen等[3]采用浸渍法制备了负载型Pt/CeO_2-Al_2O_3催化剂，对催化剂进行了催化氧化二氯甲烷（CH_2Cl_2）的试验。结果表明，在以H_2PtCl_6为前驱体的制备过程中，催化剂中引入了氯种，提高了催化剂的表面酸性，并通过形成Ce-Pt-O固溶体来提高催化剂的还原性，从而进一步提高了催化剂的活性。因此，Pt/CeO_2催化剂中Pt与CeO_2之间的相互作用使其具有较高的催化活性。综上所述，本章采用醋酸铈作为铈源并用硅钨酸进行改性，之后加入一定浓度的氯铂酸溶液对硅钨酸改性二氧化铈催化剂进行贵金属负载（负载量为总催化剂质量的0.5%、1.0%、1.5%、2.0%、3.0%），并用水热法在180℃水热合成了系列Pt改性HSiW/CeO_2催化剂（记为Cat-0.5、Cat-1.0、Cat-1.5、Cat-2.0、Cat-3.0），以500×10^{-6}氯苯作为探针分子进行催化性能测试。利用表征手段对催化剂的物化性质进行分析，目的为筛选出最佳的贵金属Pt的负载量，并应用质谱和原位红外对反应机理进行分析。

8.2 催化剂的微观结构、氧化性能及其理化性质对其催化性能的影响

8.2.1 X射线衍射分析（XRD）

图 8.1 为 5 种负载不同质量分数 Pt 的 HSiW/CeO_2 催化剂的 XRD 图谱。从图 8.1 可以看出，5 种催化剂的 XRD 谱图的衍射峰均归属于二氧化铈立方萤石晶相（JCPDS NO.34-0394），其具体 2θ 位置 28.6°、32.7°、47.5°、56.3°、59.1°、69.5°、76.6°、79.1°分别对应 CeO_2 的（111）、（200）、（220）、（311）、（222）、（400）、（331）、（420）特征晶面[4]。在 Cat-0.5、Cat-1.0、Cat-1.5、Cat-2.0、Cat-3.0 5 个催化样品中都没有观察到 WO_3 物种，这表明 WO_3 物种在催化剂表面是以高度分散形式存在的。在 Cat-0.5、Cat-1.0、Cat-1.5、Cat-2.0 的 XRD 谱图没有发现 Pt 物种的衍射峰，这是由于 Pt 物种中的 Pt^{2+}的半径为（0.85Å），其离子半径类似于 Ce^{4+}（0.92Å），所以 Pt^{2+}有可能进入 CeO_2 晶格并形成 Pt-O-Ce 物种[1]。由于 Pt 的负载量增多，Cat-3.0 的 XRD 衍射峰在 40°位置出现了一个小峰，这个峰归属于 Pt 物种（JCPDS NO.87-0646）的特征衍射峰，但是由于部分 Pt^{2+} 进入二氧化铈的晶格或 Pt 物种均匀分散在催化剂表面使得其他特征衍射峰并不明显。

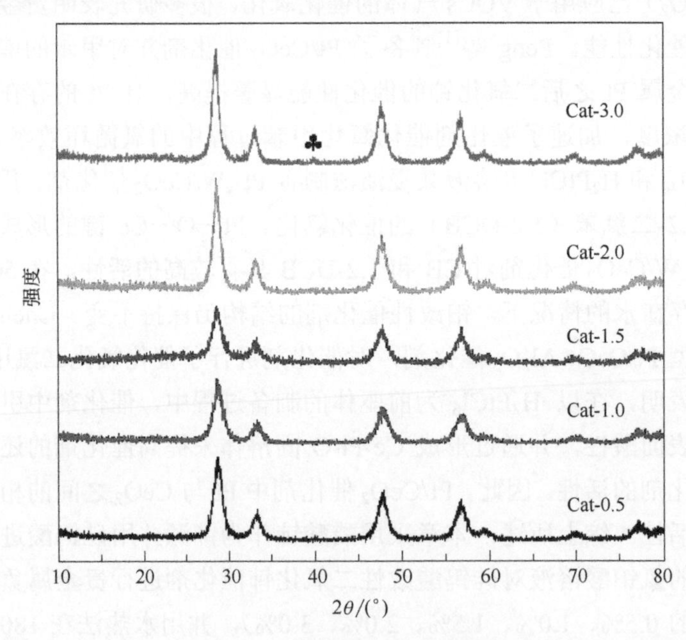

图 8.1 催化剂的 XRD 谱图

8.2.2 低温 N_2 物理吸脱附分析

图 8.2 展现了 5 种负载不同质量分数 Pt 的 HSiW/CeO_2 催化剂的 N_2 吸附-解吸等温

线。如图 8.2 所示，所有催化剂样品的 N_2 吸附-解吸等温线均表现出Ⅳ型等温线的典型特征，且 5 种催化剂样品的滞回环类型均为 H_3 型，表明 5 种负载不同质量分数 Pt 的 HSiW/CeO_2 催化剂均为介孔材料[5]。从滞回环的形状来看，不同质量分数的 Pt 负载会影响催化剂的孔结构以及比表面积。图 8.3 展现了 5 种负载不同质量分数 Pt 的 HSiW/CeO_2 催化剂的孔径分布情况，与 N_2 吸附-解吸等温线分析结果一致，所有催化样品的孔直径均分布于 2～40nm，这也说明所有催化样品主要由介孔构成。由图 8.3 可知 Cat-0.5 具有最广泛的孔径分布，随着贵金属 Pt 负载量的增加，催化样品的孔径分布范围逐步缩小。Cat-2.0 的孔径主要分布于 2～10nm 之间，而 Cat-3.0 的孔径主要分布在 2nm 左右，这种情况可以归因于贵金属 Pt 负载对催化剂孔道的堵塞。所有样品的孔容积如表 8.1 所列，大小排列如下：Cat-0.5（$0.222cm^3/g$）＞Cat-1.0（$0.199cm^3/g$）＞Cat-1.5（$0.198cm^3/g$）＞Cat-2.0（$0.166cm^3/g$）＞Cat-3.0（$0.118cm^3/g$）。由数据得出结论，贵金属 Pt 负载量越多，HSiW/CeO_2 催化样品的孔容积越小，也证明了 Pt 负载对催化剂部分孔道的占据导致孔容积减少。所有样品的平均孔径大小排列如下：Cat-0.5（11.5nm）＞Cat-1.0（11.4nm）＞Cat-1.5（9.0nm）＞Cat-2.0（7.0nm）＞Cat-3.0（6.9nm），此顺序和孔容积大小顺序一致。由表 8.1 可知，催化样品的比表面积大小排序为：Cat-3.0（$67m^2/g$）＜Cat-0.5（$69m^2/g$）＜Cat-1.0（$78m^2/g$）＜Cat-1.5（$88m^2/g$）＜Cat-2.0（$96m^2/g$）。由此可知 Cat-2.0 具有最大的比表面积而且 Pt 物种只是堵塞催化样品的部分孔道，而并没有改变催化样品的孔空间结构。较大的比表面积有利于增强催化剂与反应气体分子的吸附作用与传质作用，使得反应气体分子充分与催化剂的氧物种反应，促进催化氧化反应的进行，提高 Cat-2.0 样品催化氧化氯苯的催化效率。

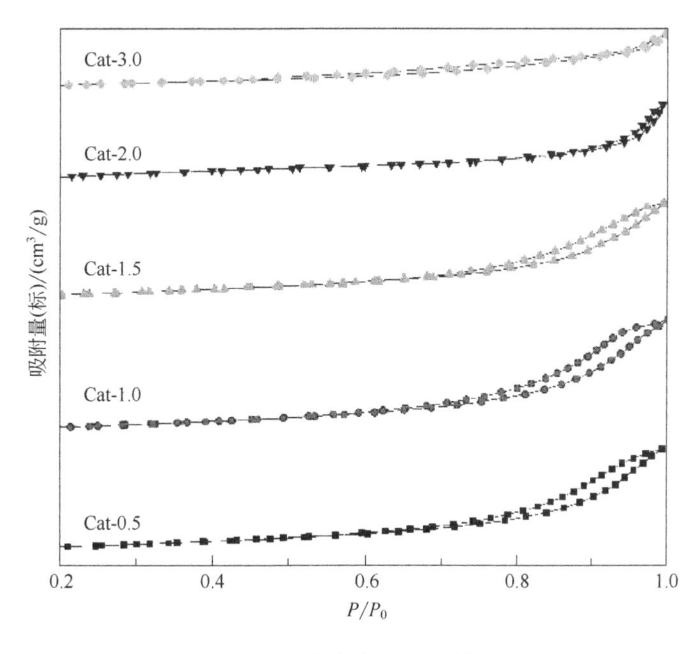

图 8.2 催化剂氮气吸脱附等温线

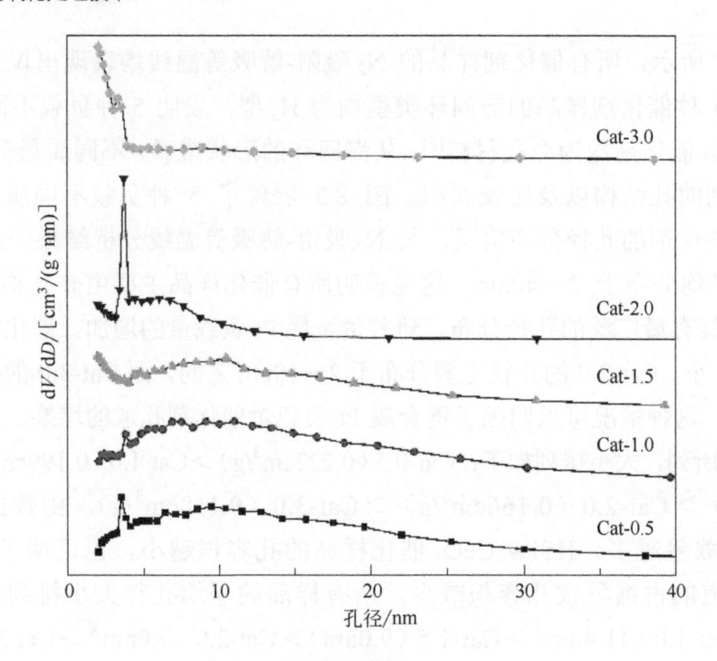

图 8.3 催化剂孔径分布曲线

表 8.1 催化剂的比表面积、孔容积、平均孔径

催化剂	S_{BET} /（m^2/g）	V_p /（cm^3/g）	平均孔径/nm
Cat-0.5	69	0.222	11.5
Cat-1.0	78	0.199	11.4
Cat-1.5	88	0.198	9.0
Cat-2.0	96	0.166	7.0
Cat-3.0	67	0.118	6.9

8.2.3 X 射线光电子能谱（XPS）

通过 XPS 光谱研究了 5 种负载不同质量分数 Pt 的 $HSiW/CeO_2$ 催化剂的表面元素价态，结果示于图 8.4 和表 8.2。

5 种催化剂的 Ce 3d 光谱如图 8.4（a）所示，Ce 3d 光谱可以分解为 3d5/2（标记为 U）和 3d3/2（标记为 V）两部分，图中标记为 U′和 V′的 2 个特征峰归属于催化剂表面的 Ce^{3+}物种，标记为 U、U″、U‴、V、V″、V‴的 6 个特征峰归结为催化剂表面的 Ce^{4+}物种[5]。通过对 Ce 3d 光谱进行分峰，利用 Ce^{3+}所对应的峰面积与催化剂上各峰面积的比值来比较 5 种不同 Pt 负载量催化剂表面的 Ce^{3+}相对浓度。XPS 的 Ce 3d 光谱结果表明，5 个样品的表面铈元素以 Ce^{3+}和 Ce^{4+}的形式存在，且主要以 Ce^{4+}的形式存在。基于峰面积对样品表面的相对 Ce^{3+}浓度 Ce^{3+}/（Ce^{3+}+Ce^{4+}）进行计算，结果列于表 8.2。相对 Ce^{3+}浓度的顺序如下 Cat-2.0（29.8%）＞Cat-3.0（26.8%）＞Cat-1.5（26.4%）＞Cat-1.0

(26.2%) >Cat-0.5 (22.6%)。由此顺序可知，随着 Pt 负载量的增多，其催化剂表面的 Ce^{3+}浓度也逐渐升高。但由于 Cat-3.0 的 Pt 负载量过多导致其表面 Ce^{3+}浓度降低。Chen 等[6]发现 Ce^{3+}与氧空位相关，在氧化机理中起关键作用。较高的 Ce^{3+}相对比例提高了铈基催化剂的催化性能，氧空位数目的增加导致活性氧位数目的增加，从而提高了催化剂的还原性能和催化氧化能力。因此，催化剂表面更多的 Ce^{3+}物种促进了氧空位和活性表面氧的形成。同时，Ce^{3+}的存在会导致催化剂的电荷不平衡，在催化剂表面形成氧空位和不饱和化学键。综上所述，较高的 Ce^{3+}比例会在 Cat-2.0 催化剂表面产生更多的化学吸附氧或弱吸附氧种，化学吸附氧由于其较高的迁移率而比晶格氧具有更强的活性，故而在催化氧化氯苯的过程中可以显现出较高的催化活性[7]。

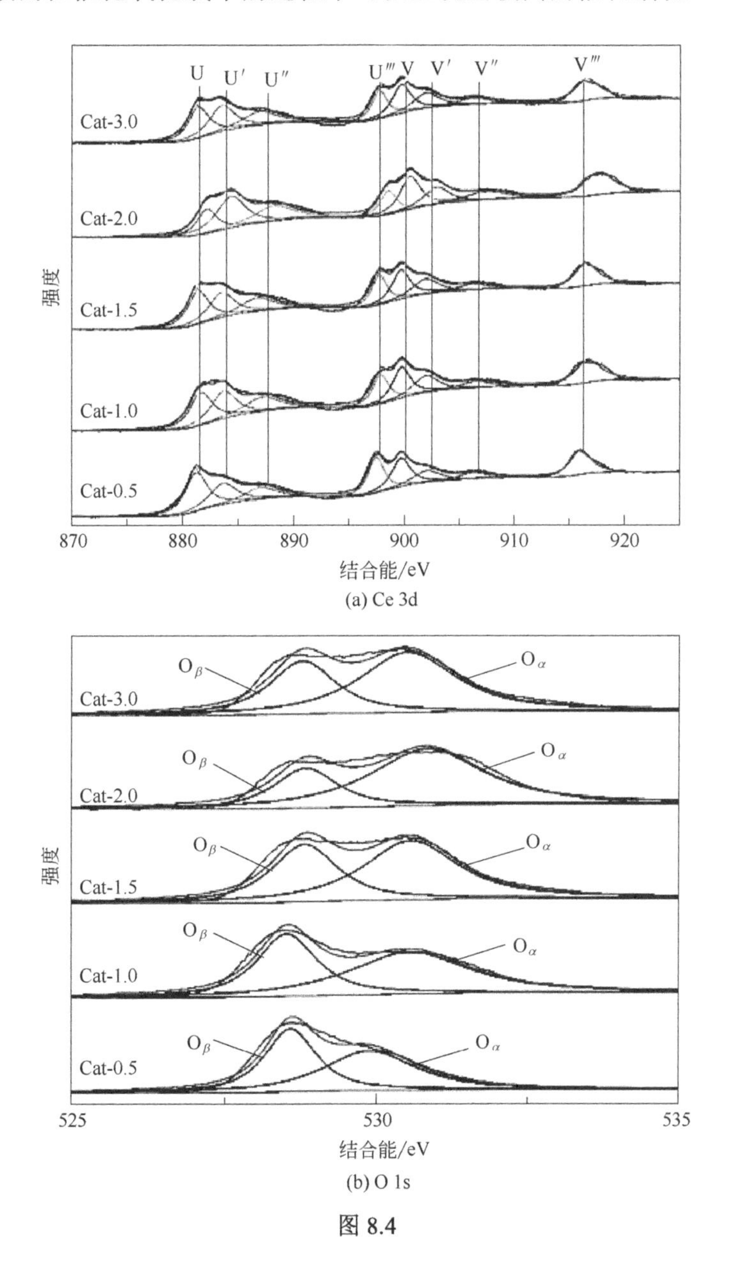

(a) Ce 3d

(b) O 1s

图 8.4

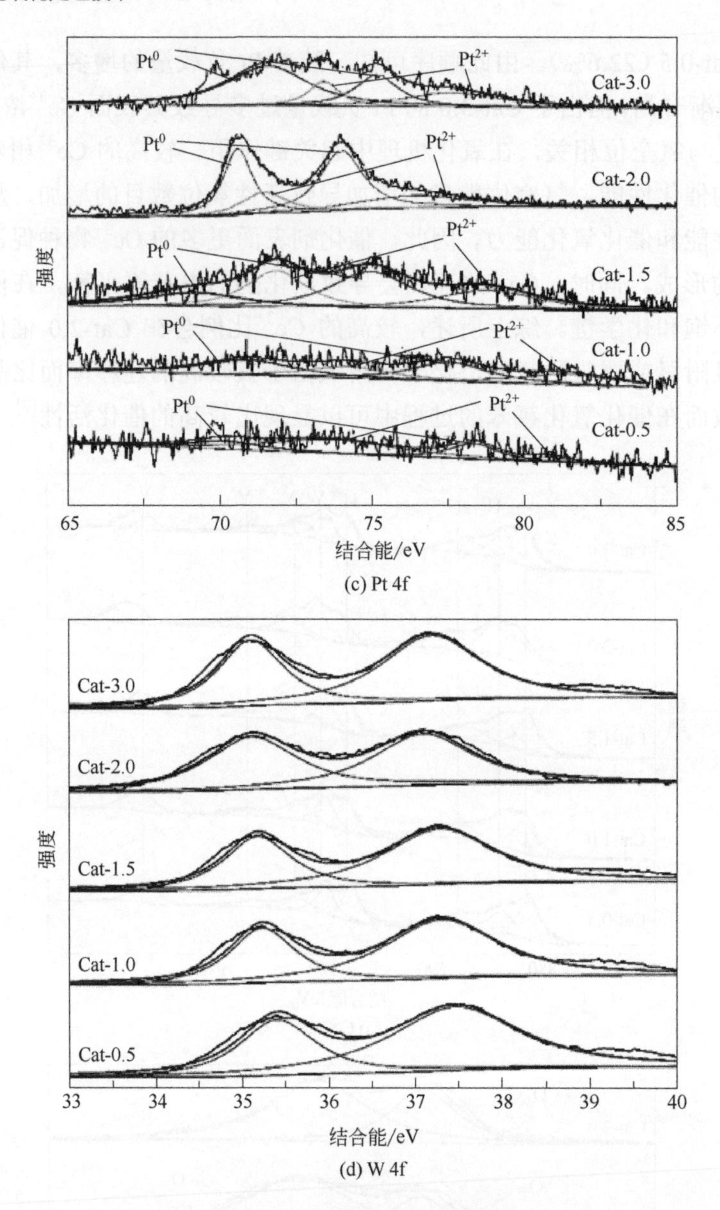

(c) Pt 4f

(d) W 4f

图 8.4 催化剂 XPS 能谱图

表 8.2 XPS 能谱测出的表面原子比　　单位：%

催化剂	Ce^{3+}/（Ce^{3+}+Ce^{4+}）	O_α/（O_α+O_β）	Pt^0/（Pt^0+Pt^{2+}）
Cat-0.5	22.6	52.5	40.3
Cat-1.0	26.2	57.1	59.4
Cat-1.5	26.4	59.5	51.8
Cat-2.0	29.8	71.7	66.2
Cat-3.0	26.8	62.1	68.3

5 种催化剂的 O 1s 能谱如图 8.4（b）所示。每个催化样品的 O 1s 光谱信号都可以分解为两个主峰，其中第一个较高的结合能处的峰归结为催化剂表面吸附氧（记为 O_α），而第二个在较低的结合能处的峰归结于催化剂表面晶格氧（记为 O_β）[8]。通过对相应的峰面积进行积分计算，并对 5 种样品中 O_α 的相对百分比 O_α/（O_α+O_β）进行了定量计算，其结果示于表 8.2。表面吸附氧（O_α）相对百分比即 O_α/（O_α+O_β）的顺序排列如下：Cat-2.0（71.7%）＞Cat-3.0（62.1%）＞Cat-1.5（59.5%）＞Cat-1.0（57.1%）＞Cat-0.5（52.5%）。由排列顺序可知 Cat-2.0 具有最高比例的表面吸附氧，而且表面吸附氧（O_α）相对百分比排列顺序和相对 Ce^{3+}浓度的顺序是一致的。这说明贵金属 Pt 会影响催化剂的表面氧物种以及增加催化剂表面缺陷（即产生更多的 Ce^{3+}）。随着 Pt 物种负载量的增加，样品表面吸附氧含量逐渐增加。直到负载量达到 2.0%，其表面吸附氧的占比达到 71.7%。但贵金属 Pt 含量增加至 3.0%时，表面吸附氧物种含量降低至 62.1%，这是由于 Pt 含量过高导致表面氧物种减少。值得注意的是与第 3 章的 HSiW/CeO_2 催化剂相比，负载贵金属 Pt 之后催化剂的表面吸附氧物种显著增多且相对含量都达到 50%以上，说明贵金属 Pt 的改性较大程度地降低了 CeO_2 表面吸附氧的形成能，增强了催化剂在催化氧化反应过程中的氧化能力以及氧迁移能力。在催化反应过程中，催化剂丰富的表面吸附氧物种在较低的温度下解吸活化，有利于提高催化剂对目标气体分子的深度氧化[9]。

图 8.4（c）为 5 种催化剂表面 Pt 4f 能谱图。如图 8.4（c）所示，从样品 Cat-0.5 到样品 Cat-2.0，随着 Pt 负载量的增加其 Pt 4f 能谱强度随之升高。由于 Cat-3.0 表面 Pt 的过量负载导致能谱强度较 Cat-2.0 略有下降。以 Cat-2.0 为例，Pt 4f7/2 被分为两个峰，峰位置为 70.6eV 和 71.5eV。Pt 4f5/2 也被分为两个峰，峰位置为 74.0eV 和 76.4eV。其中 70.6eV 和 74.0eV 的峰被归结为 Cat-2.0 的 Pt^0 物种，71.5eV 和 76.4eV 的峰被归结于 Cat-2.0 表面的 Pt^{2+}物种[10]。但是由于 Pt 负载含量的不同导致 Pt 4f 能谱强度也会存在差异，所以样品表面的 Pt^0 物种和 Pt^{2+}物种的峰位置也会存在不同程度的偏移。在图 8.4（c）中，每个样品 Pt 4f 能谱分出第一个峰和第三个峰为催化剂表面的 Pt^0 物种，第二个峰和第四个峰为催化剂表面的 Pt^{2+}物种。通过对相应的峰面积进行积分计算，并对 5 种样品中 Pt^0 的相对百分比 Pt^0/（Pt^0+ Pt^{2+}）进行了定量，其结果示于表 8.2。Pt^0 物种的相对百分比即 Pt^0/（Pt^0+ Pt^{2+}）的顺序排列如下：Cat-3.0（68.3%）＞Cat-2.0（66.2%）＞Cat-1.0（59.4%）＞Cat-15（51.8%）＞Cat-0.5（40.3%）。由此排列顺序可知，除了 Cat-1.0 之外，其他样品表面的 Pt^0 物种随着 Pt 负载量的增加而增加。Cat-1.0 较高的 Pt^0 物种归结于 0.1%质量分数的 Pt 与 HSiW/CeO_2 之间的强相互作用。催化剂表面较多的 Pt^0 物种是提高催化剂催化氧化氯苯催化效率的影响因素之一。Peng 等[1]发现较多的 Pt^0 物种有助于提高催化剂的催化氧化性能，并且 Pt^0 可以激发 Pt/CeO_2 的活性氧物种，在催化过程中提高了反应速率，Pt^0 的高氧化还原能力与表面氧空位的共同作用有助于加速 VOCs 气体分子的深度氧化。研究者发现 Pt/CeO_2 对 VOCs 气体分子的高催化活性依赖于 Pt^0 物种，Pt^0 物种有助于催化剂氧空位浓度的增加。所以二氧化铈上暴露的铂原子和氧空位是催化反应过程中的主要活性位点[10]。由 5 种不同 Pt 质量分数负载 HSiW/CeO_2 催化剂的 Ce 3d 光谱和 O 1s 能谱结果可知，适量的贵金属 Pt 负载量使得 Cat-2.0 具有较

高的 Pt^0 物种以及表面活性氧和氧空位的数量。而过量负载虽然使得 Cat-3.0 具有最高的 Pt^0 物种，但是较多的 Pt 负载会影响催化剂表面吸附氧和氧空位数量，从而导致催化活性的减弱。

5 种催化剂的 W 4f 能谱图如图 8.4（d）所示。纯 WO_3 表面的 W^{6+}物种的结合能分别为 37.5eV（W 4f 5/2）和 35.3eV（W 4f 7/2）[2]。与纯 WO_3 表面的 W^{6+}物种的结合能相比较，5 种催化样品随着贵金属 Pt 负载量的增加，5 种样品 W 4f5/2 在 37.5eV 附近的峰向低结合能偏移，而样品 W 4f7/2 在 35.3eV 附近的峰向高结合能偏移。说明 5 种样品中的 W 主要以 W^{6+}物种的形式存在，且贵金属 Pt 的负载会对 W 4f 能谱的结合能产生影响。即 Pt 的负载量越大，其对 W 4f 能谱结合能的影响越大。

8.2.4 氢气程序升温还原（H_2-TPR）

通过氢气程序升温还原（H_2-TPR）测试实验探究了 5 种负载不同质量分数 Pt 的 HSiW/CeO_2 催化剂的还原性能，如图 8.5 所示。由第 3 章的氢气程序升温还原（H_2-TPR）测试分析可知，不负载贵金属 Pt 的 HSiW/CeO_2 催化剂主要分为 2 个还原过程，第一个还原过程为 460～571℃，归结于 HSiW/CeO_2 催化剂表面吸附氧（表面 Ce^{4+}还原为 Ce^{3+}）和钨元素（W^{6+}还原为 W^0）的共同还原过程。第二个还原过程在 738～761℃温度范围内，这个还原过程可以归因于 HSiW/CeO_2 催化剂中 CeO_2 体相氧（体相 Ce^{4+}还原为 Ce^{3+}）的还原。负载了质量分数为 0.5%的贵金属 Pt 之后，Cat-0.5 的氢气程序升温还原测试也展现出 2 个还原峰，但是第一个还原峰的温度降低为 392℃，第二个还原峰的温度降低为 725℃。由此可知 Pt 的负载可以提高催化剂的氧化还原能力，降低催化剂的还原温度。Cat-0.5 第一个还原峰归因于催化剂表面吸附氧（表面 Ce^{4+}还原为 Ce^{3+}）、钨元素（W^{6+}还原为 W^0）和 Pt^{2+}物种的共同还原过程，第二个还原过程归结为 CeO_2 体相氧（体相 Ce^{4+}还原为 Ce^{3+}）的还原。如图 8.5 所示，Cat-1.0 和 Cat-1.5 均显现 2 个还原峰，其物种还原情况和 Cat-0.5 一致。随着 Pt 负载量的增加，Cat-1.0 的第一个还原峰温度降低为 317℃、第二个还原峰温度降低为 708℃，Cat-1.5 的第一个还原峰温度降低为 218℃、第二个还原峰温度降低为 703℃。Pt 负载量继续增加，Cat-2.0 和 Cat-3.0 的还原峰开始发生变化，由 2 个主要的还原峰变为 3 个还原峰，且与 Cat-0.5、Cat-1.0 和 Cat-1.5 的还原峰相比温度明显降低。Cat-2.0 主要分为 3 个还原过程：第一个还原过程在 149℃，归结于 Pt 物种附近的表面活性氧以及 PtO_x 的还原；第二个还原过程在 352℃，归结于催化剂表面吸附氧（表面 Ce^{4+}还原为 Ce^{3+}）、钨元素（W^{6+}还原为 W^0）和 Pt^{2+}物种的共同还原过程；第三个还原过程在 693℃，归结于 CeO_2 体相氧（体相 Ce^{4+}还原为 Ce^{3+}）的还原[10,11]。随着贵金属 Pt 含量的继续增加，当负载 Pt 的质量分数达到 3.0%时，3 个还原峰温度较 Cat-2.0 有所升高，第一个还原峰温度升高至 161℃，第二个还原峰温度升高至 362℃，第三个还原峰温度升高至 700℃。这说明 Pt 的过量负载会降低表面吸附氧以及氧空位的数量，这个测试结果和 XPS 分析得出的样品表面的相对 Ce^{3+}浓度 Ce^{3+}/

（Ce^{3+}+Ce^{4+}）以及表面吸附氧（O_α）相对百分比即 O_α/（O_α+O_β）的顺序排列是一致的。Cat-2.0 具有较多的表面吸附氧物种以及 Ce^{3+}物种，较多的 Pt 负载量可以削弱 Ce—O 的键能使得表面吸附氧更容易脱附，较强的氧化还原性能使得 Cat-2.0 在催化氧化过程中体现出较强的催化性能。

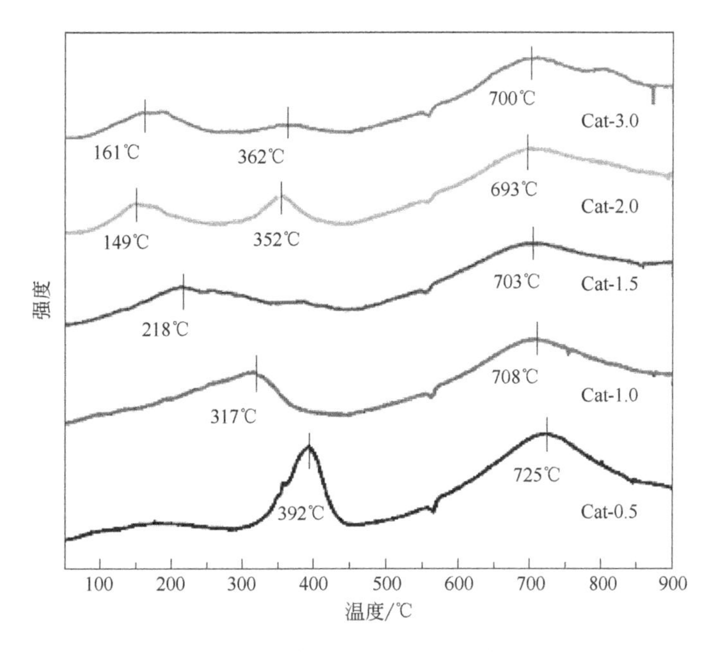

图 8.5　催化剂的 H_2-TPR 谱图

8.2.5　氧气程序升温脱附（O_2-TPD）

氧气程序升温脱附（O_2-TPD）用于研究 5 种负载不同质量分数 Pt 的 HSiW/CeO_2 催化剂中氧物种的脱附能力。氧气在小于 500℃的脱附属于低温脱附，此时催化剂呈现出的氧解吸峰归属于表面吸附氧（O_α）的解吸。而氧气在大于 500℃的脱附属于高温脱附，此时催化剂呈现出的氧解吸峰归属于晶格氧（O_β）的解吸[12]。如图 8.6 所示，5 种催化样品都在 500℃之前显现出明显的脱附峰，这说明 5 种负载不同质量分数 Pt 的 HSiW/ CeO_2 催化剂在程序升温试验中均有较多的表面吸附氧（O_α）脱附。每个样品主峰的还原温度如图 8.6 所示，脱附温度排列顺序如下：Cat-2.0（285℃）＜Cat-1.5（294℃）＜Cat-3.0（311℃）＜Cat-1.0（307℃）＜Cat-0.5（324℃）。由脱附温度排列顺序可知 Cat-2.0 更容易在较低温度脱附更多的表面吸附氧。如图 8.6 所示，随着 Pt 负载量从 0.5%增加到 3.0%，其表面吸附氧的脱附峰也随之增大，而且 Cat-2.0 的表面吸附氧的解析峰的峰面积是最大的。当贵金属 Pt 的负载量进一步增大到 3.0%时，Cat-3.0 的表面吸附氧的脱附峰减小且脱附温度升高。这一结果和 XPS 分析中表面吸附氧（O_α）相对百分比，即 O_α/（O_α+O_β）的分析结果是一致的。适量的 Pt 负载可以激发表面活性氧的产生，但是过量的 Pt 负载量会相对抑制表面缺陷以及氧空位的形成。值得注意的是，在图 8.6 中，Cat-2.0 和 Cat-3.0 都在 200℃之前出现氧气的脱附，这与氢气程序升温还原的结果是相互印证的。Cat-2.0 在 124℃出现的小脱附峰归结于 Pt 物种附近的表面活性氧，而 Cat-3.0 由于 Pt 的负载量的升高导致 Pt 物种附近的表面活性氧物种脱附温度升高至 141℃。

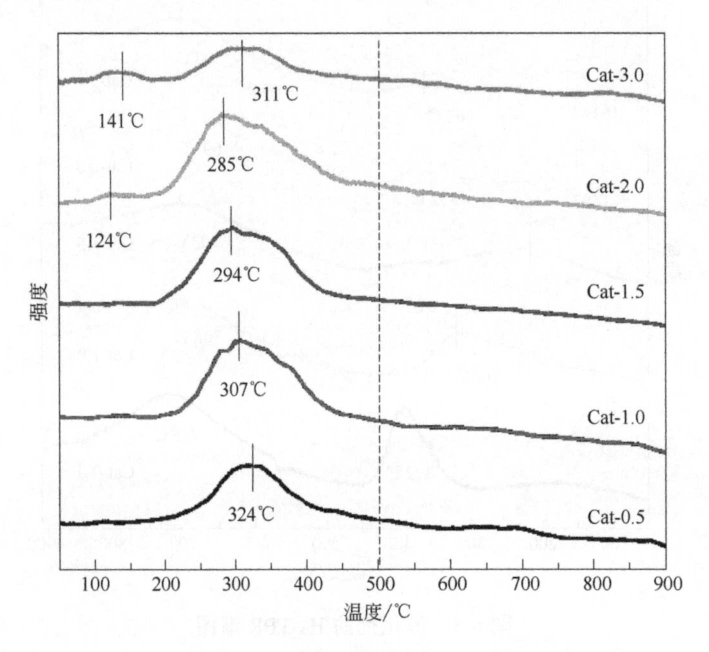

图 8.6　催化剂的 O_2-TPD 谱图

8.2.6　Raman 光谱分析

如图 8.7 所示为 5 种负载不同质量分数 Pt 的 HSiW/CeO_2 催化剂的 Raman 光谱图像。利用拉曼光谱用于判断催化剂金属键的拉伸振动情况。如图 8.7 可知，5 种催化样品均显现出典型的拉曼振动模式，而且所有样品均在 464cm^{-1} 处出现比较明显的拉曼振动峰，这个拉曼振动峰是由于铈离子周围氧原子对称呼吸振动而造成的二氧化铈立方萤石结构的 F_{2g} 对称拉伸振动[13]。从图中可以看出 5 种催化样品的 F_{2g} 对称振动峰的位置都在 464cm^{-1} 处，且随着贵金属 Pt 的负载量的增加也没有发生位置变化。由此推断，贵金属 Pt 的负载对二氧化铈的结构没有影响，以均匀分散的形式分部在催化剂的表面，这个结果和催化剂的 XRD 分析一致。但是随着贵金属 Pt 负载量的增加，样品的二氧化铈立方萤石结构的 F_{2g} 拉曼振动峰的强度是有所不同的。随着贵金属 Pt 的负载量从 0.5%增加到 2.0%时，二氧化铈立方萤石结构的 F_{2g} 拉曼振动峰强度逐渐降低。当贵金属 Pt 的负载量从 2.0%增加至 3.0%，二氧化铈立方萤石结构的 F_{2g} 拉曼振动峰强度又略有升高。文献说明，二氧化铈立方萤石结构的 F_{2g} 拉曼振动峰的强度越强，则说明二氧化铈的长程有序性好，并有较好的结晶度；反之二氧化铈立方萤石结构的 F_{2g} 拉曼振动峰的强度越弱，则意味着催化剂 Ce—O 键的无序性，则催化剂样品更容易形成氧空位[14]。由此可知负载不同 2.0%质量分数 Pt 的 $HSiW/CeO_2$ 催化剂（Cat-2.0）具有较多的氧空位。当贵金属 Pt 的负载量继续增加到 3.0%，二氧化铈立方萤石结构的 F_{2g} 拉曼振动峰的强度略有增强，说明氧空位的数量较 Cat-2.0 略有减少。这与 XPS 测试得出的样品表面的相对 Ce^{3+}浓度 $Ce^{3+}/(Ce^{3+}+Ce^{4+})$ 结果以及表面吸附氧（O_α）相对百分比即 $O_\alpha/(O_\alpha+O_\beta)$ 的结果是一致的。说明贵金属 Pt 的负载量可以影响二氧化铈催化剂的氧缺陷的数量，较多的氧空位有利于表面吸附氧的生成，并可以提高催化剂的氧化还原能力。

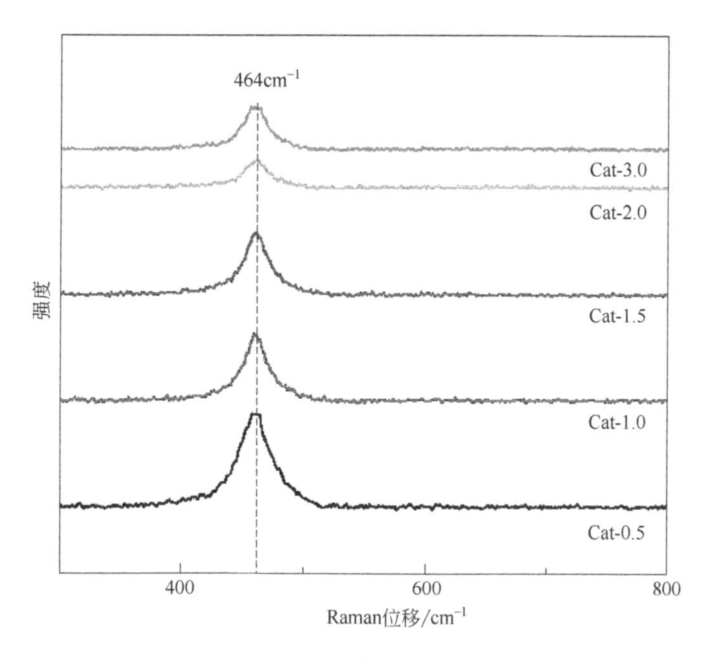

图 8.7　催化剂的 Raman 谱图

8.2.7　催化活性分析

图 8.8 为 5 种负载不同质量分数 Pt 的 $HSiW/CeO_2$ 催化剂与醋酸铈制备的 $HSiW/CeO_2$ 催化剂对氯苯催化氧化的催化活性图。催化反应在固定床反应器中进行，0.2g 催化剂置于石英玻璃管中与含有氯苯的混合气体在特定温度下进行活性测试。反应中通入的气体总流量为 50mL/min，其中 O_2 占总气体流量的 20%，氯苯的含量为 500×10^{-6}。

如图 8.8 所示，Cat-0.5 在催化反应测试中，温度由 150℃升高至 175℃，Cat-0.5 对氯苯的转化率由 29.4 %降低至 24.9 %，这归结于 Cat-0.5 在 150℃左右对氯苯的轻微吸附导致催化活性的升高。随着催化温度从 175℃升高到 325℃，其催化活性逐渐升高，Cat-0.5 对氯苯的转化率从 24.9%升高至 100%。在 150～175℃范围内，因为 Cat-1.0

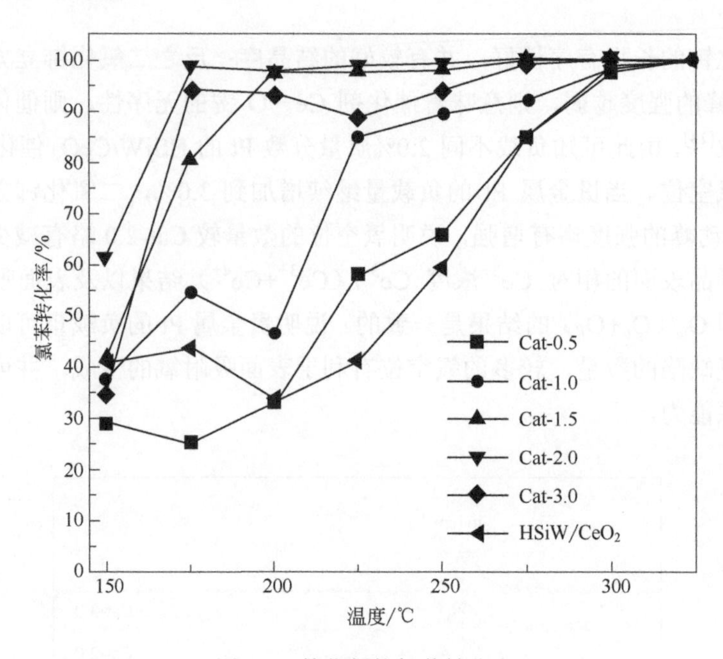

图 8.8 催化剂的氯苯转化率

氯苯浓度：500×10^{-6}；MHSV：15000mL/（g·h）；催化剂用量：200mg

对氯苯存在吸附作用，所以氯苯的转化率从 37.8%升高至 54.9%；而在 175～200℃范围内，由于氯苯会发生热解吸作用，使得吸附的氯苯解吸从而导致转化率降低至 46.6%。在 200～300℃之间，氯苯的转化率第二次升高归因于 Cat-1.0 对氯苯的氧化降解直至转化率升高至 100%。与 Cat-1.0 相比，Cat-1.5 活性有所提升，在 150℃时对于氯苯的转化率为 42%，随着温度的升高转化率随之升高，当温度达到 200℃时转化率达到 100%。但是随着温度继续升高，Cat-1.5 的催化活性略有下降，这可能和贵金属 Pt 负载量较少导致的后期氧化还原能力的降低有关。Cat-2.0 具有最优的催化活性，当温度达到 150℃时 Cat-2.0 对氯苯的转化率就达到 62.4%。温度继续升高至 175℃时，其对氯苯的转化率达到近 100%。Cat-2.0 对氯苯的催化活性随着温度的继续升高并没有明显的降低，说明 Cat-2.0 具有最优的催化活性和热稳定性。随着贵金属的负载量继续增加到 3.0 %时，其催化活性较 Cat-2.0 明显降低。而且在 175～275℃这个温度段产生了明显的失活，这与催化剂过量的 Pt 负载而导致的轻微氯中毒有关。

醋酸铈制备的 $HSiW/CeO_2$ 催化剂的催化活性如图 8.8 所示。与负载 Pt 的催化剂相比较，$HSiW/CeO_2$ 在 150～175℃温度范围内对氯苯表现出较强的吸附作用，并于 175～200℃温度范围内进行热脱附。$HSiW/CeO_2$ 在 200～300℃温度范围的催化性能明显低于负载 Pt 催化剂的催化性能。

综上所述，随着贵金属 Pt 负载量的增加，催化剂的催化活性也随之增加，即 Cat-2.0 具有最强的催化活性。当 Pt 的负载量继续增加，Cat-3.0 表面过量的 Pt 会导致轻微的氯中毒，使其的催化活性低于 Cat-2.0。

8.2.8　催化氧化氯苯副产物分析

为探究催化剂催化氧化氯苯副产物的生成情况，通过质谱与气相色谱联用在200℃条件下进行催化氧化氯苯的尾气分析，结果如图 8.9 所示。为了更好地进行比较，选用第 3 章中催化活性最好的醋酸铈制备的硅钨酸改性二氧化铈催化剂进行尾气分析作为对照。如图 8.9 所示，图中 1 为四氯化碳、2 为苯、3 为二氯苯、4 为 2-氯丙烯、5 为 2-氯丙烷、6 为乙醛。

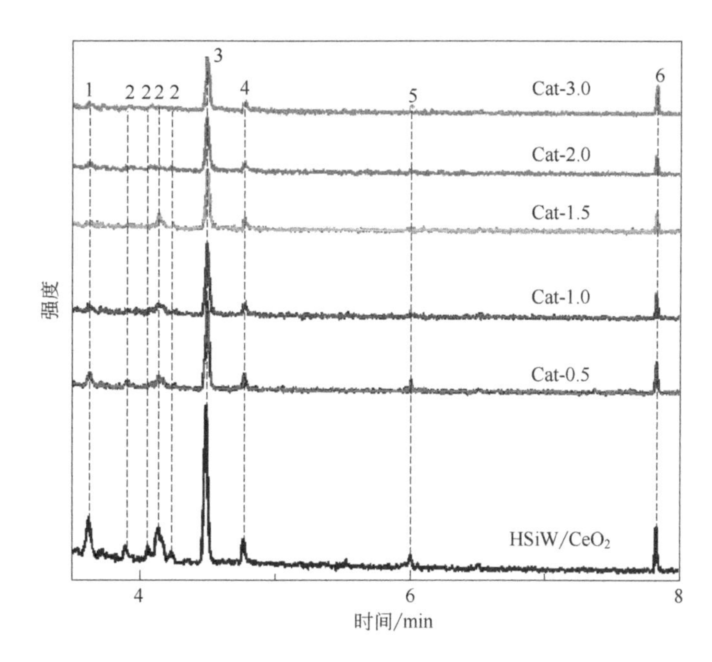

图 8.9　催化剂在 200℃条件下催化氧化氯苯尾气分析

根据 GC-MS 分析，在硅钨酸改性二氧化铈催化氧化氯苯的过程中会有四氯化碳、苯、氯丙烯、氯丙烷和乙醛等有机物产生。与没有负载贵金属 Pt 的醋酸铈制备的硅钨酸改性二氧化铈催化剂相比，负载贵金属 Pt 的硅钨酸改性二氧化铈催化剂随着贵金属负载量的增加，其在反应过程中的四氯化碳、苯、二氯苯、2-氯丙烯、2-氯丙烷和乙醛的生成量明显减少。

综上所述，贵金属 Pt 的负载可以提高催化剂的氧化还原能力，并且可以增强活性位点对氯苯的深度氧化，使得催化氧化过程中的副产物减少。

8.2.9　氯苯催化氧化 Insitu-DRIFT 分析

为了进一步探究氯苯在醋酸铈制备的 HSiW/CeO_2 催化剂与负载 2.0%质量分数 Pt 的 HSiW/CeO_2 催化剂的催化反应历程的差别。对两个样品分别利用原位漫反射红外光谱在 200℃的温度条件下对醋酸铈制备的 $HSiW/CeO_2$ 催化剂与负载 2.0%质量分数 Pt 的 $HSiW/CeO_2$ 催化剂的反应历程进行探究，并记录两个样品在 0～34 min 内的官能团变化，结果如图 8.10 所示。如图 8.10（a）所示为 $HSiW/CeO_2$ 催化剂在 0～34min 之间的原位漫反射红外光谱。在 0min 没通入氯苯时，没有发现任何官能团的振动情况，当 $HSiW/CeO_2$ 催化剂接触氯苯且温度为 200℃时，产生了 7 个主要的振动峰，振动峰位置主要为 $1320cm^{-1}$、$1393cm^{-1}$、$1460cm^{-1}$、$1536cm^{-1}$、$1648cm^{-1}$、$3440cm^{-1}$ 和 $3659cm^{-1}$。其中 $1320cm^{-1}$ 为催化剂表面甲酸盐的振动峰[15]，$1393cm^{-1}$ 归结为 CH_3 的伸缩振动[16]，

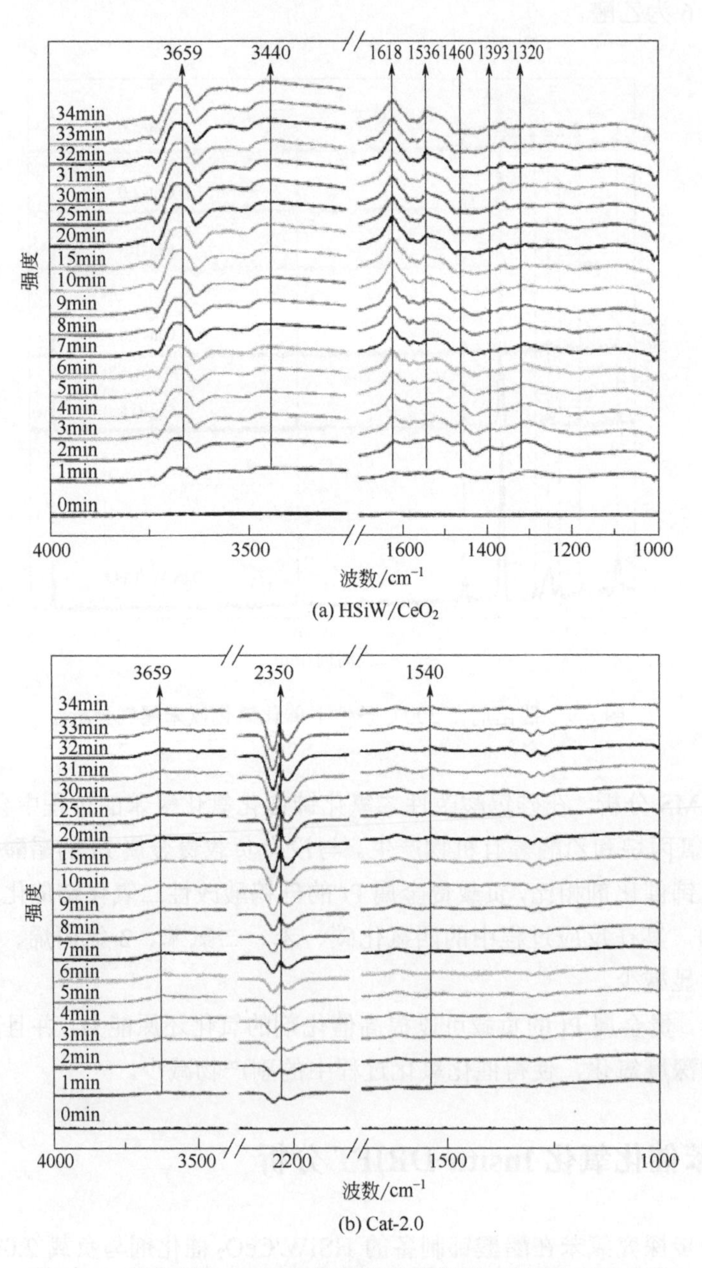

(a) $HSiW/CeO_2$

(b) Cat-2.0

图 8.10 催化剂在 200℃温度条件时的表面反应原位红外光谱

1460cm^{-1} 主要为醋酸盐的振动峰[17-18]，1536cm^{-1} 归结为马来酸盐物种的振动峰[17]，1618cm^{-1} 为氯化醋酸盐物种的振动峰[16]。3000～3400cm^{-1} 主要为羟基物种的振动区间，图 8.10（a）中，3659cm^{-1} 的振动峰归结反应过程中羟基在催化剂表面的消耗[18]，而 3440cm^{-1} 的振动峰是由氯苯吸附在催化剂表面导致。

如图 8.10（b）所示，在 0min 没通入氯苯时，Cat-2.0 也没有发现任何官能团的振动情况。与 HSiW/CeO_2 催化剂在 1000～4000cm^{-1} 的范围内官能团的振动类型明显减少，主要显示出 3 个振动峰。振动峰出现在 1540cm^{-1}、2350cm^{-1} 和 3659cm^{-1}，经文献查阅可知 1540cm^{-1} 归结为苯环中 C═C 键的振动导致的振动峰[19]，2350cm^{-1} 归结为氯苯与催化剂反应生成的 CO_2 的振动峰[17-18]，3659cm^{-1} 的振动峰归结反应过程中羟基在 Cat-2.0 表面的消耗[18]。氯苯在 HSiW/CeO_2 催化剂上催化燃烧时，氯苯在催化剂表面 Brønsted（B）和 Lewis（L）酸性位点以及氧化还原位点的共同作用下，将氯苯转化为中间产物直链烃类等中间产物，随着反应温度的继续升高会继续将中间产物氧化为 CO_2/CO 和 H_2O。与 HSiW/CeO_2 催化剂相比，Cat-2.0 具有较强的氧化还原能力，在 200℃的条件下，在 1540cm^{-1} 处的峰是由苯环中 C═C 键的振动导致的，可以说明此时 Cat-2.0 较强的氧化还原能力将氯苯裂解。之后随着时间增加至 34min，原位红外光谱在 2350cm^{-1} 处的 CO_2 的振动峰强度逐渐增强，说明 Cat-2.0 对氯苯进行开环在 200℃就对其进行深度氧化，这与催化活性分析结果是一致的。与图 8.8 的分析结果相联系，Cat-2.0 较高的催化氧化能力使得氯苯催化氧化过程中的副产物明显减少，且原位红外光谱的官能团振动也明显减少。

8.3 小结

采用水热法制备了 5 种负载不同质量分数 Pt 的 HSiW/CeO_2 催化剂（以醋酸铈作为铈盐，负载贵金属 Pt 的质量分数为 0.1%、0.5%、1.0%、1.5%、2.0%和 3.0%）。5 种样品中，Cat-2.0 具有最大的比表面积，较大的比表面积有利于增强催化剂与反应气体分子的吸附作用与传质作用，使得反应气体分子充分与催化剂的氧物种反应，促进催化氧化反应的进行，提高 Cat-2.0 样品催化氧化氯苯的催化效率。与 HSiW/CeO_2 催化剂相比，负载贵金属 Pt 之后催化剂的表面吸附氧物种显著增多且相对含量都达到 50 %以上，说明贵金属 Pt 的改性较大程度地降低了 CeO_2 表面吸附氧的形成能，增强了催化剂在催化氧化反应过程中的氧化能力以及氧迁移能力。Cat-2.0 由于表面具有较多的 Ce^{3+}物种、表面吸附氧物种以及 Pt^0，故而 Cat-2.0 具有较高的氧化还原能力。较多的 Pt 负载量也可以削弱 Ce—O 的键能使得表面吸附氧更容易脱附。催化活性测试证明 Cat-2.0 具有最优的催化活性，当温度达到 150℃时 Cat-2.0 对氯苯的转化率就达到 62.4%。温度继续升高达到 175℃时，其对氯苯的转化率达到 100%。Cat-2.0 对氯苯的催化活性随着温度的继续升高并没有明显的降低，说明 Cat-2.0 具有最优的催化活性和热稳定性。副产物分析可知贵金属 Pt 的负载可以提高催化剂的氧化还原能力，并且可以增强活性位点对氯苯的深度氧化，使得氯苯催化氧化过程中的副产物减少。

参考文献

[1] Peng R S，Sun X B，Li S J，et al. Shape effect of Pt/CeO_2 catalysts on the catalytic oxidation of toluene [J]. Chemical Engineering Journal，2016，306：1234-1246.

[2] Gu Y F，Shao S J，Sun W，et al. The oxidation of chlorinated organic compounds over W-modified Pt/CeO_2 catalysts [J]. Journal of Catalysis，2019，380：375-386.

[3] Chen Q Y，Li N，Luo M F，et al. Catalytic oxidation of dichloromethane over Pt/CeO_2-Al_2O_3 catalysts [J]. Applied Catalysis B-Environmental，2012，127：159-166.

[4] Desaunay T，Bonura G，Chiodo V，et al. Surface-dependent oxidation of H-2 on CeO_2 surfaces [J]. Journal of Catalysis，2013，297：193-201.

[5] Du J P，Qu Z P，Dong C，et al. Low-temperature abatement of toluene over Mn-Ce oxides catalysts synthesized by a modified hydrothermal approach [J]. Applied Surface Science，2018，433：1025-1035.

[6] Chen J，Chen X，Chen X，et al. Homogeneous introduction of CeO_y into MnO_x-based catalyst for oxidation of aromatic VOCs [J]. Applied Catalysis B-Environmental，2018，224：825-835.

[7] Chen Y T，Zheng H J，Guo Z，et al. Pd catalysts supported on $MnCeO_x$ mixed oxides and their catalytic application in solvent-free aerobic oxidation of benzyl alcohol：Support composition and structure sensitivity [J]. Journal of Catalysis，2011，283（1）：34-44.

[8] Zhao L L，Zhang Z P，Li Y S，et al. Synthesis of Ce_aMnO_x hollow microsphere with hierarchical structure and its excellent catalytic performance for toluene combustion [J]. Applied Catalysis B-Environmental，2019，245：502-512.

[9] Qu Z P，Gao K，Fu Q，et al. Low-temperature catalytic oxidation of toluene over nanocrystal-like Mn-Co oxides prepared by two-step hydrothermal method [J]. Catalysis Communications，2014，52：31-35.

[10] Peng R S，Li S J，Sun X B，et al. Size effect of Pt nanoparticles on the catalytic oxidation of toluene over Pt/CeO_2 catalysts [J]. Applied Catalysis B-Environmental，2018，220：462-470.

[11] Reyes P，Pecchi G，Morales M，et al. The nature of the support and the metal precursor on the resistance to sulphur poisoning of Pt supported catalysts [J]. Applied Catalysis a-General，1997，163（1-2）：145-152.

[12] Huang Z Z，Zhao J G，Song Z X，et al. Controllable construction of Ce-Mn-O_x with tunable oxygen vacancies and active species for toluene catalytic combustion [J]. Applied Organometallic Chemistry，2020，34（12）．e5958.

[13] Yang P，Yang S S，Shi Z N，et al. Deep oxidation of chlorinated VOCs over CeO_2-based transition metal mixed oxide catalysts [J]. Applied Catalysis B-Environmental，2015，162：227-235.

[14] Ta N，Liu J Y，Chenna S，et al. Stabilized gold nanoparticles on ceria nanorods by strong interfacial anchoring [J]. Journal of the American Chemical Society，2012，134（51）：20585-20588.

[15] Ma X D，Sun Q，Feng X，et al. Catalytic oxidation of 1,2-dichlorobenzene over $CaCO_3$/alpha-Fe_2O_3 nanocomposite catalysts [J]. Applied Catalysis a-General，2013，450：143-151.

[16] Ye M，Chen L，Liu X L，et al. Catalytic Oxidation of Chlorobenzene over Ruthenium-Ceria Bimetallic Catalysts [J]. Catalysts，2018，8（3）：116.

[17] Wang J，Wang X，Liu X L，et al. Catalytic oxidation of chlorinated benzenes over V_2O_5/TiO_2

catalysts：The effects of chlorine substituents［J］. Catalysis Today，2015，241：92-99.
［18］Ma X D，Suo X Y，Cao H Q，et al. Deep oxidation of 1，2-dichlorobenzene over Ti-doped iron oxide［J］. Physical Chemistry Chemical Physics，2014，16（25）：12731-12740.
［19］Angeles M，Guido B，et al. An FT-IR study of the conversion of 2-chloropropane，*o*-dichlorobenzene and dibenzofuran on V_2O_5-MoO_3-TiO_2 SCR-DeNO$_x$ catalysts［J］. Applied Catalysis B：Environmental，2002，39：343-352.

第9章 结论与展望

9.1 结论

9.1.1 本书结论

本书通过对 Mn 基、CeO_2基、CoO_x基和贵金属 Pt 基催化剂的构筑与优化，对催化剂的微观结构及表面物种进行了调控，并对其催化氧化 VOCs 性能及其反应途径进行了研究，同时对影响催化剂催化性能的因素进行了探讨，得到以下结论。

① 利用共沉淀法制备了一系列 MnO_x催化剂，通过改变沉淀剂实现了对催化剂中氧物种含量及锰化学价态的调控。其中选取碳酸铵作为沉淀剂时能有效改善催化剂的晶化程度、孔隙结构和比表面积等织构性质，同时优化了催化剂中氧物种的存在形式以及锰氧化物存在的主要化学价态，从而使该催化剂具有最佳的催化活性。此外，实验证实该催化剂催化氧化甲苯过程遵循 MVK 反应机理。更多的 Mn^{3+}会增加催化剂的结构缺陷，降低对氧的束缚能力；吸附氧的增多会提高催化剂的氧移动性能，晶格氧会提高催化剂的氧化能力。根据其反应机理可以了解到这些改变均是提高催化剂催化性能的重要因素。此外，该催化剂具有良好的稳定性，具有一定的工业应用前景。

② 利用水热法制备了一系列 MnO_x催化剂，通过改变水热温度实现了对催化剂氧化还原性能的调控。当水热温度为 120℃时，催化剂具有最优秀的催化性能。实验发现，不同的水热温度会导致催化剂的微观结构和氧化还原性能的变化，表面高浓度的 Mn^{3+}为 Mn-120 样品提供了良好的可还原能力、氧移动能力和更多的氧空位，有效改善了其催化活性。同时，大量的晶格氧为其提供了强大的氧化能力，是二氧化碳选择性增加的主要驱动因素。而且其他表征结果也进一步证明该催化剂具有卓越的氧化还原性能和氧移动能力，这些因素正是提高 Mn-120 催化性能的主要原因。

③ 利用软模板法制备了一系列 MnO_x催化剂，通过改变模板剂实现了对催化剂微观形貌的调控。添加 CTAB 为模板剂时，催化剂具有最优秀的催化性能，在 247℃时甲苯去除率达到 90%。模板剂的添加改善了催化剂的微观形貌，从 XRD 和 SEM 的结果可以看出，Mn-C 和 Mn-P 具有更加有序规整的微观结构。而这种微观结构的改善有效提高了催化剂的氧化还原性能以及氧移动能力，从而为催化剂提供了更加优秀的催

化活性。

④ 利用共沉淀法制备了一系列铈-锰氧化物，通过改变不同的铈源实现了对催化剂中氧物种含量以及金属阳离子化学价态的调控。其中选取硝酸铈铵作为铈源制备的 Ce-MnO_x 能有效改善催化剂的孔隙结构和比表面积等织构性质，优化了催化剂中氧物种的存在形式及金属氧化物存在的主要化学价态，使该催化剂具有最佳的催化活性。此外，更多的 Mn^{3+} 会增加催化剂的结构缺陷，降低对氧的束缚能力，从而提高催化剂的氧化能力。

⑤ 利用共沉淀法制备了一系列 MnO_x 催化剂，通过改变 $Mn(NO_3)_2$ 和 $KMnO_4$ 二者的摩尔比实现了对催化剂氧化还原性能的调控。实验发现，$Mn(NO_3)_2/KMnO_4$ 摩尔比为 3∶7 时制备 MnO_x（Cat-2）可提高其氧化还原性能，增强催化活性。同时，Mn^{3+} 为 Cat-2 样品提供了良好的还原能力和较多的氧空位，进而有效改善其催化活性。

⑥ 以 $Mn(NO_3)_2/KMnO_4$ 摩尔比为 3∶7 制备了不同形貌 MnO_x 催化剂。当水热温度为 140℃时，棒状结构的钾锰矿型锰氧化物展现出最佳的催化性能。较大隧道及良好的空穴结构可以促进大量晶格氧物种的生成，从而提高了催化活性。水热温度的调控改善了催化剂的微观形貌，从 XRD 和 SEM 的结果看出，HT-140 具有更加有序规整的微观结构。而这种微观结构的改善有效提高了催化剂的氧化还原性能以及氧移动能力，进而有助于提高催化剂氧化甲苯性能。

⑦ 将 3 种不同的过渡金属（Mn、Zr 和 Ni）通过共沉淀的方法掺杂到 CeO_2 材料中，并对 500×10^{-6} 甲苯进行催化去除测试。结果显示，掺杂不同过渡金属的铈基催化剂，其甲苯转化率存在不同程度的提高。根据 T_{90} 大小排列的活性顺序为 CeO_2-MnO_x（261℃）＞CeO_2-ZrO_x（310℃）＞CeO_2-NiO_x（316℃）＞CeO_2（322℃）。表征结果显示，过渡金属的掺杂不仅在一定程度上改善了催化材料的织构性能，对催化剂的氧化还原能力也有很大程度的提升。其中，锰的掺杂会对催化剂的晶格结构造成最大程度的不平衡，因此在催化剂中出现较多的活性物种，表现出卓越的催化去除甲苯的性能。

⑧ 通过不同的合成途径（CP、IM、SG 和 HT）成功制备出 4 种 Ce-Mn-O_x 催化剂，并通过去除 500×10^{-6} 甲苯对 Ce-Mn-O_x 进行了催化性能评价。结果显示，不同制备途径对催化剂催化性能的影响程度不同，特别是通过水热法制备的催化剂（CM-HT），其对甲苯的转化率在 246℃可以达到 90%。因为合成途径的不同，Ce-Mn-O_x 样品的织构性质存在很大差异，CM-HT 的 S_{BET} 最大（$98m^2/g$），在很大程度上增强了甲苯分子在催化剂表面的吸附能力。而且水热法制备的催化剂中存在较多的结构缺陷（例如氧空位）以及活性氧物种，这使得 CM-HT 催化剂与其他方法制备的催化剂相比表现出较为优异的氧化还原能力，导致优异的催化甲苯性能。

⑨ 通过系列水热温度（60℃、80℃、100℃、120℃和 140℃）分别制备出不同的 Ce-Mn-O_x 催化剂，分别记作 CM-60、CM-80、CM-100、CM-120 和 CM-140，并对其进行了 500×10^{-6} 的甲苯去除评价。结果显示，随着水热温度的升高，催化效率先升高后降低，所有 Ce-Mn-O_x 样品都可以在低于 260℃的温度下将甲苯完全转化。根据催化过程的 T_{90} 值大小，催化活性遵循以下顺序：CM-100（240℃）＞CM-120（246℃）＞

CM-80（249℃）=CM-60（249℃）=CM-140（249℃）。CM-80、CM-100 和 CM-120 催化显示出优异的织构性质（较大的 S_{BET} 和 V_p）。另外，不同的水热条件导致催化材料中缺陷程度不同，因而导致催化剂中原子或离子的排列结构或价态存在很大差异。催化剂的 C_{ov}、Ce^{3+}、Mn^{3+}和 O_α 的相对浓度和归一化反应速率与活性顺序一致。此外，CM-100 样品具有令人满意的稳定性和抗水性，具有很大实际应用潜力。

⑩ 通过共沉淀法制备了一系列 Co-M（M=La、Mn、Zr、Ni）复合氧化物催化剂，通过催化去除甲苯评价其催化性能。结果表明，不同掺杂金属改性的钴基催化剂对甲苯的去除具有不同程度的提高，所有 Co-M 样品均可以在 300℃以下实现甲苯的完全转化。催化剂的活性由小到大顺序为：Co-La＜Co-Mn＜Co-Zr＜Co-Ni。其中，Co-La 对甲苯的氧化反应表现出最佳的催化活性和 CO_2 选择性。表征测试结果表明，镧氧化物的加入可以更明显地影响微观结构的变化，导致 $LaCoO_3$ 钙钛矿结构的形成，同时具有更弱的 Co—O 键强度，形成更大的比表面积和孔隙体积。同时，Co-La 催化剂由于形成更多的 Co^{3+}和表面化学吸附氧，从而展现出优秀的催化氧化甲苯的活性。

⑪ 采用共沉淀法制备了一系列不同质量比的 Co-La 催化剂（La_2O_3、Co_3O_4、90Co-10La、80Co-20La 和 70Co-30La），并通过催化燃烧甲苯进行了性能评估。研究结果发现镧的加入可以提高单一钴氧化物和镧氧化物的催化活性。其中 80Co-20La 催化剂拥有最佳的催化性能，T_{90} 为 242℃，并表现出最大的反应速率 R_s=2.0×10^{-3}mmol/（h・m^2）和最小的表观活化能 E_a=17.4kJ/mol，说明甲苯氧化反应更容易发生在 80Co-20La 催化剂表面。表征测试结果表明，LaO*x* 掺入 Co_3O_4 尖晶石结构中，可以提高钴物种的分散性，增加晶格缺陷的数量，同时形成 $LaCoO_3$ 钙钛矿结构，提高比表面积和活性物种。适量的 LaO*x* 加入更有利于增强协同效应，从而有助于催化性能的提高。

⑫ 采用溶胶-凝胶法（SG）、共沉淀法（CP）、一锅法（OP）和浸渍法（IM）分别制备了 Co-La 催化剂。通过催化氧化甲苯测定其催化性能，合成方法可以显著改变催化剂的微观结构和氧化还原能力，从而有效地调整催化剂的性能。催化活性顺序为 SG > CP > OP > IM，SG 样品的催化性能最好，T_{90} 为 240℃。溶胶凝胶法制备的 Co-La 催化剂形成了更多的晶格缺陷，更大的比表面积以及最弱的 Co—O 键强度，同时具有丰富的 Co^{3+}物种、优秀的低温还原性、较多的活性氧物种和较高的氧迁移率，从而提高催化甲苯的性能。稳定性测试结果表明 SG 催化剂具有良好的结构稳定性和高温耐久性，具有工业应用的潜力。

⑬ 采用水热法制备了 4 种不同铈盐的硅钨酸改性 CeO_2 催化剂。氧化还原能力和酸性位点数量是影响催化性能的重要因素。结果表明，Cat-A 样品（以醋酸铈制备的 HSiW/CeO_2 催化剂）具有良好的氧化还原性能，这与 WO_3 在催化剂表面均匀分散的分布有关。Cat-A 催化剂表面吸附氧较多，对氯苯的催化氧化作用非常重要。Cat-A 主要暴露（111）平面，有利于提高其氧化还原性能和硅钨酸在催化剂表面的分散性。此外，比表面积较大的催化剂 Cat-A 和颗粒微观结构为氯苯催化氧化过程增加了吸附位点，提高了催化效率。Cat-A 较多的酸性位点有利于氯苯的深度氧化，强氧化还原性

能和酸性位点的结合可以提高硅钨酸改性 CeO_2 催化剂的抗氯中毒和抗积炭能力。Py-IR 分析发现，催化剂的氧化还原能力和弱酸性位点数量共同影响低温下的催化效率。催化剂在高温下的氧化还原能力也很重要，在长期的催化氧化过程中只产生少量的焦炭，说明 Cat-A 具有较强的抗焦炭沉积和抗 Cl 物种的能力。在 235℃和 295℃下对 Cat-A 样品进行了 100h 的稳定性测试，结果表明 Cat-A 样品具有良好的稳定性。且 Cat-A 在长时间的催化氧化过程中，仅在表面产生少量的积炭，证明了 Cat-A 对氯和积炭有较强的抗性。

⑭ 采用水热法制备了 5 种负载不同质量分数 Pt 的 HSiW/CeO_2 催化剂（以醋酸铈作为铈盐，负载贵金属 Pt 的质量分数为 0.5%、1.0%、1.5%、2.0%和 3.0%）。5 种样品中，Cat-2.0 具有最大的比表面积，较大的比表面积有利于增强催化剂与反应气体分子的吸附作用与传质作用，使得反应气体分子充分与催化剂的氧物种反应，促进催化氧化反应的进行，提高 Cat-2.0 样品催化氧化氯苯的催化效率。与 HSiW/CeO_2 催化剂相比，负载贵金属 Pt 之后催化剂的表面吸附氧物种显著增多且相对含量都达到 50%以上，说明贵金属 Pt 的改性较大程度地降低了 CeO_2 表面吸附氧的形成能，增强了催化剂在催化氧化反应过程中的氧化能力以及氧迁移能力。Cat-2.0 由于表面具有较高的 Ce^{3+}物种、表面吸附氧物种以及 Pt^0，故而 Cat-2.0 具有较高的氧化还原能力。较多的 Pt 负载量也可以削弱 Ce—O 的键能使表面吸附氧更容易脱附。催化活性测试证明 Cat-2.0 具有最优的催化活性，当温度达到 150℃时 Cat-2.0 对氯苯的转化率就达到了 62.4%。温度继续升高到 175℃时，其对氯苯的转化率达到 100%。Cat-2.0 对氯苯的催化活性随着温度的继续升高并没有明显的降低，说明 Cat-2.0 具有最优的催化活性和热稳定性。副产物分析可知贵金属 Pt 的负载可以提高催化剂的氧化还原能力，并且可以增强活性位点对氯苯的深度氧化，使催化氧化过程中的副产物减少。

9.1.2　优势分析

商用 VOCs 催化剂为贵金属催化剂，成本较高，催化温度一般在 280℃以上，在类似的工况条件下，笔者实验中制备的 MnO_2 基催化剂在 240℃和 Co_3O_4 基催化剂在 260℃可达到 100%净化效率，且催化剂呈现较好的稳定性能和再生性能，具备较好的应用潜力。此外，贵金属催化剂往往和含氯挥发性有机物中的氯元素结合，导致催化剂快速失活，本书针对这一现象，自主研发了杂多酸改性 CeO_2 催化剂，在该体系中加入贵金属 Pt，催化剂可在 175℃使氯苯完全转化，其催化性能显著高于商用催化剂，通过对其制备工艺的优化，显著提高其抗 Cl 中毒性能。本书内容更多关注了催化剂的制备及其应用，在低温催化氧化低浓度 VOCs 和抗中毒性能方面做了系统研究，对催化氧化以苯为代表的 VOCs 具有针对性的指导意义。

在 VOCs 的催化氧化领域，研究任务目前依然艰巨，研发高效的催化剂迫在眉睫。随着科学研究的深入，探究催化剂制备方法、催化剂种类、金属负载种类与负载量及催化剂形貌结构对 VOCs 的去除性能的不同影响，这些问题是诸多学者研究的热点。

笔者结合国家政策，紧跟科研脚步，对 Mn 基、CeO_2 基、CoO_x 基和贵金属 Pt 基催化剂的构筑与优化，对催化剂的微观结构及表面物种进行了调控，并对其催化氧化 VOCs 性能及其反应途径进行了研究，同时对影响催化剂催化性能的因素进行了探讨，以求为 VOCs 减排工作提供一些理论依据。

9.2 趋势分析

由于实验手段、实验条件有限，许多研究工作不能面面俱到；今后在以下方面还有很大的研究空间：

① 开展量子模型计算和系统性动力学研究，更好地研究各影响因素对催化剂反应机理的影响。

② 本研究仅为定向改性锰基催化剂提供一定的理论依据，而掺杂其他金属能够有效改善其催化活性，因此应从多方面对锰基催化剂性能进行调控，从而得到高效廉价的催化剂。

③ 本研究仅以实验室条件对甲苯进行去除，而实际工业应用环境更为复杂，必然会影响催化剂的催化性能，因此该系列催化剂的实际工业应用必然会面临更大的挑战。

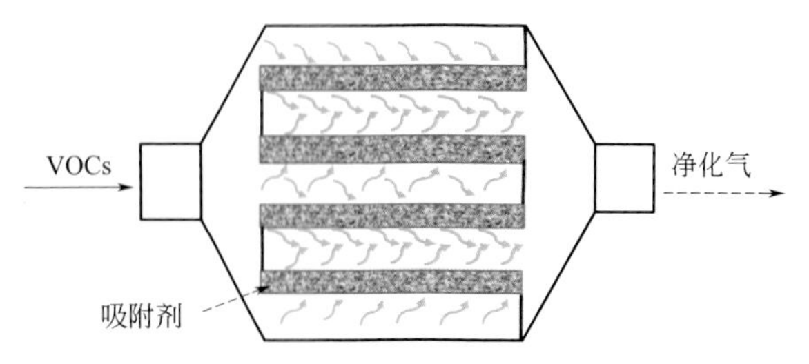

图 1.2　吸附法工艺流程

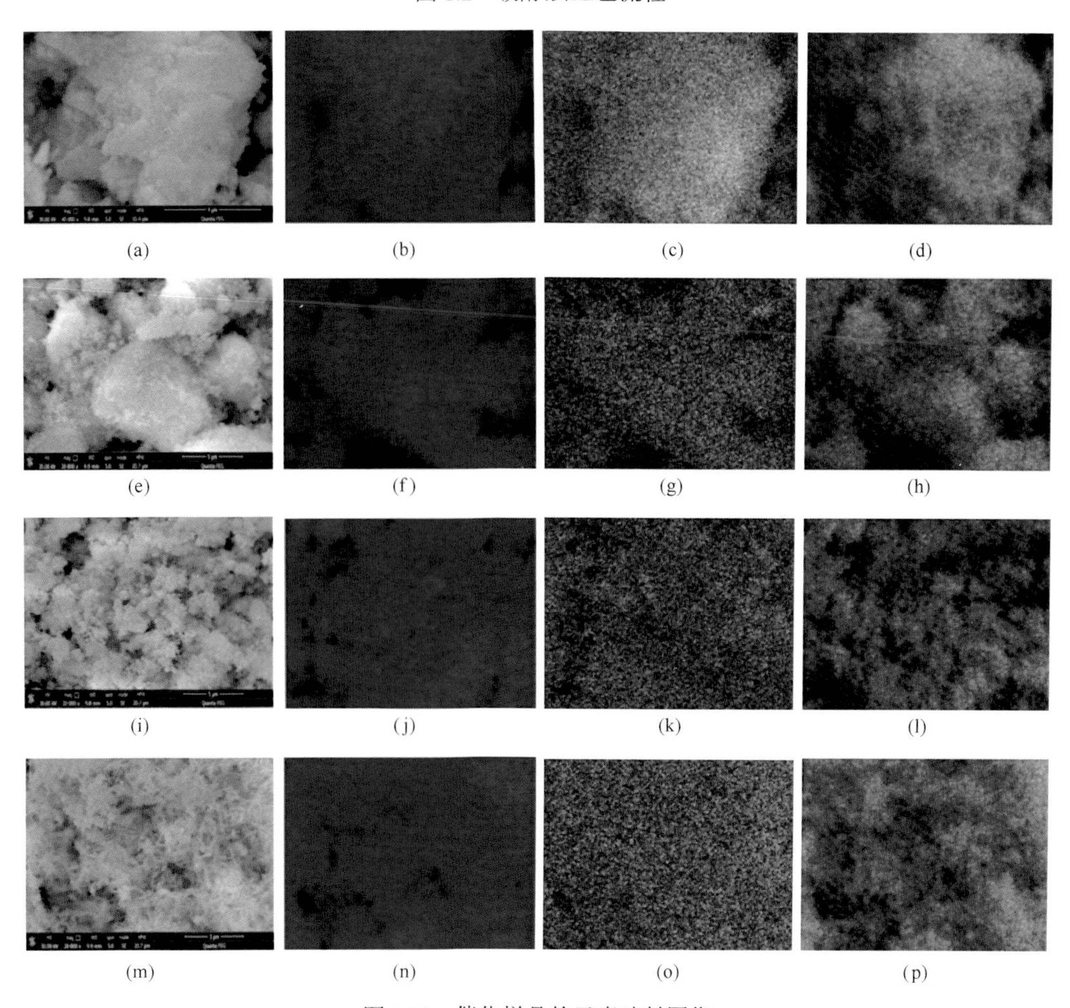

图 5.29　催化样品的元素映射图像

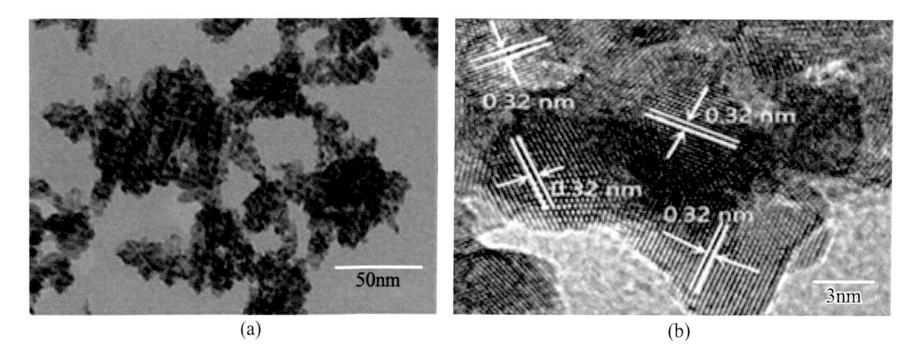

图 5.30　催化剂透射电镜图像

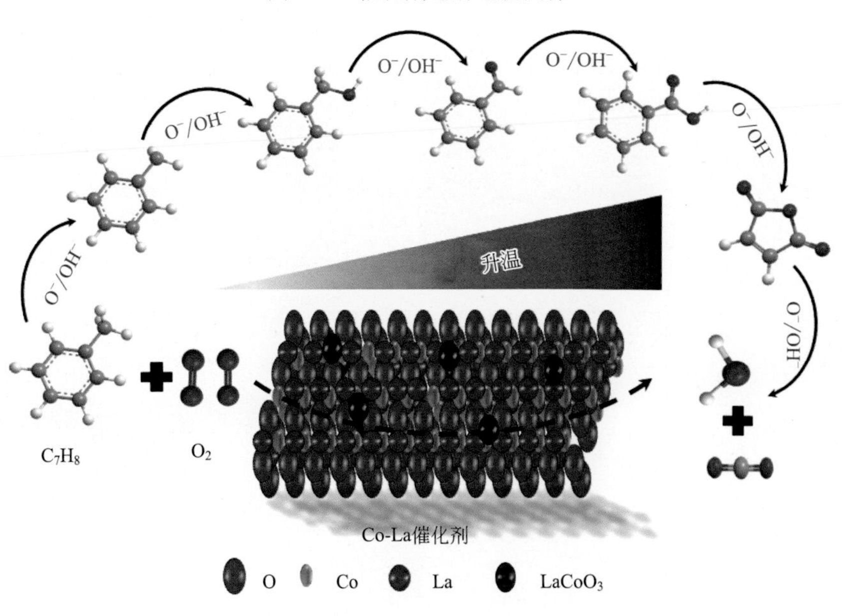

图 6.29　SG 催化剂氧化甲苯的机理